U0358634

国家社科基金重大项目"中国古代环境美学史研究"（13&ZD072）最终成果

中国古代环境美学史

明代卷

陈望衡 范明华
——主编

聂春华 著

江苏人民出版社

图书在版编目(CIP)数据

中国古代环境美学史. 明代卷 / 陈望衡,范明华主
编；聂春华著. -- 南京：江苏人民出版社,2024.1
ISBN 978 - 7 - 214 - 27205 - 8

Ⅰ. ①中… Ⅱ. ①陈… ②范…③聂… Ⅲ. ①环境科
学—美学史—中国—明代 Ⅳ. ①X1 - 05

中国版本图书馆 CIP 数据核字(2022)第 089392 号

中国古代环境美学史
陈望衡　范明华　主编
明代卷
聂春华　著

项 目 统 筹	康海源　胡海弘	
责 任 编 辑	汤丹磊	
装 帧 设 计	潇　枫	
责 任 监 制	王　娟	
出 版 发 行	江苏人民出版社	
地　　　址	南京市湖南路 1 号 A 楼,邮编:210009	
照　　　排	江苏凤凰制版有限公司	
印　　　刷	南京爱德印刷有限公司	
开　　　本	652 毫米×960 毫米　1/16	
印　　　张	172.75　插页 28	
字　　　数	2300 千字	
版　　　次	2024 年 1 月第 1 版	
印　　　次	2024 年 1 月第 1 次印刷	
标 准 书 号	ISBN 978 - 7 - 214 - 27205 - 8	
定　　　价	880.00 元(全七册)	

(江苏人民出版社图书凡印装错误可向承印厂调换)

总序:中国古代环境美学思想体系

中国古代有着丰富而又深刻的环境美学思想,这思想可以追溯到距今约七八千年的新石器时代,而其奠基则主要在距今 2 000 多年的先秦时代,其中春秋战国时代的"百家争鸣"对于中国古代环境美学思想的形成起了重要的作用。汉、唐、宋、明、清是中国历史上存在时间较长的朝代,它们于中国环境美学的建构与完善分别起着重要的作用。大体上,汉代主要体现在家国意识的建构上,唐代主要体现为山水审美意识的拓展与提升,宋代主要为新的城市观念的建构,明代主要为园林思想的成熟,清代主要为中国古代环境美学的总结以及向近代环境美学的过渡。探查中国古代环境美学的发展历程,我们认为中国古代有一个完整的环境美学思想体系。

一、汉语"环境"一词考辨

中国自远古起,就有环境思想,但"环境"这一概念产生得比较晚。构成环境一词的"环"与"境",其出现时间则要早得多。

"环"字最早出现于金文中,写法不一。① 《说文解字》把"环"归入

---

① 方述鑫等编:《甲骨金文字典》,成都:巴蜀书社 1993 年版,第 23 页。

"玉"部，称"环，璧也"，"从玉，瞏声"，《绎史》将"环"图示为◎。可见，"环"是璧的一种，指圆形的、中间有圆孔的玉器，孔的直径和周边的宽度相等。环是古代一种重要礼器。《王度记》云："大夫侔放于郊三年，得环乃还，得玦乃去。""环"和"玦"（环形有缺口的玉）成为大夫能否得恩宠的信号。周朝设官职"环人"，《周礼·夏官司马》云："环人，下士六人，史二人，徒十有二人。"

离开讲礼的场合，"环"则显出其他的含义。

第一，从"环"的圆形生发出"环形"（圆形及类圆形）、"环绕"之义。《庄子·齐物论》云："枢始得其环中，以应无穷。"《庄子·大宗师》亦云："其妻子环而泣之。"又，《汉书·高帝纪》有语："章邯复振，守濮阳，环水。"

第二，与"环绕"相近，"环"有"包围"义。《吕氏春秋·仲秋纪·爱士》有"晋人已环缪公之车矣"语。

第三，"环"有"旋转"义。《茶经·五之煮》说："以竹策环激汤心。"

第四，"环"有起点与终点重合即无起点亦无终点义。《史记·田单列传》云："奇正还相生，如环之无端。"《荀子·王制》云："始则终，终则始，若环之无端也。"没有了起点与终点之别，"环"又发展出"连续不断"之义，如《阅微草堂笔记·如是我闻》有"奇计环生"语。

第五，从"环"外在形象的完满生发出"周全""遍通""周密"等义。《楚辞·天问》有"环理天下"语，此处的"环"有"周全"义；《文心雕龙·风骨》云"思不环周"，又，《文心雕龙·明诗》云"六义环深"，此两处的"环"均有"周密"义。

"环"与其他字组合，还会产生新义，如《韩非子·五蠹》"自环者谓之私"，王先慎《诸子集成·韩非子集解》中引《说文解字》认为此"环"与"营"相通。

《说文解字》释"境"为"疆也。从土，竟声，经典通用竟"。何谓疆？界也。何谓界？画也。《后汉书·史弼传》云，古代先王"疆理天下，画界分境，水土异齐，风俗不同"，可见"境"的意思是"划（画）出的边界"。围绕着边界,"境"生发出不同的意思。

第一,就边界本身而言,"境"释为"疆界"。《史记·晋世家》:"(晋)秦接境。"《春秋繁露·玉英》:"妇人无出境之事。"《韩非子·存韩》:"窥兵于境上而未名所之。"《礼记·曲礼下》:"大夫、士去国,逾竟(境),为坛位,乡(向)国而哭。"《史记·孝文本纪》:"匈奴并暴边境,多杀吏民。"对"边境",《国语》有一生动比喻,其《楚语》曰:"夫边境者,国之尾也。""境"还可析出细貌,如《资治通鉴·梁纪五》云:"魏敕怀朔都督简锐骑二千护送阿那瑰达境首。"境首,犹言边境也。

第二,把边界当作一条线,就相关话语者所持立场而论,边界的两边就有了不同的归属地,分出"境内"和"境外"。《礼记·祭统》云:"诸侯之祭也,与竟内乐之。"《史记·卫青霍去病列传》云:"以臣之尊宠而不敢自擅专诛于境外。""境"的"内""外"之别给人造成一种亲疏有别之感,边界成了时刻提醒人们危机将临的警戒线。

第三,不管"境内""境外",都是指"地方"。《论衡·书虚》:"共五千里之境,同四海之内。"《桃花源记》:"率妻子邑人来此绝境,不复出焉。"这"地方"由东、西、南、北来圈定,称为"四境"。《淮南子·道应训》:"诚有其志,则四境之内皆得其利矣。"

第四,"境"也与"环"一样,其义从有形的地方拓展到精神之域。《淮南子》有诸多这样的用法,如《原道训》:"夫心者……驰骋于是非之境。"《俶真训》:"定于死生之境,而通于荣辱之理";"若夫无秋毫之微,芦苻之厚,四达无境"。《修务训》:"观始卒之端,见无外之境。"

最早把"境"的概念引入艺术理论中的是东汉学者蔡邕。他的论书著作《九势》云:"此名九势,得之虽无师授,亦能妙合古人,须翰墨功多,即造妙境耳。"

"境"与其他词义合作形成的语域,朝着诗学维度拓展,则产生了"意境"和"境界"。这两个语词不仅在诗论中,而且在画论、书论、文论中都成为评判作品是否达到最高水平的标准。"境界"还可指人生修炼达到精神通达的程度。

最早使用"意境"评诗的是唐代诗人王昌龄,传为其所作的《诗格》二卷中有"诗有三境"论,其中第三境即为"意境"。王昌龄还创"境象"概念,他在论第一境"物境"时说:"处身于境,视境于心,莹然掌中,然后用思,了然境象。"这"境象"与"意境"同义。

"境"从"身境"(物)到"象境"(意境)的拓展,可以看作"境"在历史文化中,其精神因素不断增强的一个缩影。有学者认为,"境"从"实境"到"虚境",在精神审美因素上的提升与佛教有关。佛教著名的"六境"说根据不同的对象分出六种识境(色、声、香、味、触、法)。佛学意义上"境"更多地偏向"境界"的含义。

"境界",同样经过了从外在物理空间到内在精神空间的变化过程。汉代郑玄在《诗·大雅·江汉》"于疆于理"句下笺云:"正其境界,修其分理。"当中"境界"指"地方"。魏晋南北朝时期,佛学把"境界"引入精神领域,如《无量寿经》说"比丘白佛,斯义弘深,非我境界",此处"境界"指的就是内在修炼所达到的程度。

真正在审美意义上使用"境界"概念的是近代的王国维。他的《人间词话》试图以"境界"为核心概念来把握中国古代诗词的主要精神。"境界"成为艺术之本,亦成为艺术美乃至美之所在。

"环境"是晚出词,据资料库显示,先秦至民国的文献中,"环""境"组合使用大致有 200 多处。而在隋朝之前,"环境"用例至今没有发现。因此大致可以推断,"环境"最早可能出现在唐朝,进一步缩小范围,可认定在唐朝中后期。唐朝段文昌(773—835 年)《平淮西碑》有"王师获金爵之赏,环境蒙优复之恩"。又,《唐大诏令集》卷一一八《令镇州行营兵马各守疆界诏》(下诏时间为大和年间)有"今但环境设备,使之不能侵轶,须以岁月,自当诛除。此所谓不战之功,不劳而定也"。此处的"环境"亦须作动宾短语理解,有"环绕某处全境"之意,不是合成词。

由上可见,唐代"环境"作为"地区"的用例还不太固定。宋代"环境"概念使用要多一些,且趋向于表示某个地区或地带。如北宋《新唐书·王凝传》曰:"时江南环境为盗区,凝以强弩拒采石。"《新唐书》完成于嘉祐五年,即公元 1060 年。)与此差不多同时的《黄州重建门记》曰:"环境之内,皆若家视。"(作者郑獬自叙本文完成于治平三年,即公元 1066年。)吕南公(1047—1086 年)《上运使郎中书》曰:"使环境之俗,欢荣戴赖,如倚父母。"上述"环境"都指环绕某处之全境。

康熙时的《佩文韵府》《骈字类编》中举"环境"这一条目时都有个例句:"诸军环境,不得妄加杀戮。"引自《文苑英华·讨凤翔郑注德音》。《文苑英华》编纂于太平兴国七年至雍熙三年(982—986 年),其所撷取的《讨凤翔郑注德音》一文来自唐代的"德音"(诏书的一种)。这样一来,"环境"的出现似乎要推到唐代。但仔细推敲"诸军环境"这句话,如把"环境"当成"某地"看,与"诸军"意思搭配不上。那么"诸军环境"该作何解呢?直接查《唐大诏令集·讨凤翔郑注德音》,其文字却是"诸军还境,不得妄加杀戮",显然意思就较为清楚,"诸军还境"意为"各路军队回到凤翔这个地方"。古汉语"环"与"还"意义相通,《文苑英华》的写法是允许的,而清代的字书在收集"环境"这一词条时有些草率。即使唐代的说法成立,所引的例子也可能是孤证,况且《文苑英华》以及《唐大诏令集》都编定于宋代,因此,可以推定,"环境"用以指称地区,应是从北宋开始的。

有了北宋的发端,南宋使用"环境"一词就较为便当。南宋熊克《中兴小纪》卷四云:"时河东环境为盗区。"范浚《徐忠壮传》亦云:"当是时,河东环境,为敌区独。"都用了"河东环境",意思也一样。李曾伯《帅广条陈五事奏》有"蛮傜环境,动生猜疑"。"环境"也见于诗作,李纲《闻建寇逼境携家将由乐沙县以如剑浦》:"纷然群盗起,环境暗锋镝。"刘克庄《送邹莆田》:"租符环境少,花判入人深。"

此后,元、明、清的文献均有"环境"的用例。从以上考证大致可以看出,在古文文本中,"环境"的使用不是太普遍,严格地说,它还没有形成一个概念,其内涵与外延都不够确定。只有到了近代,"环境"才真正成为概念。

作为概念的"环境",其意义已经远不止于"地区"义,具有一定的人文内涵,凸显了地区与人生存发展的某种关系。鲁迅在《孤独者》中说:"后来的坏,如你平日所攻击的坏,那是环境教坏的。"这"环境"的用法就与此前时代的用法完全不同。显然,将这里的"环境"解释成地区、地带就完全不妥。

到了当代,由于人与自然的关系成为生存的一大问题,人们的环境意识进一步加强:一是从自然科学的维度,创建了各种环境科学,如环境化学、环境物理学、环境生物学、环境土壤学、环境工程学等;二是开拓出"社会环境"概念,相应地创建了社会环境科学;三是从生态学维度,创建生态环境科学,生态问题不仅涉及自然问题,也涉及人文问题,因此,出现了诸多具有交叉性、边缘性的生态环境科学,如环境哲学、环境伦理学、环境美学等。

梳理中国文化视野下"环境"语词及概念的发生与发展过程,对于我们研究古代的环境美学思想是很有必要的:

第一,要区别"环境"语词与"环境思想"。虽然"环境"语词在中国文化视野中晚出,但不说明中国古代的环境思想晚出。中国古代的环境思想具有两种形态:一种是感性的物质的形态,另一种是概念形态。而概念是需要用语词来代表的。中国古代与环境相关的概念很多,主要有天、地、天地、自然、山水、山河、江山、田园、家园、国家等,这些概念各自指称古代环境思想中的某个部分。也就是说,中国古代的环境思想,包括环境美学思想,更多不是通过"环境"这一概念,而是通过天地、山水、家园等概念表达出来的。

第二,"环境"这一语词,作为概念来使用时,在中国古代更多指自然环境,而不是指社会环境。"社会"当然有"环境"义,但是,在中国传统文化中,"社会"主要是作为政治学—社会学的范畴来使用的。研究中国古代的环境思想,应该以自然环境为主要研究对象。更兼,虽然自然环境文化通常被视为物质文化,但是,中国文化中的物质文化均具有深厚的精神内涵。换句话说,中国文化中的自然均为文化的自然,因此,研究中国古代的自然环境,不仅不能忽视其文化内涵,而且需要将其作为自然环境的灵魂来看待。

第三,基于"环境"由"环"与"境"构成,这两个概念的含义均不同情况地渗入"环境"概念,成为"环境"概念的内涵成分。

"环"作为独立的概念,不仅重视范围与边界,而且重视中心。受此影响,中国环境思想的中心概念与边界概念都非常重要,中国古代有"大九州"之说,《史记·孟子荀卿列传》载:"(邹衍)以为儒者所谓中国者,于天下乃八十一分居其一分耳。中国名曰赤县神州。赤县神州内自有九州,禹之序九州是也,不得为州数。中国外如赤县神州者九,乃所谓九州也。于是,有裨海环之,人民禽兽莫能相通者,如一区中者,乃为一州。如此者九,乃有大瀛海环其外,天地之际焉。""大九州"说强调中国是九州之中心,另外也强调九州外有大瀛海包围着。

"境"为域,此域虽也有"地域"义,但自唐开始,"境"越来越多地指精神之域,因此,它主要是一个文化概念,包含丰富的哲学、宗教、美学内容。"境"成为"环境"一词的重要构成部分后,将它的这一特质也带入"环境"概念,因此,研究中国古代的环境思想,不能不注意它的文化内涵、精神内涵。

第四,"环境"概念具有时代的变异性、承续性和发展性。尽管中国古代的环境概念与现代的环境概念不同,这种不同显示出环境概念的变异性,但是,古今环境思想更具有承续性。我们今天在使用天地、山水等古代的环境概念时,是在一定程度上接受了它们的古义的。当然,这其中也渗入了新的时代内容。这说明"环境"概念具有时代的发展性。

二、中国古代的"环境"概念系统

中国古代虽然没有"环境"这一语词,但有环境思想,而且还有类似"环境"的概念。这些概念大致可以分为两类:居室环境概念和自然环境概念。基于人们对环境的认识主要是指对自然环境的认识,加之居室类环境如都市、宫殿等所涉及的问题远不止于环境,且那些问题似比环境问题更重要,因此,讨论环境问题,一般将重点放在自然环境上。中国古代有关自然环境的概念主要有天地(天)、山水、山河(河山、江山)、家国(社稷、家园)、仙境(桃花源、瀛壶)等。

(一)天地(天)

"天地"在古汉语中最初是分开来用的,出现很早。甲骨文中有"天"字,画作正面站立的人:大。人的头上有一四边形的圈,表示头顶的空间。已发现的甲骨文中没有"地"字,金文中有。《说文解字》释"天":"颠也,至高无上,从一大。"释"地":"元气初分,轻清阳为天,重浊阴为地,万物所陈列也。从土,也声。"最早将"天"与"地"合在一起且赋予其深刻哲学含义的是《周易》。《周易》的《经》部分,天、地是分用的;其《传》部分,既有分用,也有合用。分用的天有时相当于天地。合用的天、地则形成一个概念,相当于现今的"自然"。

作为宇宙的全称,"天地"概念更多用"天"来代替。这样做,是为了凸显天的至高性。

天地的性质有五:第一,天地是与人相对的,基本上属于物质的概念,但有精神性。第二,天地广大悉备。《中庸》认为天地无穷大,它说:"今夫天,斯昭昭之多;及其无穷也,日月星辰系焉,万物覆焉。今夫地,一撮土之多;及其广厚,载华岳而不重,振河海而不泄,万物载焉。"(第二十六章)第三,天地是万物的母体。这句话一是指天地生万物。《周易·系辞下》云:"天地之大德曰生。"二是指天地养万物。《周易·颐卦·象辞》云:"天地养万物。"第四,宇宙运动的规律为天地之道。《庄子》将天地之道概括成"正",说要"乘天地之正"(《逍遥游》)。《中庸》说:"天地之道,博也,厚也,高也,明也,悠也,久也。"(第二十六章)第五,天地具有神性。

自古以来,中华民族给予天地以崇高的礼赞。这种礼赞大体上有两种情况:其一,赞美天地兼赞美天道。《庄子》云"天地有大美而不言",此天地既是物质性的自然界,又是精神性的天道——自然规律。于是,"天地有大美"既说自然界有大美,又说自然规律有大美。其二,赞美天地兼赞美天工。如《淮南子·泰族训》云:"天地所包,阴阳所呕,雨露所濡,化生万物。瑶碧玉珠,翡翠玳瑁,文采明朗,润泽若濡,摩而不玩,久而不渝,奚仲不能旅,鲁般不能造,此之谓大巧。"这种"大巧"即天工。

天地如此伟大如此美,就不仅成为人膜拜的对象,还成为人效法的对象,于是,就有了天人相合的理论。

《周易·乾卦·文言》云:"夫'大人'者,与天地合其德,与日月合其明,与四时合其序,与鬼神合其吉凶,先天而天弗违,后天而奉天时。"与天地相合,意义重大,不仅可以获得平安,获得成功,而且可以获得"大乐"。《乐记·乐论》云"大乐与天地同和",而与天地同和的快乐,《庄子》称之为"天乐",天乐为"至乐"。《庄子·至乐》云"至乐无乐"。之所以称之为无乐,是因为它是天之乐,天无所谓乐与不乐。人能达此境界必然"通于万物"(《庄子·天道》),而能通于万物,人真就与天地合一了。因此,人与天合,不仅具有实践上遵循规律的意义,而且还具有精神上通达天道的意义。

(二) 山水

"天地"主要是哲学概念,而"山水"则主要是美学概念。作为美学概念的"山水"发轫于先秦。孔子云"知者乐水,仁者乐山"(《论语·雍也》),这水与山成为乐的对象,说明它们已进入审美领域了。

山与水合成一个概念,应该是在魏晋。此时出现了以山水为题材的诗歌和画作,后人名之为山水诗、山水画,应该说,在这个时候,山水就成为一个美学概念,它不再指称自然形势,而专指自然美本体。东晋的谢灵运是中国第一位山水诗诗人。他的名篇《石壁精舍还湖中作》用到了"山水":"昏旦变气候,山水含清晖。"东晋另一位文学家左思的《招隐(其一)》亦用到了"山水",云:"非必丝与竹,山水有清音。"

"山水"与"天地"存在着内在联系。天地是宇宙概念,山水是宇宙的一部分,将山水归于天地,是不错的,但一般不这样做。在天地与山水这两个概念间,人们的关注点是它们不同的意义。从总体上来说,天地是哲学概念,而山水是美学概念。言天地,总离不开言本,人们认为天地是人之本、万物之本。言山水,总离不开言美,人们认为山水具有最大、最高的美,并且认为它是人工美之母、之师。天地虽然兼有物质与精神、具象与抽象两个方面的意义,但是由于它在时空上的无穷性,人们更多地从精神上、从抽象意义上去理解它。而山水则不是这样。虽然它也兼有物质与精神、具象与抽象两个方面的意义,但人们更看重的是它的物质的、具象的意义。相较于天地,山水具体得多,感性得多,亲和得多。如果说天地给予人的更多是理,是启示,那么,山水给予人的更多是美,是快乐。

"山水"与"自然"也存在着内在联系。自然,就其作为性质来说,它说的是性质中的一种——本性。凡物均有其本性,不只是自然物有本性,人也有本性。所以,自然不是自然物。自然,也作为物来理解。作为物,名之曰自然物,自然物的根本性质是非人工性。山水属于自然物。自然物的价值可以从两个方面来理解:一方面,自然物具有对自身及对整个自然界的价值,其中包括生态价值;另一方面,它也具有对人的价值,是这种价值让它接受人的评价、利用。山水的价值,也有这两个方面,但是,山水作为美学概念,凸显的是审美价值。因此,言及山水,我们几乎完全忽视其对自身的及对整个自然界的价值。

相较于"风景"概念,"山水"又抽象得多。可以这样说,山水,当其进入人的审美视界就成为风景。我们通常也将风景说为"景观",其实,风景只是景观中的一种——自然景观。

中国的自然环境审美早在先秦就有萌芽,但一直没有一个合适的概念来描述它。"山水"的出现,意味着自然环境审美独立了。

中国的山水意识,有一个发展的过程。大体上,先秦时注重以山水"比德",至魏晋南北朝注重山水"畅神",由"比德"到"畅神",明显体现出山水审美的自觉性的出现。郭熙在《林泉高致》中探寻君子爱山水的缘由,云:"君子之所以爱夫山水者,其旨安在? 丘园养素,所常处也;泉石啸傲,所常乐也;渔樵隐逸,所常适也;猿鹤飞鸣,所常观也。"明确将山水与人的关系归于人之"常处""常乐""常适""常观"。如果说"常处""常适"涉及居住,那么,这"常乐""常观"就属于审美了。

关于山水画，郭熙说："世之笃论，谓山水有可行者，有可望者，有可游者，有可居者。画凡至此，皆入妙品。但可行可望，不如可居可游之为得。"（《林泉高致·山水训》）这说明，在中国人的心目中，山水，不管是现实山水还是画中山水，都具有家园感，山水是环境的概念。

（三）山河（河山、江山）

中国传统文化中，除了"山水"这样倾向于表达纯审美意象的概念，还有一些注重在审美中凸显国家意识的环境概念，主要有"山河""江山""河山"等。

南北朝的文学家庾信在《哀江南赋序》中用到"山河"概念，文云："孙策以天下为三分，众才一旅；项籍用江东之子弟，人惟八千，遂乃分裂山河，宰割天下。岂有百万义师，一朝卷甲，芟夷斩伐，如草木焉？"这里的"山河"指国土，也指国家。《世说新语·言语》也这样用"山河"概念，文曰："过江诸人，每至美日，辄相邀新亭，藉卉饮宴。周侯中坐而叹曰：'风景不殊，正自有山河之异！'皆相视流泪。"

与"山河"概念相类似的有"江山"。《世说新语·言语》中有一段文字："袁彦伯为谢安南司马，都下诸人送至濑乡。将别，既自凄惘，叹曰：'江山辽落，居然有万里之势！'"这里的"江山"从字面上看，似是赞美自然风景，但这不是一般意义上的自然风景，而是祖国、国家、国土等意义上的自然风景，江山成为祖国、国家、国土以及国家主权等意义的代名词。

"河山"原是黄河与华山的合称。《史记·天官书第五》："及秦并吞三晋、燕、代，自河山以南者中国。"这里的"河"指黄河，"山"指华山。但后来，河山用来指称祖国、国家、国土以及国家主权。《史记·赵世家》："燕、秦谋王之河山，间三百里而通矣。"这里的"河山"指国土。

山河、江山、河山等概念虽然能指称祖国、国家、国土、国家主权等，但一般不能在文中替换成这样的概念，主要是因为山河、江山、河山等概念除具有祖国、国家、国土、国家主权等意义外，还具有审美的意义，其审美特性为壮美、崇高。一般来说，在国家遭受外族入侵的形势下，人们多用山河、江山、河山来指称祖国、国家、国土及国家主权。南宋诗词用这类概念最多,显示出深厚的忧患意识和昂扬的爱国主义情感。

（四）家国（社稷、田园）

很难说"家国"是环境概念,但是在一定的语境下,可以将其看作环境概念。

"家国"是"家"与"国"的组合。分别开来,它们各是一种社会形态,将它们合为一体,意在强调它们的血缘关系,国是家的组合体,家是国的构成单元。家国既是实体存在,也是一种思想、情怀。"家国"概念系统主要有两个系列。

第一,由"地"到"社稷"等概念构成的"国家"系列。

《周易·乾卦·彖辞》云:"大哉乾元,万物资始。"《坤卦·彖辞》云:"至哉坤元,万物资生。""乾元"指天,"坤元"指地。这里,"始"是生命之始,"生"是生命之成。生命之成,重在养。坤,作为地,最为重要的功能是养育生命。《说卦》说:"坤也者,地也,万物皆致养焉。"养物的前提是载物。《周易·坤卦·彖辞》说:"坤厚载物。"正是因为地能载物,故地"德合无疆。含弘光大,品物咸亨",如此,地就成为万物之母。

从这些表述来看,虽然是天与地共同作用生物,但地的作用更为人所看重。这种情况的出现,与农业社会有重要关系。农业社会虽然重视天象,但更重视大地。基于农业,让人顶礼膜拜的"大地"演化成了更让人感到亲和的"土地"。

大地是哲学化的概念,土地是功利化的概念。先秦古籍中,大地哲学主要集中在《周易》,土地功利则主要集中在《周礼》。《周礼·地官司徒第二》云"以土会之法,辨五地之物生","五地"指山林、川泽、丘陵、坟衍、原隰。土地功利,基础是农业,延伸则是政治,其中核心是国家、国土、国家主权。

正是因为土地有这样重要的功利,所以土地就成为祭祀的对象。于是,一个标志祭地的概念——"社"产生了。"社"与"稷"相联系,《孝经》云:"稷者,五谷之长。……故立稷而祭之。"社稷本来指两种祭礼,但此后引申出国家的意义，成为国家的另一称呼。

第二，由田园、园田、农家、田家等构成的"家园"系列。

这套概念系列衍生出了中国重要的诗歌流派——田园诗。田园诗产生的土壤是农业文明，浇灌它茁壮成长的雨露是环境审美。《诗经》中有诸多描绘农家生活的诗，应被视为田园诗的滥觞，但作为诗派，田园诗应该说是陶渊明开创的。田园诗在唐朝已相当兴盛，大诗人王维就写过诸多田园诗，如《山居秋暝》《桃源行》《辋川闲居赠裴秀才迪》《田园乐》《鸟鸣涧》《渭川田家》《田家》《新晴晚望》等。宋代田园诗写作蔚然成风。虽然田园诗也描写了农家生活的艰辛和官家对农民的压迫，具有揭示社会黑暗的价值，但是，田园诗的主体是展现田园风光之美，这无疑是最具农业文明特色的环境之美。

国家也好，家园也好，它们都由具有一定疆域的土地来承载。中华民族具有深刻的土地情结，这种情结与家国情怀复合在一起，具有极为丰富的文化内涵，成为中华民族的重要传统。

（五）仙境（桃花源、瀛壶）

中华民族理想的人物是神仙，神仙生活的地方为仙境。

神仙是自由的，可以说居无定所，但还是有相对比较固定的生活场所。神仙的居住场所大体上可以分为三类：一、天宫龙宫等；二、昆仑山、海上三神山等；三、桃花源之类。三类场所，第一类完全是虚幻的，人无法达到，值得我们重视的是二、三类，它们就在红尘中，诸多寻仙的人千方百计要寻找的就是这类仙境。

仙境中的风景极为优美，反映出中华民族崇尚自然美的传统。美好的自然风景总是以生态优良为首位的，因而所有的仙境中人与动物均和谐相处。

仙境常被人们用来作为园林建设的理想范式。最早将海上仙山引入园林的是秦始皇，据《元和郡县图志》卷一："兰池陂，即秦之兰池也，在县东二十五里。初，始皇引渭水为池。东西二百丈，南北二十里，筑为蓬莱山。刻石为鲸鱼，长二百丈。"以后的各个朝代都情况不一地将各种仙境引入园林,"一池三神山"更是成为园林建设的一种范式,沿用至今。计成的《园冶》描绘了理想的园林。他认为理想的园林应具有仙境的品格:"莫言世上无仙,斯住世之瀛壶也。"(《卷三·掇山》)"漏层阴而藏阁,迎先月以登台。拍起云流,觞飞霞伫。何如缑岭,堪偕子晋吹箫。欲拟瑶池,若待穆王待宴。寻闲是福,知享既仙。"(《卷一·相地》)

仙境基本性质是在人间又超人间。在人间,指适合人居;超人间,指它具有人间不可能具有的优秀品质——快乐,长寿,没有苦难。

陶渊明的《桃花源记》描写的桃花源是仙境的典范。桃花源人本生活在世俗社会中,只是因为逃避战乱才迁到这里,与世隔绝,从而"不知有汉,无论魏晋"。他们的长相、穿着与世俗之人没有什么不同,"男女衣着,悉如外人",但他们"黄发垂髫,并怡然自乐"。桃花源与世俗社会也没有什么不同,"阡陌交通,鸡犬相闻"。如果要找出什么不同,那就是和谐,就是宁静,就是快乐,就是长寿。

仙境作为中华民族的环境理想,是中华民族建设现实生活环境的指导,具有重要的意义。

三、中国古代环境意识的基础:农业文明

中国古代有关环境问题的思考与实践由来已久,溯其源,可达史前。史前人类早期的生产方式是渔猎,基本上是在相对固定的地域或地区生活,或是依赖着一片草原,或是依赖着一片山林,或是依赖着一片水域。渔猎的地区能够让人对这片土地产生一定的亲和感、依赖感,但是不够稳定,因为渔猎生产受资源的影响,人们不得不经常性地迁徙。而农业则不同。农业需要固守一片田园,年复一年地耕作、经营。对这块土地每年都要有投入,只有这样,才能有所收获。与之相关,农业需要定居。除非有不可抗拒的原因,农民一般不会迁移。从事农业的人们在相对比较固定的土地上一代又一代地生产着,生活着,发展着。环境的意识,从本质上来说,就产生在农业这种生产方式之中。

考古发现,距今约 12 000 年前的湖南道县玉蟾岩遗址就有稻谷的遗

存,这属于旧石器时代向新石器时代过渡的时期。此外,在江西万年仙人洞遗址和湖南澧县彭头山遗址,也发现了史前人类种植水稻的证据,这两处遗址距今均约 9 000 年。在距今约 6 000 年(属新石器时代早期)的浙江余姚河姆渡遗址,考古学家发现了大量稻谷、谷壳、稻秆和稻叶堆积,最厚处达一米。在气候干燥的黄河地区,史前人类也早早进入了农耕时代。甘肃秦安大地湾遗址,就发现了炭化黍,距今约 8 000 年。这些史实证明中华民族很早就在创造着农业文明,而环境意识包括环境的审美意识就建构在农业文明的创造之中。

中国古代的环境意识,在农业文明的基础上,向着两个方面展开:

第一,家园意识。

谈环境经常要涉及的概念是自然。自然,只有当与人相关的时候,它才成为人的自然。人的自然首先是或者基本上是物质的自然。物质的自然,对于人的意义主要是两个,一是资源,二是环境。从理论与实践上来说,前者侧重于人的生产资料与生活资料的获取,后者则侧重于人身体上和心灵上的安顿。作为身体与心灵安顿之所的环境通常被称为"家园"。

农业生产的主要场所为田野,日出而作、日落而息的农业生产中,生产地与生活地一般不会分隔得太远,生产区与居住区总是挨着的,这两者共同构成了人们的家园。家园是环境问题的核心,环境审美的本质即是家园感。

农业生产是家庭产生的物质基础。渔猎生产中,人的合作不是生产必需的前提,即便有合作,这种合作也未必需要以家庭为单位。而农业生产是必须合作的,理想的生产单位是家庭。一般来说,男人从事较为繁重的田园劳作,女人则主要从事畜养和采集的劳动。有了孩子后,一般来说,男孩是父亲的帮手,女孩则是母亲的帮手。

在中华民族,一夫一妻的家庭究竟产生于何时,还是一个正在研究的课题,从理论上说,应该是农业社会。考古发现,西安半坡仰韶文化遗址存有大量房屋基址,房子分方形、圆形两类,面积不等,绝大多数屋子面积在 12—20 平方米。这正是对偶家庭所居住的屋子。严文明先生认为,半坡居民有 300—600 人,分为三级,最低级为对偶家庭,住 12 平方米左右的小屋子,数座小屋与中型屋子(面积 20—40 平方米)组成一个大家庭或家族,若干个大家庭组成氏族公社,三五个氏族公社组成胞族公社。[①] 考古发现,半坡人已经以农业为主要的生产方式了。可以说,中华民族最早的家庭就是应农业生产之需而建立的,并稳固地成为社会的基本单位。甲骨文中的"家",上为屋顶形,有覆盖的意义;下为豕,即猪。"家"字的创造明显表现出农业文明的影响。

中华民族最早的国家形态应是由氏族公社构成的胞族公社,胞族公社的首长就是族长,因此,以胞族公社为基本性质的国家实际上就是放大的家。炎帝部落与黄帝部落在实现合并之前都是胞族公社,其合并后,性质有了变化,成为胞族公社的联盟。

尽管由胞族公社联盟所构成的国在性质上与家有了区别,但社会的基本单位仍然是家。重要的还不是家这样的单位的存在,而是家观念一直是社会的主导观念,血缘关系一直被视为社会的基本关系,这和儒家学说有着重要关系。进入文明社会后,儒家试图为社会制定行事规则。儒家的基本立场是家观念。儒家建构的公民道德,其基础是正确处理家庭人员的关系。家庭人员之间的良性关系建立在等级和友爱两重原则的基础之上,而等级与友爱均以血缘亲疏为最高原则。儒家将这套家庭伦理观念推及社会,建立社会伦理,于是国就是放大的家,君主是全国人民共同的家长,而全国人民均是这个大家庭中的成员。

家意识的扩大即为国意识,国意识的缩小就是家意识。儒家经典《大学》云:"欲治其国者,先齐其家。""家齐而后国治。"齐家是治国之先,这"先"不仅具先后义,而且具习用义,就是说,齐家是治国的演习或者说练习,治国是齐家之后的大用。如此说来,治国与齐家在基本原则与方

[①] 参见严文明《仰韶房屋和聚落形态研究》,《仰韶文化研究》,北京:文物出版社 1989 年版,第 180—242 页。

式上是相通的。

中国文化中有两个重要概念——"国家"和"家国"。言"国家"，实际上说的是"国"，但要以"家"托着；言"家国"，虽然是既说"家"又说"国"，但是以"家"为先或者说为前的。不管是"国家"概念还是"家国"概念，"家"与"国"均密切联系，不可分割。

中华民族的环境意识具有强烈的家国情怀。这是中华民族环境意识包括环境审美意识的重要特质。这种特质的产生与中华民族以农为本的生产方式以及因此建构的家国意识有着重要关系。

第二，天人关系。

环境问题说到底还是天人关系问题。天人关系应该是人类共同的问题。天人关系中的"天"具有多义性，它可以理解成自然界，可以理解成上天的意旨、鬼神的意旨乃至不可知的命运等。从环境美学的维度来看，这"天"，只能理解成自然，但不能把所有自然现象都理解成环境，只有与人的生存、生活相关的那部分自然，可以被看作环境。

中国文化的以农为本，在很大程度上影响着中国人的天人关系。农业的基本性质是代自然司职，基于此，农业文明中的天人关系有两种形态：

其一，人与第一自然的关系。第一自然是人还不能对它施加影响的自然，而它可以对人的生产、生活产生影响。以人代自然司职为基本性质的农业，本就融会在自然活动的体系中，比如，春天，是万物生长的时节，也是播种农作物的时节。可以说，农作物及畜养物，都与自然共生，既如此，农业全面地接受着大自然的影响，包括有利的影响和不利的影响。对于这种影响，人们非常敏感。从农业功利的维度，人们形成了对于自然现象相对固定的审美观念。就天象景观来说，风调雨顺的景观是美的，狂风暴雨的景观就被认为是丑的。杜甫诗云："好雨知时节，当春乃发生。随风潜入夜，润物细无声。"（《春夜喜雨》）这"雨"好是因为"润物"。就大地景观来说，膏壤沃野、新绿满眼，是美的；不毛之地、荒寒之地，就是丑的。虽然在自然景观的审美过程中，人们不一定都会想到农业,但潜意识中,农业功利已成为衡量自然景观美丑的重要标尺。或者说,农业功利意识早就化为中华民族的集体无意识。

其二,人与第二自然的关系。第二自然是人工创造的自然。对于人工创造的自然,人类对它们具有极为真挚深厚的情感。农业文明中第二自然的整体形象为田园。田园中既有庄稼、牲畜等人造的自然物,也有人造的自然活动,它们共同构成一种田园景观。这种田园景观成为农业环境审美的重要对象。与之相关,田园诗以及田园散文在中国文学体系中占有重要地位。中华民族其乐融融的天伦之乐以及耕读传家的传统都建立在田园生活的基础上。正是因为如此,中国古代环境美学的一大特点就是重视田园环境的审美。

中国人的环境观念虽然在很大程度上受到以农为本的影响,但亦不受其约束。中国人的世界观既有务实的一面,又有务虚的一面;既有执着的一面,又有超越的一面。表现在环境审美上,则是既重功利——潜意识中的农业功利,又重超越——主要是对物质功利包括农业功利的超越。陶渊明在这方面很有代表性。他的《读山海经(其一)》云:

> 孟夏草木长,绕屋树扶疏。众鸟欣有托,吾亦爱吾庐。既耕亦已种,时还读我书。穷巷隔深辙,颇回故人车。欢然酌春酒,摘我园中蔬。微雨从东来,好风与之俱。泛览周王传,流观山海图。俯仰终宇宙,不乐复何如!

诗中的景观审美明显具有田园风味,功利性也是有的,如"欢然酌春酒,摘我园中蔬";但是,当说到"微雨从东来,好风与之俱"就已经实现超越了。诗人更多体会到的不是功利,而是自然风物与人身心合一的美妙,最后诗人上升到哲学的高度——"俯仰终宇宙,不乐复何如!"

陶渊明是一位具有多重身份的诗人。首先,他是农民,农作物长得好不好,直接关系着生存,因此,他在意"种豆南山下,草盛豆苗稀。晨兴理荒秽,带月荷锄归。道狭草木长,夕露沾我衣。衣沾不足惜,但使愿无违"[《归园田居(其三)》]。但是,他不只是农民,他还是诗人,因此,他能够说:"翩翩飞鸟,息我庭柯。敛翮闲止,好声相和。"(《停云》)更重要的是,他是哲学家,他能超越一切功利,实现与自然之间心灵的对话:"结庐在人境,而无车马喧。问君何能尔? 心远地自偏。采菊东篱下,悠然见南山。山气日夕嘉,飞鸟相与还。此还有真意,欲辩已忘言。"[《饮酒(其五)》]

以农为本,说的只是经济基础,审美与经济基础是存在联系的,但是这种联系更多是间接的、隐晦的、精神的、超越的。基于此,虽然中华民族对于自然环境的审美的根基是农业,但其表现方式是多元的、丰富多彩的。

四、中国古代环境美学理论体系(一):天人关系

如从黄帝时代算起,中华民族拥有五千年的文明,这文明中包含对环境美学问题的深层思考,形成了相当完善的理论系统。环境理论体系首先是环境哲学,环境美学是环境哲学的组成部分。环境哲学的核心问题是人天关系论。

(一)环境哲学中的天人关系

虽然人天关系不等于人与自然的关系,但人与自然的关系无疑是人天关系的主体。长期以来,中华民族对此问题有着诸多深刻的思考,大体上可以分为三个方面。

1. 天人合一论

张岱年先生说:"中国哲学有一个根本思想,即'天人合一',认为天人本来合一,而人生最高理想,是自觉地达到天人合一之境界。"①天人合一,有诸多理论。首先它涉及"天"的概念,天有自然义、本性义、天道(理)义、造物神义、鬼魅义,还有不可知义。其次,"合"亦有多种含义,有唯物主义的解释,也有唯心主义的解释,比如董仲舒的天人感应论,完全是唯心主义的。最后,这"合一"的"一",究竟是天,还是人,并不定于一

① 张岱年:《中国哲学大纲——中国哲学问题史》,北京:昆仑出版社2010年版,第6页。

尊。为了强调天的权威性,天人合一,这"一"就是天;为了凸显人的主体性,天人合一,这"一"就是人。比如张载的"为天地立心"说,也是天人合一。在张载看来,天地只是物质,并无精神,而人有灵性、有心性。他的"为天地立心"说,实质是让自然为人造福,凸显的是人的主体性。他并不否定自然规律的客观性,也不反对遵循自然规律办事,只是在这一语境中他不强调这一点。

天人合一论的精华是自然的客观性与人的主体性的统一。《周易·革卦》说:"汤武革命,顺乎天而应乎人。"顺乎天,顺的是天理;应乎人,应的是人心。这句话也许是中国古代天人合一思想的最佳表达。

天人合一论最有思想性的观点,是老子的"道法自然"说。其全句为"人法地,地法天,天法道,道法自然"(《老子》第二十五章)。这种表述,是有深意的。"人法地"的"地",是指大地。人的确只能效法或师法自然——特别是与人共同生活在大地上的自然物——进行创造。"地法天"的"天"不是指与大地相对的天空,而是指整个宇宙。作为部分的地,理所当然应服从整体的天。"法天",服从天,遵循天。那么,"天"又应服从、遵循什么呢? 老子说是"道"。道即规律。宇宙,即天,它的运行是有序的,有规律的。"道"从何来,又是什么? 老子认为道就在事物本身,道不是别的,就是事物之本然/本质,也就是自然——自然而然。本然是外在形态,本质是内在核心,自然而然是存在方式。作为宇宙整体的"天",究其本,是道的存在。人生活在地上,法地而生;地作为天的一部分,法天而存;天作为宇宙整体,循道而行;而道不是别的,就是事物自身的存在,包括它的内在本质与外在形态。说到底,人作为宇宙的一部分,其存在也应"法自然"。"法自然",于人而言,即是尊重人自身的自然,同时也尊重人以外的他物的自然,包括环境的自然,实现两种自然的统一。只有这样,人才能生存,才能发展。老子的"道法自然"具有深刻的人与环境和谐论以及生态和谐论思想。

2. 天人相分论

与天人合一论相对立的是天人相分论。持此论者,最早是荀子。他说"天行有常,不为尧存,不为桀亡。应之以治则吉,应之以乱则凶",强调要"明于天人之分"。(《荀子·天论》)庄子反对"以人灭天",对于治马高手伯乐残害马的天性的种种作为予以猛烈抨击,他尖锐地嘲讽鲁侯"以己养养鸟"导致鸟"三日而死"的愚蠢做法(《庄子·至乐》)。高度重视民生的管子也谈天人相分,他的立论多侧重于生产与生活。管子认为"天不变其常,地不易其则,春秋冬夏不更其节,古今一也"(《管子·形势》),强调"天"即自然规律是客观的、不变的,人必须法天、遵天,"凡有地牧民者,务在四时,守在仓廪"(《管子·牧民》)。管子还谈到环境建设,说要"因天材,就地利,故城郭不必中规矩,道路不必中准绳"(《管子·乘马》),一切从实际出发,尊重自然。

天人相分是客观存在的,不需要人为,而天人合一,需要人为。只有承认天人相分,并且努力认识进而把握天地之道、实践天地之道,才能实现天人合一。天人相分的观点,中国历代均有人在谈,如唐代有刘禹锡的"天人交相胜"说、柳宗元的"天人不相预"说。宋明理学虽更多地谈天人合一,但首先肯定的还是天人相分,是在肯定天人相分的前提下强调天人合一。

3. 天人相参论

《周易》提出天人地"三才"说。"三才"说的伟大价值在于彰显人在宇宙中的地位。人不仅居于天地之中,而且参与天地的创造。《中庸》更是明确提出,人"可以赞天地之化育","与天地参"(第二十二章)。

人"与天地参",有两种理解。按天人相分论,是天做天的事,人做人事,人不去干扰天地的运行。荀子说:"天有其时,地有其财,人有其治,夫是之谓能参。"(《荀子·天论》)按天人合一论,则是人一方面尊重天,循天而行;另一方面运乎心,逐利而行。天理与人利实现统一,天理为真,人利为善,两者的统一为美。

(二)环境建设与环境审美中的天人关系

中国古代的天人关系哲学是中国人的思维法则,也是中国人环境建设的指导思想。

中国人的环境建设开始于筑巢而居。《韩非子》云："上古之世,人民少而禽兽众,人民不胜禽兽虫蛇。有圣人作,构木为巢以避群害,而民悦之,使王天下,号之曰有巢氏。"(《韩非子·五蠹》)有巢氏的时代是巢居开始的时代,这个时代对于初民审美意识的生发具有极其重要的意义。居,是生存第一义。动物的居住,大体上有两种:一种基本上是利用自然环境,将就一个居住场所;另一种则是利用自然物质,建设一个居住场所。前者的特点是"就",后者的特点是"建"。人类的居住场所,原来主要是"就",比如,住在山洞里,为穴居。当人类觉得这种居住场所不理想,想自己动手盖一个屋子的时候,建筑就产生了。

从目前的考古发现来看,在旧石器时代,人类居住在洞穴里。而到了新石器时代,人类才开始建造属于自己的屋子,这距今大约一万年。

有两类建筑是值得格外注意的。一类是部落举行祭祀或集会的大房子,在距今 7 000—5 000 年的仰韶文化时期已有。在仰韶村遗址,考古人员发现一座面积在 130 平方米以上的大屋子;在半坡遗址,发现一座面积近 160 平方米的大房子;又在西坡遗址,发现一座面积竟达 516 平方米的房子。这更大的房屋,结构复杂,四周设有回廊,为四阿式建筑。我们有理由猜想,这大房子是部落最高首领举行重大活动的地方,相当于故宫中的太和殿。这样的建筑发现让建筑与礼制结上了关系,意义巨大。

另一类建筑为园林。园林的出现比较晚,考古发现,夏代、商代是有园林的。据甲骨卜辞记载,这样的园林,其功能是多元的,包括狩猎功能、种植功能、豢养功能,还有休闲观景等功能。这最后一项功能,我们可以将它概括为审美功能。此后的发展中,园林的狩猎功能、种植功能、豢养功能消失,园林成为人们的另一住所,这另一住所的最大好处是景观美丽,人们在这里可以放松身心,尽情地欣赏美景、宴饮欢乐。园林的审美功能日益凸显,成为园林的主导功能。园林,本来不是艺术,但因为审美功能成为园林的主导功能,而跻身艺术。如果要说这艺术与其他艺术有什么不同,那就是这艺术还保留着物质功能——可居。于是,园林成为艺术中唯一兼有物质功能的特殊存在。

城市是人类居住相对集中的地方,是一定区域内的政治中心、经济中心、交通中心和文化中心。城市出现得很早,距今约 6 000 年的凌家滩遗址出土了许多精美的玉器,其中有玉龙、玉冠饰、玉鹰、玉钺等只有部落首领及贵族才能拥有的玉器,专家认为,这个地方很可能就是古代的一座城市。无疑,城市是当时当地最为优越的生活环境。优越的生活必然不只是物质上富足,还包括精神上富足,而精神上富足,其最高层次无疑是审美。

就是在建设优秀的生活环境的过程中,人们逐渐形成了一些环境审美意识。这些意识,一方面是环境哲学的具体展开,另一方面,又是环境建设的理论指导。在中华民族长达五千年的环境建设实践中,有一些环境审美意识是最值得重视的。

1. 人为主体

环境建设中,人为主体。环境与自然不一样。自然可以与人不相干,而环境则不能没有人。人于环境不是被动的,而是可以按自己的需要选择并建设环境。前文谈到,环境于人的第一要义是居住,不是所有的自然环境都适合人居住,就是适合人居住的环境,其品位也有高下之别。这里就有一个人选地的问题。柳宗元在他的散文中说起一件逸事:潭州地方官杨中丞为名士戴简选了一块风景不错的好地建造住宅。在柳宗元看来,戴氏算是找到一块与他的心志相符的好地了,而这块好地也算是找对了主人,两者可说是惺惺相惜。于是,他说:"地虽胜,得人焉而居之,则山若增而高,水若辟而广,堂不待饰而已奂矣。"(《潭州杨中丞作东池戴氏堂记》)在审美关系中,物与人两个方面,柳宗元更看重的是人。在《邕州柳中丞作马退山茅亭记》中,他明确地说:"美不自美,因人而彰。"

人的主体性是环境审美的第一原则。主体性原则既表现在对自然的尊重上,也表现在对人的需要(包括审美需要)的充分考虑上。

2. 观天法地

环境建设中人的主体性突出体现在观天法地上。

观天法地有两个方面的意义：一、自然基础。天指天气，地指地理，二者都关涉到人的生存与发展问题。《周礼·考工记》就记载了营建都城时匠人对地形与日影的测量情况："匠人建国，水地以县，置槷以县，视以景。为规，识日出之景与日入之景，昼参诸日中之景，夜考之极星，以正朝夕。"二、礼制需要。中国人的环境建设重视礼制。都城是皇帝所居的地方，对于天象的观察尤其重要。皇帝居住的正殿应对应天上的紫微星。长安正是这样的："正紫宫于未央，表嶢阙于闾阖。疏龙首以抗殿，状巍峨以岌嶪。"按张衡《西京赋》的说法，西汉的都城长安与刘邦还有一种特殊的关系："自我高祖之始入也，五纬相汁以旅于东井。"这是说"五纬"即金木水火土五星"相汁"（和谐），并列于"东井"（即井宿）。

3. 重视因借

中国的环境建设强调尊重自然。计成提出园林建设"因借"说，"因"的、"借"的均是自然："因者：随基势之高下，体形之端正，碍木删桠，泉流石注，互相借资；宜亭斯亭，宜榭斯榭，不妨偏径，顿置婉转，斯谓'精而合宜'者也。借者：园虽别内外，得景则无拘远近，晴峦耸秀，绀宇凌空；极目所至，俗则屏之，嘉则收之，不分町疃，尽为烟景，斯所谓'巧而得体'者也。"（《园冶·兴造论》）"因借"理论不仅适用于园林，也适用于一切环境建设。

4. 宛自天开

虽然总体上中国的环境建设以老子的"道法自然"说为最高指导思想，强调尊重自然格局、以自然为师，但是，也不是一味拜倒在自然的脚下，毫无作为。如《周易》的"三才"说，《中庸》的"与天地参"说。特别是荀子，其建立在"天人相分"哲学基础上的"有物"说，更是宣扬人的主体精神，强调向自然索取："大天而思之，孰与物畜而制之？从天而颂之，孰与制天命而用之？望时而待之，孰与应时而使之？因物而多之，孰与骋能而化之？"（《荀子·天论》）荀子的"骋能而化之"是对"道法自然"说的重要补充。事实上，中国的环境建设所持的建设理念正是"道法自然"与"骋能而化之"的统一。计成说园林"虽由人作，宛自天开"，堪为对这统一的精彩表述。

"宛自天开"既是对天工最高的赞美，也是对人工最高的赞美。除此以外，中国人的园林学说中还有"与造化争妙"（李格非《洛阳名园记·李氏仁丰园》）的观念。这与中国绘画理论中"画如江山""江山如画"的说法完全一致。"画如江山"，江山至美；"江山如画"，画又成最高之美了。概括起来，我们可以这样表述：天工至尊，人工至贵。

5. 遵礼守制

中国文化的礼制精神可以追溯到史前，史前的彩陶、玉器就是礼器。进入文明时代后，夏、商两朝均有礼制的建构，只是不完善。到周朝，主政的周公花大气力构建礼制。从《周礼》一书，我们可以看出周朝的礼制是何等的完备！儒家知识分子极力鼓吹礼制。自汉代始，以礼治国成为中国数千年治国的基本方略。礼制对中国人生活的影响是广泛而又深刻的，不独在政治中，也在环境建设之中。《周礼·考工记》就明确地说匠人营建国都是有礼制规定的："匠人营国，方九里，旁三门。国中九经九纬，经涂九轨，左祖右社，面朝后市……"礼制虽然渐有变异，但基本上是有承传的，像宫殿建筑群的设置，"左祖右社，面朝后市"被一直贯彻下来，没有改变。

中国古代环境建设的礼制有一个核心的东西，就是等级制。这种等级制在统治者看来归属于天理，也就是说，人间的秩序是对应着天上的秩序的，因而它具有神圣性，不可违背。这种等级制好不好，不是我们在这里要讨论的问题。从审美的维度来看这种等级制，我们只能说，它营造了一种秩序，这种秩序经过礼制制定者或维护者的阐述，显出它的庄严与神圣。于是，中国的宫殿建筑因这种秩序表现出一种美——崇高之美。这种崇高感，恰如张衡《西京赋》所言："惟帝王之神丽，惧尊卑之不殊。"

中国礼制的等级制不仅表现为由百姓到天子的递升体系，也体现为天子居中、臣民拱卫的体系，因此，在中国古代的环境建设中，中轴线是非常重要的，因其体现了礼制的尊严。而于审美来说，中轴线的设置的确创造了一种美——"中"之美。审美意义上的"中",具有稳定感、平衡感。人体具有中轴线,脊柱就是中轴,大体上两边对称。在中国,中之美不仅具有人体学的依据,还具有文化意义:中国自称中国,认为自己居世界地理之中,同时也是世界文化之中心,因此,中之美在中国特别受到青睐。

6. 活用风水

风水分为阳宅风水与阴宅风水,阳宅风水讲如何选择居住地,阴宅风水讲如何选择墓地。两者其实相通之处很多,基本原理一样。认真地研究风水的内容,迷信与科学兼而有之。从科学角度言之,它是中国最古老的建筑环境学、环境美学的萌芽。从迷信角度言之,它是中国古老的巫术文化的遗绪。而在哲学思想上,它是中国古老的天人合一论在地理学上的集中体现。

中国最古老的诗歌总集《诗经》中有关于相地的记载。《诗经·大雅·公刘》详细地描述了周人的祖先公刘率众迁居豳地的过程。公刘择地,注意到了这样几个方面:一、根据地的向阳向阴,辨别地气的冷暖,选择温暖的地方居住;二、根据地势的高低,选择干燥平坦的地方居住;三、根据山林情况,选择靠山的地方居住。从此诗的描绘来看,公刘择地既考虑到了实用价值又考虑到了审美价值。这些考虑可以视为中国风水学的萌芽。

中国风水学中的择地,虽然看起来很神秘,但其实不外乎两个标准,一是实用,二是美观。二者在风水学上是统一的。只要到通常视为风水好的地方去看看,不难发现,所谓风水好,好就好在对人的生存有利,对事业的发展有利,对审美的观赏有利,这三者缺一不可。

中国风水学,其实质是生命哲学,好的风水主要在于它有生命的意味或者说"生气"。《黄帝宅经》云:"宅以形势为身体,以泉水为血脉,以土地为皮肉,以草木为毛发,以舍屋为衣服,以门户为冠带,若得如斯,是事严雅,乃为上吉。"在中国风水学看来,美与善是统一的,就是说,凡风水好的地方均是风景美好的地方。《黄帝宅经》云:"《三元经》云:地善即苗茂,宅吉即人荣。又云：人之福者,喻如美貌之人。宅之吉者,如丑陋之子得好衣裳,神彩尤添一半。若命薄宅恶,即如丑人更又衣弊,如何堪也。"

中国人的哲学是面向未来的。为了今后的幸福,也为了子孙后代的幸福,甚至为了那不可知的来世的幸福,中国人用了一切办法,甚至包括相地这样的办法,来为自己以及死去的亲人寻找一个合适的长眠之地。风水学从本质上来说,是中国人特有的未来学。

风水学存在着道与术两个方面的内容。它的道主要是中国古代以阴阳为核心的哲学思想、天人合一思想、礼制思想。它的术则有重地形的"峦头"说和重推算的"理气"说。

风水学内容丰富,合理的、不合理的,乃至迷信的东西都有。它也存在理解与运用上的问题。事实上,古人运用风水理论就存在着诸多差别,宜具体问题具体分析,不可笼统论之。自古以来,关于风水学的争议不断,但其一直拥有旺盛的生命力。不管到底应对风水学作何评价,它的影响是客观存在的。今天我们有责任对它做深入的研究与分析。当代,最重要的是领会它的精神,是活用。

五、中国古代环境美学理论体系（二）：家国情怀

环境美学的本质为家园感。在中国,家园感分为两个层次:一是家居,二是国居。家居与国居具有一体性,从而显示出一种情怀——家国情怀。

（一）中国古代环境美学中的家园意识

家园感,集中体现在以"居"为基础的生活之中。《说文解字》释"家":"家,居也。"中国传统文化中的"居",根据居住场所可分为城居、乡居、园居、山居等,根据居住的质量则可分为安居、和居、雅居、乐居四个层次。对于环境美学来说,我们关注的主要是居住的质量。中国古代环境美学理论体系的核心是家居意识,具体来说,有以下五个方面。

1. 安居

先秦诸子对于"安居"都非常重视,儒家最为突出。安居主要指人的

生命财产的保全。安或不安,一是取决于自然,二是取决于社会。对于来自自然的原因,因为诸多因素不可知,所以,诸子谈得不多,谈得多的,主要是社会的平安。社会的平安首先是政治上的,其中最重要的是没有战乱。孔子于此深有体会,他说:"危邦不入,乱邦不居。天下有道则见,无道则隐。"(《论语·泰伯》)逃避战乱,固然不失为明智之举,但反对战乱,消弭战乱的根源,更是儒家积极去做的。老子也是主张"安其居"的,他坚决反对战争,义正词严地警告统治者:"民不畏死,奈何以死惧之?"(《老子》第七十四章)社会的动乱不仅来自国与国之间的争夺杀戮,也来自统治者对人民的严酷的压迫与剥削。儒家主张仁政,反对苛政,意在让人民安居。中国古人所有关于安居的言论闪耀着人道主义的光芒。

2. 和居

和居,同样是侧重于社会上人与人之间的和谐。儒家于这方面贡献尤其突出。儒家认为和居的根本是尊礼重道:"有子曰:礼之用,和为贵。先王之道,斯为美。"(《论语·学而》)墨子主张以爱治国,他说:"诸侯相爱,则不野战;家主相爱,则不相篡;人与人相爱,则不相贼;君臣相爱,则惠忠;父子相爱,则慈孝;兄弟相爱,则和调。天下之人皆相爱,强不执弱,众不劫寡,富不侮贫,贵不敖贱,诈不欺愚。凡天下祸篡怨恨,可使毋起者,以相爱生也。"(《墨子·兼爱中》)墨子与孔子的和居思想都具有乌托邦的色彩,但精神非常可贵。

3. 雅居

雅居,源推隐士生活。中国的隐士文化源远流长,可追溯到商代的叔齐伯夷,而真正成为一种文化可能是在汉代。南齐文人孔稚珪作《北山移文》揭露隐士周颙"假步于山扃""情投于魏阙"的虚伪,可见此时"隐"已经成为重要的社会现象了。隐士过着仙人般自由自在的生活,充分享受着山林泉石之乐。

欧阳修说"举天下之至美与其乐,有不得兼焉者多矣"(《有美堂记》),有两种乐——"富贵者之乐"和"山林者之乐"(《浮槎山水记》)难以兼得。这实际上说的是隐士生活与仕宦生活难以兼得。然而,就不能想办法吗?办法是有的,那就是建别业。官员的正宅一般设在官衙的后部,由于与官衙相连,受到诸多限制,风景不佳是最大的缺点。别业一般建在郊外风景优美之处,官员于办公之余或退休之后在此生活,则可以尽享"山林者之乐"。另外,还可以在此读书、弹琴、会友、宴饮,尽享文人的生活。别业起于汉末,兴盛于唐,最著名的别业为王维的辋川别业。可以说,别业开私家园林的先河。

私家园林的生活是真正的雅居生活。《园冶》说园林中的生活"顿开尘外想,拟入画中行","尘外想"即隐士情怀,"画中行"即游山玩水,无疑,这就是雅居了。当然,雅居生活不只是"画中行",还有文人们醉心的其他生活,如弹琴吹箫、写诗作画等。文震亨的《长物志》描写园林中室庐、花木、水石、禽鱼、书画、几榻、器具、位置、衣饰、舟车、蔬果、香茗等种种设施,无不透出清雅高洁的情调。

雅居兼"山林者之乐"与"富贵者之乐"两种乐,又添加上文人情调,其环境之雅洁与人物之清高融为一体,如文震亨所说:"门庭雅洁,室庐清靓,亭台具旷士之怀,斋阁有幽人之致。"(《长物志·室庐》)雅居是中国知识分子理想的生活方式,与之相应,园林也就成为他们理想的生活环境。

4. 乐居

乐居,是中华民族最高的生活追求。它有两种哲学来源,一种是道家哲学。道家哲学认为,人生最大的问题是处理人与自然的关系,而处理好这一关系的关键,是"法自然"。这其中具有一定的生态和谐的意味,一是老子所说的"为无为",强调本色生存;二是为了保护资源,对动物要有一定的关爱,不可竭泽而渔;三是在审美层面,强调人与自然的和谐,如辛弃疾所说的"我见青山多妩媚,料青山、见我应如是。情与貌,略相似",又如计成所说的"鹤声送来枕上""鸥盟同结矶边"。

另一种是儒家哲学。儒家哲学认为,人生最大的快乐是仁爱相处,其中统治者与被统治者的仁爱相处最难,也最重要。为此,儒家提出礼乐治国,以礼区别等级,保证统治者的利益;以乐和同人心,削减阶级对立。孟子提出"与民同乐"论,他的"乐民之乐者,民亦乐其乐。忧民之忧者,民亦忧其忧"(《孟子·梁惠王下》)成为几千年来儒家津津乐道的经典。

理学是综合了儒道释三家思想而以儒学为主干的思想学说,对于乐居,亦有着诸多言论,这些言论相对集中在关于"颜子之乐"的讨论之中。《论语》中的颜子,生活极端贫困,然而,生活得很快乐。为什么能这样?显然是精神在起作用,也就是说,他生活在一种精神世界里,是这种精神让他快乐。这精神是什么?有的说是"仁",有的说是"天地"。凡此等等,均说明,乐居最重要的是要具有一种高尚的精神境界,对于现实有一定的超越。回到环境问题,人能不能乐居,关键是能不能与环境建构起一种良性关系,人在这种关系中实现精神上的提升与超越。

5. 耕读传家

"耕读传家"是中国儒家知识分子重要的精神传统,此传统发源于先秦,成熟于清代中期。左宗棠、曾国藩堪谓此中代表,这两位清朝中兴大臣,均有过一段时间家乡务农、躬耕田野、课读子孙的经历。因为这样一种传统是在农村培养的,对于农村的建设具有重要的意义,所以我们才将它归入环境美学范围。笔者曾经在广西富川县农村做过调查,清朝时凡是大一点的村子均有自办的书院,书院遗址大多尚存。

"耕读传家"中"耕""读"二字是值得深究的。"耕",凸显中国文化以农为本的传统。治国以农为本,治家也以农为本,乃至立身也以农为本。"读"在中国有着独特的意义,读书不只是一般的学习知识,而是"学成文武艺,货与帝王家",即为国家效劳。

(二)中国古代环境美学中的国家意识

中国人的环境意识不仅具有浓郁的家园情怀,而且具有强烈的国家意识,特别是中国意识。其表现主要是:

1. 昆仑崇拜

中国人的环境观具有深厚的国家意识,这意识可以追溯到黄帝时代,突出体现是与黄帝相关的昆仑崇拜。昆仑在中国人的心目中,有着至高无上的地位。此山西起帕米尔高原，横贯新疆、西藏间，向东延伸到青海境内，全长 2 500 公里。被誉为中国母亲河的黄河、长江，其源头水系均可追溯到这里。从地理上讲，以它为主干的青藏高原是中国山河的脊梁，西高东低的格局对中国的气候乃至农业生产、中国人的生活、中国的城乡布局起着决定性的影响。因此，中国的风水学将昆仑看作中国龙脉之源。

尽管昆仑对于中华民族的生存具有重大的意义，但它成为中华民族的第一自然崇拜的根本原因还不在这里。昆仑之所以成为中华民族的第一自然崇拜，是因为昆仑是中华民族始祖黄帝最初生活的地方。《山海经·西山经》云："西南四百里，曰昆仑之丘，是实惟帝之下都。"这段记载说昆仑之丘为"帝之下都"，"帝"指谁？历史学家许顺湛说是黄帝："帝之下都即黄帝宫，其地望在昆仑丘。"①

2. "中国"概念

战国时邹衍提出"大九州"说，将全世界分为八十一州，中国为其中一州，称赤县神州。于是，"中国"的概念就有了着落。司马迁接受此种说法。他在《史记·五帝本纪》中说："尧崩，三年之丧毕……舜曰'天也'，夫而后之中国践天子位焉。""中国"这一概念在中国古籍中多有出现，一般来说，它不指具体的朝代（政权），而指以汉族为主体的中华民族所生活的这块固有的土地，因此，它主要是国土概念，同时也指在这块土地上建立的国家。

"中国"这一概念中用了"中"，体现出中华民族对于自己的国土、自己的国家的珍爱。在中华文化中，"中"不仅指空间意义上的居中，而且还有正确、恰当、核心、领导等多种美好的内涵。此外，按中国传统文化的理念，"中"就是"礼"。"《周礼·疏》引云：'礼者，所以均中国也。'"《白虎通义·礼乐》云："先王推行道德，调和阴阳，覆被夷狄，故夷狄安乐，来朝中国，于是作乐乐之。"可见，用今天的概念来解读，"礼"就是文明。

---

① 许顺湛：《五帝时代研究》，郑州：中州古籍出版社 2005 年版，第 60 页。

"中国"这一概念就是礼仪之邦、文明之邦。

3."华夏"概念

中国又称夏、华、①华夏②、诸夏③。这跟中国古代部族三集团有关，三集团为华夏集团、苗蛮集团、东夷集团。华夏集团主要由炎帝部落与黄帝部落构成，两个部落之间曾发生过战争，后来实现了统一，建立了联盟。华夏集团与东夷集团、苗蛮集团也发生过战争，最后也实现了统一。按《山海经》中的说法，三大集团还存在着血缘关系，而且均可以追溯到黄帝，为黄帝的后人。虽然《山海经》具有神话色彩，不是信史，但其中透露的信息告诉我们，主要生活在昆仑山一带、黄河流域、长江流域的史前人类之间是有着各种联系的，考古发现也证明了这一点。历史学家徐旭生认为"到春秋时期，三族的同化已经快完全成功，原来的差别已经快完全忘掉"，由于华夏集团"是三集团中最重要的集团"，"所以它就此成了我们中国全族的代表"。④

中国大地上存在着诸多民族，大家之所以认同"中国"概念，不仅是因为上面所说的种族上具有一定的血缘关系，而且是因为在长期的相处之中，诸民族的文化相互交融，达到彼此认同，以儒家为主体的汉民族文化成为中华民族文化的核心。

"夏""华"均是美好的词。"中国有礼仪之大，故称夏；有服章之美，谓之华。"(孔颖达《春秋左传正义》)将中国称为华夏，是中华民族对自己民族、国家、国土的赞美。蔡邕《郭有道碑文》云："考览六经，探综图纬，周流华夏，随集帝学。"这"周流华夏"的意思是巡视中国美好的土地，因此，华夏不仅指中华民族、中国，还指中国的国土。

中国传统文化一方面讲"夷夏之辨"，坚持夏文化优秀论(这自然有大民族主义之嫌)，另一方面也讲"夷夏一体"。孟子提出"用夏变夷"，主

---

① 《左传·定公十年》："裔不谋夏，夷不乱华。"
② 《左传·襄公二十六年》："楚失华夏。"
③ 《左传·僖公二十一年》："以服事诸夏。"
④ 徐旭生：《中国古史的传说时代》，北京：文物出版社 1985 年版，第 40 页。

张以先进的夏文化改变落后的夷文化。而实际上夏文化也不断地学习夷文化中先进的东西,战国时始于赵国的"胡服骑射"就是一例。唐代,胡文化源源不绝地进入中原地区,成就了唐文化的博大与丰富。宋、元、明、清,夏文化与夷文化基本上就没有差别了。

应该说,世界上不论哪一个民族,其环境美学观念中均有家情怀和国情怀,但是,可以说没有哪一个民族能像中华民族这样,家情怀与国情怀达到如此高度的融会:国是放大的家,家是微型的国;国之本在家,家之主在国;国存家可存,国破家必亡。中国五千年来,虽政权有更迭,但基本国土没有变过,因此,家园、国土、国家,在中国文化中,其意义具有最大的叠合性。按中国文化,爱家不爱国是不可想象的,爱家必爱国,而爱国必爱国土。

中国古代的环境美学具有浓重、深刻的家国情怀,这是中国古代环境美学的本质性特点。

六、中国古代环境美学理论体系(三):准生态意识

科学的生态系统知识,中国古代应该是没有的,但这不等于说古人就没有生态意识。在长期与自然打交道的过程中,古人已经感到人与物之间存在着一种内在的联系,这种联系让人认识到,要想在这个世界上生活得好,就必须兼顾物的利益。人与物,不能是敌对的关系,而应该是友朋的关系。于是,准生态系统的意识产生了。这些意识大致可以归结为两个方面。

(一)中国古代环境美学中的物人共生观念

对于物与人的关系,中国古代有着极为可贵的物人共生观念。主要体现在如下一些命题上。

1. 尽物之性

中国文化中有着朴素的生态观念。《中庸》说:"唯天下至诚,为能尽其性。能尽其性,则能尽人之性。能尽人之性,则能尽物之性。能尽物之性,则可以赞天地之化育。"(第二十二章)将人之性与物之性作为一个

系统来考虑,并且认为它们的利益是一致的,这种思想明显体现出原始的生态意识,难能可贵。

2. 民胞物与

"民胞物与"是北宋哲学家张载在《西铭》中提出来的。原话是:"民吾同胞,物吾与也。"前一句是说如何处理人与人之间的关系:应将民看作同胞兄弟,既是同胞兄弟,就具有血缘关系,需要彼此关照。后一句是说人与物的关系,强调人与物是朋友、同事的关系,不仅共存于世界,而且共同创造事业。

"物吾与也"中的"与"有两义:

一为"相与"义。"物吾与也"即是说物是人的朋友。将物看作人的朋友,以待友之道来处理人与物的关系,说明人与物是平等的,人要尊重物,包括尊重物的利益。计成的《园冶》,说到园林景物时,云:"好鸟要朋,群麋偕侣。槛逗几番花信,门湾一带溪流。竹里通幽,松寮隐僻。送涛声而郁郁,起鹤舞而翩翩。"(《相地》)这是一种人与物和谐相处的景观,非常动人。

二为"参与"义。"物吾与也"即是说物是人的同事。人与物共同生存在这个世界上,共同从事生命的创造。这意味着人与物存在着生态关系:人与物共处于生态系统之中,为命运共同体。

3. 公天下之物

"公天下之物"是《列子》提出来的。《列子·杨朱》云:"身固生之主,物亦养之主。虽全生,不可有其身;虽不去物,不可有其物。有其物,有其身,是横私天下之身,横私天下之物。不横私天下之身,不横私天下物者,其唯圣人乎!公天下之身,公天下之物,其唯至人矣!此之谓至人者也。"《列子》认为,人是生命,要发展;物"亦养之主",要滋养。人的发展,追求"全生";物的滋养,同样追求"全生"。人要"全生",会损害物的利益;同样,物要"全生",会损害人的利益。怎么办?《列子》提出既"不横私天下之身",也"不横私天下物",让人与物各自受到一定的利益限制,同时又各自能得到一定的发展。这就是"公天下之身""公天下之物",其实质是生态公正。

4. 天下为公

"天下"这一概念,在中国古籍中出现得很多。天下,既可以指国家的天下,也可以是社会的天下,还可以是人与物共同拥有的天下。上述《列子》所谈的"天下"是人与物共同拥有的天下,即宇宙。而儒家经典《礼记》侧重于从社会的维度来谈"天下",《礼记·礼运》说:"大道之行也,天下为公。选贤与能,讲信修睦。故人不独亲其亲,不独子其子,使老有所终,壮有所用,幼有所长,矜寡孤独废疾者皆有所养。男有分,女有归。货恶其弃于地也,不必藏于己;力恶其不出于身也,不必为己。"如果说《列子》谈天下,突出的是自然生态公正,那么,《礼记》谈天下突出的则是社会生态公正。社会生态公正的关键是人各在其位、各尽其职、各得其利,即"老有所终,壮有所用,幼有所长,矜寡孤独废疾者皆有所养。男有分,女有归"。

(二)中国古代环境美学中的资源保护意识

中国古代的环境保护意识与资源保护意识是合一的,主要表现为以下三种观念。

1. 网开一面

《周易·比卦》说:"王用三驱,失前禽,邑人不戒,吉。"朱熹对此的解释是:"天子不合围,开一面之网,来者不拒,去者不追。"周朝对于保护资源有着明确的规定:"凡田猎者受令焉。禁麛卵者,与其毒矢射者。""山虞掌山林之政令,物为之厉,而为之守禁。仲冬斩阳木,仲夏斩阴木。凡服耜,斩季材,以时入之。令万民时斩材,有期日。凡邦工入山林而抡材,不禁。春秋之斩木,不入禁。凡窃木者,有刑罚。"(《周礼·地官司徒第二》)当然,虽有这样的要求,是不是做到了,那是另一回事。事实上,在古代,对动物进行灭绝性屠杀的事时有发生。张衡在《西京赋》中就痛斥过这种行为:"泽虞是滥,何有春秋?摘澉瀙,搜川渎。布九罭,设罜麗。撢昆鲕,殄水族……上无逸飞,下无遗走。攫胎拾卵,蚳蝝尽取。取乐今日,遑恤我后!"中国古代对于生态的保护,虽然为的是人的利益,但实际上兼顾了生态的利益。有必要指出的是,这种保护,主要是出于对资源的爱惜,还不能说是为了生态环境,只是客观上起到了保护环境的作用。

2. 珍惜天物

中国的环境保护思想还体现在对物的珍惜上。古人将浪费资源和劳动成果的行为称为"暴殄天物"。唐代李绅的《悯农》诗云:"春种一粒粟,秋收万颗子。四海无闲田,农夫犹饿死。/锄禾日当午,汗滴禾下土。谁知盘中餐,粒粒皆辛苦。"这诗已经成为蒙学经典。珍惜天物,虽然目的不是保护生态,但起到了保护生态的作用。

3. 见素抱朴

崇尚朴素生活,在中国有两个源头。一是道家的道德哲学。老子主张"见素抱朴"。"素",没有染色的丝;"朴",没有雕琢的木。两者均用来借指本色。"见素抱朴",用来说做人,即要求人按照人性的基本需要来生活。这样做为的是养生,但反对奢华,有珍惜财物的意义,而珍惜财物的客观效果是保护生态。

另一源头是儒家的伦理学说——崇尚节俭。它的意义是多方面的,主要是政治方面。贞观元年,唐太宗想营造新的宫殿,但最后放弃了,他对臣下说:"自古帝王凡有兴造,必须贵顺物情。……朕今欲造一殿,材木已具,远想秦皇之事,遂不复作也。"不仅如此,他还说:"自王公以下,第宅、车服、婚娶、丧葬,准品秩不合服用者,宜一切禁断。"(《贞观政要·论俭约》)尽管唐太宗主要是从政治上考虑问题的,但不浪费、少奢华,对于资源和环境的保护还是很有意义的。

七、结　语

中国古代的环境美学是中国人在自己的生产实践与生活实践中创立的。这一历史可以追溯到史前。在进入文明时代之始,曾有过以大禹为首的华夏部落联盟与特大洪水斗争的伟大事迹。正是这场漫长的、最终以人类胜利告终的斗争,让"九州攸同,四奥既居,九山栞旅,九川涤原，九泽既陂，四海会同"（《史记·夏本纪》），中华民族美好的生活环境由此奠定，而治水的诸多经验也成为中华民族环境思想的重要组成部分。由于时代久远，我们只能凭现存的祖国山河，凭有限的文字记载，想象那场气壮山河的斗争如何再造山河。中华民族长期以农立国，以地为本，以水为命，以家国为据，以和谐为贵，以道德为理，以天地为尊，以动植物为友，以安居为福，以乐天为境。所有这些，是中国人基本的生活状态。中国古代的环境美学思想就寄寓在这种生活状态之中，并且是这种生活状态的经验总结。虽然由古到今，中国人的生活状况已经发生了巨大的变化，但是中国人的文化心理仍然保持着诸多传统的基因。更重要的是，中国人所面对的一些关涉环境的主要问题并没有发生根本性的变化，如何处理好人与自然的关系、文明与生态的关系、个人与社会的关系、家与国的关系、国与世界的关系，仍然困扰着当代的中国人。从中国古代环境思想中寻找美学智慧，以更好地处理当代环境问题，其意义之重大不言而喻。

值得特别提及的是，当代全球正在建设的生态文明与农业文明有着重要的血缘关系。如果说生态文明是工业文明批判性的发展，那么，可以说生态文明是农业文明蜕化性的回归。生态文明建设，核心是处理好环境问题，实现文明与生态的协调发展，共生共荣。这方面，农业文明会给我们诸多有益的启迪。有着五千年农业文明的中国，为我们准备了智慧的宝库，值得我们深入发掘、认真学习。

陈望衡

目　录

引　论

　　明代从洪武元年(1368)持续至崇祯十七年(1644),共 276 年。明代君主专制的政治体制高度发展,社会经济空前繁荣,文化艺术方面也达到了很高的成就。

　　明代在环境审美欣赏方面有非常丰富的经验和物态化成果。明代人不仅建造了举世闻名的北京紫禁城,而且还建造了许多深具文化品位的优美园林;在明代人丰富的诗歌、散文、小说以及山水画创作中,我们也时常发现他们对环境审美欣赏的过程和特点有独到精深的见解。明代又是我国历史上环境灾害非常严重的一个朝代,为了应对各种环境问题和生态危机,明代人对环境的治理有持续而充分的讨论,并在一些地区成功建立了高效的生态农业体系,对该地区乃至整个国家的人文和社会生态产生了深远的影响。

　　明代环境美学思想的研究离不开历史的视角,但实际上我们很难像处理某些朝代那样按照人物或者著作的线索来展开。明代于环境美学史有影响的人物众多,思想状况也异常复杂,人物和事件形成了多层次和多维度的网状结构,使我们很难用一种线性脉络来呈现这些复杂的现象。"环境"是一个带有对象化色彩的词,虽然当代环境美学的某些主张力主克服这种对象化的倾向,但我们仍然能够将环境划分为某些特定的对象化类型,如城市、园林、农业景观、自然山水等等,这不只是为了研究之便,其实也是基于我们对环境最基本的感知和理解。鉴于明代在某些环境类型方面有突出的贡献,我们选择了按照这些环境类型来构造框架并展开论述,再配合必要的有关人物和著作的讨论以及其他与明代环境美学思想相关的主题。我们希望这样的框架能够避免线性脉络带来的简单化的后果,并在空间和时间的纵横坐标中将环境类型、人物与著作、主题三者结合起来,以呈现明代环境美学思想的复杂而迷人的一面。

因此,本书的主要的框架如下:

其一,明代城市环境美学(一):北京紫禁城。

北京紫禁城是现今能看到的中国古代皇宫的唯一实体,它最集中地体现了中国古代皇宫营建的要求,所达到的工艺水平和辉煌宏伟的气势在整个世界文明史上都是非常罕见的。1402 年明成祖朱棣在南京登基之后,将首都迁至北京并营建了紫禁城。迁都北京主要基于政治和军事上的考虑,但这种考虑无疑也涉及北京重要的地理位置和环境因素。紫禁城是中国古代建筑文化的结晶,是中国古代关于宇宙、自然、人居环境等看法的物态化成果,中国古代的儒道释观念、天人合一的地理观、有机自然的整体观、风水理论、艺术审美观等等都在紫禁城这座皇家建筑中有集中的体现。

其二,明代城市环境美学(二):江南城市。

从 15 世纪到 17 世纪,明代江南地区经历了广泛的商业化和城市化进程,发达的商业活动刺激了城市潜在的活力,也带动了城市景观的变迁,改变了人们感知城市的方式。在明代江南地区的一些著名城市,城市感知方式的变化和城市化以及商业化深刻地联系在一起,像造园、旅游等炫耀性的奢侈行为成了引人瞩目的社会现象。

而随着明代江南地区商业的复兴和城市的发展,城市内部和外部空间也发生了深刻的重组,形成了明代江南地区独特的城市美学。在商业气息无处不在的影响下,景观与城市之间的距离及其便利性变得无比重要,如杭州西湖、苏州虎丘和扬州平山堂等城郊景观在此城市化过程中凸显成为风景名胜,而明中叶以后的江南也相应形成了颇具现代意味的城市审美文化,市民在特定时日前往城外景点游赏,而城外景点特别是那些名胜之地因大量游客的涌入而导致观赏质量的下降,无处不在的商业氛围又往往使城外景点几乎成为城内生活的延续,但这些都无法阻止明代中后期江南旅游风气的繁盛和旅游人数的激增。

我们主要以苏州、杭州和扬州为例,考察明代城市景观和审美文化之间的互动,以及它们和城市商业化发展之间的复杂关系。

其三,明代园林环境美学。

明代是中国园林史上非常重要的时期,特别是明代中后期,由于社会经济的繁荣和奢侈风气的形成,江南地区的造园活动也进入极盛时期,不仅出现了大量设计精美、声誉卓著的私人名园,而且出现了不少专业叠山理水的造园能手,在理论上也出现了计成的《园冶》和文震亨的《长物志》这样不朽的著作。

明代造园活动基本上以尊重自然、效仿自然为宗旨。如在选址上尽量远离喧嚣的城市,选择靠近山林之地构建园林;园中建筑的建造讲究"宜"的原则,即建筑物的布置需考虑和周围其他环境要素之间的关系,根据园林环境的地形地貌来定夺建筑物的造型样式,并且慎重考虑建筑功能与环境之间的关系,最大程度实现功能与审美的平衡;在叠山方面,计成和张南垣等造园家对传统缩微景观的叠山方式锐意革新,在园林中堆叠出真实山水大小的山脚,尽量在有限的园林空间中实现再现真实山水的目的。

总的来说,明代园林力求在人工设计中实现自然化的环境,其基本的环境意识是以尊重自然和亲近自然为主的。

其四,明代江南的生态环境与农业景观。

现代江南的基本地貌是从唐宋时期开始形成的,特别是宋代的环境政策给明代江南的地貌带来了深远的影响,也为明代江南地区的环境问题埋下了隐患。到了明代,河网分化、圩田增多、市镇发展以及相应的生态环境恶化成为江南地区的突出现象。在持续的开发和治理的过程中,农业景观逐渐成为江南地区的主导性景观类型,该地区的人文生态特别是环境意识也受此影响,大量描写农业景观的作品出现,形成了我们所熟知的"江南水乡"的审美意象。但是明代江南地区农业景观的单一化和功能化发展也带来了环境多样性和丰富性的消失,导致与自然的疏离成为明代中后期江南文人生活中的一种普遍现象。

总的来说,明代是江南地区农业景观形成的重要阶段,这个阶段既为江南地区带来了举世瞩目的经济繁荣,也形成了江南地区以农桑为主的景观类型和审美意象,但江南地区的过度开发也带来了各种环境和生态问题,导致自然景观的退化并最终带来景观质量的下降和游人审美能力的集体迟钝。

其五,明代山水小品中的自然审美观。

明代有丰富的山水文学创作,尤其山水小品的创作似乎比山水诗更有代表性,明代人独特的自然审美经验及对自然的态度,在这些作品中有最为直接的呈现。明代前期山水小品中的自然审美观,有较为浓厚的言志和政教的意味,随着政治压力的降低、社会经济的发展以及新思潮的出现,明代中后期倾心山水的文人明显增多,其自然审美观也注入了心灵和个性解放的意味,追求畅神、真趣和性灵是此时文人进行山水欣赏的出发点。在此过程中,明代心学思想的兴起和发展可能对这种自然审美观的变化产生了重要影响。这种影响是复杂的,一方面心学的出现加深了那种具有内倾倾向的自然观,加大了主体心志在自然审美欣赏过程中的决定作用,同时也降低了真实自然在这种欣赏过程中的重要性;另一方面明代心学刺激了晚明自然情性论的流行,又在一定程度上改变了这种远离真实自然的倾向,使真实自然成为人们欣赏玩味的对象。

其六,明代山水绘画中的环境美学。

山水画从根源上看源自对特定自然山水的描绘,因此亲近自然、肯定自然应是山水画的题中应有之义。然而,这样的观念在明代山水画那里受到挑战,原因在于就明代山水画的整体状况而言,那种描绘特定的地方实景的创作倾向已然式微,明代绘画的潮流是日趋主观化的风格取代了对客观山水的描绘,而且这样的风格往往是通过对古代山水画大师的摹写来完成的。受心学和禅学等的影响,在明代山水画那里,心中山水或再造自然取代了对实景山水的精确捕捉,发展出一种仅仅通过笔墨形式的创新就能实现的理想化山水类型。因此,面对明代特别是晚明山水画,一个根本性的问题就是:真实自然究竟在山水画的创作和欣赏中发挥了什么样的作用? 尤其当我们所持的环境美学首先是一种肯定自然的视角时,我们尤其需要对明代山水画中的这种复杂倾向做出更加谨慎的思考。

其七,明代科技典籍中的环境美学。

明代是中国科技史上的重要朝代,出现了一批十分重要的科技典籍,如李时珍的《本草纲目》、徐光启的《农政全书》、宋应星的《天工开物》以及徐霞客的游记。明代科学家特别重视与现实环境的实际接触,在此过程中他们培养了一种深厚的环境意识,其宗旨大约以尊重自然和顺应自然为皈依,以人与自然的和谐相处为最高的理想。这种环境意识里面蕴含着丰富的环境美学思想,值得深入挖掘和梳理。

明代科技思潮是明代实学的重要组成部分,在明代实学的广泛影响下,一些士人开始抛弃理学末流重内省而轻实践的倾向,把注意力更多地放在了对自然和社会奥秘的探索上。与理学和心学以“理”或“心”为本体不同,明代实学的基础是元气实体论,由元气实体论而形成有机自然的思想,将包括人在内的万事万物视为互相依存的有机体。这种有机自然观把人和自然的整体和谐视为首要的目标,不仅在生态保护方面具有重要的意义,而且也带有浓厚的美学意味。

其八,明代陵寝建筑中的风水美学。

风水术是中国古代一套关于环境的选择、设计和营造的学说,其主要原则是通过选择合适的环境安置阳宅或者阴宅,从而实现趋吉避凶、以荫子孙的目的。历代帝王都极为重视在宫殿和陵寝的营建中遵循风水的原则,特别是帝王的陵寝建筑,因为阴宅的营建无须考虑起居活动等现实因素,所以更是强调要在风水术的指导下进行选址和营建。历代帝王大多相信,陵寝要占据山川形胜之地,刻意追求完美的风水条件和环境质量,使陵寝建筑呈现为自然美和人文美的有机结合。

风水学在长期的发展中形成了形势派和理气派这两个主要派别,前者主要根据山形山势等地理条件进行选址规划,而后者则根据阴阳五行相生相克的原理来判断方位吉凶和营造的时辰。明代陵寝建筑以形势派为主要指导原则,即通过寻龙、察砂、观水、立向、点穴等功夫确立最佳的风水穴位。在此过程中,人在其中发挥的往往是发现和因循自然的作用,特别对于帝陵的选址而言,其规模和标准都决定了不可能大范围地对周围环境进行改造,帝陵的选址和营造因此凸显为一种环境选择而非环境改造的艺术,帝陵的选址和营建过程也充分体现了对环境和生态的尊重。

以上所列为本书主要板块。明代史料浩如烟海,常让我们有望洋兴叹之感。因此,挂一漏万,在所难免。我们希望本书就像这"引论"一样,只是研究的开始而非结束。

第一章　明代环境美学的基本背景及主要特色

大略而言,环境美学是从美学的视角透视人与环境之间关系的学科。虽然这样一种关系最终可能只是落实在个人的审美欣赏的层面,但任何个人化的意识及其行为其实都是其所处的整个社会环境的各种因素相互作用的结果。从这个方面来看,正是明代特殊的思想政治和社会历史背景塑造了这个时代丰富而独特的环境美学思想,明代人对于环境的敏锐而深刻的感知或隐或显地体现了他们那个时代的思想和社会状况。实际上,环境问题在明代特别有存在感,不仅在于明代是历史上环境问题极为突出、灾害极为严重的一个朝代,也因为明代是我国历史上城市和园林等类型的环境全面走向成熟的一个环境审美欣赏极为发达的朝代。

第一节　明代环境美学的社会背景

明代自开国初就面临严峻的环境问题,这些问题部分是来自战争对环境的破坏,也有部分是前代不当的环境政策所引发的后续结果。

元明之际的战争使整个国家陷入萧条的状态,各地大多遭遇兵燹之厄,而这些灾难首先是通过环境的衰败体现出来的。城池破败、河道壅塞、景观凋零,再加上人民流离失所、农田荒废、人烟断绝,严重的时候甚至城邑空虚、遗骸遍野,耕桑之地化为草莽,民庐、寺观尽遭摧毁。明初统治者制定了一系列恢复生产的措施,如实行屯田、减免赋税、放赎奴婢等,使明初经济逐渐回到正轨,因战争而遭到破坏的环境也渐次恢复旧观。如扬州在明初时土著居民仅剩 18 户,后来在朝廷一系列政策的刺激下,终发展为以盐业为主的大都市;苏州、杭州同样在元明之际的战争中陷入萧条,后又随着经济的复苏发展成为东南地区首屈一指的繁华都会。无论是城市还是乡村,其生产和生活秩序的恢复大多是先通过景观呈现出来的。在 15 世纪中叶,苏州、杭州、扬州这样的大城市已稍复其旧;而到 15 世纪后半叶,这些江南大都市已随处可见亭台楼阁、酒肆庐舍,商业繁华地段更是行人如织、舫艇鱼贯,以至于整个城市空间都愈见狭小了。

元明战乱期间,朝廷无心亦无力督修水利,河道淤塞、堤防溃塌已是司空见惯的现象。明太祖朱元璋对于兴修水利特别看重,专门设立营田司以掌管全国水利之事。《明史》记载,洪武二十七年(1394),太祖"特谕工部,陂塘湖堰可蓄泄以备旱潦者,皆因其地势修治之。乃分遣国子生及人材,遍诣天下,督修水利。明年冬,郡邑交奏。凡开塘堰四万九百八十七处,其恤民者至矣"[①]。洪武至永乐时期,朝廷还大力整治黄河与淮河,为这些地区恢复活力提供了有力的保障。从环境可见之外观来看,水利整治不力往往会导致该地区景观质量低下,一些景观有可能在水旱灾害中损毁或至消失,也有些景观可能会在环境灾害中因居民的外迁而失去关注并逐渐沦为荒野。明初实施的这些水利政策为各地居民的安居乐业提供了保证,只有在此基础上才能谈及更高层次的环境审美欣赏和其他精神享受。

环境问题的一个特点就是跨越了地域和时代的界限,一些严重的环境问题并非某个地区或某个朝代能够单独解决的。明代面临的环境问

---

① 〔清〕张廷玉等:《明史・河渠志》,北京:中华书局 1974 年版,第 2145 页。

题,有些确实是元明之际的战乱引起的,但有些环境问题可追溯至更遥远的时代。从整个中国历史来看,明代是环境灾害特别严重、数量特别多的一个朝代。有学者统计:"明代共历二百七十六年,而灾害之烦,则竟达一千零十一次之多,是诚旷古未有之记录也。"[①]明代灾害之严重,自然有其本身的原因,但也有前朝不当的环境政策带来的影响。比如,明代灾害最多者为水灾,江南地区尤为水患的重灾区,而其原因可以追溯至宋代。宋代为方便漕运,将江南一带凡有碍舟楫转漕的堤岸堰闸一概毁去,并筑长堤于吴淞、太湖之间,横截数十里以益漕运,后又在吴淞江进水口植千柱于水中,建吴江长桥。吴江长堤和长桥的修建虽有利于漕粮运输,却阻塞了太湖水的下泄,造成吴江中下游地区逐渐淤塞。因出海口泥沙淤积,茭芦等水生植物随之滋生,又进一步导致该地区水道变狭淤塞。如果说这些环境隐患在宋代还不明显,那么从明代开始这些由不当的水利政策导致的严峻后果就体现出来了,太湖流域成为明代环境和生态问题最严重的地区。

　　环境政策会对施行该政策地区的水文、地理和景观等造成影响,特别是水利制度和政策会直接改变某地的地质条件和环境外观,并对生活在该地的居民的环境感知和环境意识造成潜移默化的改变。如北宋吴江长桥的修建,使该桥成为当地著名景点,一直延续到明清。宋代吴江长桥地区尚未过度开发,建筑吴江长堤和吴江长桥所引发的淤塞后果还未至严重,故而这个地区尚能保持优美的风景和丰富的自然资源。进入明代以后,太湖地区河网进一步细化,泥沙淤积并最终形成圩田,该地区已很难再现唐宋以前大面积的水景和丰富的野生动植物了。河网破碎导致圩岸增加,太湖地区人民在圩岸种植桑柘,发展出以桑基农田和桑基鱼塘为主体的生态农业体系。此种景观形态的变化不仅深刻地改变了该地区居民的生产生活,而且也潜移默化地改变了他们的环境感知和环境意识。在明代以前太湖地区的文学作品中,该地区的景观充满大自

---

① 邓云特:《中国救荒史》,上海:上海书店 1984 年版,第 30 页。

然的气息,大面积的自然野景和丰富多样的动植物意象时有出现;但是在明代,关于该地区的文学描述已被农业景观占据,农桑风景的突出也意味着野生自然的逐渐萎缩,而从小生活在此地的人由于没有太多接触野生自然的经验,他们对于自然的环境感知其实是相对迟钝的。

造成景观改变的因素是很复杂的,明代统治者除了要面对历史遗留下来的环境问题,还要处理本朝内部阶级矛盾对环境产生的影响。特别在江南地区,环境优美之地往往为豪强世族所占据,而且这类行为很难受到官方的管束,其后果是不仅激发了各种社会矛盾,也对于当地的生态环境为患甚大。例如吴江地区,因圩田可以种植粮食获利,不少豪家势族趁机围湖筑堰、垦田造宅,而官府则顾盼不敢动,导致淤塞现象越发严重。在西湖,类似的现象也很严重。西湖风景不仅特为优美,而且湖利颇为丰厚,豪右之家竞相瓜分以为家产,而政府又对这样的侵占行为缺乏有效的管理,导致葑田充塞、湖身日狭。特别在明代中后期,疏浚西湖常常成为一项重要的地方事宜,而作为一个著名的景点,该事宜的处理通常是政治和美学不断协商的结果。

我们可以看到,统治阶层采取的制度措施会对特定区域的环境产生影响,而环境问题及其处理则具有延续性,它会对统治阶层制定的制度措施产生反作用;它们之间的相互作用则造就了特定区域的水文地质条件和环境外观,并潜移默化地对当地居民的环境感知和环境意识产生影响。我们可以把这个过程看成人地关系在社会历史背景下的展开,环境审美欣赏则是这个过程不可缺少的一部分。

统治阶层的制度措施也会直接作用在人身上,特别是在权力高度集中的阶段。明代的情况是中前期权力高度集中于上层阶级,统治者对其臣民有严格的意识形态控制;而明代中期以后,统治者对地方社会的控制力减弱,士人则有了更多表达自己观点的机会。明太祖朱元璋在思想上采取严厉控制的态度,那些不合作或者有碍于统治的文人往往被残酷地清除了,此种高压统治随之对明初士人的思想倾向造成了巨大的影响。明太祖厉行节约,对百官宅第、园林苑囿的建造颇多禁令,故明初建宅造园的活动较少,明初士人对于宅院园林的态度也多以满足实用功能为主,如强调园林的居住、养亲、修身、耕读等功能。明初士人对于人与自然关系的看法也较为保守,儒家托物言志、比德寓意的传统是此时大多数文人的选择。这并非一种正常的思想表达的方式,在面对政治高压的时候,明初士人大多选择了明哲保身,思想上也以依附新政权为主。此种倾向在永乐朝达至高峰,明成祖是太祖之后又一位非常强势的皇帝,但他不像太祖那样厉行节约,而是热衷于文治武功的建设。这种高度集权化的治理和好大喜功的帝王趣味让永乐朝进入集体性的歌功颂德的阶段。此时文人对环境的态度也大多充满政教和事功的色彩,纯娱乐性的山水赏会和园林游观是不被提倡的。

明代中期以后,统治阶层对地方社会的控制力日渐减弱,士人有了更多自由表达的机会。我们看到,明代中后期城市、园林、宅居等建设日趋繁荣,旅游和休闲等消费活动也随之兴起,人们不再像明初士人那样对娱乐性的享乐噤若寒蝉,而是竭力为这种享乐寻找正当性的理由。在富庶的江南地区,有能力的仕宦或者富商为了建造优美的园林往往不惜豪掷千金,而此种现象在明代前期是很少见的。与明代前期的环境意识中强烈的政教色彩相比,明代中后期的环境观似乎更多地受到经济方面的影响。经济的复苏乃至渐趋繁荣,使江南等地区进入了消费和商业社会的阶段,培育了一种大众化的市民休闲消费文化。特别在一些重要的节日,城中士女往往争相出游,形成规模庞大的游赏队伍。明代中后期大城市的节日庆典,带有类似的大众狂欢的色彩,是市民而不是文人士大夫成为这些狂欢活动的主体。市民的审美活动带有浓厚的消费和商业社会的特点,他们一般会选择在某些特定的时节出游,游赏的地点以典型的、集中化的名胜景观为主,游赏活动又以集体化、大规模、喧嚣热闹为特点。

此种带有市民特点的城市审美文化给明代中后期的士人带来一种身份上的危机感,他们虽然大多不太认同这种市民审美文化,但实际上他们自身也受到潜移默化的影响。明代中后期的江南文人虽然仍保持着向往山林的传统心态,但实际上他们已经更愿意生活在城市或城市附近,即使那些选择在远离城市的山林之地栖居的文人,或多或少也是带着以声名相邀的目的,真正义无反顾地逃离城市的人是相当少的。但是在言谈和举止上,明代中后期的文人刻意强调自身优雅精致的品位以便和市民阶层区分开来,因此他们仍然会像古代文人那样抒发对自然无限的热爱,即使他们已经很少真正见过野性的自然了。

我们可以发现,相同的表述背后其实潜藏着不同的隐微心曲,中国古代的文人大多是自然的热爱者,但不同的客观环境和不同的政治、经济构成的社会背景决定了他们对自然的态度仍有细微的差别。在明代中后期,城乡地带的繁荣与扩张逐渐蚕食自然的面积,导致自然山水要么只存在人迹罕至的地区,要么成为满足市民定期游览的所谓的名胜风景;而文人对自然的态度也越来越理想化和内倾化,有能力者会在自己的私人宅园再造理想的自然,而没有能力者则常常以"卧游"的方式缅怀逝去的自然。对自然的热爱是中国古代文人共同的传统,但是不同的环境、不同的政治经济条件决定了其热爱的内容、方式和目标都不会完全一致。我们同样可以看到,人的环境感知并非完全单纯的白板,人的环境意识也不可能完全由个人塑造,它们都深深地卷入特定环境的政治和经济的社会背景之中。

第二节 明代环境美学的思想背景

明代自建国之初就确立了以儒家思想为主导的意识形态,因此儒家思想的确立和演变对明代环境美学思想的作用是无可比拟的。明太祖朱元璋上台后,大力延揽各方儒士,推崇儒家传统,以儒家思想作为新王朝的意识形态基础;明成祖朱棣对国家的治理更加倚重儒家化的官僚,同时也更重视文治武功的建设,他进一步确立了程朱理学在国家意识形态中的地位,并且于在位期间命令臣僚完成了诸如《性理大全》和《五经大全》之类的大型文化工程。儒家意识形态的确立为明代思想的发展定下了基本方向,包括明代人对人与环境之间关系的理解,实际上都不可避免地受到这种时代思潮的影响。

明代前期和中期,受制于多种因素的影响,如帝王的专权和兴趣、政局的未稳和经济的低潮等等,儒家对人地和心物关系的传统解释占据此时思想的主导地位。儒家传统的比德观受士人青睐,类似松、竹、云、水等比德意象常常出现在这时期士人的作品中。明代前期和中期的士人为了明哲保身也好,为了获取更多的政治利益也好,总是将对欣赏中的道德意味和政治色彩的强调放在首位;如果说有什么不同,那么则是他们继承了宋代理学的观念,在强调内在德性的同时也看重从自然事物上见出宇宙间的真理。

类似儒家比德观这样的传统在不同朝代的不同时期都会有所体现,但也会依赖不同的语境而有不同的发展。一方面,我们可以在明代文人的言论中看到类似的比德言志的表达,正是这种不断重复的言论塑造了一种持续性的传统,成为文人可以相互认同和赖以自恃的强大资源。另一方面,思想也在不同社会语境中产生新变,而明代儒家思想最大的变化则是心学的出现。这种变化也影响到了明代人对人与环境关系的看法,加速了一种内倾化的环境意识的出现。心学所追求的是心灵的自由以及以心为基础的心物一元论,因此在宋代理学中仍存有的对外在客观世界的坚持在心学这里被消解了。心学所理解的自然已不是客观的自然,心学所理解的心也不是个体之心;心学之心是作为宇宙的本体而存在的,自然只不过是心的衍生物。心学的这种立场和环境美学的基本理念并不完全相符,毕竟环境的欣赏仍然需要环境的存在,而取消了环境客观性的心学当然不会把环境放在最重要的位置;但是从实际的情况来看,心学的出现又极大地开解了明代士人被意识形态紧缚的心灵,让他们更有理由去面对外在自然并沉浸在心灵自由的审美愉悦中。

明代中期以后出现的不少环境审美欣赏的新观念可以从心学这里找到思想的根源。比如明代中期以后,城市便利的生活和丰富的社交活动对文人的吸引力越来越大,真正能脱离城市生活的文人越来越少。相应地,"市隐"观念兴起,不少文人认为只要内心能够获得真正的自由,实际上居住在城市还是山林并不重要。这样一种超越环境差异性的市隐观无疑成为滞留于城市的最好的开脱之辞。明代心学的兴起为这种市隐观提供了哲学上的依据,根据心学的宇宙观,宇宙间唯有内心才是真实的,外在环境固然是内心真实的衍生物,并且在大多数情况下二者并无矛盾,但因为心学将内心真实放在了首要位置,外在环境就成为必须要被超越之物。在这种内心真实面前,无论城市还是山林,它们在本质上都是一样的;如果能实现内心的自由,那么无论是隐居在城市还是归隐山林,其实并无本质的区别。

受心学的影响,明代后期这类具有内倾倾向的环境观念明显多了起来,在极端强调内心真实的时候,外在客观环境就被忽视甚至取消了。如果说明代中前期文人的比德观还需通过自然事物来发掘某种道德意义,那么明代中后期就出现了强调"不撄于物""忘物""御物"等观念,主张人心要获得真正的快乐,就需要超越那种留心于物的投注,甚至无须和外物有实质性的接触就能通过神游的方式获得山水之乐。在这些关于心物关系的新见解中,外在环境的重要性被抑制到了最小的程度。此类内倾化的环境观实际上隐含着对外在环境的否定的态度,对环境的真正的敬畏和尊重无法从这样的环境观中生发出来。

明代心学以心统摄外物,外物也包括身,以心统身很容易由对心的重视发展到对身的强调。明代阳明心学之后发展出一些思想上的新变,引发了对人的自然情性的肯定的态度。阳明后学那里出现了由心到身的重身的理论,由修身保身又发展出对人的各种性情欲望的肯定,认为这些是人的天性,先儒察私防欲的做法是不对的。阳明心学对心的重视很自然便发展成一种提倡顺性而为的自然情性论,儒家戒惧谨慎、惟精惟一的修养方法也被转变为一种不需人工、顺应自然的功夫。特别在"异端"李贽那里,这种对顺应自然的强调最终又落实为对真实无伪的人性人情的肯定。李贽的"童心说"实际上就是对这种自然禀赋之真心的提倡。

晚明心学的这些转变对当时士林产生了非常大的影响,特别是以公安派为代表的一批文人。他们特别重视个体自然情性的发展,并以性情的真假作为标准去衡量事物。在此思想背景下,他们对心物关系的看法以及对自然的态度均有所突破。他们不再对人的嗜欲持批评的态度,而且认为对某事有癖好反而是有真性情、用情至深的表现。晚明士人对各种所谓的雅好有异乎寻常的情感投入,甚至付出生命的代价亦在所不惜。如一些有山水癖之人,对于山水欣赏有强烈而执着的深情,甚至以性命躯体委蜕于山川亦在所不顾。"癖"是强烈的情感投注,人会对所癖之物有异乎寻常的爱恋和钻研。晚明士人对于山水的理解是最敏锐精致的,他们对山水的描写也是最精彩透彻的。这都归因于他们对山水沉浸之深且切,故对山水的性灵也就了然于胸。

我们在这里勾勒了明代儒家思想发展的一条线索,明代环境美学无法从这样的思想背景中脱离出来。这里的勾勒是相当简单的,思想的面目本来就异常复杂,就如前所说,明代心学具有一种贬低外在环境真实性的倾向,但此种理论本身又极大地开解了人们被束缚的心灵,而它在晚明的发展又促成了自然情性论的流行,使人们对自然的精神有了更深刻的体认。在接下来的相关章节中我们还会更加细致地探讨这种复杂性,复杂性其实也是明代环境美学思想的一种独特魅力。

第三节　明代环境美学的主要特色

明代环境美学是中国古代环境美学的成熟期和总结期。明代人在了解环境和利用环境的基础上创造出灿烂的物质文明,不仅有中国古代最宏伟壮观的皇家宫殿、最精致优美的文人园林,也有最高效和最多产的生态农业系统;在精神文明方面,他们有成熟的建筑观念和风水美学,有细腻高雅的园林和山水欣赏的品位,也有对环境和生态问题的深思熟虑。相较于其他朝代,明代环境美学有自身的特点,最突出的表现是在城市、园林和农业景观这些方面。这也明显带有总结期的特点,越是到帝制中国晚期,在人与环境的互动关系中,人对环境的利用和改造的程度就越是显著。在明代环境美学中,城市、园林和农业景观这些方面的成绩十分突出,表明明代人对环境的理解已经相当成熟,对环境的利用和改造也相对成功。

相应地,严重的负面问题也不可避免地产生了。明代以前人与自然之间较为轻松的关系在明代则日趋紧张,各种环境灾害和生态危机频繁发生,大面积的自然美景在城市扩张之下逐渐收缩甚至消失。这些都对明代人的环境感知和环境意识产生了重要的影响,他们日常所见的环境类型以及相应的环境审美欣赏已与前人不同,他们对环境的态度也与前人有一定的差异。他们面对的是异常严重的环境和生态危机,他们需要反思城市化带来的负面影响,还需要更审慎地处理城市、乡村与自然之间的关系。在这些方面,明代人既有不错的成绩,也有惨重的教训。这些方面都决定了明代环境美学思想带有帝制中国晚期的特点,一种在巨大的繁荣及其背后潜藏着的新的危机之间难以选择的特点,也是一种在扩张与收缩之间艰难协商、摸索着前进的特点。

具体而言,我们可把明代环境美学的主要特色归结为以下四点:

1. 城市建设和城市审美文化的繁荣

明代是中国古代城市建设和城市审美文化极为繁荣的朝代。在北方,北京紫禁城是明代城市美学的集中体现,中国古代的天人合一的宇宙观、阴阳五行的朴素哲学、以中为美且强调等级的礼制观念、注重对称及空间变化的布局艺术等等,都在紫禁城上有极为突出的表现。作为中国古代皇家宫殿建筑的巅峰,紫禁城也充分体现了中国独具特色的环境意识,特别是中国古老的风水美学在紫禁城的营建和规划中有集中的体现,紫禁城的选址、方位、形制、布局、建筑的命名等等,无一不深深浸透着风水这门关于环境选择的学问。

明代江南地区经历了深刻的商业化和城市化过程,像苏州、杭州、扬州这样的城市在经历了元末明初短暂的萧条之后,迅速发展成江南地区乃至全国著名的繁华大都会。与北京主要作为政治中心不同,明代江南城市具有浓厚的商业性格,发达的商业活动带动了江南地区城市化扩张的进程,城市的迅速发展促进了城市景观的变化,也改变了人们感知城市的方式。与北京紫禁城相比,江南城市培育出一种鲜明的、更具商业性格的城市审美文化。

从城市景观变迁和空间建构方面来看,明代江南地区的城市化和商业化带来了自然与城市之间关系的深刻改变。在明代,像杭州西湖、苏州虎丘、扬州平山堂这些地点成为极受欢迎的风景名胜,而这些景点之所以受到城市居民的青睐,除了它们有不错的审美素质,实际上更重要的乃是取决于它们和城市较近的距离及其便利性,可以方便市民在节假日出游。明代江南地区的大众化旅游已经带有很浓厚的城市化与商业化色彩,市民生活在日渐塞迫的城内空间,且受制于商业化的作息规律,他们只能在节假日才能前往城外的名胜之地享受闲暇时光,而名胜之地往往涌入大量市民游客而导致景观质量和观赏质量下降。这种现象的出现表明明代江南地区的自然景观因为城市扩张而被不断蚕食,最终只剩下少数具有代表性或典型意义的景观承担其社会功能。诸如杭州西湖、苏州虎丘和扬州平山堂这样的风景名胜于是凸显出来。但是这些名胜景观越是受到市民的青睐,就越是表明作为整体的自然在明代江南地区已经收缩和消退了。

2. 造园活动的兴盛与园林美学的成熟

明代是中国园林史上的辉煌时代,不仅出现了众多名园,而且还出现了计成的《园冶》和文震亨的《长物志》等重要的园林著作。明代园林最有代表性的当属北京园林和江南园林。北京园林除御花园、东苑、西苑等皇家园林之外,其他大多是皇亲国戚所造,具有较为典型的北方园林特点。皇家园林具有展示皇家权威的基本功能,其所凸显的环境意识往往与治国安邦、皇权浩荡、神仙境界等联系在一起。其他北京私园大多是皇亲贵胄和外戚宦臣所造,因此在体量和奢华程度上都要超过江南私园。明代一些北京私园由于体量特别巨大,因此境界更显开阔,人工的意味也更少,个别私园有明确的追求自然野趣的倾向,带有较明显的尊重自然的环境意识。

明代中后期江南地区的繁荣极大地促进了私人造园的热潮,有条件的仕宦或者富商家族花费巨大的财力和人力来建造精美的园林。在明代中后期,园林兴建已经成为一种炫耀性的消费展示,不仅昭示着园林主人的身份、地位和财富,也向游客显示其超越众人的学识和优雅品位。游观和社交因此成为这一时期江南私园最重要的功能,文人雅士不仅在园林中悠游雅集、赋诗享乐,而且将这样的行为作为文人相互邀约标榜并与其他社会阶层区分开来的标志。

随着园林兴建活动的兴盛,明代人发展出一种尊重自然的成熟的园林美学,如注重得体合宜、追求身心之适、取法因借等等,其大旨在于根据自然主义的方式来建造和布置园林,追求怡情悦性的园居生活和人与环境之间的和谐相处,并把园林内外的空间视为相互联系的有机的整体,提倡在维系环境整体质量的基础上开展造园活动,而不是把园林视为隔绝的空间而忽视了园林周围的环境或甚至对周围环境起破坏的作用。

3. 农业景观的成型与环境审美习惯的改变

明代以前中国古代的环境审美理想是以自然山水为核心的,但这种情况在明代有了一些变化。现代江南地区的基本地貌是从唐宋开始形成的,历经多个朝代持续的开发和治理,到明代"江南水乡"这样的景观类型已经基本成型。随着经济的繁荣和环境的持续治理,大约从明代中期开始江南地区的农业景观就成了这个地区的主导性景观类型,江南地区的人文生态和环境意识也深受影响。江南地区以桑基鱼塘和桑基稻田为主的农业体系自宋代开发以来,在明代已经成熟并形成了全国乃至世界闻名的生态农业,为苏州、杭州和周边经济型市镇的发展提供了充足的保障。但是,农业景观的成熟和全面铺开也带来了环境多样性和丰富性的消失,这种环境变化导致明代江南人的审美观、环境观和世界观等也发生了相应的变化。由于旦夕生活在农业景观的环境中,自然这个概念在明代江南人心中开始变得模糊,而高度人工化和功能化的农业景观被视为才是江南根本的特色。

特别是在明代中后期的江南文人中,与自然的疏离成为一种普遍的现象。随着桑基稻田和桑基鱼塘的增加,自然景观被压缩乃至消失,江南人的环境审美习惯也随之改变。自然景观开始集中在某些特定的区域,形成影响很大的某些风景名胜之地。明代江南人无法随时随地地欣赏自然美景,更多是在某些特定时刻才奔赴这些名胜之地进行欣赏。农业景观占据主导地位之后,动植物群落开始向定型化和单一化发展,适应商品经济所需的动植物被大面积种植和豢养,而缺少经济利益的动植物则面临淘汰。明代江南人欣赏大面积自然美景的机会变少了,他们开始青睐小生境的审美欣赏,如小型化的方塘或方池内的荷蕖、庭院或斋居中的盆景等等。明代江南人努力在小生境范围中实现多样化的审美,力求在狭小的空间内容纳更丰富的审美元素,他们的鉴赏趣味变得更加精致,但境界也越发局促了。

4. 自然的"消失"

明代人心中的自然越发理想化和内倾化。从整体的现实环境来看,城市的扩张和农业景观的成型都导致了自然面积的压缩,厌倦了城市景观和农业景观的文人对于传统诗文中歌颂的自然有种迫切的渴望,但是远离城市或者乡村的生活又是不太现实的,他们或是竭力在园林、斋居等私人空间中再造想象中的自然,或是在诗文、图画中描绘这种想象性的自然。这样的自然多半带有理想性,是他们所厌倦的城市景观和农业景观的替代品。

从思想状况来看,明代兴起的心学也对明代自然观产生了重要影响。心学是一种内倾化的思想倾向,主张将宇宙万物的根本归于心及其作用,并以这种本体论的心统摄万事万物,实现以心为根本的心物一元论。如前所述,明代中期以后城市化的发展不断蚕食自然的领域,居住在城市有时就成为无可奈何的选择,而心学的内倾化思想则为这样的选择提供了理论上的依据。在作为宇宙根本的心的面前万事万物并无本质性的差别,因此只要能持守内心并实现内外两忘,又何必执着于城市和山林之间的区别?换言之,既然取消了环境的实在性并将之视为并非第一性的存在,那么环境之间的差异性就没那么重要了。在这样一种思辨中,自然"消失"了。特别在晚明,我们常常能看到这种无视环境的实在性与差异性、只在乎内心自足与超越的主张,这种看似洒脱和高雅的主张背后实际上暗藏着自然的整体萎缩的无可奈何的事实。当外在的现实自然越是持续性的退守,人也就只能越是依赖于内心世界的自由。只是这样一种朝向内心的环境意识如何能够对自然产生真正的尊重呢?

以上所总结的明代环境美学思想的四个特色,我们在接下来的章节中会更详细地加以讨论。基于明代思想的复杂情况,我们还可以归纳出更多特点。如作为对明代心学那种内倾化环境美学观的反拨,明代实学中所蕴含的环境美学思想同样值得注意;明代文学艺术中的环境美学思想是明代环境美学思想的重要组成部分,同样值得深入挖掘;等等。

这里主要是从环境的类型分别描述明代环境美学思想的特色。我们可以发现,在明代各种环境类型中,城市、园林和农业景观异常突出,而传统的自然则面临极大的挑战。这一现象的出现,让我们相信中国古代的环境美学思想发展至明代已经进入了成熟期和总结期。从人类文明发展的总体趋势来看,在一种成熟的文明形态中城市和乡村文化都会占据十分重要的位置。唐宋时期是人与环境相对和谐的时代,在政治和经济最为重要的几个区域,人们仍能看见大面积的自然美景和丰富多样的动植物群落;进入明代以后,这几个区域快速进入城市化和商业化的进程,自然美景则日趋萎缩,景观类型和动植物群落逐渐单一化。这种转变是中国古代文明发展至成熟阶段的表现,也是中国古代环境美学思想成熟的标志。但这并不意味着明代的环境美学思想就是一种理想的思想形态,就如明代在其城市发展过程中遭遇的重重环境危机那样,明代的环境美学思想也可以视为对人与环境关系失衡以后的一种回应,正是在环境和生态危机日趋严重的情形下,人们才对环境给予了更多的关注,才发展出更加成熟的环境态度、意识和理论。

第二章　明代城市环境美学（一）：北京紫禁城

一朝代之城市及其文化建设，无疑最集中体现于其首都的营建上。明代的首都前后有三个，分别为明中都（今安徽凤阳）、南京和北京。自永乐帝朱棣发动靖难并于 1402 年在南京登基之后，基于军事和政治等方面的考量，将首都迁至北京已经提上议程。经过多年复杂而耗费巨大的营建活动，1420 年北京正式成为明帝国之京师。永乐帝在元大都基础上营建的紫禁城遂成为北京的核心，此后紫禁城成为明、清两代的皇宫，明代 14 个皇帝和清代 10 个皇帝在此统治中国近 500 年。

明以前的皇宫在地面上均已无存，需要通过考古发掘进行了解。因此，北京紫禁城是现今我们能看到的中国古代皇宫的唯一实体。虽经多次天火和兵燹的摧毁，但北京紫禁城大体仍袭明代之旧，地面遗迹也比较多，这为我们研究明代的城市建设提供了直接观察的对象。皇宫的营建需要体现皇家恢宏无匹的气概和威严庄重的气氛，因此皇宫往往占据一城市最为核心的位置以及山川最有利之形胜，在选址、布局、形制、建筑等方面无一不精益求精、不惜工本。在这些方面，明代北京紫禁城无疑最集中体现了中国古代皇宫营建的这些要求，它所耗费的巨大成本、所达到的工艺水平以及所体现的皇家气派和惊人的美，在整个世界文明史上都是十分罕见的。

明代北京紫禁城是明代城市美学的集中体现,中国古代的天人合一的宇宙观、阴阳五行的朴素哲学、以中为美且强调等级的礼制观念、注重对称及空间变化的布局艺术等等,都在紫禁城上有极为突出的表现。城市是存在于时间和空间中的现实之物,因此这些传统观念无一例外都涉及城市和环境之间的关系。明代北京紫禁城在营建时亦充分体现了中国传统的环境意识,比如根据中国传统的风水理论进行城市规划和建设,这里就处处体现了中国人独特的对待环境的态度。

第一节　明代迁都北京的环境因素

在明成祖迁都北京之前,明代曾经立安徽凤阳和江苏南京为京师,而之所以从凤阳迁都至南京,又从南京迁都至北京,最主要的当然是出于政治和军事方面的考虑,而政治和军事的考虑又是和环境方面的因素息息相关的。

据《明太祖实录》卷四十五记载,明洪武二年(1369)九月太祖诏诸老臣问以建都之地,群臣各抒己见,或言关中险固金城、天府之国,或言洛阳天地之中、四方朝贡,汴梁亦宋之旧京,又或言北平宫室完备,太祖最终认为:"临濠则前江后淮,以险可恃,以水可漕,朕欲以为中都,何如?群臣皆称善。至是,始命有司建置城池宫阙,如京师之制焉。"[1]明太祖之所以选临濠(即今之凤阳)立中都,主要是因为此处是他和不少同籍功臣的故乡,乃龙兴之地。自洪武二年九月"诏以临濠为中都"之后,皇城的营建工作就已大致展开,至洪武六年(1373)中都皇城则告基本建成,但洪武八年(1375)四月忽然以"劳费"为由"诏罢中都役作"[2]。明太祖洪武元年(1368)在应天称帝之后就开始在此改建皇宫和城墙,罢中都役作之后又加快了改建的工作,并最终于洪武十一年(1378)正式下诏以南京为

---

[1] "中央研究院"历史语言研究所校勘:《明太祖实录》卷四十五,台北:"中央研究院"历史语言研究所 1962 年版,第 881 页。

[2] 同上,卷九十九,第 1685 页。

京师。

　　明太祖放弃营建数年之久的中都,其理由是"劳费",然而在营建中都期间这些费用都已支出,在中都营建完成之后忽然诏罢,其实还是出于政治和军事上的考虑。中都无法起到京师的作用,是和地处偏僻的环境息息相关的。此地多为平野,无险可资,无法和南京长江天堑相比,在此建都实无法起到首都应有的政治和军事中心的作用。且此时天下未定,中原尚未安稳,北方又有元朝残余势力的威胁,因此建都必须要在地理位置上能够解决上述严峻问题。刘基曾对太祖说"凤阳虽帝乡,然非天子所都之地"①,点明了罢建中都是必需的举措。但基于上述政治和军事的考虑,定都关中才是最佳的选择,明太祖在立中都之后仍念念不忘建都关中,在洪武二十四年(1391)还派太子朱标巡抚陕西,回来后言经略建都事,只是太子不久后即病亡,迁都之事才作罢而已。

　　洪武十一年(1378),明太祖正式下诏以南京为京师,定都问题在明初暂时得到解决。选择南京是在中都和西安之间的折中。南京是六朝古都,有王者之气,所在江南又是当时的经济中心,从地理环境来看比中都要优越许多。然而在南京建都也有一些不可忽视的问题。对明太祖来说,他最忌讳的问题不仅和政治、军事有关,也和风水问题有关。南京虽是当时的经济中心,但仍偏安一隅,从抗击元朝势力来看地理位置依然不便。太祖在南京称帝之前,自称吴王,以原江南行中书省为吴王府,并以吴王府为宫城。如果以原吴王府为基础扩建都城,那么在格局和形制上都不太适合天子的气象。但如果把新都建在从聚宝山到玄武湖六朝故都的轴线上,明太祖又忌讳"六朝国祚不永",担心重蹈前朝命短的覆辙;而且从风水理论来看,此中轴线背靠玄武湖、面朝聚宝山,在此建都有悖于风水理论中背山面水的原则。因此,要建都南京,对太祖而言最要紧的是另辟佳地。《明太祖实录》卷二十一云:"初建康旧城,西北控

---

① "中央研究院"历史语言研究所校勘:《明太祖实录》卷九十九,台北:"中央研究院"历史语言研究所 1962 年版,第 1689 页。

大江，东进白下门外。距钟山既阔远，而旧内在城中，因元南台为宫，稍库隘。上乃命刘基等卜地，定作新宫于钟山之阳，在旧城东白下门之外二里许，故增筑新城，东北尽钟山之趾，延亘周回凡五十余里，规制雄壮，尽据山川之胜焉。"①根据记载，新都之建立需规模宏壮，尽据山川之胜。明太祖命刘基等为新皇宫选址，最终卜址于钟山之阳，在六朝旧都之东，与玄武湖隔山相对。所卜之地原是燕雀湖所在，明太祖于是调集几十万民工和士兵填湖，为防止地基下沉，又打下木桩，上铺条石，用土分层夯实，再在上面建造宫殿。罢中都和以南京为京师之后，又陆陆续续对新宫进行了扩建，使之规模愈加宏阔。

南京宫城的格局，据《明史》卷六十八载，"吴元年作新内。正殿曰奉天殿，后曰华盖殿，又后曰谨身殿，皆翼以廊庑。奉天殿之前曰奉天门，殿左曰文楼，右曰武楼。谨身殿之后为宫，前曰乾清，后曰坤宁，六宫以次列。宫殿之外，周以皇城，城之门，南曰午门，东曰东华，西曰西华，北曰玄武"②。从宫城的整体形制来看，北靠钟山之阳，背倚富贵山，宫城内前方则有金水河，周围又有护城河，宫城四门，在中轴线上外朝依次分布奉天门和奉天殿、华盖殿、谨身殿三殿，内廷建乾清宫和坤宁宫二宫，左右则为六宫以次序列。这种靠山面水、三朝二宫的形制可以说奠定了后来北京紫禁城的基本格局。

明太祖虽然最终定都南京，并且为了避免重蹈六朝国祚不永的命运，另辟佳地建造新宫，但到了太祖晚年，建在燕雀湖上的宫城还是出现了有悖风水的严重问题。从风水学来看，帝王宫殿除了背山面水之外，还要形成北高南低的地势，才能国祚长久。南京宫城建在燕雀湖之上，虽然前期已打下木桩和条石进行加固，但宫城建成后还是出现了地基下沉的现象，造成了整个宫城南高北低、前昂后洼。这从风水学来说是非常不吉利的。明成祖朱棣最终决定迁都北京，南京宫城出现的这些环境

---

① "中央研究院"历史语言研究所校勘：《明太祖实录》卷二十一，台北："中央研究院"历史语言研究所 1962 年版，第 295 页。
② 〔清〕张廷玉等：《明史》卷六十八，北京：中华书局 1974 年版，第 1667 页。

方面的问题也是重要原因之一。

靖难之后，朱棣在南京登帝位，但他迁都北京的决心不减，各种迁都的工作实际上都已或明或暗地进行了。《明太宗实录》卷十六记永乐元年(1403)："礼部尚书李至刚等言：'自昔帝王，或起布衣平定天下，或由外藩入承大统，而于肇迹之地，皆有升崇。切见北平布政司，实皇上承运兴之地，宜遵太祖高皇帝中都之制，立为京都。'制曰：'可，其以北平为北京。'"①明成祖迁都北京的原因十分明了，他原本是受封北京的燕王，北京是其龙兴之地，是其经营多年的大本营；南京虽为京师，但长居南京政治上受到掣肘，易变生肘腋。出于军事上的考虑，明太祖一直想定都关中，可以抵抗元朝残余势力，从这方面来看，迁都北京也是继承明太祖的遗志，也符合明朝长治久安的目标。

此种政治和军事上的考虑均涉及明代北京所处的重要的地理位置和环境因素。据清顾祖禹《读史方舆纪要》卷十一记载，北京历来为重要的政治军事要地："府关山险峻，川泽流通，据天下之脊，控华夏之防，巨势强形，号称天府。"②从地理环境来看，北京位于华北平原北部，地势西北高而东南低，西部、北部和东北三面环山，东南则是缓缓向渤海倾斜的平原。北京西部是太行山余脉的西山，北部是燕山山脉的军都山。如上所说，在此建都相当于"据天下之脊，控夷夏之防"，其军事位置的重要性可见一斑。

然而，考虑到南京的政治势力和迁都的成本，明成祖想要弃南京而改造北京是一项异常艰巨的任务。"对永乐帝及其辅弼大臣来说，改造北京是一个非常艰巨的任务，同时也给黎民百姓增加了沉重的负担。元朝的某些城墙和宫殿虽然完整无损，但是城市的总格局必须变动，大部分兴建的新工程都要满足永乐帝的具体要求。由于这个区域缺乏一个能满足需要的经济基地，北京城就得依靠从东南各省用船运输大量粮食

① "中央研究院"历史语言研究所校勘：《明太宗实录》卷十六，台北："中央研究院"历史语言研究所1962年版，第294页。
② 〔清〕顾祖禹撰，贺次君、施和金点校：《读史方舆纪要》，北京：中华书局2005年版，第440页。

和供应。军事组织必须改组,以处理经济资源的这一全面的再分配。机构的安排尤其需要改变,这样就影响了南京和帝国其他各地的官署。迁都北京之举肯定是明代进行的最复杂和意义最为深远的帝国计划。"①建国初兴建中都和南京已耗费无数,此时再大举兴建北京势必会加剧黎民百姓的负担,而且南京方面反对迁都的势力依然十分强大。比如永乐元年(1403)五月,明成祖意欲将旧封国内国社、国稷升为太社、太稷,结果遭到礼部、太常会议的婉拒,认为古制别无两京并立太社、太稷之礼,这相当于暗中拒绝了明成祖定都北京的计划。另外也有不少在朝廷中有地位的大臣明确反对迁都,如明初"性刚鲠,慨然以天下为己任"的李时勉,在其《北京赋》中盛赞北京"右挟太行,左据碣石。背叠险兮重关,面平原兮广泽。宗恒岳其魏巍,镇医闾而奕奕。冠九州之形势,实为天府之国"②,但"成祖决计都北京,时方招徕远人。而时勉言营建之非,及远国入贡人不宜使群居辇下,忤帝意"③,由此可见明成祖迁都北京所面临的压力是很大的。

鉴于上述压力,永乐十四年(1416)之前迁都北京的工作实际上是在半公开的状态下进行的。永乐元年(1403)正月"以北平为北京",二月"设北京留守行后军都督府、行部、国子监,改北平曰顺天府",三月"督海运,饷辽东、北京,岁以为常",八月"发流罪以下垦北京田",又"徙直隶苏州等十郡、浙江等九省富民实北京";永乐二年(1404)九月又"徙山西民万户实北京"④。很明显,明成祖虽在南京登基,但在政策制度上都悄悄向北京倾斜,为未来迁都做准备。以北平为北京,改北平为顺天府,从命名上看想立北京为新都的目的甚明;又在北京设置留守行后军都督府、行部、国子监等相应的官职和部门,进一步在行政上为迁都做准备;又重

---

① [美]牟复礼、[英]崔瑞德编:《剑桥中国明代史(1368—1644)》(上卷),张书生等译,北京:中国社会科学出版社1992年版,第234—235页。
② 见[清]于敏中等编纂:《日下旧闻考》(一),北京:北京古籍出版社1983年版,第91页。
③ [清]张廷玉等:《明史》卷一百六十三,北京:中华书局1974年版,第4421页。
④ 以上材料均见[清]张廷玉等:《明史》卷六,北京:中华书局1974年版,第79—81页。

开海运运输粮饷到辽东和北京，岁以为常，是从经济上为迁都北京做物质准备；发流罪以下垦北京田，徙各地富民实北京，则是从经济和人力上填充北京。经过这些准备，明成祖迁都北京的意图越来越明显，永乐四年(1406)闰月"诏以明年五月建北京宫殿，分遣大臣采木于四川、湖广、江西、浙江、山西"①；永乐八年(1410)二月"以北征诏天下，命户部尚书夏原吉辅皇长孙瞻基留守北京"，七月"至北京，御奉天殿受朝贺"；永乐十一年(1413)二月"令北京民户分养孳生马，著为令。甲子，幸北京，皇太孙从。尚书蹇义、学士黄淮、谕德杨士奇、洗马杨溥辅皇太子监国。乙丑，发京师，命给事中、御史所过存问高年，赐酒肉及帛。丙寅，葬仁孝皇后于长陵。"②永乐八年(1410)以后，明成祖基本已经把北京作为京师，特别是在奉天殿接受朝贺和葬徐皇后于长陵，更具有迁都的意味。根据《明太宗实录》，永乐七年(1409)皇上巡狩北京，就命旧藩府宫殿及门宜正名号，后于奉天殿设坛告天地、受朝贺；又永乐七年(1409)成祖选北京天寿山建陵寝，徐皇后永乐五年崩，但殡而不葬，至永乐十一年(1413)二月葬长陵③。正宫殿名号、祭告天地接受朝贺、选定吉壤建陵寝，这些都最集中体现了明成祖迁都的决心和计划。

其中，选定吉壤建陵寝最能体现明成祖迁都的决心。明成祖即位不久之后(永乐五年)徐皇后就病逝，其时南京依然为帝国京师，而且明太祖朱元璋的陵寝孝陵也在南京，按照惯例明成祖应该在南京一带建造陵寝。但殡而不葬，《明太宗实录》卷九二记载永乐七年(1409)五月："己卯，营山陵于昌平县。时仁孝皇后未葬，上命礼部尚书赵羾以明地理者廖均卿等择地，得吉于昌平县东黄土山。车驾临视，遂封其山为天寿山。"④同年五月，长陵陵寝正式动工营建。永乐十一年(1413)正月，玄宫

---

① 以上材料均见〔清〕张廷玉等：《明史》卷六，北京：中华书局1974年版，第83页。
② 同上，第87—91页。
③ "中央研究院"历史语言研究所校勘：《明太宗实录》卷八七、卷九二、卷一三七，台北："中央研究院"历史语言研究所1962年版，第1154、1202、1668页。
④ 同上，卷九二，第1202页。

建成,次月葬皇后徐氏。永乐十四年(1416)三月,长陵殿建成,赵王朱高燧奉命将徐皇后神位安奉殿内。永乐二十二年(1424)七月,明成祖朱棣亲征漠北,崩于榆木川,同年十二月亦葬长陵。

宫殿和陵寝是古代帝王最重视的两种建筑,前者相当于生活起居的阳宅,后者则为死后居住的阴宅。对这两种建筑的选址都是异常慎重和严苛的,所选之址不仅要居于形胜,拥有各种优越的物质和环境条件,还要符合风水的各种要求。明成祖命赵羾带领明地理者廖均卿等所选的天寿山在环境条件上特别优越。据明末遗民梁份《帝陵图说》描述,天寿山"山崇高正大,雄伟宽弘,主势强,力量全,风气聚,穴道正,水土深厚,昆仑以来之北干,王气所聚矣。内则蟒山盘其左,虎峪踞其右,凤凰翥其南,黄花城、四海冶拥其后;外西有西山,东有马兰峪。群峰罗列,如几如屏,如拱如抱,如万骑簇拥,如千官侍从。其东西山口,一水流伏,如带在腰;近若沙河白水,远若卫漳河江,若大若小,莫不朝宗"①。天寿山这种王气完全符合帝陵之要求,成为明代十三陵的陵址所在。具体到长陵,《帝陵图说》认为:"长陵在黄土山,一名康家庄楼子营,大明成祖文皇帝陵也。地脉接居庸而拔起,三峰中峰正干,蜿蜒奇秀而广厚尊严,土山带石,入脉之势如骏马驰阪,如游龙翔空,方东倏西……北之主山,环列为障,如御屏,如玉宸,左右翼之,龙砂重叠,盘绕回抱。内明堂之广大,案之玉几,水之朝宗,无一非献灵效顺,无一非三百年之发祥流庆也。"②从梁份的描述可知,长陵所属之地的风水,其地脉、陵后主峰、左右之砂、穴前明堂、陵前朝案、水的流向,无一不符合风水学中的最佳条件。

经过多年的准备和周密计划之后,永乐十五年(1417)北京紫禁城的建造正式动工了。如前所述,实际上北京宫殿、陵寝和建筑的营建活动早已开始,各地的木材石料也早在永乐四年(1406)就源源不断输往北京,只不过在永乐十五年之后这些营建活动变得名正言顺罢了。在永乐

---

① 〔清〕梁份:《帝陵图说》卷二,《帝陵图说》四卷抄本,汪鱼亭藏书。
② 同上。

十五年以前，很可能大体的规划、元宫城旧址的拆除、地基的构筑、挖南海堆筑万岁山等工作都已基本完成，十五年后则根据营建规划大规模施工。《明太宗实录》卷二三二载："初，营建北京，凡庙社、郊祀、坛场、宫殿、门阙，规制悉如南京，而高敞壮丽过之。"[①]可见北京宫城的营建大体遵循南京宫城的形制，但高敞壮丽过之。紫禁城主要的建筑大体在永乐十八年(1420)就已完成。永乐十八年九月"诏自明年改京师为南京，北京为京师"，又"十一月戊辰，以迁都北京诏天下"，至十二月"癸亥，北京郊庙宫殿成"[②]。至此，明成祖迁都北京的大计遂告完工。

从上面的描述来看，明成祖迁都北京的主要原因有二：一是北京乃其"龙兴之地"，从政治上说迁都北京能够摆脱南京方面官僚势力的掣肘，最大限度地将权力集中在皇帝身上；二是从军事上看北京切近边关，在此建都足以控四夷、制天下。这两方面的主因又和北京所处的地理环境的重要性息息相关。建都讲究占据地理形胜，只有最佳的风水、最壮丽的山川、最优越的环境条件，才配得上成为天子之都。无论是明太祖还是明成祖，都有在关内建都的强烈愿望，南京毕竟还是偏安江南一隅，无论从气势还是格局来看，都难以与北京那种宏壮开阔的力量媲美；而从地理位置来看，北京切近边关又足以抵抗北方部落的入侵。此外，皇宫是天子居住之所，中国古代的哲学讲究天人合一，以中为贵，因此天子居住之地要在中央，并和宇宙六合相互对应。南京偏安江南，从地理位置而言难以满足这种要求；而北京的地理位置相对而言则更接近这种宇宙之"中"的要求。左有沧海，右有太行，南向中原，北抵朔漠，因此在有关北京的赋颂中多有将北京视为天地之中、对应北极的，就像北极有众星环拱那样，北京则居地轴之中，包举八瀛。

---

① "中央研究院"历史语言研究所校勘：《明太宗实录》卷二三二，台北："中央研究院"历史语言研究所 1962 年版，第 2244 页。
② 〔清〕张廷玉等：《明史》卷七，北京：中华书局 1974 年版，第 99—100 页。

第二节　明代北京紫禁城的形制布局

明成祖营建的北京紫禁城,相比于元朝旧宫稍向南移,同时为了仿照中都和南京宫城背后都有镇山的形制,利用开挖护城河和太液池的泥土在宫城后堆积为万岁山。紫禁城宫城内部的营造,则基本上仿照南京宫城的形制,而高敞壮丽过之。据记载,"永乐十四年八月,作西宫。初,上至北京,仍御旧宫。及是将撤而新之,乃命作西宫,为视朝之所。中为奉天殿,殿之侧为左右二殿。奉天殿之南为奉天门,左右为东西角门。奉天门之南为午门,午门之南为承天门。奉天殿之北有后殿,有凉殿、暖殿及仁寿、景福、仁和、万春、永寿、长春等宫。十五年六月,建郊庙。十一月,建乾清宫"①。又永乐十五年(1417)开始建造北京宫殿,十八年(1420)告成,明成祖昭告天下迁都北京。北京紫禁城宫城正南曰承天门,正东为东华门,正西为西华门,正北为玄武门。承天门之北依次为端门和午门,午门之北为奉天门,奉天门之北为奉天、华盖、谨身三大殿。三大殿之北为乾清门,乾清门之北为乾清宫和坤宁宫。承天门之前为左右长安门,之南则为大明门。沿着大明门、承天门、端门、午门、三殿两宫及玄武门的中轴线设计,北京宫殿的格局已经基本奠定了。

承天门为皇城正门,明永乐十八年(1420)始建,清代顺治八年(1651)重建后改为天安门。承天门为进出皇城的正门,地位之重要不言而喻,"进大明门次为承天之门,天街横亘承天门之前。其左曰东长安门,其右曰西长安门。凡国家有大典则启大明门出,不则常扃不开。每日百官奏进,俱从二长安门入,守者常数十百人,皆禁军也"②;又"大明门内曰承天之门,其内之东一门内则太庙也,西一门内则太社太稷也"③。可见承天门内东是太庙,西则为社稷坛,符合中国古代宫城左祖右社的

---

① 〔清〕于敏中等编纂:《日下旧闻考》(一),北京:北京古籍出版社 1983 年版,第 495 页。
② 同上,第 497 页。
③ 同上。

传统形制;承天门前广场则为东、西、南三面红墙所围,俗称"天街",其东则为东长安门,其西则为西长安门;广场中部横亘外金水桥,外金水河由紫禁城西南隅经外金水桥往东南注御河。承天门正南对着的是大明门,大明门和承天门前的广场相接,形成 T 字形的广场;T 字形广场的两侧则是五府六部等的所在,包括左侧之吏部、户部、礼部、兵部、工部、刑部和右侧之中军都督府、左军都督府、右军都督府、前军都督府、后军都督府等。

承天门之北为端门,端门为午门之前门,由午门则进入明帝国最重要最核心的紫禁城。整个紫禁城由乾清门为界,由午门至乾清门则为紫禁城的外朝,中轴线分布着在帝国政治中地位最为重要的三大殿;而乾清门之后则是紫禁城内廷,包括乾清宫、交泰殿、坤宁宫和御花园。

在紫禁城外朝,午门和奉天门之间形成外朝的前庭,是深 130 米、宽 200 米的横长方形广场,前庭东开左顺门(会极门),西开右顺门(归极门),中间则横亘内金水河与内金水桥。紫禁城外朝前庭的美学风格素来为人称道。整个前庭按照深 130 米、宽 200 米的比例构成,接近于黄金分割率。内金水河和内金水桥自西向东贯穿整个前庭,但为了避免视觉上的单调,使内金水河呈现为弓形,弓背即中部略向南靠;弓背处横跨 5 座单孔拱券式内金水桥,正中一座为御路桥,为皇帝专用,位于整个紫禁城的中轴线上;御路桥两侧之桥为王公桥,供皇亲国戚、王公大臣使用;最外两桥为品级桥,供其他官员行走。5 座内金水桥均由汉白玉建造,桥上雕蟠龙祥云,望之如玉带飞虹,因此又叫玉带桥。

奉天门内为三大殿,明初时为奉天殿、华盖殿和谨身殿。外朝三大殿是皇帝处理政务、召见大臣、举行典礼的场所,在帝国政治中占据极为重要的地位,与此相应的则是三大殿是整个紫禁城中最为宏伟壮观的宫殿建筑。外朝三大殿命运多舛,历经三次焚毁又三次重建,重建后的形制和名称均有变化。先是"永乐十九年四月庚子,奉天、华盖、谨身三殿灾",至"正统五年三月,建奉天、华盖、谨身三殿,乾清、坤宁二宫。初,太宗皇帝营建宫阙,尚多未备。三殿成而复灾,以奉天门为正朝。至是修造之，发现役工匠操练官军七万人兴工。六年九月，三殿两宫成"①。嘉靖三十六年（1557）四月丙申"雷雨大作，戌刻火光骤起，由奉天殿延烧华盖、谨身二殿，文武楼、奉天、左顺、右顺及午门外左右廊尽毁"②；嘉靖三十七年（1558）开始的重建因缺少木料等，三殿的体量有所减少，至"四十一年九月，三殿成，改奉天殿曰皇极，华盖殿为中极，谨身殿为建极。文楼曰文昭阁，武楼曰武成阁。左顺门曰会极，右顺门曰归极，奉天门曰皇极，东角门曰弘政，西角门曰宣治"③；而这次重建，虽然三大殿的比例不失，但其形制已和初时不一样。④ 其后"万历二十五年六月戊寅，归极门火，延烧皇极等殿，文昭、武成二阁回廊皆烬"，之后"天启五年八月戊戌，皇极殿竖金柱，九月甲寅门工成。七年二月己亥，迎建极殿金梁。乙巳，建极殿升梁。五月辛未，命工部尚书薛凤翔迎中极殿金梁……己卯，中极殿升梁。八月乙未，中极殿、建极殿插剑悬牌，三殿开工。自天启五年二月二十三日起，至七年八月初二日报竣"⑤。这次重建同样因财力问题，而比嘉靖重建时又有所缩减，三大殿的形制、体量、用料也有所不同。

　　紫禁城外朝之后为内廷，是皇帝和眷属居住之所。内廷的主要建筑是沿中轴线由南向北展开的乾清宫、交泰殿和坤宁宫，坤宁宫之后则为宫后苑即御花园。在后三宫左右分布的则是东西六宫。

　　乾清宫是紫禁城内廷中的主体建筑，其体量和规格都是内廷建筑之首。乾清宫始建于明永乐十八年（1420），后于永乐二十年（1422）、正德九年（1514）、万历二十四年（1596）三次毁于大火并于灾后重建。明乾清宫为皇帝寝宫，乾清宫左右两侧分建昭仁殿和弘德殿，也叫东暖阁和西暖阁，"西暖阁，万历七年五月添额，名肃雍殿。至十一年四月，更弘德殿

① 〔清〕于敏中等编纂：《日下旧闻考》（一），北京：北京古籍出版社1983年版，第516页。
② 同上。
③ 同上，第518页。
④《日下旧闻考》记载："三殿规制，自宣德间再建后，诸将作皆莫省其旧。而匠官徐杲能以意料量，比落成，竟不失尺寸。"见〔清〕于敏中等编纂：《日下旧闻考》（一），北京：北京古籍出版社1983年版，第518—519页。
⑤ 〔清〕于敏中等编纂：《日下旧闻考》（一），北京：北京古籍出版社1983年版，第519页。

东暖阁。万历十一年闰二月，添额弘德殿。本年四月，更昭仁殿"①。乾清宫之后为交泰殿，"乾清宫之北曰交泰殿，则皇后所居也。有中门向后，恒闭而不开"②。交泰殿位于乾清宫和坤宁宫中轴线之间，可以视为两宫之间的过渡，其名"交泰"也暗示阴阳、乾坤、男女之间的和谐。交泰殿后则为坤宁宫，始建于明永乐十八年（1420），正德九年（1547）和万历二十四年（1596）毁于火灾，万历三十三年（1605）重建。坤宁宫嘉靖十四年（1535）七月添额，东有露顶安德斋，崇祯六年（1633）四月，更名为贞德斋，西有露顶养正轩，崇祯七年（1634）八月安扁，东披檐清暇居，北围廊游艺斋，俱崇祯五年（1632）十月安扁。又坤宁宫左有永祥门，右有增瑞门，俱万历二十五年（1607）二月添额。③ 坤宁宫在明代原是作为皇后的寝宫而设计，与乾清宫作为皇帝的寝宫相对应。清代顺治年间按照沈阳清宁宫形制来对坤宁宫进行重修，对明代坤宁宫的格局做了很大的改动，使坤宁宫主要成为一处祭神的场所，而不再是皇后的寝宫了。

外朝三大殿和内廷三宫位于紫禁城中轴线，是构成紫禁城最重要的主体建筑。外朝和内廷东西两翼和北端则配有相对次要的建筑群。如外朝奉天门外东有文华殿，西有武英殿建筑群，两殿始建于明永乐十八年（1420），文华殿为东宫太子讲读、摄事之所，武英殿规制大抵如文华殿，皇帝斋居及召见大臣于其中；内廷后三宫的两翼则分布东西六宫，坤宁宫的背面则是御苑，明代称宫后苑，清代时称御花园；御苑再往后则是万岁山。紫禁城西路西华门外则是西苑，东路东华门外则为东苑。④

第三节　明代北京紫禁城的设计理念

北京紫禁城是中国古代现存的最辉煌宏伟的宫殿建筑，也是中国古

---

① 〔清〕于敏中等编纂：《日下旧闻考》（一），北京：北京古籍出版社 1983 年版，第 526 页。
② 同上，第 527 页。
③ 同上。
④ 关于御苑、西苑和东苑，详见本书有关园林一章。

代建筑文化和中国古代关于宇宙、自然、人居环境等关系看法的集中体现。明代从营建紫禁城开始,就自觉地把具有独特东方韵味的各种设计理念贯彻在这座宏伟的天子之城上,使其成为中国古代的儒道释观念、天人合一的地理观、有机自然的整体观、风水理论、艺术审美观念等的结晶。具体而言,在北京紫禁城的设计理念中,作为天子之都应该成为象天法地、以中为美且带有严格等级观念的礼制建筑。

一、象天法地

在中国传统文化中,天地人并称为"三才",三者相互感应交通,因此人应该象天法地,顺应天地之道而作为。皇帝身为天子,其居住活动之所更应体现这种象天法地的观念,以突显其作为上天之子的天命与身份。实际上,紫禁城从整体格局到具体细节,无不体现出强烈的象天法地的思想。在明代帝王的心中,渗透天地观念的宏伟宫殿不仅适合其天子的伟大身份,而且能够向其子民展现他独一无二、不可抗拒的强大震慑力。

所谓象天法地,最集中体现在紫禁城与天象和地理有着一一对应的关系。在关于紫禁城的赋颂中,经常可见把北京视为天地之中的形容,认为北京上应北辰以象天极,而自身则地处幽燕,是为地轴。紫禁城的由来也和天象有关。古人将天上的星象分成东、南、西、北、中五宫;中央是中宫,相当于天空中环绕北极附近的星象,包括紫微、太微、天市三垣;上垣为太微,中垣为紫微,下垣为天市。此三垣中,尤以紫微垣为重,即北极星所在附近,其应地上关中、洛阳一带;紫微垣为天空中心的中心,被视为天帝之居所。因此,人间帝王所居之处也应对应紫微垣,故天子居所也被称为"紫宫"或"紫微宫",又秦汉时宫城一般也叫"禁中"或"禁城",合起来明清两代北京宫城也就被称为紫禁城了。紫禁城的布局也和三垣相互对应:中垣紫微被称为紫宫,是天子常居之处,是为内宫;上垣太微,天子听政则居之所,是为外朝;下垣天市,则为天子畿内之市。因此紫禁城的布局前朝而后宫,分别象征太微垣和紫微垣,紫禁城神武门外又设后市,明朝每月逢四开市,象征天市垣。可见,紫禁城的选址根据的是象征天极的中宫和相应的地轴幽燕之地,其整体的格局又与中宫三垣一一对应,处处体现象天法地的思想,以凸显皇权与神权的统一,展示天子受命而王、替天而行道的至上权威。

紫禁城的建筑布局、命名、形制等也都体现了象天法地的思想。如午门之前为承天门,后为奉天门,奉天门之后为奉天殿,奉天殿后有华盖殿。奉天殿以奉天为名,喻示奉天承运的天命所在;华盖殿形制为上圆下方,状若华盖,上仿天体之圆,而下效地德之方。在奉天门前有内金水河和内金水桥,犹如天上的银河。紫禁城外朝的奉天、华盖、谨身三殿对应太微垣明堂三星,是为天子布政之宫。内廷乾清宫和坤宁宫,其命名取自《易经》中的乾、坤二象,中间为交泰殿,则喻示阴阳交合、乾坤交泰。又乾清宫东门称日精门,西门称月华门,则有日月精华之意;内廷东西两路分布东西六宫则象征十二星辰。这样,中央是乾清、坤宁、交泰三宫,左右是东、西六宫,总计是十五宫,合于紫微垣十五星之数。①

紫禁城内建筑的形制往往暗合易理,特别是在数量的选择上。如奉天殿面阔九间,进深五间,象征天子的九五之尊。易乾卦第五爻为"飞龙在天,利见大人",故天子都以"九五之尊"自称。"九"和"五"是紫禁城用得最多的数理。在中轴线上的皇帝用房,大多采用面阔九间、进深五间之数。此外又如紫禁城的房间是九千九百九十九间,九龙壁用九的倍数即二百七十个雕塑块构成,宫门用九九八十一个门钉。诸如此类的形制在紫禁城中数不胜数,其基本理念也是暗合易数中的天地之道,达到与天地参的效果。

除了紫禁城的都城建设之外,其他重要的建筑也都体现了这种象天法地的思想,其中较为重要的是五坛:天坛、地坛、日坛、月坛、社稷坛。在位置上,天坛在南,建于外城之内;地坛在北,建于内城之外;日坛在东,建于内城之外;月坛在西,建于内城之外;社稷坛居中,建于内城之

---

① 参见尤亮、尤羽编著:《风水与城市》,天津:百花文艺出版社1999年版,第38页。

中。天坛和地坛是天子祭天地的地方,天坛被设计成圆形,位置在南,而地坛被设计成方形,位置在北;日坛、月坛和社稷坛都被设计成方形。从五坛的位置和命名也可以看到这种象天法地的思想,如天坛为圆形,象天、象乾、象阳,地坛为方形,象地、象坤、象阴。

紫禁城体现的这种象天法地的思想,一方面可以说紫禁城是中国古代天人关系的集中体现,紫禁城作为中国古代最宏伟的宫殿建筑,不仅占据天下山川之形胜,而且最为集中地体现古人关于天人关系的理解;另一方面紫禁城体现的这种象天法地的思想,也是明代皇权的集中体现,我们可以看到的是,紫禁城的位置、形制、建筑、体量等处处都在宣扬天子受命于天的权威,处处都在宣告皇帝是受命掌管天下的天子。尽管对于明代帝王而言,紫禁城更多的是宣示其权威和天命的场所,但我们也可以看到这种意识形态是和中国古代的环境观结合起来的。中国古代哲学强调天人之间的感应关系,唯有顺应自然才能获得人与自然的和谐,而人与自然能否和谐又可以通过观察天人间的感应关系来发现。因此,紫禁城的建设虽然主要目的在于凸显天命权威,但是这种目的是需要通过顺应和尊重自然来获得的。我们可以发现,紫禁城的建设遵循的主要原则是象天法地,虽然于帝王而言,象天法地是为了建立其不可怀疑的地位,但象天法地内在地是顺应自然而不是忤逆自然的,这说明明代帝王的权威要建立在某种以尊重自然为前提的自然哲学的基础上。象天法地的思想实质上是一种人与自然相互结合为整体的宇宙图式,在其中人的存在和天地不可分离,人通过观察和效法自然而印证自身的存在。

关于象天法地的思想和中国人的环境意识之间的关系,有两点值得注意:其一,虽然象天法地的思想带有以人类为中心的痕迹,但是通过有机的整体观,人类专断独行的主体意识的作用还不太强烈。象天法地依然是以人类为中心的,是人类通过主体意识的能动作用效法天地的运行,这和现代生态中心主义并不相同。在现代生态中心主义看来,正是人类的这种主体作用造成了自然界成为人们征服的对象,导致现代社会出现诸多危害环境的严重问题。然而,被生态中心主义批评的这种人类中心主义基本上把人类和自然对立起来,人类与自然是相分的主体和客体。但在象天法地思想中并不存在这种分离的主体和客体,在天地人三才中,人和天、地是有机的统一体,三者处于永恒的运行当中,因此在象天法地的思想中人类主体意识的作用并没有那么强烈。其二,象天法地的思想经常因为权力的干扰而沦为皇权的专断,但通过天人感应的机制依然能够使人保持对自然应有的敬畏。天地人三才中的人本应指全体人类,但是在古代社会象天法地的权力往往被皇权独占,比如祭祀天地只能是天子享有的行为,又如洪武三十五年(1402,即建文四年)专门明文规定除皇帝外民房不得九五间数,"九五"这个天地之数成了皇帝的专享。然而皇权是借助效法天地来作为自身存在依据的,皇权不得不将自然之道视为在自身之上更大的权威,而自然之道往往通过感应的方式对人间之道提出奖惩;因此,某些天灾的出现会被视为对帝王无道的惩罚,而此时大多帝王会因此而戒惧谨慎。可见,通过天人感应的机制,象天法地思想常常使帝王保持对自然应有的某种敬畏。

二、以礼为制

紫禁城是凸显国家政权和天子权威的礼制建筑,所以在形制、布局、规格等方面都要最集中地突出礼制秩序,以此来凸显君权神授的天命所在和天子的绝对权威。礼是中国古代社会中规定社会行为的规范和典章制度,尊卑有分、上下有等是礼的最根本的精神。在紫禁城的建造中,必须将这种等差有序的观念融入各种人居环境中。礼制建筑的主要功能在于传递君权神授的观念和塑造皇权至上的权威,但同时等级秩序观念的融入也赋予紫禁城丰富的多层次和多样化的城市空间,使其呈现出恢宏和流动的美学特征。

礼制具有延续的性质,不少制度都是历代延续的传统,宣称其礼制建设与古制相合也是巩固皇帝天命的重要手段,因此紫禁城的建设在很多方面延续了传统的制度,比如左祖右社、前朝后市、五门三朝、前朝后寝等。左祖右社和前朝后市都出自《周礼》,《周礼·考工记》说:"匠人营国,方九里,旁三门。国中九经九纬,经涂九轨。左祖右社,面朝后市,市朝一夫。"①在中国的礼制思想中,祭祀祖先和祭祀土地神以及粮食神是相当重要的,对于这个以农业为主的国家,风调雨顺、国泰民安是上至天子下至百姓共同的愿望。左祖右社便是这种礼制精神的集中体现。明紫禁城承天门内东边置太庙,西边置社稷坛,符合《周礼》中左祖右社的传统形制。前朝后市也是出自《周礼》,我们也说过,紫禁城的营建强调象天法地,按照紫微、太微、天市三垣来设计宫城,上垣太微为外朝,中垣紫微为内宫,下垣天市为天子畿内之市。紫禁城前朝为天子听政之所,紫禁城神武门外又设后市,每月逢四开市,这种前朝后市的礼制也是符合《周礼》传统的。

据《礼记》等典籍的记载,天子宫室有五门三朝之制。五门分别为:外曰皋门,二曰库门,三曰雉门,四曰应门,五曰路门。皋门为宫城最外一重门,路门为最内一重门,为天子嫔妃燕居之所的门。明代紫禁城的承天门、端门、午门、奉天门、乾清门大致相当于古代的"五门"。又古制有三朝,称外朝、治朝和燕朝,而明代紫禁城有奉天、华盖和谨身三殿,大致与古制相同。前朝后寝这种制度也是古制所有,将前朝作为皇帝处理政务的地方,而将后宫作为生活起居的场所。明代紫禁城前朝为三大殿,东西两路配置文华殿和武英殿;内廷则为后三宫,内廷两侧布置东西六宫。前朝和后宫以乾清门为分界线,突出体现了传统中的前朝后寝的制度,也体现了古代封建社会家国一体的观念。

礼制建筑主要突出的是等级秩序,紫禁城的建筑在体量和规格上有严格的等级控制。总的来说,位于中轴线的主体建筑往往体量最大、规格最高。比如外朝的三大殿和内廷后三宫,在体量和规格上都是东西两路建筑所无法比拟的。三大殿由于多次遭遇火灾,其最初的形制和现存

① 李学勤主编:《十三经注疏·周礼注疏》卷四十一,北京:北京大学出版社 1999 年版,第1149—1150 页。

的已不太一样,但是从现存三大殿的规格仍然可以看出它们无与伦比的雄伟身姿。比如明初的奉天殿,嘉靖时改为皇极殿,入清后又改称太和殿。该殿在明、清时一直是皇帝举行朝政大典的主要场所,皇帝登基、册立皇后等都在这里行礼庆贺,其政治上的重要位置是不言而喻的,因此在形制上也极力突出其独一无二的宏伟气势。太和殿进深五间,达 33 米,面阔约 60 米,全高 35.05 米,是中国古代进深最大、屋顶最高的木构建筑。[1] 奉天殿后为华盖殿,嘉靖时改称中极殿,入清后改称中和殿。明代华盖殿为赐宴亲王之所,入清后中和殿为皇帝上朝时小憩之所。中和殿呈正方形,殿身深广各三间,台基每面约 24 米。明初谨身殿在嘉靖时改称建极殿,入清后改称保和殿。明代建极殿是皇帝举行典礼前更换服饰的场所,入清后保和殿曾为顺治、康熙两位皇帝的寝宫。保和殿殿身面阔七间,进深三间,四周加下檐一间,形成面阔九间、进深五间的外观。据实测保和殿面阔约 46 米,进深约 21 米。[2]

三大殿东西两路配置文华殿和武英殿建筑群。文华殿明末毁于火灾,清康熙二十二年(1683)重建。清代文华殿建筑群中主殿为工字形平面,前殿文华殿和后殿主敬殿都是面阔五间(约 34 米)、进深三间(约 16—20 米),文华殿前左右各有配殿,左为本仁殿,右为集义殿,二殿相比于主殿体量规格都较小。清代文华殿后又有文渊阁,仿宁波范氏"天一阁"造,面阔六间(33 米),进深三间(约 15 米)。西路武英殿建筑群的规制如文华殿,其前殿和后殿亦是采用面阔五间、进深三间的形制。从上面的介绍来看,在紫禁城外朝的形制中,中轴线三大殿的等级是最高的,东西两路建筑群无论是在体量还是规格上都要逊于三大殿,三大殿中又着重突出前殿和后殿,中间中极殿作为过渡则形制略小。这样,通过建筑的体量和规格的差别,紫禁城形成了等级森严的制度,用以凸显封建帝王的无上权威。同时,也因为各个建筑在体量和规格上的不同,紫禁

---

[1] 于倬云主编:《紫禁城宫殿》,北京:生活・读书・新知三联书店 2006 年版,第 48 页。
[2] 孟凡人:《明代宫廷建筑史》,北京:紫禁城出版社 2010 年版,第 247 页。

城的建设避免了单调和雷同,营造出丰富和多样的空间变化,在视觉效果上不仅给人以庄严肃穆之感,而且营造出如神话中的琼楼玉宇一般的非凡气象。

三、以中为美

紫禁城的美学风格是以中为美,通过凸显居中位置的建筑而强调皇权的重要性。因此,整个紫禁城是以大明门、承天门、端门、午门、三殿两宫及玄武门的中轴线设计为主,然后再配置相对次要的东西两路宫殿构成紫禁城的宫城结构。在紫禁城之外又东西各置苑囿,城北则背靠万岁山。如此构成以中为美、富于变化、城市与自然相结合的整体布局。

从大明门沿着紫禁城的中轴线往前走,首先进入的是被称为千步廊的狭长通道,经过此狭长通道至外金水桥,前方则是承天门(即现今天安门),承天门前是一横向展开的广场,被称为天街。从千步廊的狭长通道至天街,再配置造型优美的外金水桥,使人视野忽然开朗,这是走进紫禁城的第一个高潮。承天门往前为端门,由端门再往前则为午门,午门是进入紫禁城的门户。在紫禁城的四个城门中,午门的规格最高,形制最美,采用的是面阔九间、进深五间的重檐庑殿顶的形式,又称"五凤楼",这是走进紫禁城的第二个高潮。进入午门,在午门和奉天门之间是南北深 130 米、东西宽 200 米的横长方形广场,中间横亘内金水河与内金水桥。这是紫禁城外朝的前庭,也是整个紫禁城最优美最富艺术韵味的场所,接近黄金比例的横向广场和弓形的内金水河以及造型优美宛如玉带的内金水桥,使刚刚为气势威严的午门所震慑的游人在此忽然感受到优美的氛围。

进入奉天门,则进入紫禁城外朝的核心区,在这里有紫禁城最宏伟壮观的三大殿,特别是作为前殿的奉天殿(今太和殿),是紫禁城内最为恢宏的单体建筑。这是进入紫禁城的第三个高潮。沿着中轴线继续往前走则进入紫禁城的内廷,是皇帝和眷属居住之所。内廷的建筑风格和外朝并不一样,外朝建筑是作为皇帝政务场所而建构的,而内廷强调的则是日常生活起居的气氛,因此外朝建筑的宏伟壮观到内廷则变为端庄秀丽。及至御花园,紫禁城的审美感受再起变化。紫禁城的前朝和内廷多以体量宏伟的建筑为主,而自然的气息则略少,御花园则是对此遗憾的一个补充。在御花园中,各种人工建筑和自然物巧妙地融合在一起,使人在皇宫之中依然能够乐享自然之趣。在御花园之后的万岁山则和西苑与东苑构成围绕整个紫禁城的外围,这个外围以自然景物为主,使紫禁城这个巨大的人工建筑镶嵌在自然山水之中,既凸显人在天地之中的核心地位,又使天地人三者处于和谐的统一体中。

我们还可以看到,紫禁城以中轴线为主,以两翼建筑为辅,构成了严格对称的美学风格。外朝中轴线纵向是三大殿的对称,前殿奉天殿(太和殿)和后殿谨身殿(保和殿)体量较大,而中间的华盖殿(中和殿)体量则略小,形成主从对称之势;在横向上则是两翼的文华、武英两殿建筑群相互对称,形成东西两路左辅右弼的格局。在紫禁城内廷,后三宫的对称略如前朝三大殿,突出乾清宫和坤宁宫,中间的交泰殿则作为过渡,形成上下对称的格局;内廷两翼则安置东西六宫。此外,在东西六宫外侧之南,文华、武英两殿以北,还分置慈庆、仁寿和慈宁等宫,形成紫禁城的外东西路建筑群。这种以中轴线为主、以东西两路为辅的格局,形成了紫禁城主从有序、谨严对称的空间形态。

我们可以看到,中国古代以中为美的传统在紫禁城这里体现得淋漓尽致。以中轴线建筑为主为尊为美,在东西向和北向配以其他次要建筑以衬托主体建筑,这种原则为紫禁城塑造了庄严和活泼、宏伟与秀丽相结合的美学风格,也塑造了集人工与自然为一体的独一无二的城市环境。

第四节　明代北京紫禁城的风水美学

风水是中国古人关于人与自然关系的独特看法,其特别关注的是人居环境和墓葬场所选择的利弊,是一套渗透着中国古代儒释道传统,特别是阴阳五行观念的独特的环境哲学和实用技术。由于中国古代人相信特定位置和环境的选择以及各种人工设施的有意设计能够对居于此处的人及其子孙产生吉凶祸福的影响，因此风水在中国古代一直相当盛行。风水学也是一种有关环境的美学，因为在风水学中环境优美之处往往也是带有吉祥性质的。风水之说虽然带有大量迷信诬妄的成分，但也有很多朴素的科学知识和实用经验，因此不能完全以迷信之术名之。如果要论及古代中国人的环境审美观念，则更加不能忽视这种风水美学带来的影响。紫禁城可以说是中国古代风水观念的集中体现，从其外围的风水格局到城内各种建筑的选址和命名，都带有很强的风水方面的考虑。

从紫禁城的外围格局来看，北京的风水格局历来受到风水家的赞叹。北京为古幽燕之地，左环沧海，右拥太行，南俯中原，北枕居庸。从风水学上来看，历代帝都的选择都重视接引龙脉，龙脉被阻隔或者龙脉断了则被视为王朝覆灭的迹象。在风水学看来，天下龙脉皆发源于昆仑，因昆仑可气上通天。明永乐五年（1407）永乐帝命礼部尚书赵羾与江西术士廖均卿等人到北京郊区卜选陵地，最终定址在昌平的黄土山一带，永乐帝亲临阅视并封黄土山为天寿山。天寿山属于燕山山脉的军都山，燕山则与太行山脉相接，最终上接昆仑山脉。永乐帝将其陵寝建在天寿山，其背后的意义就是要将大明帝国的国运建在龙脉上。又紫禁城的正北是万岁山，万岁山不仅是镇山，可以压镇元大都之气运，而且可以和天寿山相接，引龙脉入宫，使整个宫城的气运和昆仑的气运连成一脉，最终与上天的元气相通。

在中国古代的风水学说中，一处吉利的环境必定是坐北朝南、靠山面水的。如果背不靠山、一马平川，则元气无法积聚，所以条件优渥的环境往往靠山，山形的隆起能够将流散的元气聚集起来。风水学又认为，光靠山还无法真正将元气聚集，因为元气也有可能顺着地形从山的南面流走，因此除了靠山之外还得面水。风水学认为"气乘风则散，界水则止"[1]，因此水的作用是阻止气的流散，这样背山能够积蓄元气，而面水又

---

[1] 〔晋〕郭璞著，〔清〕吴元音注：《葬经笺注》，上海陈氏藏版泽古斋重钞本，第2页。

能阻止气的流散，就可以使该山和水之间的场所集结浑厚的元气，而元气越是浑厚则对该地区的物产和人畜越是有利。明代北京紫禁城背靠万岁山，前则有内金水河。内金水河除了有供水、排水、防火等实用功能外，还有风水学上的意义。明代营建紫禁城时，从西北引水注入宫城，从东南流出。由此内金水河和万岁山形成风水上负阴抱阳、积风聚气的格局，使整个紫禁城成为元气积而不散的风水佳地。

　　按照中国的风水理论，理想的环境应该是处于多重围合内的封闭空间，通过前后左右各种遮挡封闭的方式来聚气。作为城市也是一样的，理想的城市环境应该处在环环相套的空间之内。按照风水格局，理想的城市环境应该背山面水、左右拱卫。城市后方应有主山为屏障，而对于帝都而言，主山还应与昆仑山脉相通，使之坐落在龙脉上；城市前方应有流水为界，而流水之前则应有案山遮挡，形成封闭圈；城市外的封闭圈环环相套，如主山后应有少祖山、祖山护卫并与龙脉相通，案山前也应有朝山遮挡形成第二个封闭圈；城市的左右同样应有青龙山和白虎山护卫，形成左右围合之势，青龙山和白虎山又可分成内青龙、内白虎和外青龙、外白虎，形成多层的环抱之势。明代北京紫禁城的营造也充分考虑了这种风水理念，"明代灭元，南京之后，建都北京，既要用此地理之气，又要废除元代的剩余王气。风水制法采用宫殿中轴东移，使元大都宫殿原中轴落西，处于风水上的'白虎'位置，加以克煞前朝残余王气。同时凿掉原中轴线上的御道盘龙石，废掉周桥，建设人工景山，原有的玄武主山琼华岛（后名）成为北海一景而已。不再倚靠。这样，主山—宫穴—朝案山的风水格局重新形成。永定门外的大台山'燕墩'成为朝案山。小山墩之成为'燕京八景'中的'金台夕照'名景，在于山的地位是风水的朝案之山"①。

　　从紫禁城的内局来看，风水的因素也是无处不在的。前文已经说过，紫禁城的格局和形制严格按照星宿布局，外朝三大殿象征天阙三垣，

---

① 亢亮、亢羽编著：《风水与城市》，天津：百花文艺出版社1999年版，第37页。

皇帝身处其中就如天帝居于天宫；内廷则按照紫微垣布局，中轴线的乾清、交泰和坤宁三宫加上左右东西六宫总计十五宫，合于紫微垣十五星之数。内廷乾清宫为皇帝寝宫，坤宁宫为皇后寝宫，后三宫象征着阴阳交泰。又"北京城凸字形平面，外城为阳，设七个城门，为少阳之数。内城为阴，设九个城门，为老阳之数。内老外少，形成内主外从。按八卦易理，老阳、老阴可形成变卦，而少阳、少阴不变。内用九数为'阴中之阳'。内城南墙属乾阳，城门设三个，取象于天。北门则设二，属坤阴，取象于地。皇城中央序列中布置五个门，取象于人。天、地、人三才齐备。全城宛如宇宙缩影。城市形、数匹配，形同涵盖天地的八卦巨阵"①。这种阴中有阳、阳中有阴的观念体现了阴阳结合是紫禁城风水美学的主导思想。在紫禁城中，外朝属于阳，内廷属于阴，外朝属外，内廷属内，两者的结合就是阴阳结合，因此外朝的设计以单数居多，如五门三朝制，而内廷则以偶数居多，如两宫六寝制（交泰殿为后来增建，六寝即东西六宫）。

　　阴阳五行学说是风水的根基，紫禁城不仅体现了阴阳结合的思想，也集中体现了五行的思想。阴阳五行思想发端于战国末的邹衍。《史记·孟子荀卿列传》载邹衍"深观阴阳消息而作怪迂之变"，"称引天地剖判以来，五德转移，治各有宜，而符应若兹"②，阴阳和五行思想便在他这里开始整合为一个大的系统。到了汉初如《吕氏春秋》《淮南子》这样的文献中，把阴阳、四时和五行整合为一个系统已经比较普遍。根据金、木、水、火、土五个基本要素，可以将宇宙一切事物统一到这个体系中，如五帝、五味、五音、五色、五星等等。在紫禁城中，体现五行思想的地方也是非常多的。比如金水河发源于紫禁城的西北，属五行中的金和水，故名金水河。紫禁城东部的文华殿原为太子讲学之所，东在五行中颜色属青，故文华殿用绿色琉璃屋顶，嘉靖时因用途改变而改用黄色屋顶。紫禁城中皇帝居住之所属中，中为土为黄色，因此屋顶都用上黄色琉璃瓦。

---

① 亢亮、亢羽编著：《风水与城市》，天津：百花文艺出版社 1999 年版，第 38 页。
② 〔汉〕司马迁：《史记》，北京：中华书局 1959 年版，第 2344 页。

紫禁城北有玄武门,北方在五行中属水,黑色,因此玄武门内的东大房和西大房屋顶皆为黑色。紫禁城南有午门,在五行中南方属火,红色,故午门以红色为主。紫禁城内的文渊阁为藏书所用,用黑瓦黑墙,因为在五行中黑色属水,文渊阁上层为一间,下层为六间,取《易经》中"天一生水,地六成之"之意,这些命名都带有防火的寓意。

我们可以看到,紫禁城是古代风水学说的结晶,其设计、形制和规格无不体现了丰富的风水思想。风水学说是中国古代关于人与环境关系的独特看法,虽然这种看法掺杂了不少在现在看来非科学的东西,但是从总体上来看,风水学说是以尊重自然为主要原则的,因此在风水学说中同样蕴含着丰富的生态智慧。风水学说的哲学基础是气的哲学,整个风水学是建立在气这个概念的基础上的,从气的运动又生发出阴阳、四象、五行、八卦等概念。从风水学来看,整个宇宙是由气构成的,气的多少构成了生命的充足和孱弱,因此古人安居必定要选择元气充沛的环境,用风水学的话来说,就是"藏风聚气"之地。居住在元气充沛之地,也就能增福添寿并且荫庇后人。可见,风水学所持的是一种有机整体的宇宙观,人与环境俱由元气构成并相互感应发生联系,环境之优劣会对人的福寿夭祸产生影响,同样,人的活动也会对周围环境产生影响。这种有机整体观使人与环境之间产生紧密互动的联系,使人对于周围的环境有种敬畏之感,不但能够生发守护生机盎然之地的责任,同时也担心个人随意的活动会破坏周围环境的生气。在风水学看来,自然不仅是由元气构成,自然还是一个活体。风水学认为整个地表就好像人体一样有经络和穴位,风水学还用"龙"这个形象来形容元气在地表的流动,寻找适合的环境就是要寻找龙脉和穴位,也就是生气最为充沛之地。整个自然就如人体一样有气运的变化流动,从而实现天人之间的共通与感应。把自然作为活体的思想也体现了风水学对自然环境的尊重,自然不是毫无意识而只能被人利用的死物,而是有血有肉、有气有识的生物活体,因此最好把它当作和人一样的主体而不是客体来看待。这也决定了古代中国人的环境意识不是与自然相分的,而主要是倾向于在天人一理的基础上与自然和谐共处。

风水学所追求的藏风聚气同样包含着美学意味。一般来说,元气充沛的环境也是生机盎然、赏心悦目的环境。比如,风水学强调背山面水,以形成藏风聚气的格局,背靠的山不能太过突兀,要植物丰茂、生气十足,面向的水要有蜿蜒曲折的动态之美。这样形成的风景优美的封闭空间非常符合中国哲学那种内向的气质。按照风水学的理论所形成的景观还拥有丰富的空间形态。比如按照风水学理论,背靠的山山势不能过于突兀,并且要低于背后的少祖山、祖山,以形成所谓的"玄武垂头"之势,这样的风水景观山外有山、层层叠叠,从审美的角度来看有利于增加风景的空间深度和层次感,去除视觉上的单调性和突兀感。因为强调元气的充沛,所选的山基本上都要求植被丰富,利于各种生物的生长,因此也特别强调保护山林树木以及各种动物,不主张过度开采和利用,总之是要在保护植被的同时形成风景优美的自然环境。风水学主张靠山面水,因此风水学所追求的自然环境总是山环水抱,背靠的山重峦叠嶂,富于层次感,面向的水蜿蜒曲折,富于动态之美。这样的自然环境是典型的桃花源式的理想所在。对于像城市这样的人居环境,其主要的设计和建筑在遵循风水原理的同时往往也能获得比较好的审美效果。比如,风水学强调阴阳协调、五行配对,因此所造之景观也就体现出以中轴对称的形态,像紫禁城这样极为突出中轴线主体景观并以左右建筑群搭配形成等级秩序的空间形态,虽然是为了凸显天子权威和神权天授的礼制精神,但也可以说是风水学中阴阳、四象、五行、八卦等原理在城市设计和建筑实践中的体现。因此,风水学的这种阴阳相济的思想直接影响到了中国古代城市设计和建筑实践中的选址、构图、方位、朝向、地形改造、景观元素布置等方方面面的选择。紫禁城所呈现出来的雄伟辉煌的审美效果是多方面因素综合而形成的结果,其中就离不开中国古代这种独特的风水理念。

第三章　明代城市环境美学（二）：江南城市

　　15世纪到17世纪，明代江南地区经历了广泛的商业化和城市化进程，在诸如苏州、杭州等异常繁华的大城市，发达的商业活动刺激了城市潜在的活力，使整个社会发生了复杂而深刻的变化——城市空间的重构，市民习俗的改变，社会身份的日渐模糊，思想文化的变革，这些都使江南地区的城市发展在明代有了独特而典型的意义。城市的发展带动了城市景观的变化，也改变了人们感知城市的方式，这种感知乃至观念层面的变革往往又反过来成为促进城市景观变化的深层动因。在明代江南地区的城市，城市感知方式深刻地和城市化以及商业化联系在一起，以至于像造园、旅游等炫耀性的奢侈行为能够成为显赫的社会现象。因此可以说，正是城市景观和市民审美意识这两方面的变革，集中体现了商业化和城市化进程对明代江南社会的深刻影响。接下来我们将主要以苏州、杭州和扬州为例①，考察明代城市景观和审

---

① "江南"是一个十分模糊的地理和文化概念，传统上指以环太湖地区的苏州、松江、常州、杭州、嘉兴、湖州六府为核心的区域，从更宽泛的意义上看也包括应天府、镇江府、扬州府、绍兴府、宁波府等。无论从城市规模、政治意义还是商业化程度来看，南京在泛江南地区都有着无可替代的地位，但我们不准备在这里过多地讨论南京，南京在迁都之后虽然不再作为政治中心，但仍然具有一种强烈的政治性格。在关于明代城市环境美学的讨论中，为了和像北京这样的政治与行政中心做出区别，我们更倾向于在这一章考察如苏州和杭州这样商业化程度更为纯粹一些的城市。扬州，准确地说属于江北，但从城市特质上看又通常被视为具有和苏州、杭州同类气质的一座江南城市，甚至可以说扬州的景观变迁和城市意识更具商业化的色彩，因为从明代中叶开始一直到清代，盐商就为这座城市的复兴带来了举足轻重的影响。因此，在明代江南城市的环境美学中，扬州具有一种十分独特的地位。

美意识之间的互动,以及它们和城市商业化发展之间的复杂关系。

第一节　明代江南地区的城市发展与景观变迁

　　元末明初,江南城市大多历经兵燹之厄,城市发展阻滞。如明初调查户口,扬州在战火之后,土著居民仅余 18 户,相继复籍的也不过 40 余户,其余皆为流寓。自明成祖迁都之后,大运河成为沟通南北运输的生命线,扬州处于长江和运河交汇之处,重要的地理位置带动了扬州城市政治和经济地位的提高。扬州又是两淮盐业的主要集中地,明朝初年朱元璋实施"食盐开中"政策,打破了政府食盐专卖的制度,允许民间商人通过向边关输送粮食而换取食盐经销的许可;明中叶将"开中法"改为"折色法",即商人无须将粮食运送到边关换取盐引,用白银直接购买盐引即可。在盐业巨大利润的刺激下,外地盐商大量卜居扬州,也促进了扬州城市的复兴。拥有巨额资产的扬州盐商为这个城市带来了奢侈消费的风气,他们在宫室、苑囿、饮食、舆马、衣物等方面竞相高以奢丽,扬州的城市规模、景观、社会结构等也随之发生变化。扬州盐商为了提升自身品位,与文人争夺文化资本,将大量的财富用于建造私人园林、修复或兴建新的城市景点、疏浚河道或美化风景等上面,从而带来了整个城市面貌的极大改观。事实上,经过多年的建设,到了清代扬州就被认为能以"园亭胜"而与苏、杭争辉了。①

　　苏州的情况也与此类似,元明之际的战争使苏州一度陷于萧条的状态,但明代中叶以后,苏州的城市经济逐渐恢复并臻至繁华。明代苏州人王锜《寓圃杂记》曾记载苏州由萧条至繁华的过程:"吴中素号繁华,自张氏之据,天兵所临,虽不被屠戮,人民迁徙实三都、戍远方者相继,至营籍亦隶教坊。邑里潇然,生计鲜薄,过者增感。正统、天顺间,余尝入城,

―――――――――

① 清人李斗《扬州画舫录》记刘大观之语:"杭州以湖山胜,苏州以市肆胜,扬州以园亭胜。三者鼎峙,不可轩轾。"参见〔清〕李斗撰,汪北平、涂雨公点校:《扬州画舫录》卷六,见"清代史料笔记丛刊",北京:中华书局 1960 年版,第 151 页。

咸谓稍复其旧,然犹未盛也。迨成化间,余恒三、四年一入,则见其迥若异境,以至于今,愈益繁盛,闾檐辐辏,万瓦甃鳞,城隅濠股,亭馆布列,略无隙地。舆马从盖,壶觞罍盒,交驰于通衢。水巷中,光彩耀目,游山之舫,载妓之舟,鱼贯于绿波朱阁之间,丝竹讴舞与市声相杂。"①苏州在战火过后同样面临着城池毁坏、人口剧减的问题,随着经济的逐渐复苏和发展,这种状况在明代中前期得到改善。一个城市在经济上的复苏和发展,首先是通过城市景观表现出来的。王锜在正统、天顺间入城,已经看到城市稍复其旧了,而在成化年间,苏州城步入极盛,城内建筑鳞次栉比,亭台密布,酒肆林立,行人车马交驰于通衢,画舫小舟鱼贯于水巷,过多的城市建筑甚至已让苏州城"略无隙地"了。

自明代中叶开始,苏州、杭州和扬州这些江南城市逐渐摆脱了城市发展的困境,商业活动由萌发而至于繁盛,成为举世瞩目的大都会。万历《杭州府志》序云："今天下浙为诸省首,而杭又浙首郡,东南一大都会也。其地湖山秀丽,而冈阜川原之所襟带,鱼盐杭稻、丝绵百货于是乎出,民生自给,谭财赋奥区者,指首屈焉。"②明人莫旦《苏州赋》则云："拱京师以直隶,据江浙之上游,擅田土之膏腴,饶户口之富稠;文物萃东南之佳丽,诗书衍邹鲁之源流,实江南之大郡。……至于治雄三寝,城连万雉,列巷通衢,华区锦肆,坊市綦列,桥梁栉比,梵宫莲宇,高门甲第,货财所居,珍异所聚,歌台舞榭,春船夜市,远士钜商,它方流妓,千金一笑,万钱一箸,所谓海内繁华,江南佳丽者。"③万历时期的《江都县志》记载了扬州在明朝前后期消费风气的改变："国初民朴,质务俭素,室庐佩服,无大文饰,又局蹐奉三尺,惮讼而勤业,婚丧交际,虽间涉鄙陋,犹存淳朴之风,乃荐绅大夫,恂恂爱礼而恬于势利,即更絩赋讼,不敢关自有司,下至

① 〔明〕王锜撰,张德信点校:《寓圃杂记》卷五,见"元明史料笔记丛刊",北京:中华书局1984年版,第42页。
② 〔明〕陈善等修:《万历杭州府志》,据明万历七年刊本影印,台北:成文出版有限公司1983年版,第1页。
③ 〔明〕莫旦:《苏州赋》,见〔清〕李铭皖等纂修《同治苏州府志》卷二,南京:江苏古籍出版社1991年版,第122页。

韦布,平贱之士,多负气矜名节,耻事干谒,斯亦他郡所无也。其在今日,则四方商贾陈肆其间,易操什一起富,富者则饰宫室,蓄姬媵,盛仆御饮食,佩服与王者埒,又输赀为美官,结纳当涂,出入舆马都盛,商贾之家,间左轻薄子弟,率起效之,加之纵横博塞,挟倡而游,不给则贷富人母钱,久之责负者日斗其门,遂至破屋。"①在以上材料中,对苏州、杭州和扬州"大都会"的描绘,都凸显了商业复兴在其中所起的重要作用,莫旦的《苏州赋》更是通过可视化的城市景观表现苏州商业活动的繁盛,一个城市的繁华程度确实能够通过其城市景观率先表现出来。

城市商业的复兴和人口的增加所带来的结果之一是城市的扩张,原来拥挤的城市空间已不能满足日益增长的人口的需求,而城市扩张的结果就是城内和城外空间以一种更加紧密的方式联系在一起了。扬州的人口,如前述在明初时土著居民仅 18 户,相继复籍的不过 40 余户,而"洪武九年(1376 年),扬州城附郭江都县六万四千八百七十二人,扬州城市九千多口人,到嘉靖四年(1525 年)江都县十万一千五百二十九人,扬州城市一万五千多口人。而明初在城'土著仅十八户',到嘉靖年间'已渐复四十余户'。上述史实正好证明了明代扬州城市人口中占绝对多数的不是土著居民,而是商业人口"②。苏州和杭州同样面临人口剧增所带来的问题,城市空间愈见狭小、"略无隙地"成为普遍的城市感觉,在此境况下,城市空间向城郊拓展就变得非常必要了。

苏州古代共有阊门、胥门、平门、齐门、娄门、匠门、盘门和蛇门 8 个水陆城门,在明清时期,阊门、胥门和娄门等都已是商业发达之地,特别是阊门一带,楼肆林立、行人如织,非常繁华。此种商业活动在明代中叶以后就已经发展到城门以外,嘉靖时曹自守说:"阊、胥、盘三门外曰附郭,即以阊、盘为号,而胥固略之矣。然自胥及阊,迤逦而西,庐舍栉比,殆等城中。此侨客居多,往岁寇至,议者欲于城外更筑一城,俨如半壁,

① 转引自[美]梅尔清:《清初扬州文化》,朱修春译,上海:复旦大学出版社 2004 年版,第 32 页。
② 傅崇兰:《中国运河城市发展史》,成都:四川人民出版社 1985 年版,第 213—214 页。

以附大城,乃迄无成。"①明嘉靖时,由胥门至阊门外附郭已经鳞次栉比,与城中无异,可见阊门、胥门内外已经成为一体,以至有人建议在城外更筑一城以防倭患。不仅如此,距离阊门不远的虎丘也得以和苏州城连成一片,成为市民暇时出游的必选之地。袁宏道《虎丘》云:"虎丘去城可七八里,其山无高岩邃壑,独以近城故,箫鼓楼船,无日无之。凡月之夜,花之晨,雪之夕,游人往来,纷错如织。而中秋为尤胜。每至是日,倾城阖户,连臂而至,衣冠士女,下迨蔀屋,莫不靓妆丽服,重茵累席,置酒交衢间。从千人石上至山门,栉比如鳞,檀板丘积,樽罍云泻,远而望之,如雁落平沙,霞铺江上,雷辊电霍,无得而状。"②虎丘素有"吴中第一名胜"的美誉,然而袁宏道强调虎丘山其实并无卓异的审美品质,只是其地理位置特别优越,离苏州城只七八里。在城内空间日渐拥塞的情况下,市民可以无须远足便游览山水,故去城不远的虎丘对于苏州城而言显得弥足珍贵。在商业化和城市化过程中,市民的旅游观念和审美观念显然也在发生变化,对自然山水的渴求不得不让位于更重要的生活所需。因此,远离城市的自然山水虽然具有更为优越的审美品格,也更加符合传统文化中崇尚自然的审美理想,但是经济便给、能够让人暂时脱离城市喧嚣而又不至于远离城市的景观却更受市民的欢迎。

　　阊门和虎丘之间是著名的七里山塘,因为有山塘的水陆交通,虎丘得以和苏州城联系在一起。七里山塘是唐代白居易任苏州刺史时所筑,游人从阊门到虎丘可沿山塘街步行、乘轿或骑马而至,也可沿着山塘河乘船到达。因白居易所筑山塘,虎丘山和苏州城之间往来更加方便,虎丘也由一"丘"而跃为名胜。万历《长洲县志》云:"自吴国以来,山在平田中,一丘耳。是时游者率由阡陌以登,至唐白公居易来守是州,始凿渠以通南北,而达于运河,由是南行北上,无不便之,而习为通川,今之山塘是也。公又缘山麓凿水,四周溪流映带,别成仙岛,沧波缓溯,翠岭徐攀,尽

① 〔明〕曹自守:《吴县城图说》,见〔清〕顾炎武《天下郡国利病书·六》,四部丛刊三编影印本。
② 〔明〕袁宏道著,钱伯城笺校:《袁宏道集笺校》,上海:上海古籍出版社1981年版,第157页。

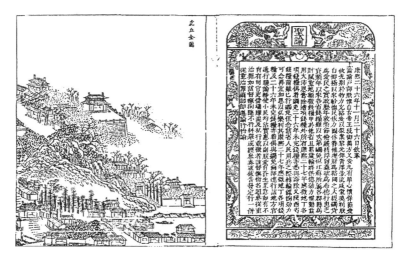

图 3-1 《虎丘全图》

（图片来源：〔清〕顾湄：《虎丘山志》，海口：海南出版社 2001 年版，第 352 页）

登临之丽瞩矣。"①在唐以前，要游览虎丘需穿过田塍，十分不便，白居易筑山塘使运河可以直接通过水系连通虎丘，方便从运河而来的南北客商登山游览。明代迁都以后，运河的地位与日益增，与运河有关的商业也相应繁荣起来，阊门也因临近运河而发展成为"红尘中一二等富贵风流之地"②，阊门外的七里山塘也成为最繁华的商业街区，酒肆林立、客商云集。通过山塘街和山塘河往来游览虎丘的游客也就越来越多。正如正德《姑苏志》云："若虎丘，于诸山最小，而名胜特著。"③虎丘得此地利，作为苏州名胜的地位也就越是巩固。由阊门而至七里山塘再至虎丘，城郊的景观便和城市缔结为不可分割的连续体。

杭州城外最著名的景点是西湖，西湖与杭州关系之密切在中国城市

---

① 〔明〕皇甫汸等编：《万历长洲县志》卷十，见刘兆祐主编"中国史学丛书三编"第四辑，台北：台湾学生书局 1987 年影印版，第 282—283 页。

② 《红楼梦》第一回写道："当日地陷东南，这东南一隅有处曰姑苏，有城曰阊门者，最是红尘中一二等富贵风流之地。"

③ 〔明〕王鏊：《姑苏志》卷八，见吴相湘主编"中国史学丛书"，台北：台湾学生书局 1965 年版，第 131 页。

当中堪称典型。西湖在唐以前并不知名,而在唐以后特别是明清,则几乎成为江南最为著名的名胜之地。这里面自然有各种原因,如西湖的地理条件和环境质量,著名文人的歌咏提点,历代地方管理者的悉心维护,杭州作为省会的地位,等等。西湖虽在杭州城外,但和杭州城仅一墙之隔,两者实为唇齿相依的关系。清代小说集《西湖佳话》序说得很明了:"宇内不乏佳山水,能走天下如骛,思天下若渴者,独杭之西湖。何也?碧嶂高而不亢,无险崿之容;清潭波而不涛,无怒奔之势。且位处于省会之间,出郭不数武,而澄泓一鉴,瞭人须眉。苍翠数峰,围我几席,举目便可收两峰、三竺、南屏、孤屿之奇,随棹即可跻六桥、十锦、湖心、花港之胜。"①西湖以其近城而有得天独厚的便利性,市民大多居住在城内,闲暇之时无须花费太多时间和精力便可饱览湖光山色。杭州的商业化发展带来了和苏州同样的问题,城内逼仄的空间无法满足市民的审美需求,而花费大量的时间远游对于市民而言又是不现实的。西湖绝佳的地理位置解决了这个难题,它与杭州城一起实现了商业和休闲、市井与山林的互补。

西湖在地理上与杭州城近,它的精神品格也就和真正的山林不同。西湖的自然山水已是高度人工化和商业化的山水,它为杭州市民提供了接近自然的机会,却也因此被削减了自然的成色。明末清初的小说集《豆棚闲话》中有段议论:"天下的湖陂草荡,为储蓄那万山之水,处处年年,却生长许多食物东西,或鱼虾、菱芡、草柴、药材之类,就近的贫穷百姓靠他衣食着活。唯有西湖,就在杭州郡城之外,山明水秀,两峰三竺高插云端;里外六桥,掩映桃柳;庵观寺院及绕山静室,却有千余;酒楼台榭,比邻相接;画船箫鼓,昼夜无休。无论外路来的客商、仕宦,到此处定要破费些花酒之资。那本地不务本业的游花浪子,不知在内嫖赌荡费多多少少。一个杭州地方见得如花似锦,家家都是空虚。究其原来,都是

---

① 〔清〕古吴墨浪子搜辑:《西湖佳话》序,见《古本小说集成》编委会编《西湖佳话》,据康熙金陵王衙本影印,上海:上海古籍出版社 1994 年版,第 1—3 页。

图 3-2　《西湖全图》

（图片来源:〔清〕梁诗正、沈德潜辑:《西湖志纂》,见王
国平主编"西湖文献集成"第七册《清代史志西湖文献专
辑》,杭州:杭州出版社 2004 年版,第 20 页）

西湖逼近郡城,每日人家子弟大大小小走到湖上,无不破费几贯钱钞。"[1]
在明清时期,西湖虽是名胜,商业氛围却已相当浓厚,酒楼台榭比邻相
接,画船箫鼓昼夜无休,唯其山明水秀、风景优美,更能吸引本地和外地
的游客前来消费。商业与休闲相互弥补、相得益彰。西湖的个性因其贴
近城市,在明清城市发展进程中,也愈加商业化和市井化了。

　　西湖和杭州城因此结成一种无法相互割离的关系,杭州城需要西湖
来缓解其城市发展带来的人口和空间问题,西湖则因为接近这个省会而
得以成为宇内佳山水的典范。在明代,无论是谈及西湖还是杭州,说的

---

① 〔清〕艾衲居士编著:《豆棚闲话》,北京:人民文学出版社 1984 年版,第 19 页。

实际上都是二者的结合体而无法将它们单独割裂开来。生活在正德、嘉靖年间的田汝成在其《西湖游览志叙》中说:"客又病予此书名系西湖,而旁及城市,核实不符。予则以为西湖者,南北两山之秀液也;南北两山者,西湖之护沙也;滋灵酿淑,条贯同之。若非元本山川,要原别委,则西湖之全体不章,故旁及城市,正以摹写西湖也。"①田汝成的书是一本关于西湖的志,旁及周围的山脉和城内胜迹,在他看来西湖之全体应是包括周边山脉和城市的。这种湖山一体的观点在明代应该较有代表性,大约同时的郎瑛在其《七修类稿》中则用堪舆的观点论述了西湖和杭州城的这种关系:"吾杭西湖,山水之秀甲天下……予尝往来于中,戏语人曰:'此湖四山围合,东逼于城,有能填湖作地,开移城郭,面江背山,以城中为明堂,皋亭、五云为其左右,真帝王之居也。'"②填湖作地的构想过于异想天开,只能是一时"戏语"罢了,但作者的描述真实体现了西湖和杭州城被四山围合、相互依存的一体化状态。

扬州的景观并不像苏、杭那样出众,唯城西北的蜀冈和保障湖是为名胜,"广陵地处江、淮之介,平原涨迤,无高山深谷、溧流急湍以供揽撷。独城北蜀冈,踞一郡之胜,凭眺昇、润二州诸山,浮青渲碧,历历眉际。"③明清时期,蜀冈、保障湖和扬州城形成一条狭长地带,市民多由城北的镇淮门出,或乘舟或步行,徜徉其间。明中期以后,扬州成为盐商聚集之地,商业气氛弥漫全城,并渗透到游赏活动的过程中。张岱曾记载扬州一次节日的出游盛况:

> 扬州清明,城中男女毕出,家家展墓。虽家有数墓,日必展之,故轻车骏马,箫鼓画船,转折再三,不辞往复。监门小户,亦携肴核纸钱,走至墓所,祭毕,席地饮胙。自钞关、南门、古渡桥、天宁寺、平

---

① 〔明〕田汝成:《西湖游览志叙》,见王国平主编"西湖文献集成"第三册《明代史志西湖文献专辑》,杭州:杭州出版社 2004 年版,第 5—6 页。
② 〔明〕郎瑛:《七修类稿》卷四,见王国平主编"西湖文献集成"第十三册《历代西湖文选专辑》,杭州:杭州出版社 2004 年版,第 278 页。
③ 〔清〕汪应庚:《平山揽胜志》卷一,见"扬州地方文献丛刊",扬州:广陵书社 2004 年版,第 1 页。

山堂一带,靓妆藻野,袨服缛川。随有货郎,路旁摆设骨董古玩并小儿器具,博徒持小杌坐空地,左右铺袒衫半臂、纱裙汗帨、铜炉锡注、瓷瓯漆奁,及肩赍鲜鱼、秋梨福桔之属,呼朋引类,以钱掷地,谓之跌成,或六或八或十,谓之六成八成十成焉,百十其处,人环观之。是日,四方流寓及徽商西贾,曲中名妓,一切好事之徒,无不咸集。长塘丰草,走马放鹰;高阜平冈,斗鸡蹴鞠;茂林清樾,劈阮弹筝。浪子相扑,童稚纸鸢,老僧因果,瞽者说书。立者林林,蹲者蛰蛰。日暮霞生,车马纷沓。宦门淑秀,车幕尽开,婢媵倦归,山花斜插,臻臻簇簇,夺门而入。余所见者惟西湖春,秦淮夏,虎邱秋,差足比拟。然彼皆团簇一块,如画家横披,此独鱼贯雁比,舒长且三十里焉,则画家之手卷矣。南宋张择端作《清明上河图》,追摹汴京景物,有西方美人之思,而余目盱盱,能无梦想。①

在张岱的记述中,扬州清明祭祖的风俗几乎已被商业化的活动代替,祭祖仪式原本的意义被替换成难得出游的愉悦和狂欢。在钞关、南门、古渡桥、天宁寺和平山堂一带,聚集了瞄准商机的各色人等和各种商品,四方流寓、徽商西贾、曲中名妓与好事之徒无不咸集。张岱以《清明上河图》中的"汴京景物"来形容,如果不是对这些活动的背景有所了解,读者确实会以为这些场景发生在城内而不是城外。至少在晚明,商业化的扬州已将市井扩展到了城郊的山林,但这种景象更多的是在节日期间发生,城内的居民往往只在节庆才有闲暇出游,据此我们才能理解为何像清明这样的传统节日会演变成走马放鹰、斗鸡蹴鞠的集体狂欢。张岱将扬州清明日的景象与西湖、秦淮和虎丘相比,并说扬州的独特之处在于"舒长且三十里",则扬州城内外结合的幅员甚至超过了苏、杭。无论如何,明代扬州的城市化和商业化扩张已将蜀冈、保障湖这样的名胜之地纳入自己的范围,使平山堂、天宁寺、古渡桥这样的景点成为扬州城的有机组成部分,发挥着纾解城市居民日益紧张的城市生活的社会功能。

---

① 〔明〕张岱撰,马兴荣点校:《陶庵梦忆·西湖梦寻》,北京:中华书局2007年版,第66页。

图 3 - 3　《平山堂图》

(图片来源:〔清〕五格、黄湘蘩修:《乾隆江都县志》,南京:江苏古籍
出版社 1991 年版,第 14 页)

　　在明清,杭州西湖、苏州虎丘、扬州平山堂等都已是极受欢迎的风景
名胜,这意味着江南城市商业化的高度发展带来了社交和审美风尚的改
变。江南城市化和商业化的扩张导致景观被缩减到少数几个地带,市民
或者游者则形成定期出游的习惯。这种情况从一个侧面体现了明清时
期江南地区的自然景观由于受到城市扩张的影响而被压缩与弱化,"风
景名胜"的形成其实意味着自然被不断蚕食,最终只剩下少数具有代表
性或典型意义的景观承担其社会功能。市民或者游者已不能时时享受
自然美景,他们大多居住在商业化氛围浓厚、空间狭小塞迫的城内,只能
定期(大多是节庆)前往城外的名胜之地享受难得的闲暇时光。一处景
点能否获得市民的青睐,虽离不开其本身要有优异的审美素质,但更取
决于它和城市的距离及其便利性。如苏州的虎丘和扬州的平山堂,"两
处均非摄人心魄之景致,但两者都是以画舫乐舞为特征的户外社交活动
之所;两者都位于市中心周边,与城市社会生活有着密切的联系。这种
休闲地带的发展看来已经由兴旺的商业所驱动。由于苏州在明朝中后
期十分繁荣,虎丘开始成为自然景点,而平山堂在 18 世纪达到它的全盛

时期"①。

商业活动不仅使明代江南城市扩展到了城墙外,也使城内空间发生了改变。苏州城大约从成化之后经济复苏,位于城西的阊门、胥门因近傍运河之便而成为商业发展的中心。成于嘉靖初年的《吴邑志》云:"运河,一名漕河,在西城下……此河自阊门北马头抵胥门馆驿,长五六里,东西两岸,居民栉比,而西岸尤盛。……凡此河中,荆襄川蜀大船多于东泊,盐艘商贾则于西泊。官舫钲鼓,昼夜不绝,绮罗箫管,游泛无禁。"②新的商业中心的兴起使苏州城市的发展向西偏移。嘉靖吴知县曹自守在《吴县城图说》中说:"苏城横五里,纵七里,周环则四十有五里。卧龙街东隶长洲,而西则吴境。公署宦室,以逮商贾,多聚于西,故地东旷西狭,俗亦西文于东也。"③城内景观的变化往往和商业中心的转移有关。在苏州,随着商业中心向城西转移,公署宦室、行旅商贾也多聚居于西,城西呈现人口稠密、楼肆林立的景象,而城东的空间则略为宽裕,其中东南部又以远离市廛而较为空旷,"在城之图,以南北为号,各分元亨利贞,以统部居民,南号差不及北,以地有间隙,稍远市廛"④。城市空间的功能也出现了调整和分化,据顾炎武《肇域志》记载,苏州城内"西较东为喧闹,居民大半工技。金阊一带,比户贸易,负郭则牙侩辏集,胥、盘之内密迩,府县治多衙役厮养,而诗书之族聚庐错处,近阊尤多"⑤。城北的阊、胥一带成为商业大码头,而平民则聚居东部,多以丝织业为生,尤其是东北部栖居着大量机户;商贾仕宦、缙绅大夫则更倾向于在城西北部择居。随着城市空间结构的调整,城市景观也相应发生改变,苏州城西北成为城市精英的聚居地,他们在此筑庐营墅、治园理亭,使阊门一带楼台馆阁愈益精美,连同城外的七里山塘和虎丘,成为明清时期苏州最具吸引力的名

① 〔美〕梅尔清:《清初扬州文化》,朱修春译,上海:复旦大学出版社 2004 年版,第 156 页。
② 〔明〕杨循吉:《吴邑志》卷十二,天一阁藏明代方志选续编影印明嘉靖刻本。
③ 〔明〕曹自守:《吴县城图说》,见〔清〕顾炎武《天下郡国利病书·六》,四部丛刊三编影印本。
④ 同上。
⑤ 〔清〕顾炎武撰,谭其骧等点校:《肇域志》,上海:上海古籍出版社 2004 年版,第 261 页。

胜景观。

扬州的情况和苏州类似,新兴的商业经济对城市公共景观的塑造产生了很大的影响,但新经济和旧传统之间的矛盾关系在扬州这里体现得更为鲜明。明代的扬州有新旧二城,旧城是元末明军攻占扬州后驻守扬州的张德林以旧城虚旷难守而截城西南隅为之,也就是说,元末明初的扬州城只是宋代大城的西南隅。明成祖迁都之后,扬州以近运河之便而得到恢复与发展,特别是明代对两淮盐业的改革使扬州成为盐业中心,天下鹾商云集扬州,扬州的经济也步入繁荣昌盛的阶段。经济的发展、人口的剧增,使扬州旧城难以满足日益增长的需求。新来的移民逐渐选择靠近运河的旧城东南方向卜居。嘉靖年间,扬州屡受倭寇的荼毒,扬州新城的营建遂提上日程。嘉靖三十五年(1556),扬州新城开始修建,起旧城东南角楼至东北角楼,形成看似一城、实则两城的格局。扬州新城的建造,其直接目的是抵御倭寇的侵犯,但也是城市经济日益发展的必然结果。扬州新城建造之后,其城市空间的分化变得明显起来。旧城是传统的行政中心,为府署、府学、县学等的所在地,而新城则多为鹾商聚居之处。新旧城之间的生活风俗也因此有所不同,旧城多为缙绅之家,多历史文化古迹,而新城则尽是富商大贾,崇尚奢靡。作为新移民的鹾商以其庞大的财力在新城兴建园亭楼阁,使新城的城市景观和旧城的差距逐渐缩小。对于明代中后期到扬州的游客来说,新城奢华精美的景观和旧城具有历史文化意味的景观一样富于吸引力。

综合以上材料和分析,有三点需要再强调一下:第一,明代中叶以后,江南地区普遍经历了快速城市化的进程,商业的复兴乃至繁荣是其中最重要的促动因素,随着城市人口的增长、市民阶层的壮大以及城市规模的扩张,城乡一体化的现象变得愈发明显,不但从行政规划和地理区域上改变了原有的城乡格局和景观风貌,而且培养了适应市民阶层生活习惯的感知方式和审美观念;第二,明代江南地区的城市化和商业化带来了城市内部和外部空间的重构,在商业气息无处不在的影响之下,景观与城市之间的距离及其便利性变得无比重要,这意味着明代江南地区城市社会生活的重要性与日俱增,自然需要根据与这种城市社会生活的关系来维系自身,如杭州西湖、苏州虎丘和扬州平山堂等景观能够成为名胜并始终不减热度,正是依赖于明代中叶以后愈发商业化和市民化的城市氛围,但日趋集中化和定型化的风景名胜的出现也从一个侧面反映了作为整体的自然在明代江南地区的收缩与退化;第三,作为相应的一个结果,明中叶以后的江南形成了颇具现代意味的城市审美文化,市民大多居住在城市,在特定的时日前往城外山林游赏,城外景点特别是那些名胜之地因大量市民游客的涌入而导致观赏质量的下降,无处不在的商业氛围又往往使城外景点几乎成为城内生活的延续,但这些都无法阻止明代中后期江南旅游风气的繁盛和旅游人数的激增。在商业化最发达的一些江南城市,旅游已经成为市民休闲娱乐的主要内容,发挥着调剂日趋紧张的城市生活的社会功能。

明清时代的所谓"市民",童书业先生认为主要由新兴手工业者、商人、杂职业者、都市贫民、城市富人构成。[①] 明中叶以后,市民阶层成为江南城市审美文化的一个重要主体,在几乎所有重要的城市名胜、公共景观、休闲场所中,市民阶层都构成了极为引人注目的数量庞大的群体。在传统思想中,文化资源为文人士大夫所掌握,他们拥有无可置疑的审美裁决力,面对市民阶层的兴起和社会身份的日渐模糊,传统文人的思想文化观念遭到了前所未有的挑战。在明代江南地区的城市生活中,特别在围绕着公共景观而展开的各种城市游赏活动中,文人士大夫和市民阶层之间发生了何种有趣的遭遇?传统文人观念又怎样面对来自市民阶层的挑战并形成一种新的城市审美文化呢?

第二节　明代江南城市生活中的游赏、奇观与社会关系

明代中后期之后兴起的大众化游赏活动是从公共景观开始的,作为

---

① 童书业:《中国手工业商业发展史》(校订本),北京:中华书局 2005 年版,第 259 页。

私人产业的园林虽然也会偶尔向游人开放,但毕竟无法满足拥有庞大数量的市民阶层的审美需要。私人园林和市民阶层始终保持着若即若离的关系,它一方面是市民阶层艳羡、模仿和渴望进入的理想场所,另一方面是文人阶层用以将自身和民众隔离开来的特殊空间。相比于有诸多条件限制的私人园林,市民更青睐于前往城内外的公共的名胜景观活动。在明代中后期,到风景名胜游憩赏怀已不是少数文人或者富人的特权,大众化的旅游和休闲活动成为一时风气。相较于农村人口,城市居民有更多自由支配的时间,有更快捷的资讯、更便利的交通和更复杂的社交活动,这些都使大众化的游赏活动成为可能。明代中后期之后的大众游赏活动与其说受制于身份和阶层,倒不如说受限于城市生活的节奏。市民的生活不再遵循"日出而作,日落而息"的自然节律,而是大多以商业化的作息规律为原则。文人士大夫的游赏时机具有不确定的特点,游山玩水"乘兴而至,兴尽而返"才是所谓的高人韵士所为;而市民受制于忙碌的生活,一般会选在某些特定的时令出游,特别在一些重要的节日,城中士女往往争相出游,形成规模庞大的游赏队伍。

在前面我们摘引了张岱所描写的扬州清明日的出游盛况,他说此等奇观唯西湖、秦淮和虎丘差足比拟。张岱在虎丘也曾见过类似的景观,在《虎邱中秋夜》中他写道:

> 虎邱八月半,土著流寓、士夫眷属、女乐声伎、曲中名妓戏婆、民间少妇好女、崽子娈童及游冶恶少、清客帮闲、傒僮走空之辈,无不鳞集。自生公台、千人石、鹤涧、剑池、申文定祠,下至试剑石、一二山门,皆铺毡席地坐,登高望之,如雁落平沙,霞铺江上。天暝月上,鼓吹百十处,大吹大擂,十番铙钹,渔阳掺挝,动地翻天,雷轰鼎沸,呼叫不闻。更定,鼓铙渐歇,丝管繁兴,杂以歌唱,皆"锦帆开澄湖万顷"同场大曲,蹲踏和锣丝竹肉声,不辨拍煞。更深,人渐散去,士夫眷属皆下船水嬉,席席征歌,人人献技,南北杂之,管弦迭奏,听者方辨句字,藻鉴随之。二鼓人静,悉屏管弦,洞箫一缕,哀涩清绵与肉

相引,尚存三四,迭更为之。三鼓,月孤气肃,人皆寂阒,不杂蚊虻,一夫登场,高坐石上,不箫不拍,声出如丝,裂石穿云,串度抑扬,一字一刻,听者寻入针芥,心血为枯,不敢击节,惟有点头。然此时雁比而坐者,犹存百十人焉。使非苏州,焉讨识者。[1]

在张岱的记述中,中秋夜的虎丘聚集了上至"士夫眷属"下至"傒僮走空"的各色人等,虎丘在中秋日这个特定节庆中成为暂时抛却等级差别的休闲场所,此时此刻士夫官宦的游观特权已经消泯于众庶的集体狂欢中了。张岱对扬州清明的记述着重于其无处不在的商业气氛,因此虽是路旁亦有货郎摆设古董古玩并小儿器具,更有博徒呼朋引类相邀聚赌。他关于虎丘中秋夜的描述却凸显苏州人文化实践的品位,从初时的鼓铙吹掇、动地翻天,到鼓铙渐歇、丝管繁兴,再到夜深人静之时的人人献技、管弦迭奏和二鼓人静的悉屏管弦、洞箫一缕,再到三鼓过后一夫登场、声出如丝、裂石穿云,声乐表演的品位格调随着时间的推移而越发精雅,但最后聆听表演者"犹存百十人焉",使作者不由发出"使非苏州,焉讨识者"的感慨。张岱对虎丘中秋和扬州清明的描述,凸显了晚明两座江南城市的不同性格:对于依赖运河和盐业而复兴以至繁华的扬州而言,商业气息对于塑造这座城市的性格有着无可比拟的影响力;而苏州商业的繁荣却并没掩盖这座城市深厚的文化底蕴,在江南诸多城市中,或许也只有苏州能在如此商业化的游赏中透出这种雅致的味道来。

明代苏州的集体出游常出现在各种节庆当中,彼时达官仕宦、富商巨贾、文人士女乃至浪子闲客,无不倾城而出,盛况空前。正德《姑苏志》卷十三还记载了苏州市民二月游山的风俗:"二月始和,楼船载箫管游山,其虎丘、天平、观音、上方诸山最盛,山下竹舆轻窄,上下如飞。"[2]苏州其他节庆也多有集体出游的现象。如元日饮屠苏酒,城中士女集佛宫道

---

① 〔明〕张岱撰,马兴荣点校:《陶庵梦忆·西湖梦寻》,北京:中华书局 2007 年版,第 64—65 页。
② 〔明〕王鏊:《姑苏志》卷十三,见吴相湘主编"中国史学丛书",台北:台湾学生书局 1965 年版,第194 页。

观烧香答愿；上元节作灯市，游人以看灯为名，逐队往来，达旦不绝；清明市民咸出，骈集山塘，游山看会；端午看龙舟；重阳亦登高游虎丘诸山。还有些特殊的节日，也是苏州市民出游的良机，如六月二十四为荷花生日，苏州人有到葑门荷花宕观荷的习俗。张岱对此也有记载："天启壬戌六月二十四日，偶至苏州，见士女倾城而出，毕集于葑门外之荷花宕。楼船画舫至鱼艓小艇，雇觅一空。远方游客，有持数万钱无所得舟，蚁旋岸上者。余移舟往观，一无所见。宕中以大船为经，小船为纬，游冶子弟，轻舟鼓吹，往来如梭。舟中丽人皆倩妆淡服，摩肩簇舄，汗透重纱。舟楫之胜以挤，鼓吹之胜以集，男女之胜以溷，歆暑燀烁，靡沸终日而已。荷花宕经岁无人迹，是日士女以鞋躄不至为耻。袁石公曰：'其男女之杂，灿烂之景，不可名状。大约露帏则千花竞笑，举袂则乱云出峡，挥扇则星流月映，闻歌则雷辊涛趋。'盖恨虎邱中秋夜之模糊躲闪，特至是日而明白昭著之也。"[1]张岱对苏人游冶之盛略带嘲讽之意，士女倾城而出、云集葑门观荷，而实际上却一无所见。市民阶层的审美素养参差不齐，游观行为又带有集体性和盲目性，旅游人数的激增带来了景观质量的下降，以至于拥挤、混乱、污浊、"靡沸终日"成为葑门观荷的标志。张岱的记载暴露了晚明市民旅游的一些严重问题，商业化和城市化成功地催生了市民阶层的旅游热潮，大众化的旅游和休闲活动使审美鉴赏不再是官僚士大夫的特权，但市民阶层在鉴赏品位上和官僚士大夫存在差距，城市商业的发展和旅游热潮的兴起虽然极大地激发了大众出游的愿望，但也导致景观质量的下降以及景区环境的破坏。

　　明代中后期的杭州也有类似的游观景象，其盛状和苏州相比不遑多

---

[1]〔明〕张岱撰，马兴荣点校：《陶庵梦忆·西湖梦寻》，北京：中华书局2007年版，第17页。张岱此文可与袁宏道的《荷花荡》互文相参。袁宏道《荷花荡》："荷花荡在葑门外，每年六月廿四日，游人最盛。画舫云集，渔刀小艇，雇觅一空。远方游客，至有持数万钱，无所得舟，蚁旋岸上者。舟中丽人，皆时妆淡服，摩肩簇舄，汗透重纱如雨。其男女之杂，灿烂之景，不可名状。大约露帏则千花竞笑，举袂则乱云出峡，挥扇则星流月映，闻歌则雷辊涛趋。苏人游冶之盛，至是日极矣。"见〔明〕袁宏道著，钱伯城笺校：《袁宏道集笺校》，上海：上海古籍出版社1981年版，第170页。

让。明吴江人史鉴说:"钱塘为东南佳丽,而西湖为之最。重山环之,名藩枕之。凡峰峦之连络,城郭之逶迤,台殿亭榭之参错,举凌虚乘空以临其上,天光水色颠倒上下。烟云起灭,其状万殊。而酒棹游舻,往来交互,歌吹之声相闻,自春而夏,夏而秋,秋而冬,无日而息也,其盛矣哉。"①春夏秋冬无日而息,正是杭人游赏之盛的写照。"无日而息"只是就西湖的整体游览状况而言,杭人游观和苏人相同,喜欢择特定时日出行,又特别青睐于节庆。生活在 16 世纪上半叶的陆楫说:"只以苏杭之湖山言之,其居人按时而游,游必画舫肩舆,珍羞良酝,歌舞而行,可谓奢矣。"②这里说的"按时而游"是比较符合日益商业化和城市化的苏、杭二城市民出游情况的。

如苏州、扬州市民一样,杭人喜欢在春秋展墓期间出城,借扫墓的机会游山玩水。张瀚《松窗梦语》云:"杭俗春秋展墓,以两山逼近城中,且有西湖之胜,故清明、霜降二候必拜奠墓下。此亦《礼》云'雨露既濡,履之怵惕;霜露既降,履之凄怆'遗意也。然暮春桃柳芳菲,苏堤六桥之间一望如锦,深秋芙蓉夹岸,湖光掩映,秀丽争妍。且二时和煦清肃,独可人意,阖城士女尽出西郊,逐队寻芳,纵苇荡桨,歌声满道,箫鼓声闻。游人笑傲于春风秋月中乐而忘返。四顾青山,徘徊烟水,真如移入画图,信极乐世界也。"③西湖对于市民的吸引力无疑是巨大的,景观之胜改变了传统礼俗的意义,春秋展墓在杭俗中徒留形式,其怵惕凄怆的意义已被纵情湖山的快乐冲淡了。杭州清明时的游观盛况在小说中也有反映,如明末小说集《西湖二集》中有段描述:"那时正值清明节序,西湖之盛,莫盛于清明。清明前两日名为'寒食',杭州风俗,清明日人家屋檐都插柳枝,青茜可爱,男女尽将柳枝戴在头上。又有两句俗语道得好:'清明不

---

① 〔明〕史鉴:《西村十记·记西湖八》,见〔清〕丁丙编"武林掌故丛编"第六集,清光绪八年钱唐丁氏刻本。

② 〔明〕陆楫:《蒹葭堂杂著摘抄》,见王云五主编《丛书集成初编》,北京:商务印书馆 1936 年版,第 3 页。

③ 〔明〕张瀚:《松窗梦语》,见王国平主编"西湖文献集成"第十三册《历代西湖文选专辑》,杭州:杭州出版社 2004 年版,第 272—273 页。

戴柳,红颜成皓首。'小孩子差读了道:'清明不戴柳,死去变黄狗。'甚为可笑。杭州此日,家家上坟祭扫,南北两山,车马如云,酒樽食箪,山家村店,无处不是饮酒之人。有湖船的在船畅饮,没湖船的藉地而坐,笙箫鼓乐,揭地喧天。苏堤一带,桃红柳绿,莺啼燕舞,花草争妍,无一处不是赏心乐事。还有那跑马走索,飞钱抛钹,踢木撒沙,吞刀吐火,货郎贩卖希奇古怪时新玩弄之物,无所不有,香车宝马,妇人女子,挨挨挤挤,好生热闹。"①

杭州西湖与佛教文化有很密切的关系,宋真宗天禧四年(1020)杭州郡守王钦若曾奏请西湖为放生池,故每年四月八日佛诞,善男信女云集湖上放生。高濂《遵生八笺》记载:"四月八日为佛诞辰,诸寺院各有浴佛会,僧尼竞以小盆贮铜像,浸以糖果之水,覆以花棚,铙鼓交迎,遍往邸第富室,以小杓浇灌佛身,以求施利。是日西湖作放生会,舟楫之盛,略如春时,小舟竞卖龟鱼螺蚌,售以放生。"②明代中后期杭城的商业氛围已非常浓厚,即使是城外西湖的放生会,也有商家借机竞卖龟鱼螺蚌。善男信女进香拜佛,商家趁机兜售商品,便形成著名的"西湖香市"。张岱对"西湖香市"有较详尽的描述:

> 西湖香市,起于花朝,尽于端午。山东进香普陀者日至,嘉湖进香天竺者日至,至则与湖之人市焉,故曰香市。然进香之人市于三天竺,市于岳王坟,市于湖心亭,市于陆宣公祠,无不市,而独凑集于昭庆寺,昭庆两廊故无日不市者。三代八朝之骨董、蛮夷闽貊之珍异,皆集焉。至香市,则殿中边甬道上下,池左右,山门内外,有屋则摊,无屋则厂,厂外又棚,棚外又摊,节节寸寸。凡胭脂簪珥,牙尺剪刀,以至经典木鱼,伢儿嬉具之类,无不集。此时春暖,桃柳明媚,鼓吹清和,岸无留船,寓无留客,肆无留酿。袁石公所谓"山色如娥,花

---

① 〔明〕周楫:《西湖二集》,见王国平主编"西湖文献集成"第二十八册《西湖小说专辑》,杭州:杭州出版社 2004 年版,第 237 页。
② 〔明〕高濂著,赵立勋等校注:《遵生八笺校注》,北京:人民卫生出版社 1994 年版,第 141 页。

光如颊,波纹如绫,温风如酒",已画出西湖三月。而此以香客杂来,光景又别。士女闲都,不胜其村妆野妇之乔画;芳兰荟泽,不胜其合香芫荽之薰蒸;丝竹管弦,不胜其摇鼓欲笙之聒帐;鼎彝光怪,不胜其泥人竹马之行情;宋元名画,不胜其湖景佛图之纸贵。如逃如逐,如奔如追,撩扑不开,牵挽不住。数百十万男男女女老老少少,日簇拥于寺之前后左右者,凡四阅月方罢,恐大江以东,断无此二地矣。①

西湖香市从二月十二花朝开始直到端午,足足有四个月热闹繁华的景象;袁宏道的文字已经描画出西湖三月旖旎的春光,香客和经商者形成的香市却是另一番景象。张岱直言士女闲都不胜村妆野妇、芳兰荟泽不胜合香芫荽、丝竹管弦不胜摇鼓欲笙、鼎彝光怪不胜泥人竹马、宋元名画不胜湖景佛图,西湖香市表现出来的更多是宗教和市井的风味,热闹、嘈杂、拥堵,追赶奔忙,拉也拉不开,牵也牵不住,足足闹它四个月方休。张岱的记载为我们展示了西湖景观的多样性,在文人骚客的笔下,西湖有如少女的颜面,但在主要以消费为导向的香市中,西湖又呈现为热闹繁华的商业场所。

上元节的灯市,在苏州是极为繁华的胜景,杭州亦然。《西湖二集》中有段描写,说的虽是前朝宋理宗时候的事情,实际上也是明代中后期西湖的写照:"那时西湖之上,无景不妙,若到灯市,更觉繁华,天街酒肆,罗列非常,三桥等处,客邸最盛,灯火箫鼓,日盛一日。妇女罗绮如云,都带珠翠、闹娥、玉梅、雪柳、菩提叶、灯球、销金合、蝉貂袖项,帕、衣都尚白,盖灯月所宜也。又有邸第好事者,如清河张府、蒋御药家,开设雅戏、烟火,花边水际,灯烛灿然。游人士女纵观,则相迎酌酒而去。贵家都以珍馐、金盘、钿合、簇钉相遗,名为'市食合儿'。夜阑灯罢,有小灯照路拾遗者,谓之'扫街',往往拾得遗弃簪珥,可谓奢之极矣,亦东都遗风也。"②

---

① 〔明〕张岱撰,马兴荣点校:《陶庵梦忆·西湖梦寻》,北京:中华书局 2007 年版,第 82—83 页。
② 〔明〕周楫:《西湖二集》,见王国平主编"西湖文献集成"第二十八册《西湖小说专辑》,杭州:杭州出版社 2004 年版,第 200 页。

除了灯市，端午也是游观的好时机，端午竞渡的习俗在明代也流传到了西湖，张瀚《松窗梦语》说："《续齐谐》曰：屈原以五日投汨罗，楚人哀之，以五彩系菰叶裹粘米，谓之角黍，投江以祀。当时以舟楫拯之，今竞渡是其遗迹。角黍之风处处有之，竞渡惟留都为盛，闽中次之。一舟可容十人，大者可二十人，鼓枻而前，顷刻数里，往来如飞，以先后为胜负。近年西湖亦效为之，然行不能疾，以彼皆长江大溪，故能纵横竞逐乃尔。然西湖夏月，荷蕖亭亭水上，如翠盖红妆，艳丽无比，香芬袭人。即盛夏之候，泛舟湖畔，停泊垂阴，清风徐来，顿忘炎燠。余尝经齐秦之境，亦多芙蕖，安得画舫摇曳，游人欣赏也！"[1]端午竞渡在西湖又是别一番景象，受制于湖水面积和挺水植物，龙舟在西湖无法纵横竞逐，少了一些竞赛的气氛，却多了一份欣赏的安然。

根据以上材料，我们可以说明代中后期江南地区出现了以市民阶层为主体的旅游热潮，这种热潮大约在南宋偏安江南时期就开始萌芽，到明代中后期则发展为相当繁兴的活动。以往的旅游通常是由文人阶层主导，以个人或少数几个人的出行和记述为主，而在明代中后期的旅游热潮中，集体化、大规模、定时定点的游观明显增多。在文献记载中，这种游观的主体常以"城中士女"这个模糊的概念作为代称，与文人的个体出游已然不同。明代中后期江南地区的商业化和城市化是诱发这种以市民为主体的旅游热潮的主导因素，并逐渐形成了适应高度商业化社会的城市审美文化。如上所述，杭州西湖、苏州虎丘、扬州蜀冈等景观的地位在明代以后日趋强化，其中很重要的原因不在于这些景观有摄人心魄的美，而在于它们靠近城市且交通便利，能够适应市民出行的节奏以及各种商业活动的需求。一种城市审美文化是由特定时期主导这个城市的各种政治、经济和风俗习惯等因素综合形成的，而已形成且稳定的城市审美文化随之会对这个城市居民的感知、意识和观念产生影响。即便

---

[1] 〔明〕张瀚：《松窗梦语》，见王国平主编"西湖文献集成"第十三册《历代西湖文选专辑》，杭州：杭州出版社 2004 年版，第 273 页。

是文人仕宦,不管对这种市民旅游热潮持何种态度,其实自身也已受到潜移默化的影响。

随着明代中后期江南地区城市化和商业化的深入,像杭州西湖、苏州虎丘和扬州蜀冈这种介于城市和山林之间的"中间景观"得到极大的发展,它们不像原始山林那样地处偏远之境,但也不像城市景观那样缺乏自然气息。对"中间景观"的强调,同样是明代中后期江南文人作品中的一个重要现象。比如,明初吴中地区的画家王履、叶澄曾远赴华山、泰山、雁荡山等地观摩写生,创作出气势雄伟刚健的画作;但这样的远行在明代中后期兴起的吴门画派中已为数甚稀。像沈周、文徵明这样的吴门画家,大多生活在城市或者城市周边,享受着城市生活的便利,触目所及也多是城市或者乡村景色,他们已不愿像王履、叶澄那样远赴荒野外师造化,而更多的是留意周围的城内、城郊的环境。沈周有首《怡野》诗云:"心远自成幽僻地,移家不必入千峰。路通绿野城三里,屋绕青山树几重。别圃暖烟分芍药,小亭秋水看芙蓉。田园生事年年足,莫怪樊迟爱老农。"①对于沈周而言,城市生活并不让人讨厌,如果嫌城内太过喧嚣,可以移家往城郊居住,但若是超出了城郊的范围则是太过于僻远了。对于像沈周这样生活在城市或城市附近的江南文人来说,他们对"自然"的理解已经远离了荒野的意味,他们所渴望的自然生活其实只是得享城市便利却又暂时脱离城市喧嚣的田园生活。和城市居民一样,城外的中间景观是他们最常踏及的场所,他们的作品也以真实刻画吴中地区城郊风景为共同特点。我们很难说从明初到明中这样一种变化是好是坏,日益变化的生活环境和世情风俗塑造了人们感知世界的方式,也决定了人们对自然、乡村、城市等外在世界的偏好和取舍。

明代中后期江南文人对城市生活的依恋直接孕育出一种"市隐"的文化心态,也让传统的隐逸观念面临更加多样化的选择。沈周有《市隐》诗曰:"莫言嘉遁独终南,即此城中住亦甘。浩荡开门心自静,滑稽玩世

---

① 〔明〕沈周著,张修龄、韩星婴点校:《沈周集》,上海:上海古籍出版社2013年版,第304页。

估仍堪。壶公溷世无人识,周令移文好自惭。"①沈周认为,只要内心达到清静超脱的境界,其实已不必隐遁在山林薮泽,城市生活亦能满足这种心灵的需求。明初江南文人的"隐"常常和政治上的穷通联系在一起,如高启《野潜稿序》说:"夫鱼潜于渊,兽潜于薮,常也;士而潜于野,岂常也哉? 盖潜非君子之所欲也,不得已焉尔。当时泰,则行其道以膏泽于人民,端冕委佩,立于朝庙之上,光宠煊赫,为众之所具仰,而潜云乎哉! 时否,故全其道以自乐,耦末耜之夫,谢干旄之使,匿耀伏迹于畎亩之间,唯恐世之知己也,而显云乎哉? 故君子之潜于野者,时也,非常也。"②高启将"隐"或"显"与"时"联系在一起,以"潜于野"为非常,以"显而达"为常,主要取决于"潜、显之时",即世道的治乱。显然,这里的"隐"主要是"不仕"之意,而不是隐遁山林的意思,因此这种不仕之隐在江南文人那里并不意味着非得逃离城市。钱谦益《列朝诗集小传》记载沈周的祖父沈澄:"永乐初,以人才征,引疾归。好自标置,恒著道衣,逍遥池馆,海内名士,莫不造门。居相城之西庄,日治具待宾客,饮酒赋诗,或令人于溪上望客舟,惟恐不至,人以顾玉山拟之。"③吴宽为沈周写的《石田稿序》中说:"若相城有沈氏,顾独好隐,盖自茧庵征士已有诗名于江南,二子贞吉、恒吉继之。至吾友启南,资更秀颖,虽得乎父祖之教,自能接乎宋元之派,以上溯乎鲁望。且其宅居江湖间,不减甫里之胜。宾客满坐,尊俎常设。谈笑之际,落笔成篇。"④在沈氏一族那里,"隐"基本上是不仕之意,因此他们家族基本上都是隐于市;从沈澄到沈周,均尊俎常设、广交名士,如果宅居过于远离城市,是无法维系此种社交网络的。

明代中叶以后,江南城市的发展和繁荣、生活的便利和交通的快捷,让多数文人对城市生活更加难以拒绝,"市隐"观念的兴起只不过是这种

---

① 〔明〕沈周著,张修龄、韩星婴点校:《沈周集》,上海:上海古籍出版社 2013 年版,第 131 页。
② 〔明〕高启著,〔清〕金檀辑注,徐澄宇、沈北宗校点:《高青丘集》,上海:上海古籍出版社 1985 年版,第 880—881 页。
③ 〔清〕钱谦益:《列朝诗集小传》,上海:上海古籍出版社 1983 年版,第 217 页。
④ 〔明〕吴宽:《石田稿序》,见〔明〕沈周著,张修龄、韩星婴点校《沈周集》,上海:上海古籍出版社 2013 年版,第 25 页。

对城市生活依恋的写照。特别对于那些没有或尚未通过科举进入仕途的文人来说，"不仕"并非意味着显达之路的断绝，通过社交网络广邀声誉、积累文化资本就变得非常重要，而这基本上只能在城市或者城市周边才能实现。明代中后期在城市与山林之间取舍的江南文人在心态上已不排斥城市生活，他们更青睐于在城市和山林之间寻找一方幽地，去城不远而能享城市生活的便利，但又不至于受城市喧嚣的影响；即使找不到这样的幽地，他们也更倾向于在城内生活，只要能闹中取静，也能大致不受影响了；更豁达者甚至可以抛开环境的差异性而寻求心灵的安静，只要心灵能够超脱，"虽居市廛，如处岩壑"，便无往而不可隐了。文徵明在《顾春潜先生传》中对"市隐"作了辩护："或谓昔之隐者，必林栖野处，灭迹城市。而春潜既仕有官，且尝宣力于时，而随缘里井，未始异于人人，而以为潜，得微有戾乎？虽然，此其迹也。苟以其迹，则渊明固常为建始参军，为彭泽令矣。而千载之下，不废为处士，其志有在也。渊明在晋名元亮，在宋名潜。朱子于《纲目》书曰：'晋处士陶潜'，与其志也。余于春潜亦云。"[1]文徵明区分了"志"与"迹"，只要适志而行，迹可不拘，也就无须"灭迹城市"了；这种对于"隐"的宽松心态，也就为隐于市扫清了思想上的障碍。明初高启以"时"论"隐"，仍以"显"为常而"隐"为非常，但在明中期的沈周和文徵明那里，"时"或"不时"都已不再重要，外在环境的变化已屈从于心灵自身的解脱。相较于明初画家王履的"师造化"，沈周和文徵明的画风已向"师心"转变。他们对于城市生活的感知更加敏锐，审美品位也更加精致，但相应的，他们的眼界也更加狭小，画风也更加孱弱了。

尽管有沈周、文徵明这样的大才子为"市隐"呐喊，但传统隐逸的观念在明代中叶以后仍持续发展，并在新的语境中获得了新的意义。明中叶以后江南文人对风景名胜的记述往往伴随着对"城中士女"大众化的审美趣味的厌恶，高雅且富于学识的文人常会在比较中强调自身品位的

---

[1] 〔明〕文徵明著，周道振辑校：《文徵明集》，上海：上海古籍出版社 1987 年版，第 654—655 页。

独特性。如明末李流芳《游虎邱小记》云:

> 虎邱,中秋游者尤盛。士女倾城而往,笙歌笑语,填山沸林,终夜不绝。遂使邱壑化为酒场,秽杂可恨。予初十日到郡,连夜游虎邱,月色甚美,游人尚稀,风亭月榭间,以红粉笙歌一两队点缀,亦复不恶。然终不若山空人静,独往会心。尝秋夜与弱生坐钓月矶,昏黑无往来,时闻风铎及佛灯隐现林杪而已。又今年春中,与无际、舍侄偕访仲和于此。夜半月出无人,相与趺坐石台,不复饮酒,亦不复谈,以静意对之,觉悠然欲与清景俱往也。生平过虎邱才两度,见虎邱本色耳。友人徐声远诗云:"独有岁寒好,偏宜夜半游。"真知言哉![1]

品位高雅的文人认为喧嚣的人群对于美景是种破坏。李流芳叙述了自己几次游虎丘的经历,都是夜深人静、游人稀少的时候出行,同行友人也是品位高雅、志同道合之士,而李流芳仍然觉得最理想的出行乃是山空人静、独往会心;夜半月出无人之时,趺坐石台,不复饮酒与交谈,静对悠然清景,李流芳认为这样才能见着虎丘的本色。在一篇题跋中,李流芳表达了同样的观点:"虎丘,宜月、宜雪、宜雨、宜烟、宜春晓、宜夏、宜秋爽、宜落木、宜夕阳,无所不宜,而独不宜于游人杂沓之时。盖不幸与城市密迩,游者皆以附膻逐臭而来,非知登览之趣者也。"[2]出于对游人杂沓喧闹的厌恶,李流芳将这种情感移植到了城市上,认为虎丘之不幸在于离城市过近,距城越远则湖山愈发可亲,"去胥门九里,有村曰横塘。山夷水旷,溪桥映带,村落间颇不乏致。予每过此,觉城市渐远,湖山可亲,意思豁然,风日亦为清朗"[3]。至于杭州西湖,李流芳的感受也与苏州虎丘类似,在题紫阳庵画的跋语中他说:"南山自南高峰逦迤而至城中之吴山,石皆奇秀一色,如龙井、烟霞、南屏、万松、慈云、胜果、紫阳,一岩一

---

① 〔明〕李流芳:《游虎邱小记》,见《檀园集》卷八,四库全书本。
② 〔明〕李流芳:《虎丘》,见《檀园集》卷十一,四库全书本。
③ 〔明〕李流芳:《横塘》,见《檀园集》卷十一,四库全书本。

壁,皆可作累日盘桓,而紫阳精巧,俯仰位置,一一如人意中,尤奇也。余己亥岁与淑士同游,后数至湖上,以畏入城市,多放浪两山间,独与紫阳隔阔。"①对于游人喧嚣的厌恶最终导致他对城市和城市生活的评价不高,也就无法得出沈周那种"即此城中住亦甘"的态度了。

李流芳对于市民游观和城市生活的批评在当时同样是带有普遍性的。特别是在中晚明,市民阶层的兴起和社会身份的日渐模糊,都使文人士大夫迫切希望和其他阶层有所区别,而鉴赏品位又是他们特别倚重的一种文化资源。张岱也曾对西湖游人如织的景象感到烦心,"西湖七月半,一无可看,止可看看七月半之人",是晚西湖人声鼎沸、呼叫嘈杂,"杭人游湖,已出西归,避月如仇。是夕好名,逐队争出,多犒门军酒钱,轿夫擎燎,列俟岸上。一入舟,速舟子急放断桥,赶入胜会。以故二鼓以前,人声鼓吹,如沸如撼,如魇如呓,如聋如哑,大船小船一齐凑岸,一无所见,止见篙击篙,舟触舟,肩摩肩,面看面而已。少刻兴尽,官府席散,皂隶喝道去;轿夫叫,船上人怖以关门,灯笼火把如列星,一一簇拥而去。岸上人亦逐队赶门,渐稀渐薄,顷刻散尽矣。吾辈始舣舟近岸。断桥石磴始凉,席其上,呼客纵饮。此时月如镜新磨,山复整妆,湖复颒面,向之浅斟低唱者出,匿影树下者亦出,吾辈往通声气,拉与同坐。韵友来,名妓至,杯箸安,竹肉发。月色苍凉,东方将白,客方散去。吾辈纵舟酣睡于十里荷花之中,香气拍人,清梦甚惬"。② 在此段文字中,张岱多次强调"吾辈"和"城中士女"迥异的趣味区别,只有在深夜待到后者簇拥而去之后,"吾辈"雅人韵士才开始尽兴于湖山之间。与李流芳喜欢独往稍有不同的是,张岱更强调文人士大夫之间往通声气、相与唱和,似乎后者更关心作为一个整体的文人阶层的身份认同和维护。

如上所述,对市民游观趣味的批评和对文人身份的认同容易使传统的山林和城市之间的区分继续维持下去,因此在雅人韵士中形成了一种

①〔明〕李流芳:《紫阳洞》,见《檀园集》卷十一,四库全书本。
②〔明〕张岱撰,马兴荣点校:《陶庵梦忆·西湖梦寻》,北京:中华书局2007年版,第84页。

"不入城"的风气。李流芳说他"畏入城市",张岱及其同好也是"纵舟酣睡十里荷花之中"。袁宏道在《紫阳宫小记》中也说:"余最怕入城,吴山在城内,以是不得遍观,仅匆匆一过紫阳宫耳。紫阳宫石,玲珑窈窕,变态横出,湖石不足方比,梅花道人一幅活水墨也。奈何辱之郡郭之内,使山林懒僻之人亲近不得,可叹哉。"①袁宏道说他最怕入城,虽自嘲为"山林懒僻之人",但他说紫阳宫石"辱之郡郭之内",实际上是对自己不入城的习性颇为自诩的。张岱在其《西湖梦寻·紫阳庵》中收入了李流芳题紫阳庵画的跋语和袁宏道的这篇《紫阳宫小记》,可见其对李流芳和袁宏道"不入城"的雅事是相当认可的,这种"不入城"的集体行为体现了明代中后期文人之间以审美品位相互认同和砥砺的风气。

如袁宏道、张岱和李流芳这样的名士,虽然以城市喧嚣而畏入,但毕竟受红尘羁绊而无法不出入城市,而像另一些真正有隐逸之志的文人,则倾向于在远离城市的幽僻之地隐居。在《西湖梦寻》中,张岱记录了一些人迹罕至的地方,只有少数人隐士居住在那里。如"九溪十八涧",张岱说:"九溪在烟霞岭西,龙井山南。其水屈曲洄环,九折而出,故称九溪。其地径路崎区,草木蔚秀,人烟旷绝,幽闳静悄,别有天地,自非人间。溪下为十八涧,地故深邃,即缁流非遗世绝俗者,不能久居。按志,涧内有李岩寺、宋阳和王梅园、梅花径等迹,今都湮没无存。而地复辽远,僻处江干,老于西湖者,各各胜地,寻讨无遗,问及九溪十八涧,皆茫然不能置对。"②西湖景观在此凸显了城市山林的效应,周边的山林景观根据与杭州城的距离依次形成中心与边缘的格局,像九溪十八涧这样远离城市的景观无法满足市民游赏的需要,它过于野性的自然也就无法获得时人的欣赏。

杭州的西溪被张岱称为"西湖外景",是明清时期隐士聚居的地方。

---

① 〔明〕袁宏道:《紫阳宫小记》,见〔明〕张岱撰,马兴荣点校《陶庵梦忆·西湖梦寻》,北京:中华书局 2007 年版,第 233 页;又见〔明〕袁宏道著,钱伯城笺校《袁宏道集笺校》,上海:上海古籍出版社 1981 年版,第 436 页。

② 〔明〕张岱撰,马兴荣点校:《陶庵梦忆·西湖梦寻》,北京:中华书局 2007 年版,第 206 页。

张岱记述道:"粟山高六十二丈,周回十八里二百步。山下有石人岭,峭拔凝立,形如人状,双髻耸然。过岭为西溪,居民数百家,聚为村市。相传宋南渡时,高宗初至武林,以其地丰厚,欲都之。后得凤凰山,乃云:'西溪且留下。'后人遂以名。地甚幽僻,多古梅,梅格短小,屈曲槎枒,大似黄山松。好事者至其地,买得极小者,列之盆池,以作小景。其地有秋雪庵,一片芦花,明月映之,白如积雪,大是奇景。余谓西湖真江南锦绣之地,入其中者,目厌绮丽,耳厌笙歌,欲寻深溪盘谷,可以避世如桃源菊水者,当以西溪为最。余友江道闇有精舍在西溪,招余同隐,余以鹿鹿风尘,未能赴之,至今犹有遗恨。"①张岱的记载有趣者在后段,西溪因其地甚幽僻,被视为像桃花源那样避世的地方,张岱的好友江道闇有精舍在西溪,邀其一同避世归隐,张岱却自惭贪恋风尘而未能赴之;晚明之时杭州城繁华风流,西湖秀丽怡人,要完全摆脱城市的诱惑而归隐,实非易事。在晚明文人看来,相较于西湖的浮华绮丽,西溪的景色别有一番真和雅之味,原因也是西溪远离城市。如晚明王在晋《西溪探梅记》说:"迹余榷武林,行尽溪山之胜,而西溪独为流览所不到,盖永兴去城稍远,而武林人铺陈湖山佳丽,未有不说山前而说山后者,游人之所舍,为山灵之所秘,以此较孤山,当为和靖先生所误识,野鹤归来可与青螺并归点化矣。"②

我们看到,城市与山林之间的关系在明代中后期变得多样化了,一些文人根据心灵超越的理由而不再把城市和山林视为异途,另一些文人则延续了将两者区别对待的传统观念,还有另外一些文人试图将城市和山林的优势结合起来。后者如明末的藏书家江元祚,他在杭州城内已有居室,且结境幽奥,俨然城中丘壑,但他仍不满足,在离城五十里的西溪另建"横山草堂",以作读书幽居之所,"盖欲以可进可退之身,寄之山林、

---

① 〔明〕张岱撰,马兴荣点校:《陶庵梦忆·西湖梦寻》,北京:中华书局 2007 年版,第 208 页。
② 〔明〕王在晋:《西溪探梅记》,见曹文趣等选注《西湖游记选》,杭州:浙江人民出版社 1982 年版,第 316 页。

城市者也,故两营焉"①。"横山草堂"不仅是园林别墅,也是藏书楼,号"拥书楼",多古本未见之书;"横山草堂"以其清幽和藏书之富,吸引了当时不少名士如黄宗羲、钱谦益等前往拜访。明末清初,来西溪隐居或者造访的文士渐多,除了上述江道闇、江元祚、黄宗羲、钱谦益,还有虞淳熙、冯梦祯、王稚登、王思任、李流芳、吴本泰、邹孝直等都在西溪留下足迹。由聂心汤、虞淳熙纂修的万历《钱塘县志》记载云"二月梅始华,香雪菲菲,四面来袭人。有柏家园,园居百许家,隐隐深林,但见炊烟出林杪"②,可知彼时西溪已有不少人家居住。虞淳熙在此有别墅"宜园",冯梦祯则建有"西溪草堂"。王稚登、王思任和李流芳都对西溪景色流连不已,王稚登《西溪寄彭钦之书》说"留武林十日许,未尝一至湖上,然邃穷西溪之胜,舟车程并十八里,皆行山云竹霭中,衣袂尽绿",王思任则有《西溪诗》云"一岭透天目,千溪叫雨头。石云开绣壁,山骨洗寒流。鸟道苔衣滑,人家竹语幽。此行不作路,半武百年游",李流芳则于"壬子正月晦日,同仲锡、子与自云栖翻白沙岭至西溪",见西溪一带"梅花绵亘,村落弥望如雪",并画有西溪图并题跋。③ 吴本泰和邹孝直为明末清初时人,均遁入西溪河渚隐居,前者晚年还有《西溪梵隐志》一书。

　　从晚明到清代,卜居西溪的隐士渐多,来西溪造访的文士也络绎不绝,使原本以避世为主的隐逸也有了不同的社会功能。明代中期以后文人标榜隐逸的风气盛行,山人、清客在文人社交网络中颇具声望,不排除有部分文人以隐逸为名而获致美名。对于这部分人来说,通过寄居远离城市的西溪,反而能够更容易实现社交网络对其高雅脱俗趣味的认可。到西溪造访的士人越多,则表明社交网络相互标榜风气的效应越大,也表明西溪和杭州城之间的联系越发紧密。事实上,从明代中叶到清代,

---

① 〔明〕江元祚:《横山草堂记》,见陈植、张公弛选注,陈从周校阅《中国历代名园记选注》,合肥:安徽科学技术出版社 1983 年版,第 235 页。
② 〔明〕聂心汤、虞淳熙纂修:《钱塘县志》,据明万历二十七年修、清光绪十九年刊本影印,台北:成文出版有限公司 1975 年版,第 153 页。
③ 王稚登《西溪寄彭钦之书》、王思任《西溪诗》和李流芳《题西溪画》均为张岱收入《西湖梦寻》,见〔明〕张岱撰,马兴荣点校:《陶庵梦忆·西湖梦寻》,北京:中华书局 2007 年版,第 209 页。

西溪一直沿着名胜之地的轨迹而发展,晚明王在晋西溪探梅之时,西溪仍为"游人之所舍,为山灵之所秘",而到了清代,"西溪探梅"已是西湖十八景之一了。在此过程中,文人寻梅、探梅、赏梅的文化实践无疑带有很强的示范作用,不仅文人社交网络内部之间互通生气、互为标榜,市民也热衷于效仿文人这种高雅脱俗的行为,最终使"西溪探梅"被纳入了西湖景观之中。我们可以看到,西溪以其与城市较远的距离,发挥着不同的社会功能:对于那些真正想逃离城市的人来说,西溪为他们提供了远离城市的隐修之地;而对于那些希望通过闲隐的行为而获致声望的人来说,西溪又为他们提供了标榜清名并获得认可的社交场所。作为一个和城市若即若离的场所,西溪与城市持续发生作用并缔结新的关系,西溪就在与城市的这种多重互动中塑造着自己的形象。

我们可以发现,无论是隐于市还是隐于野,强调文人的身份意识和品位的独特性都是最重要的。明代中后期隐逸思想最大的变化是渗入了雅俗之辨的意涵,在富庶繁华的江南大城市尤为显著。① 明初高启以"时"来论"隐",是儒家传统济世观念的体现,我们说过这种隐逸观念更多是"隐"和"仕"之间矛盾的产物,城市和山林之间的关系仍是次要的;而在明中期以后,"隐"和城市生活之间的矛盾就被凸显出来了。特别是明代中后期城市商业的繁荣使市民阶层兴起,其中的富商巨贾能够以其巨大的财力购置古玩雅具、兴建园亭别墅,甚至斥巨资发展文教事业并培养子弟进入文人阶层,而普通的市民又以着力模仿文人的高雅行为为风尚,旅游、读书、品茗、看戏等都已不是文人士大夫的专利。可以想见,明中后期生活在江南大城市的文人,时时面临着身份模糊的危机,他们

① 关于明清间士人的旅游、闲隐和雅俗之辨,可参考巫仁恕:《品味奢华——晚明的消费社会与士大夫》第四章第四节"品味的塑造与身分区分",北京:中华书局 2008 年版;王鸿泰:《闲情雅致——明清间文人的生活经营与品赏文化》,《故宫学术季刊》2004 年第 22 卷第 1 期,第69—97 页。巫仁恕认为晚明士大夫的旅游是种"炫耀性消费",旅游不只是休闲而已,还是士大夫用来区隔自己与他人不同的象征;王鸿泰则认为明中期以后,文人发展出一种"闲"而"雅"的生活模式,且以此自我标榜,对抗世"俗"的世界,进而以此生活美学来参与社会文化的竞争,确认其社会地位和优越性。

不得不刻意标榜个性化的生活体验,更精雅细微的独特品位、更标新立异的玩赏癖好、更精心经营的生活世界,无一不是为了将自己和日渐趋同的富商与普通民众区别开来。因此,无论是隐于市还是隐于野,都带有士大夫之间声气相通、儒雅相尚的意味。隐于市无疑更有利于享受城市生活的便利,也更有利于进入和维持文人士大夫的社交圈;隐于野也不再是传统逃离城市的意味,恪守隐逸山林的传统这时变成了一种凸显文人身份的观念工具,使山林隐逸不再是传统意义上的避世,反而是通过有意的趋避来实现对现实生活的介入。因此,虽有隐于市廛和隐于郊野之分,但士大夫们的文化实践和生活美学是相同的,无论在哪里他们都刻意和市民保持一定的距离:他们选择特殊的出游时间以避开人群,他们到一般市民很少去的地方游赏,他们常常通过诗歌、游记来记录游观的心得体会,他们在言谈举止、着装和游具上都刻意标新。他们大多不愿意和一般民众同乐,却非常喜欢并且离不开同气相求的文人社交网络。所有这些都是为了将雅和俗区分开来,并确定自身作为审美裁决者的地位,以维持和巩固文人士大夫在社会结构中的位置。

第三节 明代江南城市景观的治理、修缮及其文化意义

田汝成在其《西湖游览志余》说:"西湖巨丽,唐初未闻也。自相里君、韩仆射辈继作五亭,而灵竺之胜始显,白乐天搜奇索隐,江山风月,咸属品题,而佳境弥章。苏子瞻昭旷玄襟,追踪遐躅。南渡已后,英俊丛集,昕夕流连,而西湖底蕴,表襮殆尽。"①东南形胜,在唐以前以鉴湖闻名,而自唐以后,西湖崛起,鉴湖反而不如西湖著名了。田汝成在追溯西

---

① 〔明〕田汝成:《西湖游览志余》第二十四卷,见王国平主编"西湖文献集成"第三册《明代史志西湖文献专辑》,杭州:杭州出版社 2004 年版,第 601 页。

湖唐宋旧观的时候,就如历代众多游记所做的那样①,并未从西湖的物理环境开始,而是从与西湖有关的一些理想化的历史人物开始,这些人物在历史上塑造了西湖的外观和形象,也通过这种行为而将自身铭刻进了西湖永恒的历史中。无论是建造园亭还是大规模的疏浚修复,都是对西湖景观物理构成的改变,但田汝成在他的追溯中并未着力描写这种较为稳固的视觉呈现,而是将笔墨花在了已经消逝在时间中的各种文化实践上;在他看来,西湖作为名胜的美学品质是在白居易、苏轼等理想文人吟赏风月的过程中显现出来的。因此,西湖的历史主要是一出文化事件,其意义由具有相同或相近价值观的文人精英的文化实践赋予;每一次吟咏和追溯都是对西湖景观的重写与丰富,使之成为无数叠加意义及其物质属性相结合的有机体。事实上,在后人不断重复的追溯中,所谓的"唐宋旧观"已经转化为文人相互认同的一种集体记忆和社会观念,并创造出有利于景观在其物理形态上的延续和修缮的文化连续性。

无论从地理上还是文化上,西湖都与杭州城形成了唇齿相依的关系。田汝成说西湖"形胜关乎郡城,余波润于下邑"②,若西湖占塞,则杭州整体形胜破损。杭州的景观形态集中体现于西湖,因此西湖的治理实与杭城的兴废息息相关。从物理形态上来看,西湖及其周围环境的改变是缓慢的,这让我们很容易相信作为景观的西湖就像其物理形态那样不易改变。但是,正如上面所说,西湖是文化意义和物质属性的结合体,一个景点除了需要其物质属性作为载体,还通常是文化操作的产物,比如通过赋诗而赋予某个新景点以意义。因此,景观的维护和保存往往涉及非常复杂的社会关系与实践,当人们需要在时间脉络中辨认一个景点的

---

① 白居易在一篇游记《冷泉亭记》中以同样的方式追溯了西湖的历史,他说:"杭自郡城抵四封,从山复湖,易为形胜。先是,领郡者,有相里君造作虚白亭,有韩仆射皋作候仙亭,有裴庶子棠棣作观风亭,有卢给事元辅作见山亭,及右司郎中河南元藇最后作此亭。于是五亭相望,如指之列,可谓佳境殚矣,能事毕矣。后来者,虽有敏心巧目,无所加焉。故吾继之,述而不作。"见〔唐〕白居易著,顾学颉校点:《白居易集》,北京:中华书局1999年版,第944—945页。
② 〔明〕田汝成:《西湖游览志》第一卷,见王国平主编"西湖文献集成"第三册《明代史志西湖文献专辑》,杭州:杭州出版社2004年版,第14页。

起源及其延续时,通常就需要回到该景点的社会语境中去寻找答案。生活在 15 世纪上半叶的钱塘人夏时写有《钱唐湖山胜概记》,与其同时的陈赟在此记的序中说:"赟向在京师,偶得《西湖百咏》七言律诗一册,共百首。盖宋季杭人董嗣杲所赋者。天顺己卯秋,赟以太常少卿,蒙赐老东归。于舟中无事,因取而备阅。依韵和之,亦得百首。然其中所可知者,不过南北高峰、三竺、灵隐、净慈、六桥、孤山、保叔、岳祠、龙井、玉泉诸处之显然者。其他不能识其在何处者,甚多也。尝访于杭城之长老,亦多不能详。盖自宋迄元,以至于今二三百年间,荒圮不存者,夥矣。"①陈赟的话表明并非所有的景观都能延续下去,即使景观的物理形态依然存在,但是作为被命名的景观依然有可能湮灭于人的记忆中,或者只留下空洞的概念留存于文字记载。因此景观的延续是带有选择性的,哪些景观能够留存哪些又被遗忘,并非与其物理形态亦步亦趋。有时候其物理形态依然存在,而其文化意义却已消失;有时候其物理形态已经泯灭,但其文化意义依然延续。

西湖的治理具有延续性,归功于唐宋时期的治理,明代西湖周边的人开始享受福利,然而对这种福利的竞争和垄断最终导致新的问题和危机的产生。生活在 17 世纪后半叶的吴农祥在其《西湖水利续考》中说,唐宋之水利在于"夺湖于江"和"分湖于江",主旨在于湖强而江弱,湖主而江辅,使江不至于侵湖,明代杭州郡城深受其利。他说:"西湖形胜,为一郡所藉……唐宋以后,斥卤之境渐化为膏腴,葑荇之泥已除其枝蔓,而沿湖之地一岁收数钟之益,于是筑为僧庐、宫观者十之二,揭为邱墓、园林者十之三,堤为池渚、田荡者十之四。胜国自洪永以及于神熹,豪右缙绅之家,各私湖利为传家之产,而湖日瘠且隘。"②唐宋治理西湖后,斥卤之地逐渐化为膏腴,聚集西湖周围的建筑亦随之增多,杭州郡城的繁荣

---

① 〔明〕陈赟:《钱唐湖山胜概记序》,见王国平主编"西湖文献集成"第三册《明代史志西湖文献专辑》,杭州:杭州出版社 2004 年版,第 961 页。
② 〔清〕吴农祥:《西湖水利续考》,见〔清〕丁丙编"武林掌故丛编"第二十三集,清光绪二十四年钱塘丁氏嘉惠堂刊本。

与这种环境的改良密切相关。僧庐宫观、邱墓园林、池渚田荡的出现,增加了西湖景观的美化程度和宜居性,使西湖和杭城结为统一体。然而,问题在于明代政府对于西湖侵占问题缺乏有效的管理,导致豪右缙绅之家竞相瓜分湖利。吴农祥说:"西湖自宋亡后,历元入明,官无厉禁,为官民、寺观侵占,苏堤迤西,直抵西山之麓,尽成桑田……里湖稍僻,皆成私居;外湖则自苏堤北第一桥迤东,沿西泠桥、孤山,沿城而南抵南屏,为池荡。田庐弥望,湖身窄小,昔称外湖南北十里,今五里而近焉。"①由元入明之后,杭人短暂享受了唐宋西湖膏腴之地带来的福利,随着侵占现象越来越严重,在成化之时里湖尽为民业、六桥水流如线,外湖也多为田荡,湖身狭小。

可以说,到了明代成化年间,疏浚西湖已经到了势在必行的地步了,然而明代西湖的侵占并非一个自然问题,其根源在于豪强世族对私利的追逐。16世纪初任杭州知府的杨孟瑛对此有非常准确的判断:"由此观之,则西湖自宋至今,并苦湮废。但宋之湮废,止缘葑田之充塞。今之湮废,则由势家之侵占。葑田之害,易为开除。势家之侵,难为禁治。"②因豪强世族的阻挠,疏浚西湖之事难以实施。根据田汝成的记载,"元惩宋辙,废而不治。兼政无纲纪,任民规窃,尽为桑田。国初籍之,遂起额税。苏堤以西,高者为田,低者为荡,阡陌纵横,鳞次作乂,曾不容刀。苏堤以东,萦流若带。宣德、正统间,治化隆洽,朝野恬熙,长民者稍稍搜剔古迹,粉绘太平。或倡浚湖之议,惮更版籍,竟致阁寝。嗣是都御史刘敷、御史吴文元等,咸有题请,而浮议蜂起,有力者百计阻之。成化十年,郡守胡濬,稍辟外湖。十七年,御史谢秉中、布政使刘璋、按察使杨继宗等,清理续占。弘治十二年,御史吴一贯修筑石闸,渐有端绪矣"③。正德三

---

① 〔清〕吴农祥:《西湖水利考》,见〔清〕丁丙编"武林掌故丛编"第二十三集,清光绪二十四年钱塘丁氏嘉惠堂刊本。
② 〔明〕杨孟瑛:《呈复西湖状》,见王国平主编"西湖文献集成"第三册《明代史志西湖文献专辑》,杭州:杭州出版社2004年版,第816页。
③ 〔明〕田汝成:《西湖游览志》第一卷,见王国平主编"西湖文献集成"第三册《明代史志西湖文献专辑》,杭州:杭州出版社2004年版,第12—13页。

年(1508)，杨孟瑛力排众议，上疏奏请开湖，并于当年二月兴工。其时杨孟瑛查得西湖湖面 30 余里，被占湖地共 3800 余亩，捏报税粮 930 余石。田汝成描述这次大规模疏浚西湖的工程道："盖为佣一百五十二日，为夫六百七十万，为直银二万三千六百七两，斥毁田荡三千四百八十一亩，除豁额粮九百三十余石，以废寺及新垦田粮补之。自是西湖始复唐、宋之旧。"①疏浚西湖带有包括政治和经济等在内的各种因素的考虑，我们可以看到，美化效应也是被不断强调的其中一个方面。杨孟瑛用疏浚西湖挖出的淤泥补益苏堤，使堤高 2 丈、阔 5 丈 3 尺，并沿堤列插万柳。田汝成在文后强调杨孟瑛的治理使西湖"始复唐、宋之旧"，经杨孟瑛的治理之后，西湖景观是否真的恢复到了唐宋的原貌，实际上对于明代人来说也已无法考证，"唐宋旧观"此时已作为一种集体记忆而不是规范性的概念发挥作用，它代表西湖良好的水文环境所呈现出来的优美外观，激励着人们不断为实现西湖的美化而付诸实践。一旦西湖发生占塞或者衰败的现象，恢复"唐宋旧观"就能成为推动修缮的动力。在杨孟瑛补益苏堤、列插万柳的 20 多年后，环境再次恶化，"柳败而稀，堤亦就圮。嘉靖十二年，县令王釴令犯人小罪可宥者，得杂植桃柳为赎，自是红翠烂盈，灿如锦带矣"②。我们可以在这种恢复"唐宋旧观"的行为中看到一种文化连续性，它对景观的物理修复和延续起到持续性的作用。

　　明代西湖治理过程中对"唐宋旧观"的不断追溯，投射出彼时文人在面对危机时的一种共同心态。实际上，明代西湖面临的环境问题和唐宋时并不一样，杨孟瑛清楚地认识到宋代西湖的湮废在于"葑田之充塞"，而明代西湖的湮废则"由势家之侵占"，但他仍需要通过追溯"唐宋旧观"来为明代西湖的治理扫除障碍。在此过程中"唐宋旧观"被理想化了，他们赋予唐宋西湖景观超越其历史真实面目的新意义。"唐宋旧观"首先

---

① 〔明〕田汝成：《西湖游览志》第一卷，见王国平主编"西湖文献集成"第三册《明代史志西湖文献专辑》，杭州：杭州出版社 2004 年版，第 13—14 页。

② 〔明〕田汝成：《西湖游览志》第二卷，见王国平主编"西湖文献集成"第三册《明代史志西湖文献专辑》，杭州：杭州出版社 2004 年版，第 25—26 页。

是建立在白居易和苏轼这两位理想文人基础上的,其理想文人的意义不仅在于他们主政杭城并对治理西湖有实质性的政绩,更在于政事之余留意山水的文化实践,甚至可以说正是他们品题山水、雅集游赏的风流韵事发现了西湖景观的审美品质;而在社会身份日益模糊的明代中后期,这种雅人韵士所独具的审美品位正是文人精英群体所特别倚重的。"唐宋旧观"因此超越了其物理形态上的指涉,实质上是明代文人集体想象中的理想景观,通过对此观念的不断追溯和描绘,某种为文人阶层所共享的价值观被召唤出来并发挥了介入现实的力量。

杨孟瑛在治理西湖的过程中成功地运用了这种力量,在《浚复西湖录引》中他说:"正德纪元秋,杭州西湖成。或问其守杨孟瑛曰:'西湖何为而开也?'应之曰:'非开也,复其旧也。''何取于旧也?'曰:'乐天作石函,函湖水以溉上塘。东坡耨葑草,水益深,溉益赡,凡以为民也。兹所谓旧也。孟瑛疏之、辟之,修二公之政,故畛之外,无所与力焉。孟瑛之心,亦二公之心也。故曰复其旧也。'"①杨孟瑛深知明代西湖之弊源于势家争利,他的主要对手已不是恶化了的环境而是恶化环境的实施者,他们不仅有权有势,而且在相互竞争的同时也结成了利益共同体,光靠个人的力量是难以战胜这样的对手的。杨孟瑛明白如果不向传统资源借助力量,浚复西湖的任务将很难完成,通过引用白居易和苏轼这样具有杰出声誉的文人,杨孟瑛成功地将个人承担的浚复西湖的任务转化为文人群体所共同支持的事业。杨孟瑛似乎在说,维护西湖良好的生态是白、苏遗留下来的优良传统,而作为具有和他们一样的价值观的后继者应该责无旁贷地承担起这个任务。杨孟瑛唤醒了文人阶层守护自身传统和价值观的力量,这让他在对手面前不再势单力薄。而在明代中后期,这种文人所共同坚守的价值和理想,在某种意义上已经凝聚为对高雅品位的孤芳自赏;因此,无论是白、苏还是杨孟瑛,虽然浚复西湖有利

①〔明〕杨孟瑛:《浚复西湖录引》,见王国平主编"西湖文献集成"第三册《明代史志西湖文献专辑》,杭州:杭州出版社2004年版,第806页。

民生的实际考虑是首要的,但恢复"唐宋旧观"这样一个美学口号在这种民生工程中依然成为最引人瞩目的焦点。在此我们能看到,明代中后期江南地区一处景观的修复如何深陷于复杂的社会结构和关系网中;每一次修复,都是不同观念和意义之间的博弈,它们相互作用并铭刻于景观的物理形态上,而后者也相应地折射出了特定社会语境下各种观念之间的竞争或者合作。

　　杨孟瑛是杭州知府,他的对手是豪强世族,他们在浚复西湖这个官方的政治议题上展开斗争,而杨孟瑛有效地借助了文人阶层共享的价值观以实现其目的,我们可以看到在明代中后期文人阶层所共同推崇的价值、理想和审美趣味对于特定的政治意图或目标的影响。在明代西湖景观的修缮和延续上,我们还可以发现另一种模式,该模式在一种非官方的语境下体现了向传统和社交网络借助资源的重要性。在明末清初,歙县人汪汝谦对于西湖景观的修复有重要的影响。汪汝谦,字然明,歙县丛睦坊人,祖辈以经商为业,其祖父汪珣开始在官府担任官职,其父汪可觉则为万历丙子乡进士,至汪汝谦则在继承祖业的基础上读书游历,垂髫之时来到武林,见山水而卜居,与当时众多名流雅士多有交集。汪汝谦早年在杭州时即热心交游,其时冯梦祯、徐茂吴、黄汝亨主持骚坛,四方韵士随之,汪汝谦与他们相与交往。在与名流诗酒酬唱之际,汪汝谦热心于西湖景观的修葺,也为自己博取了极大的名声。但凡西湖景观有所衰败,汪汝谦则与同好以修复西湖为韵事,和名流公卿为湖山诗酒之会,被誉为湖山主人。① 汪汝谦对于明末清初西湖文坛的影响,与其家世、性格和身份息息相关。明代中后期,商品经济的发展和消费水平的增加,助长了新兴的富商阶层和传统文人精英之间的竞争,文人精英所

---

① 据《丛睦汪氏遗书》卷一所载,汪汝谦"号松溪道人,太学生,生于明季,慕西湖之胜,自歙县丛睦迁杭州,遂家钱塘,居缸儿巷,延纳名流,文采照映,董尚书其昌以陈大邙推之。制画舫于西湖,曰不系园,曰随喜龛,其小者曰团瓢,曰观叶,曰雨丝风片。又建白苏阁,葺湖心、放鹤二亭及甘园、水仙、王庙,四方名流至此,必选伎征歌,连宵达旦,即席分韵,墨汁淋漓。或缓急相投,立为排解,故有湖山主人之目"。见〔清〕汪簠辑:《丛睦汪氏遗书》,清光绪十二年钱唐汪氏长沙刻本。

感受到的身份模糊的挑战不仅来自富商阶层所拥有的巨大财富,而且还来自富商阶层可以依靠其财力培养用正统儒家课程教育出来的子弟。汪汝谦可以说就是这样一个诸多身份交集的文人,他的家族通过经商而致富,到他的父辈已经能够通过科举取得成功。亦儒亦商的身份使汪汝谦在明末清初的社交网络中如鱼得水,他不仅具有文人精英所自恃的精致的审美品位,也有巨大的财力进行文化上的投资。汪汝谦还具有风雅任侠的个人魅力,钱谦益《新安汪然明合葬墓志铭》说:"盖其为人,量博而智渊,几沈而才老,其热肠侠骨,囊括一世之志气,如洑流喷泉,触地涌出。所至公卿虚席,胜流歙集,刹江观潮之客,三竺漉囊之僧,西陵油壁之妓,北里雪衣之女,靡不擎箱捧席,倾囊倒箧。人厌其意,留连而不忍去。"[1]能以其才情主盟风雅,又能以财力妆点湖山,且不遗余力周济同好,这些特点都让汪汝谦从文人精英的社交圈中脱颖出来了。

明代中后期文人显示身份的一种重要文化实践就是建造或者拥有自己的园林,在他们看来在拥有财力的前提下是否造园或会否赏园是文人和其他阶层之间的重要区别。最为典型的例子是王世贞,他认为"今世贵富家往往藏镪至巨万,而匿其名不肯问居第。有居第者,不复能问园,而间有一问园者,亦多以润屋之久溢而及之",而他"计必先园而后居第,以为居第足以适吾体,而不能适吾耳目。其便私之一身及子孙,而不及人"[2],这种先问园还是居第的区别最终被归结为文化品位上的差距。出身富商的汪汝谦并不同意王世贞的话,但他没有从维护富商的立场出发,而是同样从文化品位上对王世贞的观点提出了批评。他说:"固弇州旷识达语,尚落第二义。予谓:'以买山购园之赀,莫如点缀名山胜迹,以供同好,毋私园亭遗累子孙。'弇州园今安在哉?第举废之事,非吾辈寒

---

[1] 〔清〕钱谦益:《新安汪然明合葬墓志铭》,见王国平主编"西湖文献集成"第三册《明代史志西湖文献专辑》,杭州:杭州出版社 2004 年版,第 1058 页。
[2] 〔明〕王世贞:《太仓诸园小记》,见赵厚均、杨鉴生编注《中国历代园林图文精选》第三辑,上海:同济大学出版社 2005 年版,第 125 页。

素所宜谋,转愧一时孟浪耳。"①明清徽商往往好交游、重然诺、急公好施,且热心公共事业,这种特点在汪汝谦身上也很明显,不同寻常的是他把这种特点转化为一种文化价值上的提升,相比于王世贞的"先园而后居第",汪汝谦的"点缀名山胜迹"确实境界高明不少。

　　汪汝谦妆点湖山的雅行与其交游密不可分,而这种文化实践也在其社交网络中发挥着多种功能。当冯梦祯、徐茂吴、黄汝亨等主持骚坛之时,汪汝谦以"黄衫人傲睨其间",在此期间"若南屏之竹阁,雷峰之云岫堂,岣嵝之山庄,灵鹫之准提阁,西泠之未来室,皆次第建置藻绘"②。在《西湖纪游》中,汪汝谦对这些修葺行为有更详细的描述:"余与冯子云将居多时,黄贞父学宪校雠诗社,杖履相从,孜孜然点缀两山为务。南屏雨花台,怪石凌虚,湖光射竹,余因岩创建竹阁,元津大师卓锡于此,贞父先生题为香岩社云。方伯本如吴公好谈崇旨,亦集社内。谓灵隐回龙桥为北山幽境,属余跨涧架阁以奉准提。阁名虹带,极耸壑昂霄之致。由此径接岣嵝翠雨阁中,万籁环绕,流泉洒几案,真人间阆苑也,宋末甘内相园,即雷峰小蓬莱,理宗常游幸处,玲珑石堃,乔木参天。贞父偶尔购得,余添设曲槛回廊,层轩列榭,数百年后焕然一新。复于西泠绪纤道人净室旁,营生圹。元宰董宗伯题曰:'此未来室也。'陈眉公喜而记之。"③在与冯梦祯、黄汝亨等雅士交游的过程中,汪汝谦点缀两山的行为本身即是文人雅士相互鼓吹的高雅实践,这种实践和诗酒酬唱一起成为文人间相互认同的标志。汪汝谦修建的"竹阁""云岫堂""翠雨阁""准提阁""未来室"等,既是他的文化实践的产物,也是他和雅人韵士文化展示的场所,他们在此雅集并展示超凡脱俗的文化品位。此外,汪汝谦的营建修葺的行为也发挥了为同好提供赞助或者庇护的功能,如黄汝亨的云岫

---

① 〔明〕汪汝谦:《重修水仙王庙记》,见王国平主编"西湖文献集成"第三册《明代史志西湖文献专辑》,杭州:杭州出版社 2004 年版,第 1050 页。

② 同上,第 1049 页。

③ 〔明〕汪汝谦:《西湖纪游》,见王国平主编"西湖文献集成"第三册《明代史志西湖文献专辑》,杭州:杭州出版社 2004 年版,第 1056 页。

堂,汪汝谦为之"添设曲槛回廊、层轩列榭",他还为当时一些名媛才女提供周济和庇护,如柳如是、王修微、杨云友、林天素等。可见,点缀湖山的行为不仅让汪汝谦进入当时西湖文人社交网络的核心,也为他邀致相当不错的声名。

白、苏的文化遗产是汪汝谦辈在文化实践过程中不断提及的,每当湖山凋零亟待重整的时候,恢复白、苏之时的西湖旧观就成为修缮的内在动力。汪汝谦说:

> 熙朝越二十年,魏珰以老魅盗国,湖山净土,几化为腥秽不韵之场。虽圣明扫荡余氛,而先辈凋零,名园芳墅垂剥斜阳衰柳间,不可复迹矣。一日,与闽中崔徵仲使君雅集湖上,慷慨兴怀,客有谓方内多虞,催徵檄如风雨,窭儿奔命,富室逃名,为游观何为者? 余曰:"不见苏长公救荒岁筑堤乎?"使君唯唯,因解带倡缘,首葺湖心亭。余喜从事,不三月,焕然一新。使君复念孤山梅魂无寄,鹤梦谁通,继起放鹤亭。余补种梅花,以存旧观,陈徵君记其事。时三桥龙王堂倾圮尤甚,即前朝水仙王庙、白苏遗迹在焉,不亟修葺,恐湮没波浪中。崔使君唯唯,辞力竭不复顾。余猛进倡缘,同调者发欢喜心,而素封者作生面孔。余叹息久之。……太邱王尹愚先生为浙驿传,政事之余,留心山水胜情韵事,多见篇章。一日踪迹余于水仙馆波中,欢若平生,谓:"白、苏于湖山,非只风流一时,实功业千载。亟当标榜,以补阙事。"因捐俸助缘,遂得落成。旧有路亭、祠庙,规制如传舍。余因更之,前列亭宇,背引长廊,廊以通轩,轩可布两席。上起小楼,以祀白香山、苏玉局。从小廊度曲桥,三折登台,周遭曲槛,可憩可坐。长堤如带,林木翳然。北连放鹤,庶水仙与处士不孤。东接湖心,宛若金、焦二山移置于两腋下矣。客有复举望湖亭为言者,余亦如崔使君唯唯,不复顾,以俟他日风流好事者。[①]

① 〔明〕汪汝谦:《重修水仙王庙记》,见王国平主编"西湖文献集成"第三册《明代史志西湖文献专辑》,杭州:杭州出版社 2004 年版,第 1049—1050 页。

在这段颇值得玩味的记述中,白、苏传统成为理解文士重整湖山行为的关键。首句说在明末大宦官魏忠贤的专擅之下,湖山净土化为腥秽不韵之场,名园芳墅已经废为斜阳衰柳间的废墟了,这里暗含着湖山胜迹与朝政兴衰之间的关系,就像北宋李格非在其《洛阳名园记》中所述说的那样,可以从洛阳馆第园林的废兴看到其城市盛衰的征兆,在这里湖山胜迹的凋零也暗示着明末政治上宦官专权带来的破坏。这种景观背后的政治意义为文人精英留意于湖山的风雅之举提供了支持,因此当有人质疑在方内多虞之时仍雅集湖上"为游观何为者"的时候,汪汝谦便以苏轼救荒治湖的典故作为回答,这实际上是表明重整湖山的风雅行为具有微言大义的作用,湖山盛景的重现意味着政治上的重拾圣明。通过征引苏轼治湖的典故,汪汝谦等人雅集湖上的行为获得了正当性,也推动了相关人等解带倡缘、修葺湖山的义举。

每一处景点的历史文化传统都具有在特定语境下介入现实的能力,在修葺孤山园亭的过程中,就像白、苏传统所起的作用那样,北宋著名诗人林逋梅妻鹤子的事迹成为孤山延续的内在动力。文中的"崔徵仲使君"即时任浙江盐运副使的崔世召,他在苏轼治湖事迹的感召下捐资重修湖心亭,又在林逋事迹的感召下重修放鹤亭;汪汝谦亦猛进倡缘,"补种梅花,以存旧观"。恢复旧观实际上并非意味着旧时景观的模拟再现,而是通过景观的修缮恢复其内在的精神内核;在此,景观并不被视为单纯的物理形态,真正的景观是那种在历史进程中曾被赋予了意义的存在。因为有这种意义的存在,景观的修复成为物理延续性和文化延续性的有机结合。时韩敬撰有《重修湖心亭记》,提出修放鹤亭"宜属之逋叟逸翁"而修湖心亭"宜属之游人士女"的观点,而崔世召则以为不然,认为"湖为吾湖,而亭亦吾亭也",因为"大隐名区,逍遥水滨。后苏前白,净侣为群。又安敢任芜秽不葺,废行滕不纫也?故曰,葺亭,亦吾辈事也"①。

---

① 〔明〕韩敬:《重修湖心亭记》,见〔清〕吴秋士选编《天下名山游记·浙江》,上海:中央书店总店1936年版,第16—17页。

从这段话中我们特别能体会到的,是馆亭的修葺成为文化延续性的体现,而这种文化延续性当然只属于文人阶层自我认同所产生的那种价值、理想和实践。崔世召一句"葺亭,亦吾辈事也",很明确地就在湖山修复这件事上把文人精英与其他阶层区分开来,对于崔世召及其同辈而言,湖山盛景、亭台馆阁很清楚地有种文化上的归属——作为物理形态它们为不同人群所共享,然而只有士人阶层才能真正切入它们的精神内核。

我们还能看到另一种隐秘的区分。人选择景观,景观也选择人。通过景观的修复活动,士人阶层实现了内部的自我区分。能被崔世召视为"吾辈"的,不仅不是游人士女,甚至也不是一般的文人;但不管如何,他都将"吾辈"视为白、苏传统的真正传人。因此,在他看来,"吾辈"并非意味着所有文人,而是那些能够对白、苏传统有切身体会并自觉维护和延续这种传统的文人。在汪汝谦的记述中,客人提出"为游观何为者",在汪汝谦看来显然还未理解湖山修葺背后隐含的真意;而在韩敬的《重修湖心亭记》中,崔世召以白、苏传统解释葺亭的缘由,让韩敬为之折服。我们看到,对于修葺湖山这个事件的解释的差异决定了文人内部的自我区分,虽然每个人对价值和理想的解释不同,但白、苏传统无疑充当了基本的解释标准。自命不凡的文人总是能通过占据景观的物理形态及其历史文化传统而实现对自身身份的确认。这两种资源总是相互作用的。明代中后期的文人非常注重通过各种文化操作和社会交往提升自身的地位,这其中就包括不断强调自身与历史文化传统的关联性,使其被纳入为多数文人所共同承认的文化脉络中去,而自身地位的提高和文化资本的积累能够实现和社会经济与政治的兑换,使其实现对某处景观的相关操作,如拥有地产、建造园亭、修葺湖山等等;而像汪汝谦这样拥有大量财富的儒商,则充分利用其雄厚的经济资本,通过一系列赞助和社交实践,拥有了进入这种历史文化传统脉络的机会。汪汝谦最后的记述"客有复举望湖亭为言者,余亦如崔使君唯唯,不复顾,以俟他日风流好事者"颇有意思,虽然是学"崔使君唯唯",然而两者情境不大相同,于崔世召是"力竭不复顾"，汪汝谦却无此财力上的困窘，他的"唯唯不复顾"更像是一种故意留下的缺憾，他所说的"以俟他日风流好事者"不仅是对自我风流好事的标榜，也是一个自认已居于文化脉络中的传承人以一种自居的口吻说出的对后续者的期待。其中原因不难想象，通过一系列点缀湖山的文化实践，汪汝谦已经有资格自命风雅，他已无须时时"猛进倡缘"，留下那么一点儿遗憾反而更添雅趣。

在汪汝谦的记述中，我们还发现另一种景观修复的模式，该模式以一种十分特殊的方式展现了个人偏好对地方景观的影响，甚至隐约体现了在景观修复这个层面地方和国家之间的互动。汪汝谦在《重修水仙王庙记》中说："往神庙遣文书房东瀛老内监董理东南织造，斋心事古先生，而又能捐上赐金钱，妆点湖山名胜处，画船箫鼓，括地沸天。"[1]此处的东瀛老内监即万历时期的司礼监太监孙隆。孙隆嘉靖年间入宫，据冯梦祯为祝其六十岁寿写的序说，他"藉先帝旧劳，侍今上潜邸，比龙飞，以高资晋司礼，贵在日月之际，旦夕柄用，称第一人"[2]，其后孙隆又两度被任命为苏杭织造，长期定居于杭州。孙隆在杭期间，热心于湖山胜景的修葺，不惜捐助巨资妆点山水，颇为时人所称道。冯梦祯说他"令足办上供而止，而又以其暇日登眺湖山，斥其余俸点缀佳胜，琳宫佛宇金碧一新，所在僧徒瞻依弥切，盖不减给孤祇夜矣"[3]。

晚明西湖多处景观都曾在孙隆的赞助下得到修复，其中又以十锦塘

---

[1]〔明〕汪汝谦：《重修水仙王庙记》，见王国平主编"西湖文献集成"第三册《明代史志西湖文献专辑》，杭州：杭州出版社2004年版，第1049页。在《西湖纪游》中，汪汝谦对孙隆妆点湖山的活动有更详细的记述，他说："余垂髫来武林，见山水而卜居。时内监东瀛孙公总理织造，凡上方赐予，悉输为湖山之助，袁中郎称为护法伽蓝。初筑新堤，遍栽垂柳，以名卉错杂其间，俗呼十锦塘者是也。孤山胜处，张望湖宪副之梅花屿在焉。公复起望湖亭于南台厂，临水旁植西府海棠数十株，拂霞笼烟，争妍朝夕。过苏堤循六桥十余里，桃花夹岸，香车宝马，络绎缤纷，游人藉草施步障，卧花茵，不啻武陵道上行矣。"见王国平主编"西湖文献集成"第三册《明代史志西湖文献专辑》，杭州：杭州出版社2004年版，第1055—1056页。

[2]〔明〕冯梦祯：《寿大司礼三河东瀛孙公六十序》，见《快雪堂集》卷六，四库全书存目丛书编纂委员会《四库全书存目丛书·集部一六四》，济南：齐鲁书社1997年版，第129页。

[3]〔明〕冯梦祯：《寿敕使东瀛孙公荣寿七帙序》，见《快雪堂集》卷六，四库全书存目丛书编纂委员会《四库全书存目丛书·集部一六四》，济南：齐鲁书社1997年版，第130页。

最为著名。张岱《西湖梦寻》记载:"十锦塘一名孙堤,在断桥下。司礼太监孙隆,于万历十七年修筑。堤阔二丈,遍植桃柳,一如苏堤。岁月既多,树皆合抱,行其下者,枝叶扶苏,漏下月光,碎如残雪。意向言断桥残雪,或言月影也。苏堤离城远,为清波孔道,行旅甚稀。孙堤直达西泠,车马游人,往来如织。兼以两湖光艳,十里荷香,如入山阴道上,使人应接不暇。湖船小者,可入里湖。大者缘堤倚徙,由锦带桥循至望湖亭,亭在十锦塘之尽。渐近孤山,湖面宽厂,孙东瀛修葺华丽,增筑露台,可风可月,兼可肆筵设席,笙歌剧戏,无日无之。今改作龙王堂,旁缀数楹,咽塞离披,旧景尽失。再去,则孙太监生祠,背山面湖,颇极壮丽。近为卢太监舍以供佛,改名卢舍庵,而以孙东瀛像置之佛龛之后。孙太监以数十万金钱装塑西湖,其功不在苏学士之下,乃使其遗像不得一见湖光山色,幽囚面壁,见之大为鲠闷。"①孙隆修筑十锦塘,使其华丽甚于苏堤,这对于西湖而言是件大功德事,杭人为孙隆建生祠,不过后被改为卢舍庵,把孙隆像置于佛龛之后,引得张岱为之不平。前面说过,西湖胜景被文人视为白、苏传统的体现,因此孙隆修葺湖山之举很得文人之心。袁宏道云:"望湖亭,即断桥一带,堤甚工致,比苏堤尤美。夹道种绯桃、垂杨、芙蓉、山茶之属二十余种,堤边白石砌如玉,布地皆软沙。杭人曰:'此内使孙公所修饰也。'此公大是西湖功德主。自昭庆、净慈、龙井及山中庵院之属,所施不下百万。余谓白、苏二公,西湖开山古佛,此公异日伽蓝也。"②袁宏道将孙隆与白、苏并列,谓之西湖的"异日伽蓝",对于一个太监而言,可以说是相当罕见的了。

孙隆还修复了湖心亭,张岱对湖心亭的修复史有段记载,他说:"湖心亭旧为湖心寺,湖中三塔,此其一也。明弘治间,按察司佥事阴子淑,秉宪甚厉,寺僧怙镇守中官,杜门不纳官长,阴廉其奸事毁之,并去其塔。

① 〔明〕张岱撰,马兴荣点校:《陶庵梦忆·西湖梦寻》,北京:中华书局2007年版,第161—162页。
② 〔明〕袁宏道著,钱伯城笺校:《袁宏道集笺校》,上海:上海古籍出版社1981年版,第424—425页。

嘉靖三十一年,太守孙孟寻遗迹,建亭其上,露台亩许,周以石栏,湖山胜概,一览无遗。数年寻圮。万历四年,佥事徐廷裸重建。二十八年,司礼监孙东瀛改为清喜阁,金碧辉煌,规模壮丽,游人望之,如海市蜃楼。烟云吞吐,恐滕王阁、岳阳楼,俱无甚伟观也。"①除此之外,经孙隆修复的景观还有昭庆寺、龙井、三茅观、云泉寺、灵隐寺等。② 张岱谓其"以数十万金钱装塑西湖,其功不在苏学士之下",其言不虚也。

孙隆是一个深受万历皇帝宠信的钦差大臣,他在身份、权势和个人需求上都和杨孟瑛以及汪汝谦不同。孙隆以皇帝近侍的身份总理苏杭织造,他在身份和地位上与杨孟瑛显然有别;在面对豪强世族的阻挠之时,杨孟瑛通过文人精英共享的价值观来为西湖的治理寻找依据,这是文人士大夫在面对危机时的一种很自然的反应;而作为一个宦官,孙隆则显然并无也不需要这样一种价值观。根据史料的记载,孙隆曾想出资为杭城"开渠浚河,为城中永永无穷之利,竟为当道所格"③,孙隆并未采取杨孟瑛那样的做法,此事便不了了之。实际上,孙隆对西湖水利似乎并不热心,他更关注的是西湖的湖光山色,在这方面他和汪汝谦辈更接近,然而孙隆也无须像汪汝谦那样通过点缀湖山而邀致声名并获得文人圈子的认同,孙隆有一定的文学艺术修养,且有诗作流传于世④,但他始终不是正统的文人,从现存记载中也看不出他和当时的文人社交网络有什么深入的牵连。

---

① 〔明〕张岱撰,马兴荣点校:《陶庵梦忆·西湖梦寻》,北京:中华书局 2007 年版,第 179 页。

② 《西湖梦寻》卷一"昭庆寺":"万历十七年,司礼监太监孙隆以织造助建,悬幢列鼎,绝盛一时,而两庑栉比,皆市廛精肆,奇货可居。"《西湖梦寻》卷四"龙井":"万历二十三年,司礼孙公重修,构亭轩,筑桥,锹浴龙池,创霖雨阁,焕然一新,游人骈集。"《西湖梦寻》卷五"三茅观":"万历二十一年,司礼孙隆重修,并建钟翠亭、三义阁。"《西湖梦寻》卷二"云泉寺":"万历二十八年,司礼孙东瀛于池畔改建大士楼居。"《西湖梦寻》卷二"灵隐寺":"万历十二年僧如通重建;二十八年,司礼监孙隆重修。"以上各条分别见〔明〕张岱撰,马兴荣点校:《陶庵梦忆·西湖梦寻》,北京:中华书局 2007 年版,第 127、204、231、141、146 页。

③ 〔明〕张大复:《梅花草堂集》,见《笔记小说大观》第三十二册,扬州:江苏广陵古籍刻印社 1983 年版,第 214 页。

④ 朱彝尊《明诗综》录其诗一首《题慧因寺》:"笙歌日日娱西子,为爱幽闲到玉岑。旧有高人并西宅,沿流且向寺门寻。"见〔清〕朱彝尊:《明诗综》卷八十六,四库全书本。

因此,孙隆妆点湖山的行为更像是出自个人的喜好以及笼络民心的意图。就前者而言,孙隆长期居住在杭州,对于杭州的风景有种发自内心的欢喜,他有能力且有意愿将自己卜居的湖山妆点得更加秀丽,相较于杨孟瑛和汪汝谦辈吟赏风月背后复杂的政治和社会意义,这种来自个人感性愉悦的需求其实更加单纯,我们在这里可以看到简单的感性愉悦对于景观塑造所产生的极大作用,孙隆修复湖山的行为所获得的一致赞誉反映了一种单纯的并且是为大多数人所共享的感性需求所能发挥的效用,而他只不过是这些芸芸众生之中有能力且将这种需求付诸实施的那一个。孙隆对西湖景观的修复还与其宗教信仰有关,如西湖十景之一的南屏晚钟指南屏山净慈寺傍晚的钟声,其净慈寺"钟楼"为"万历丁亥内监孙隆重修,下供地藏十王东岳诸像"①;又净慈寺"坊门""万历壬辰内监孙隆徙建万工池左右,一曰'湖南佛国',一曰'震旦灵山'";"最胜法门""万历丙戌内监孙隆建。周缭以垣,内植修竹、古梅,郁成林矣"②;其"法华台""万历甲午内监孙隆,构亭以识旧迹"③。此外,昭庆寺、三茅观、灵隐寺、烟霞寺等宗教场所,也留下了孙隆修缮的记录。除了满足个人欣赏上的需要,孙隆对西湖景观的妆点未始没有笼络民心的意图,而其效果也是相当显著的,当地人甚至为其修建了一座生祠,《西湖手镜》记载:"孙公祠:士民创建,以祀司礼监东瀛孙公隆。万历间,公以监织驻杭州,先后几二十年。修筑堤桥,增布花柳。城内、城外、南北山间,荒祠废殿,到处鼎新。可谓湖山之功臣,熙朝所仅见者。"④此外,像袁宏道、张岱等名士亦对孙隆的雅举褒扬备至,就更是难得了。

作为卜居地方的钦差大臣,在孙隆修缮湖山的行为中我们还能发现国家和地方之间的细密互动。在时人关于孙隆的各种记述中,我们常常

---

① 〔明〕释大壑:《南屏净慈寺志》,杭州:杭州出版社 2006 年版,第 56 页。

② 同上,第 59 页。

③ 同上,第 26 页。

④ 〔明〕季婴:《西湖手镜》,见王国平主编"西湖文献集成"第三册《明代史志西湖文献专辑》,杭州:杭州出版社 2004 年版,第 1002 页。

能感受到隐于他身后的皇权的无处不在的在场。汪汝谦《重修水仙王庙记》中说他能"捐上赐金钱,妆点湖山名胜处",《西湖纪游》中说他"凡上方赐予,悉输为湖山之助"。特别在一些宗教场所中,孙隆常常扮演皇权代言人的身份,为皇帝传递赐予的信物。如《南屏净慈寺志》记载："万历己丑十七年,司礼监太监孙隆奉旨赏赐圣母慈圣宣文明肃皇太后瑞莲观音大士像一轴。……庚子二十八年九月初三日,内监孙隆以净慈为五山首刹,奏请佛大藏经典,奉旨颁赐在寺安供,仍赐护藏敕一道,并御制经首两叙,以加护焉。"①皇帝的赏赐不仅为净慈寺赢得了更高的声誉,而且相当于皇权对于地方宗教景观的保护和认证,这种赏赐性的礼物如无意外将会永久性地被封存于寺庙之内,将皇权和宗教景点之间的互动和联系铭刻于历史长河中。在皇帝不可能真正临幸这种地方宗教景点的情形下,作为皇帝代言人的钦差大臣就起到沟通国家和地方的重要作用;孙隆所起的作用并不是被动的,也并非仅仅只有护送赏赐的职责,他是直接促成这种互动的关键人。实际上,孙隆与净慈寺主持性莲交好,正是通过他的积极奏请,净慈寺获得了皇帝恩赐的礼物。我们可以看到,孙隆改变了西湖景观的历史和意义,他的作用不仅仅只是对西湖景物的物理形态进行修复,他的善举实现了皇权和地方景观之间的互动并使地方景观呈现出新的意义。相较于杨孟瑛和汪汝谦等文人精英,孙隆对于景观意义的创造并非通过文学和社交,而只不过是出于满足自身感性愉悦的需要,关键在于他的皇权代言人的身份为他实现了这种由景观物理形态的修复向景观意义创造的飞越。

　　我们在上面分析了西湖景观修复的三种模式:第一种修复模式建立在官方政治议题的背景下,通过唤醒文人阶层所共同守护的价值和理想实现浚治西湖的目的;第二种修复模式建立在非官方的文人雅集的背景下,修复西湖成为展示文化品位的实践,实现文人精英相互认同的社交功能;而在第三种修复模式中,西湖景观的修复是个人偏好和身份、地方

---

① 〔明〕释大壑:《南屏净慈寺志》,杭州:杭州出版社 2006 年版,第 152 页。

与国家之间互动的结果。在前两种模式中,传统资源和社会网络发挥了非常重要的作用,无论是浚治西湖还是妆点湖山,文人精英的文化实践都凸显为十分显著的群体事件,这意味着无论是作为政治目标还是文化展示的手段,文人精英只有融入整个文人阶层所共同拥护的传统和共同构筑的网络,修复西湖的行为才是可行的和有意义的;而第三种模式则凸显了个人偏好、身份和地位的重要作用,揭示出地方性景观在国家权力场域中的位置关系和意义变更。这三种模式都超越了简单的物理形态上的修复,每一次修复都是不同观念之间的博弈和新旧意义的叠加与互动,它们铭刻于景观的物理形态之上并凝结为景观自身的历史和传统。因此,我们可以看到,景观不仅存在于特定的时间和空间之中,也深深地陷入特定的社会历史语境中,随着景观物理形态在时间绵延和空间扩展中展开的,是其不断积累和更新的历史资源与关系网络。当这些资源和传统积累到一定程度,景观似乎有了"自己的"历史,它对于发生在自己身上的事有了选择权。我们分析了"唐宋旧观"这个美学口号在明代西湖修复过程中强大的向心力和凝聚力,不管如何它都对明代修复西湖的各种举措产生了规范性的作用,即使如孙隆这样并非属于文人阶层的宦官,他修复西湖的行为也同样被袁宏道、张岱等人纳入强大的白、苏传统中。

杭州西湖在江南城市景观中具有典型性,这意味着有些模式在江南其他城市的景观修复中也是可以发现的。比如,对"唐宋旧观"的那种不断追溯的文化延续性,在苏州七里山塘的修复中也很明显。七里山塘为白居易所开凿,此后对它的修复也就不断征引这个典故。到明代万历年间,七里山塘"圮而修、修而圮"已不知凡几度,春雨秋潦之际最易崩塌,居者和行者皆受其害,时有比丘木铃衲子发大心愿募化修堤,长洲令韩原善受其感化而捐俸助修。王稚登《重修白公堤记》说:"是堤也,白公筑之,韩公修之,古今虽不相及,其利泽等耳!"①正是这种"白公筑之,韩公

___
① 〔明〕王稚登:《重修白公堤记》,见平龙根主编《名人佳作与金阊》,苏州:古吴轩出版社 2011 年版,第8页。

修之"的延续性成为七里山塘在其物理形态上绵延至今的内在动力。同时,不同的城市也有其特定的历史和现实,杭州有些模式就无法运用于苏州。孙隆对于杭州是大功德主,但对于苏州人而言,其形象则截然不同。万历二十七年(1599),孙隆以苏杭织造的身份兼任苏、松、常、镇税监,两年后孙隆到苏州核查征收五关之税,其手下税吏仰仗孙隆权力横征暴敛,导致机户杜门罢织而织工饿死,最终酿成两千多人参与的大规模民变,他们将税署团团围住,孙隆越墙走匿民舍才得以幸免。从这起事件我们可以看到,明代江南城市的景观修复模式有许多共通之处,但也有其自身的适用性,不可完全套用。至于明代苏州、扬州等江南城市的景观修复活动,限于篇幅,这里就不再赘述了。

第四章　明代园林环境美学

　　明代是中国园林史上非常重要的时代,不仅出现了众多名园,而且出现了计成的《园冶》和文震亨的《长物志》等重要的园林著作。明代园林最有代表性的是北京园林和江南园林。北京园林除御花园、东苑、西苑等皇家园林之外,其他大多系皇亲国戚所造,体量巨大,境界辽阔,具有较为典型的北方园林的特点。明代中后期之后江南地区的繁荣极大地促进了私人园林兴建的热潮,有条件的仕宦或者富商家族花费巨大的财力和人力来建造精美的园林。随着园林兴建活动的兴盛,明代人发展出一种尊重自然的成熟的园林美学思想,如注重得体合宜、追求身心之适、取法因借等等,其大旨在于根据自然主义的方式来建造和布置园林,追求园居生活和游赏活动中人与环境的和谐。

第一节　明代园林营造综述

　　我国的造园活动发源很早。先秦两汉时的园林以大规模的自然园林为主,如《史记》记载武帝建太液池,池中有蓬莱、方丈、瀛洲三神山,都是体量很大的土山;《西京杂记》记梁孝王筑兔园,其诸宫观相连绵延数十里。这种大规模的叠山造园活动在魏晋南北朝仍然盛行,但是到唐宋就逐渐少了,只是皇家、贵戚和大官僚仍有这样的条件和能力。晋宋以后,文人士大夫兴起了建造私家小园的活动,"拳石勺水"成为文人园林的重要特点,不再是对自然山水真实尺度的全体再现,而是通过缩微的方式来模拟自然。自晋宋以来,这种规模较小的私家小园逐渐成为中国园林的主体,经过唐宋的发展,在明代臻于成熟,一直到晚明才发生意味深长的变革,从"拳石勺水"而变为对真实山水的部分模拟。

一、14—15 世纪明代造园活动的中断与复兴

据周维权先生的研究,"元代蒙古族政权不到一百年的短暂统治,民族矛盾尖锐,明初战乱甫定,经济有待复苏,造园活动基本上处于迟滞的低潮状态。明永乐以后才逐渐进入成熟前期园林发展的第二个高潮阶段,直到清初的康熙、雍正年间"①。元末明初造园活动陷入低谷乃至中断,是有多方面原因的。战乱是其中首要的因素,明初宋濂《新雨山房记》记载张士诚占据诸暨时,两军屠戮,导致"诸暨披兵特甚,崇甍巨室,焚为瓦砾灰烬;竹树花石,伐断为楼橹戈炮樵薪之用。民惩其害,多徙避深山大谷间,弃故址而不居"②的惨烈状况,战火之下,精美的园林往往首当其冲。明初的严刑峻法也导致造园活动进入低谷。明太祖朱元璋厉行节约,《明史》卷六十八记载:"时有言瑞州文石可甃地者。太祖曰:'敦崇俭朴,犹恐习于奢华,尔乃导予奢丽乎?'言者惭而退。"③又明初对百官宅第颇多禁令,如"洪武二十六年定制,官员营造房屋,不许歇山转角,重檐重栱,及绘藻井,惟楼居重檐不禁。……功臣宅舍之后,留空地十丈,左右皆五丈。不许挪移军民居止,更不许于宅前后左右多占地,构亭馆,开池塘,以资游眺"④。明代顾起元《客座赘语》卷五载:"国初以稽古定制,约饬文武官员家不得多占隙地,妨民居住。又不得于宅内穿池养鱼,

---

① 周维权:《中国古典园林史》,北京:清华大学出版社 1990 年版,第 96 页。
② 〔明〕宋濂:《宋学士文集》卷七十四,四部丛刊景明正德本。
③ 〔清〕张廷玉等:《明史》卷六十八,北京:中华书局 1974 年版,第 1667 页。
④ 同上,第 1671 页。

伤泄地气。故其时大家鲜有为园囿者。"①禁令之下，明初皇家宫苑大多承袭元代旧苑并在此基础上进行修建，没有像宋代"艮岳"那样大肆搜刮营造的现象出现。

在明初江南，造园活动凭借战后生机的恢复而缓慢发展着。根据魏嘉瓒先生的统计，明朝"苏州地区私园共有二百五十多处，成化年之前只有约四十处，约占百分之十五，而且知名的园林几乎没有"②。但从明初不多的有关园林营造的文献记载中，我们仍能看到这个时期园林活动的特点。

如明初苏州人王行记载一座"何氏园林"，是在战乱期间的废园的基础上建成的。根据这篇写于洪武二十一年（1388）的园记，该园以山景为胜，园主人积土为邱，山之左有砾阜，山之麓有泉林、茶坡、花坞、杏林、药区，配以桃竹池谷，杂植各种花木，获得清幽的佳境。③ 这篇园记体现了世道承平之后人们对破败环境的修复以及对山水佳境的向往。明初百废待兴，统治阶层又有禁园之令，因此此时的造园活动多以满足实际功能为主，养亲和耕种就是其中很重要的造园因素。如刘基《怡怡山堂记》记"任君居越之萧山，家世读书，父母具庆，年过七十，而伯大亦年五十有余矣，乃以其二亲之命，预卜葬地于北干山之阳。去郭四五里，室其旁以为游息之地，所谓'怡怡山堂'是也……于是天清日明，二老乃泛轻舟，乘板舆，从以诸孙，斑裳彩衣，徜徉乎其中，不知其忘昏晨，而乐以终永年也"，该园"背负崇冈……遥望越山，矫若游龙。带以长渠，舟楫通焉；汇以清池，石泉泄焉"，又"前迤平畴，夏麦秋禾，芃芃离离"④，可见该园不仅注重山景与水景的合理布置，而且留有大片的田野以供农业作物生长。

---

① 〔明〕顾起元：《客座赘语》卷五，见〔明〕陆粲、顾起元撰，谭棣华、陈稼禾点校《庚巳编·客座赘语》，北京：中华书局1987年版，第162页。
② 魏嘉瓒：《苏州古典园林史》，上海：上海三联书店2005年版，第200页。
③ 〔明〕王行：《何氏园林记》，见赵厚均、杨鉴生编注《中国历代园林图文精选》第三辑，上海：同济大学出版社2005年版，第188页。
④ 〔明〕刘基：《怡怡山堂记》，见赵厚均、杨鉴生编注《中国历代园林图文精选》第三辑，上海：同济大学出版社2005年版，第224页。

同样,明初王祎在其《致乐轩记》中也记载"吾友东阳蒋伯康氏,家于南溪之上,有穹栋、奥宇、亭馆、园池之适焉……复即内堂之前构为小轩,前临清池,虚明而邃密,以为太夫人燕息之所,而名之曰致乐"①,也是突出造园养亲的主题。赵㧑谦的《草亭记》也是一篇典型的明初园记,该文记载:"友人余君,负上虞东郭门而居。居近市,嫌其喧隘,别作娱亲之所……立亭八九椽,覆以白茅,列树花果桑竹数百十本,引泉注渠而决左右,外则规荡槿高藩,名其所曰'东园',亭曰'草亭'。"②这里同样突出的是养亲娱亲的主题,同时也记载了其"东园"注重花果桑竹等农作物的种植,赵㧑谦为之歌曰"东园之丘,草亭幽幽。墙桑八百株,春蚕可为裘。五顷肥田,六角黄牛。课奴勤力,稻米登秋。春秫作酒,可以忘忧。人生从所好,何事乎公侯"③,可以看出典型的陶渊明式的隐逸思想,而在元末明初这样的乱世,又突出了恢复家园以娱亲课子、耕读以养身的观念。

　　我们可以看到,尽管有元末战乱和统治阶级禁园令的沉重打击,但这个时期的造园活动仍伴随着重建家园的重任而艰难持续着。在园林的众多功能中,最为突出的是养亲和耕作的功能,同时传统的隐逸功能也仍然发挥着作用。在这个时期的园林活动中,人与环境之间基于生存需要而来的紧密关系体现得十分明显,园林作为一个特殊的环境,不仅可以"上致乐于亲,下尽欢于妻子"④,而且在非常时期可以为园林主人提供生产和生活的必备之需。

　　永乐十四年(1416),朱棣决定迁都北京,开始了仿南京之制改建北京城的工程,明代北京皇家宫苑的建设亦开始复兴。明代的皇家宫苑主要有"位于紫禁城中轴线北端的御花园,位于紫禁城内廷西路的建福宫花园,位于皇城北部中轴线上的万岁山,位于皇城西部的西苑,位于西苑

---

① 〔明〕王祎:《致乐轩记》,见《王忠文集》卷九,四库全书本。
② 〔明〕赵㧑谦:《草亭记》,见《赵考古文集》卷一,四库全书本。
③ 同上。
④ 同上。

之西的兔园,位于皇城东南部的东苑"①。御花园在内廷中路坤宁宫之后,始建于明永乐十五年(1417),此后清代虽有修葺,但仍基本保留明代原貌。御花园主要以建筑景观和假山景观错杂植物小品为主,"建筑布局按照宫廷模式即主次相辅、左右对称的格局来安排,园路布设亦呈纵横规整的几何式,山池花木仅作为建筑的陪衬和庭院的点缀。这在中国古典园林中实属罕见的情况,这主要由于它所处的特殊位置,同时也为了更多地显示皇家气派。但建筑布局能于端庄严整之中力求变化,虽左右对称而非完全均齐,山池花木的配置则比较自由随宜。因而御花园的总体于严整中又富有浓郁的园林气氛"②。

西苑是元代太液池的旧址,是明代皇家宫苑中最大的一处。西苑东南面以自然景观为主,太液池烟菲苍莽,隔岸林树阴森;北面有琼华岛,其上景观有意识地根据蓬莱、方丈、瀛洲的神山境界来建造;再往北有太素殿,为皇太后避暑之所,后改建为先蚕坛,所谓祭祀蚕神、后妃养蚕之所;西苑南面是为南海,其中有岛"南台",上建昭和殿,皇帝在此亲自耕种"御田",以示劝农之意,因此主要以农业景观为主。总的看来,"明代的西苑,建筑疏朗,树木蓊郁,既有仙山琼阁之境界,又富水乡田园之野趣,无异于城市中保留的一大片自然生态的环境"③。

东苑位于皇城之东南,具有两处风格截然不同的景观。明成祖朱棣曾幸东苑,携诸文武大臣、四夷朝使、在京耆老共观"击球射柳",入园后即为一金殿,殿前引泉为方池,池上有玉龙盈丈,殿后亦有石龙,池南台高数尺,殿前有二石,左如龙翔,右若凤舞,奇巧天成。可见这里主要是作为向臣民展示皇权的场所。据《日下旧闻考》引《翰林记》载,旁边又有草舍一所,"梁栋椽桷皆以山木为之,不加斫削,覆之以草,四面阑楯亦然。少西有路,纡回入荆扉,则有河石甃之。河南有小桥,覆以草亭。左右复有草亭,东西相望。枕桥而渡,其下皆水,游鱼仞跃。中为小殿,有

---

① 周维权:《中国古典园林史》,北京:清华大学出版社1990年版,第117页。
② 同上,第120页。
③ 同上,第119页。

东西斋,有轩,以为弹琴读书之所,悉以草覆之。四围编竹篱,篱下皆蔬茹匏瓜之类"①。可见这里的景观以田园风貌为主。

兔园正在西苑之西,高士奇在《金鳌退食笔记》中对兔园景观有过较详细的描述。他说:"兔园山,在瀛台之西。由大光明殿南行,叠石为山,穴山为洞,东西分径,纡折至顶。殿曰清虚,俯瞰都城,历历可见。砌下暗设铜瓮,灌水注池,池前玉盆内作盘龙,昂首而起,激水从盆底一窍转出龙吻,分入小洞,复由殿侧九曲注池中。乔松数株参立,古藤萦绕,悬萝下垂,池边多立奇石,一名小山子,又曰小蓬莱。其前为曲流观,甃石引水,作九曲流觞,皆雕琢奇异,布置神巧。明嘉靖时,复葺鉴戒亭,取殷鉴之义。又南为瑶景、翠林二亭,古木延翳,奇石错立,架石梁通东西两池。南北二梁之间曰旋磨台,螺盘而上,其巅有甃,皆陶埏云龙之象,相传世宗礼斗于此。台下周以深堑,梁上玉石雕栏,御道凿团龙,至今坚完如故。"②由上述可知,兔园大致以假山和水景为主。

14世纪末到15世纪,明代政治的稳定和经济的发展为江南地区造园活动的复兴提供了机会。在14世纪后半叶,园林营建在统治阶级看来是过于奢靡的行为,但在15世纪随着政治氛围的宽松和经济的复苏,园林的形象也发生了根本性的转变,一个最突出的变化就在于园林被视为朝代兴废的象征。生活于15世纪的徐有贞在其《先春堂记》中说:"地以人而胜,人以时而乐,是故山水虽佳,而居无能赏之人,过之而弗睨,睨之而弗爱,则地故不得以自胜。人能赏矣,而生无可乐之时,饥寒之切身,忧患之萦心,则登山临水,且悴然有恻怆之情,抑乌得以自乐哉?今子之居,既据湖山之胜,又生斯太平之时,承文儒之绪,田园足以自养,琴书足以自娱,有安闲之适,无忧患之事,于是逍遥于山水之间,以穷天下

---

① 〔清〕于敏中等编纂:《日下旧闻考》(一),北京:北京古籍出版社1983年版,第626页。
② 〔清〕高士奇:《金鳌退食笔记》,北京:北京古籍出版社1982年版,第147—148页。

之乐中,其得多矣。"①徐有贞在这里表达了园林因人而得以欣赏的观念,而人如果处于生无可乐的乱世之时,即便有山水佳境也是无法自得其乐的,可见山水的欣赏既要有湖山之胜的硬性条件,也要有太平之世的时代和社会条件,"有安闲之适,无忧患之事"才能逍遥于山水之间,园林在这里便成为朝代兴废的象征,能否有佳山水和能欣赏佳山水的人,是世道是否太平安乐的表征。

　　园林的兴造因此被赋予了积极的意义,这种观念的转变也实质上推动了15世纪园林营建的复兴。15世纪下半叶苏州的"东庄"是最有名望的一座园林,著名文人李东阳对其有过描述,他在《东庄记》中说:"庄之为吴氏居,数世矣。由元季逮于国初,邻之死徙者十八九,而吴庐岿然独存。翁少丧其先君子,徙而西。既乃重念先业不敢废,岁拓时葺,谨其封浚,课其耕艺,而时作息焉。翁仲子原博以状元及第,入翰林为修撰,获以其官封翁。朝士与修撰君游者,闻翁贤,多为东庄之诗,诗成而庄之名益著。"②园林一直具有作为社交场所的功能,但是在14世纪后半叶园林活动中断蛰伏之际,它的主要功能是养亲和耕种,缺少大型的文人交游赋诗的文化实践。但在李东阳的记述中,我们可以看到东庄发挥了当时文人雅集活动的重要场所的功能。李东阳提到的东庄翁是吴融,"翁仲子原博"即著名文人吴宽,凭借状元及第入翰林为编修的声誉,吴宽交游甚广并获致极高声望,东庄也因此成为吴宽和众多文人交游的重要场所,并因为他们的这些文化实践而声名益著。除了李东阳记当时名流的赋诗,沈周还两次为"东庄"绘制图册,其一有二十四景,其二有十二景,后者现已亡佚,前者则亡佚3帧,现存21帧藏于南京博物馆。文人赋诗取乐于山水之间,则其赋诗多与自然山水的审美欣赏有关。从15世纪吴氏东庄的情况可知,此时的园林活动除了仍保留14世纪后半叶较为

---

① 〔明〕徐有贞:《先春堂记》,见陈从周、蒋启霆选编,赵厚均注释《园综》,上海:同济大学出版社2004年版,第215页。

② 〔明〕李东阳:《东庄记》,见赵厚均、杨鉴生编注《中国历代园林图文精选》第三辑,上海:同济大学出版社2005年版,第171页。

图 4-1　《东庄图册》之十《知乐亭》
（图片来源：〔明〕沈周：《东庄图册》，北京：人民美术出版社 2012 年版）

浓厚的实用功能的导向①，园林作为审美和社交场所的这种重要功能得到了突出的表现。

二、16 世纪上半叶明代造园活动的发展与延续

16 世纪是明代社会文化的重要转折期，特别是 16 世纪上半叶的正德、嘉靖时期，社会经济进一步走向繁荣，并带来了整个社会风气由俭入奢的变化，明代园林的兴造也在这个时期进入了第一次高潮。根据魏嘉瓒先生的统计，明代苏州地区的私园在成化之前只有约 40 处，知名的园林几乎没有，但"到了明朝中期（大致是成化至嘉靖年间），情况有了大的变化。这时海禁渐开，对农业依旧重视，对商业的限制逐步放宽，因此江

---

① 如李东阳的《东庄记》中记载，东庄"由蓥桥而入，则为稻畦，折而南为果林，又南西为菜圃，又东为振衣冈，又南为鹤峒；由艇子滨而入，则为麦丘；由竹田而入，则为折桂桥"，可见农业景观仍在东庄占据很大的比例。东庄中的建筑命名则体现了隐逸的传统思想，如堂有"续古之堂"，庵有"拙修之庵"，亭曰"知乐之亭"。东庄翁"课其耕艺，而时作息焉"也体现了浓厚的耕读隐逸的思想。

南沿海城市的手工业和商业渐渐地兴盛、繁华起来。随之而来的则是城市功能增强,市民阶层扩大,市容建设、民居建造数量增多且艺术水准提高"①。

随着江南地区的日渐富庶和园林兴造的繁盛,文人造园观念也发生了明显的变化。王鏊是成化十一年(1475)进士,正德四年(1509)致仕。王鏊家族颇多私园,王鏊在京师为官之时就有自己的园林,名为"小适",正德四年内阁告归后,又于家乡造一园,名"真适"。受其影响,其家族子弟所造的园林也大多以"适"为名。王鏊在为其弟的"且适园"所写的记中说:"太湖之东,有闲田焉,南望包山,数里而近,北望吴城,百里而遥。吾弟秉之行得之,喜曰:'吾其憩于是乎?包山信美矣,有风涛之恐;吴城信美矣,有市廛之喧。兹土也,得道里之中,适喧静之宜,其田美而羡,其俗淳而和,吾其憩于是乎?'乃购屋买田,且耕且读。既又辟其后为园,杂莳花木,以为观游之所。……予往来必憩焉,与吾弟观游而乐之,因名其园曰:'且适'。予于世无所好,独观山水园林,花木鱼鸟,予乐也。"②在15世纪,园林作为朝代兴废的象征已获得积极的正面形象,但这种观念仍然需要借助宏大的政治主题来为园林的合法性寻找理由;而在王鏊这里,我们可以看到的是个人的审美偏好已经成为造园的主要目的。王鏊在这里强调了园林审美欣赏的"适"与"乐",而这两者都要从"观游"的园林审美活动中体现出来。所谓"适",不仅指的是山水游观带来的身心上的舒适感,也指的是一种顺应大化的人生观。王鏊说其弟与他学相若、行相若、所负所养相若,但两人际遇显晦不同,然而其弟不怼、不变、不沮,穷达、进退、迟速一委诸天,是其所以为适者。因此,一方面"适"是人在环境审美欣赏之时获得的身心之适,另一方面园林也是主人人格修养的体现和象征。有身心之"适"就有身心之"乐",我们看到王鏊所描述的"且适园"中虽然也有"菱港""蔬畦"这样的农业场所,但游观之乐已经成

---

① 魏嘉瓒:《苏州古典园林史》,上海:上海三联书店2005年版,第200页。
② 〔明〕王鏊:《且适园记》,见陈从周、蒋启霆选编,赵厚均注释《园综》,上海:同济大学出版社2004年版,第221—222页。

为造园的最重要的目的了。在另一篇王鏊为其侄儿王学所建"从适园"所写的记中,对园林景观之"美"的描绘占据了大部分的篇幅:

> "静观楼"之景胜矣。去楼百步,故皆湖波也,侄学始堰而涸之,乃酾乃畚,乃筑乃樜。期年,遂成沃壤,而规以为园,即湖波漾淼之中,得亭榭观游之美。却而望之,诸山随步增异,所谓莫鳌者,亦隐然露于天末,嵩峰者,昔巍而踞,今蔽而亏,双峰者,昔研而倚,今耸而秀。寒山苍翠,变而为几席,长圻蜿蜒,分而为襟带。而西山若列屏嶂,益近而高且丽。盖山即楼之诸山,而其景加异,有若增而显之者。湖山既胜,又益以花木树艺,秋冬之交,黄柑绿橘,远近交映,如悬珠,如缀玉。翛然而清寒者,为竹林。窈然而深者,为松径。穹然而隆者,为柏亭,其余为桑园,为药畦,为鱼沼,而诸景之胜,咸纳于"清风"之亭。亭高而明,敞而迥,柳子厚所谓尤于观月为宜者也。予园名"真适",学盖知予之乐,而有意从之者也。故名之曰"从适",而为之记。[1]

从这篇园记可以看出,和15世纪文人仍然需要借助朝代兴衰来为园林寻找存在理由不同,个人化的审美欣赏已成为16世纪上半叶文人造园的重要根据,此时的园林也成为文人个性才情、思想抱负、欣赏水准等的体现。

园林游观之乐是此时文人的共同追求,然而营造这种游观场所的原因和心态也是各不相同的。像王鏊这样致仕而还乡建园的是其中一类,而像王献臣那样屡招贬谪而回乡造园的也很有代表性。王献臣所造之拙政园是明中期江南名园的代表,这座园林建于正德初年(1506),后屡经转手,历经劫难,新中国成立后重修,于1952年开放。当时著名画家文徵明与王献臣交往甚厚,不仅对该园甚为熟悉,而且为该园中的31处景点绘图并各赋诗一首,此外又写有《王氏拙政园记》流传于世。在这篇

---

[1] 〔明〕王鏊:《从适园记》,见陈从周、蒋启霆选编,赵厚均注释《园综》,上海:同济大学出版社2004年版,第222页。

园记中,文徵明针对王献臣引潘岳仕宦不达的典故来自喻之事而说:"岳虽漫为闲居之言,而诎事时人,至于望尘雅拜,乾没势权,终罹咎祸。考其平生,盖终其身未尝暂去官守而即其闲居之乐也。岂惟岳哉!古之名贤胜士,固有有志于是,而际会功名,不能解脱,又或升沈迁徙,不获遂志,如岳者何限哉!而君甫及强仕,即解官家处,所谓筑室种树,灌园鬻蔬,逍遥自得,享闲居之乐者,二十年于此矣。究其所得,虽古之高贤胜士,亦或有所不逮也,而何岳之足云!"①文徵明在这里表达了仕宦不达之后寓志于山水之乐的思想,"穷则独善其身,达则兼济天下"是古代文人典型的观念,文徵明这里强调了不达之时则隐逸于山水闲居,和传统的"独善其身"相比更突出了园林游观之"乐"的作用,相比于潘岳的诎事权贵,游观于田园山水之间反而是种解脱。

图 4-2　《拙政园三十一景图》其一
（图片来源:明文徵明绘,美国纽约大都会艺术博物馆藏）

---

① 〔明〕文徵明:《王氏拙政园记》,见陈从周、蒋启霆选编,赵厚均注释《园综》,上海:同济大学出版社 2004 年版,第 224 页。

16 世纪上半叶文人造园活动中游观之乐的凸显也引起时人的一些忧虑,因此关于这种"乐"的讨论也时时见于当时的园记中。陆深的《薜荔园记》记载的是苏州徐子容的"薜荔园",根据陆深的记载,该园"广凡数亩,地产薜荔,因以名园,云园之景凡十有三:曰思乐堂、曰石假山、曰荷池、曰水鉴楼、曰风竹轩、曰蕉石亭、曰观耕台、曰蔷薇洞、曰柏屏、曰留月峰、曰通冷桥、曰钓矶、曰花源……洞庭既胜,而园又胜也,使人乐焉,若仙居世外,烟霞之与徒而日月之为客也",从园景的命名来看,也是以游观之乐为主,以至于陆深有"君子有当世之志者,疑于习宴安而略忧勤矣,似乎有所不暇"的疑问,而园主人的回答则是:"薜荔之有作,实自先太史公始。太史公谋以娱静庵府君之老也而未成,成之者缙也,是故堂曰'思乐'。先公府君木主在焉,一石一峰,先世之蔵也。至于一泉一池一卉一木之微,亦皆先人之志也。每一过焉,陟降泛扫之余,恍乎声容之在目,缙也何敢以为乐? 愿子为我记之,以示后之人。"[①]面对陆深的疑问,徐子容通过娱亲的名义予以解释,并希望陆深为其记之以示后人,以表明"何敢以为乐"的初衷。陆深和徐子容之间的问答表明此时园林游观之乐虽已成为文人造园的一大追求,但毕竟这种追求与传统观念有所抵触,因此还需要和养亲、隐修、耕读等主题结合在一起。

孙承恩《小西园记》记的是靳戒庵在镇江的"小西园",也对"乐"的主题进行了思考。孙承恩说:"斯亦可以寓乐矣! 虽然,窃尝闻之,古之君子其役志于苑囿,以为游观之乐者,苟非势家豪族,则皆隐逸之士不得志于当时者之所为。乃若得位以行道,则固将尽心于竹帛之事,其于游观之计,宜不暇为。即有之,亦必待功成身退,若裴晋公之绿野,李文饶之平泉,固未尝有及夫仕而为太早计也。"[②]但同时认为靳戒庵"方柄用中朝,思济天下"之时而造此园,是"未老而有归心,方进而为退计,于此见

---

① 〔明〕陆深:《薜荔园记》,见《俨山集》卷五十五,四库全书本。

② 〔明〕孙承恩:《小西园记》,见赵厚均、杨鉴生编注《中国历代园林图文精选》第三辑,上海:同济大学出版社 2005 年版,第 86 页。

公之视富贵为何如,而其高怀雅量,岂琐琐者可及也"①,他在这里通过漠视富贵的传统士大夫风骨来淡化对游观之乐的追求。

三、16 世纪下半叶后明代造园活动的兴盛与变革

16 世纪后半叶之后属于史上所说的"晚明"时期,包括嘉靖、隆庆、万历、天启和崇祯五朝。晚明时期,由于社会经济的进一步发达和社会奢侈风气的形成,明代造园活动也进入极盛时期,不仅出现了大量设计精美、声誉卓著的名园,而且出现了众多专门叠山理水的造园能手,在理论总结方面也出现了计成的《园冶》和文震亨的《长物志》这样不朽的著作。晚明不仅是明代乃至整个中国历史上造园活动的极盛期,也是造园风格转变的关键时期,以计成和张南垣为代表的造园能手锐意变革,广泛吸收画意画理并纳入园林的兴造和欣赏中,对中国文人园林产生了重要的影响。

晚明江南奢侈风气之体现莫过于造园了,为了营造一处精美的园林,缙绅之家往往倾其所有而不惜。明代戏曲家何良俊描述道:"凡家累千金,垣屋稍治,必欲营治一园,若士大夫之家,其力稍赢,尤以此相胜。"②在这种奢侈之风影响下,晚明造园数量之多冠绝整个明代,而且所造园林之精美也是明代最突出的。

在晚明园林中,苏州地区最突出的有王世贞家族在太仓的园林。其中,王世贞的"弇山园"又是其中最著名的一座。王世贞为其作《弇山园记》共 8 篇,详细介绍了这座名园。根据王世贞的描述,该园"亩七十而赢,土石得十之四,水三之,室庐二之,竹树一之,此吾园之概也"③,可见"弇山园"是以假山和水景为主。"弇山园"的假山是最有特色的,该园西

---

① 〔明〕孙承恩:《小西园记》,见赵厚均、杨鉴生编注《中国历代园林图文精选》第三辑,上海:同济大学出版社 2005 年版,第 86 页。

② 〔明〕何良俊:《西园雅会集序》,见〔清〕黄宗羲编《明文海》卷三〇一,北京:中华书局 1987 年版,第 3109 页。

③ 〔明〕王世贞:《弇山园记》,见陈从周、蒋启霆选编,赵厚均注释《园综》,上海:同济大学出版社 2004 年版,第 131 页。

部为"西弇",有"突星濑""蜿蜒涧""小龙湫""小雪岭""石公弄""误游磴""金粟岭""潜虬洞"等,主要建筑是假山顶上的"飘缈楼",可收一园之景;中部为"中弇",是大型的假山区岛屿,有"率然洞""西归津""漱珠涧""馨玉峡""小云门""紫阳壁"等;东部为"东弇",也以假山奇石为主,有"流杯处""飞练峡""娱晖滩""嘉树亭""九龙岭"等。根据王世贞的介绍,"中弇"和"西弇"由"张生"即当时著名的叠山师张南阳所造,而"东弇"则由另一位山师"吴生"所造,两者都以假山为主,但"大抵'中弇'以石胜,而'东弇'以目境胜。'东弇'之石,不能当'中弇'十二,而目境乃莐之。'中弇'尽人巧,而'东弇'时见天趣"①。除了"弇山园",王世贞还在大量园记中记载了太仓其他一些园林,如在《太仓诸园小记》中记载太仓还有"田氏园""安氏园""王氏园""杨氏日涉园""吴氏园""季氏园"和"曹氏杜家桥园"。

根据袁宏道《园亭纪略》记载,苏州城内能与"弇山园"媲美的是"徐参议园",即嘉靖三十八年(1559)进士徐廷裸的私园。该园是根据吴宽的"东庄"改建而来,在上面的论述中我们介绍了吴宽的"东庄"仍有较浓厚的耕读色彩,从其园林的命名也可看到这一点,但经过徐廷裸的改建,该园已和"东庄"相去较远,精致华丽的人工设计是其特点,袁宏道甚至认为该园过于巧丽了,"近日城中,唯对门内徐参议园最盛,画壁攒青,飞流界练,水行石中,人穿洞底,巧逾生成,幻若鬼工,千溪万壑,游者几迷出入,殆与王元美'小祇园'争胜。'祇园'轩豁爽垲,一花一石,俱有林下风味,'徐园'微伤巧丽耳"②。"徐园"大量的人工巧饰,相比于15世纪下半叶的"东庄",颇能体现16世纪下半叶江南地区对物质享受的追求。除了"徐参议园",袁宏道还在这篇园记中记载了徐泰时的"东园"。徐泰时"东园"的特点,袁宏道称"宏丽轩举,前楼后厅,皆可醉客",尤其提到

---

① 〔明〕王世贞:《弇山园记》,见陈从周、蒋启霆选编,赵厚均注释《园综》,上海:同济大学出版社2004年版,第138—139页。
② 〔明〕袁宏道:《园亭纪略》,见陈从周、蒋启霆选编,赵厚均注释《园综》,上海:同济大学出版社2004年版,第237页。

了"东园"的两个特异的地方:一是园中"石屏为周生时臣所堆,高三丈,阔可二十丈,玲珑峭削,如一幅山水横披画,了无断续痕迹,真妙手也"①,这里的"周生时臣"即晚明著名的造园能手周丹泉,从袁宏道的描述我们能了解周丹泉以画意叠石的特点,这个特点在晚明造园风格的转变中相当突出。二是对园中假山"瑞云峰"传奇经历的描述,"瑞云峰"为花石纲遗物,"相传为朱勔所凿,才移舟中,石盘忽沉湖底,觅之不得,遂未果行。后为乌程董氏购去,载至中流,船亦覆没,董氏乃破资募善没者取之,须臾忽得其盘,石亦浮水而出,今遂为徐氏有"②。而在其他一些记载中,我们知道关于瑞云峰的运载和打捞是不惜万金的,当它沉入湖底时,为了这座假山曾"役作千人"筑堤抽水,购买当地葱万余斤捣烂于地以便于装载运输,又所坏桥梁不知凡几运往苏州,这种不惜余力的做法也体现了晚明造园的极度奢侈之风和对物质享乐的公开追求。

晚明上海地区最著名的园林是潘允端的"豫园"。潘允端在其《豫园记》中说"豫园"于嘉靖己未年(1559)始建于住舍之西偏,稍稍聚石、凿池、构亭、艺竹垂二十年,而万历丁丑年(1577)潘允端解职归家之后才"一意充拓,地加辟者十五,池加凿者十七,每岁耕获,尽为营治之资,时奉老亲觞咏其间,而园渐称胜区矣"③。潘允端建造"豫园"的初衷是养亲,这是明代造园传统的延续,但潘允端在"豫园"上的投入是巨大的,在这篇园记最后他说:"大抵是园,不敢自谓'辋川'、'平泉'之比,而卉石之适观、堂室之便体、舟楫之沿泛,亦足以送流景而乐余年矣。第经营数稔,家业为虚,余虽嗜好成癖,无所于悔,实可为士夫殷鉴者。若余子孙惟永戒前车之辙,无培一土、植一木,则善矣。"④从园主人所讲"第经营数稔,家业为虚"来看,"豫园"建造所花费的金额非常巨大,园主人虽然在

① 〔明〕袁宏道:《园亭纪略》,见陈从周、蒋启霆选编,赵厚均注释《园综》,上海:同济大学出版社2004年版,第237页。
② 同上,第237—238页。
③ 〔明〕潘允端:《豫园记》,见陈植、张公弛选注,陈从周校阅《中国历代名园记选注》,合肥:安徽科学技术出版社1983年版,第113页。
④ 同上,第115页。

后面告诫子孙切勿再增添一土一木，但他自己嗜好成癖、无所于悔，从这里也可以看见晚明园林营造的兴盛和不计成本的奢靡。

晚明无锡地区最著名的园林是"愚公谷"和"寄畅园"。"愚公谷"主人为邹迪光，万历二年（1574）进士，授工部主事，官湖广提学副使，万历十七年（1589）罢归，在惠山之麓建"愚公谷"。"愚公谷"的特点是山水之胜，邹迪光在其园记《愚公谷乘》中说："评吾园者曰：亭榭最佳，树次之，山次之，水又次之。噫！此不善窥园者也。园林之胜，惟是山与水二物。无论二者俱无、与有山无水、有水无山不足称胜，即山旷率而不能收水之情、水径直而不能受山之趣，要无当于奇；虽有奇葩绣树、雕甍峻宇，何以称焉。"①从这来看，邹迪光最满意的还是这座园林有山水之胜。山水之胜一半出于自然资源的优异，另一半来自造园者的才智，因此，邹迪光在这篇园记中还强调了自然资源与人工设计相结合的造园思想，"夫山水、成于天者也，屋宇、成于人者也，树、成于人而亦木于天者也；故穷极土木，富有力者能之，贫者不能也。余有天幸，得地于山水之间，而又得此乔柯而成其胜，必以土木为奇，则束手矣。虽然，构造之事不独以财，亦以智，余虽无财，而稍具班倕之智，故能取佳山水剪裁而组织之，以窃附其智，不然者，亦束手矣，是吾园本于天而亦成于人者也"②。在"愚公谷"不远，即另一名园"寄畅园"，明代著名山人王稚登有《寄畅园记》，表达了和邹迪光相似但又不同的造园思想，他说："大要兹园之胜，在背山临流，如仲长公理所云。故其最在泉，其次石，次竹木花药果蔬，又次堂榭楼台池篁；而淙而涧，而水而汇，则得泉之多而工于为泉者耶？ 匪山、泉曷出乎？ 山乃兼之矣。"③王稚登同样强调园林要以山水为胜，但和"愚公谷"不同，他非常重视水景中的泉景，认为如果能以"泉胜"则能出类拔萃，他

<hr>

① 〔明〕邹迪光：《愚公谷乘》，见陈植、张公弛选注，陈从周校阅《中国历代名园记选注》，合肥：安徽科学技术出版社1983年版，第193页。
② 同上。
③ 〔明〕王稚登：《寄畅园记》，见陈植、张公弛选注，陈从周校阅《中国历代名园记选注》，合肥：安徽科学技术出版社1983年版，第182—183页。

认为"寄畅园"就是如此,不仅得泉之多而取泉又工,故能取胜于诸园之上。无锡这两座名园各有特色,它们的命运却大不相同,"愚公谷"在邹迪光在世时名盛一时,邹迪光交游广泛,名士清客多就之,相与往来赋诗,但在邹迪光死后其子又被刺死于园内,该园不久之后就荒废了;而"寄畅园"后世名声则更隆,尤其是康熙和乾隆多次南巡都到过"寄畅园",使该园身价倍增。

园林以山水为胜,这是中国古代园林美学的核心宗旨。在中国古代文人看来,园林选址最好能在城市之外、山水之中。晚明杭州著名藏书家江元祚关于其"横山草堂"的看法就体现了这一传统。根据江元祚的《横山草堂记》,有客问江元祚,他在杭州城内已有一园林叫"澹圃",竹树池台布置华丽,而且结境幽奥,城市之中,俨然丘壑,为何他又要在离城五十里处营造"横山草堂",又为何且"过'澹圃'如寄,入'草堂'如归"。江元祚的回答是:"乃知'草堂'之构,既屏以崇山峻岭,复绕以茂林修竹,前则江湖梅松为径,后则岩石泉瀑为邻,诚为造物所钟,必厚以天福而后乐此,予薄福人,愿依栖焉,敢自期耶?子言归'澹圃'如寄,子真知我者矣!"[1]可见在江元祚心中,虽其城市园林结境幽奥、设计精美,但仍比不上在山林中构园、得山水之胜来得直接,也体现了晚明虽已步入城市经济极为富裕的阶段,但"自然山水"仍是造园的基本目的和理想。

关于晚明南京的诸多园林,王世贞在其《游金陵诸园记》中有简单的介绍。根据王世贞的记载,晚明南京的园林在数量和质量上都相当可观,"既而获染指名园,若中山王诸邸,所见大小十余,若最大而雄爽者,有六锦衣之'东园';清远者,有四锦衣之'西园';次大而奇瑰者,则四锦衣之丽宅'东园';华整者,魏公之丽宅'西园';次小而靓美者,魏公之'南

---

① 〔明〕江元祚:《横山草堂记》,见陈植、张公弛选注,陈从周校阅《中国历代名园记选注》,合肥:安徽科学技术出版社1983年版,第236页。

园'、与三锦衣之'北园',度必远胜洛中"①。自宋代李格非有《洛阳名园记》之后,洛阳园林名闻天下,王世贞说:金陵乃明代定鼎之地,"江山之雄秀,与人物之研雅"又岂是弱宋所能比的,但为何独独园林知名度不高呢? 王世贞认为其中一个原因就是"士大夫重去其乡,于是金陵无寓公",而且金陵附近"皆有天造之奇,宝刹琳宫,在在而足,即有余力,不必致之园池以相高胜故耶"。② 由于官员多暂居,且金陵附近自然景观丰富,因此不必非要致力于园林。但即便如此,王世贞通过亲身游历,认为金陵诸园仍比洛阳园林更胜一筹,"盖洛中有水、有竹、有花、有桧柏,而无石,文叔《记》中,不称有垒石为峰岭者,可推也"③。

晚明扬州园林的代表是郑元勋的"影园"。"影园"建成于崇祯七年(1634),造园者是晚明著名的造园家计成,因此"影园"是体现计成造园思想的重要例证。"影园"是晚明根据画意画理造园观念的重要体现,郑元勋在其《影园自记》开头就说建造此园"为养母读书终焉之计,间以余闲,临古人名迹当卧游可乎"④。这里郑元勋说造园除养亲读书之外,还可像南朝宗炳那样将游历所见山川临摹出来,因此"影园"的建造与绘画有很大的关系。茅元仪在《影园记》中也说:"故画者,物之权也;园者,画之见诸行事也。我于郑子之影园,而益信其说。"⑤郑元勋请计成为之造园,乃在于两人在这方面观念相同,"又以吴友计无否善解人意,意之所向,指挥匠石,百不失一,故无毁画之恨"⑥。而该园的整体风格,可以用"以小见大、变化无穷"来形容,也就是郑元勋自己所说的"大抵地方广不

① 〔明〕王世贞:《游金陵诸园记》,见陈从周、蒋启霆选编,赵厚均注释《园综》,上海:同济大学出版社 2004 年版,第 180 页。
② 同上。
③ 同上。
④ 〔明〕郑元勋:《影园自记》,见陈植、张公弛选注,陈从周校阅《中国历代名园记选注》,合肥:安徽科学技术出版社 1983 年版,第 221 页。
⑤ 〔明〕茅元仪:《影园记》,见杨光辉编注《中国历代园林图文精选》第四辑,上海:同济大学出版社 2005 年版,第 24 页。
⑥ 〔明〕郑元勋:《影园自记》,见陈植、张公弛选注,陈从周校阅《中国历代名园记选注》,合肥:安徽科学技术出版社 1983 年版,第 224 页。

过数亩,而无易尽之患"①。茅元仪的评价则是:"于尺幅之间,变化错综,出人意外,疑鬼疑蜃,如幻如蜃。"②可见该园的设计已达到巧夺天工的精美程度,其特点就是要在尺幅之间变化错综,让游者产生惊骇莫名的效果。这就要求在"影园"的设计上要处处尽显巧思、不落窠臼,比如"窗"的设计,是"阁后窗对草堂,人在草堂中,彼此望望,可呼与语,第不知径从何达"③。

晚明造园的兴盛还体现在以计成为代表的大批造园能手的出现,这些造园能手的出现也带来了晚明造园风格的变革。晚明之前已经有关于造园能手的记录,但是并不多见,而在明代后期造园风潮中涌现出大批优秀的造园家,其中又以四大造园家张南阳、周丹泉、计成和张南垣为代表。张南阳即前述为王世贞造"弇山园"的"中弇"和"西弇"的山师,其叠山风格比较接近传统,通过峰峦岩洞、岑峨溪谷、陂坂梯磴营造出顿挫起伏的假山形态,为园林提供既可观赏又可登临穿越的双重体验。周丹泉,名秉忠,字时臣,参与所造之园包括苏州归湛初的"归氏园"以及徐泰时的"东园",他为徐泰时"东园"所累的石屏,袁宏道《园亭纪略》中说是"如一幅山水横披画,了无断续痕迹",又他为"归氏园"所累的假山,据记载可以"嵌空架楼,吟眺自适"④,从中可见周丹泉叠山的风格可能是多样的,既能模拟画理造出如山水横披画一般强调观赏的石屏,又能营造能够登临穿越、强调游赏体验的假山。计成所造之园包括常州吴玄的"东第园"、仪征汪士衡的"寤园"、扬州郑元勋的"影园"等,与张南阳和周丹泉不同,计成对传统造园"取石巧者置竹木间为假山"的风格提出了批

---

① 〔明〕郑元勋:《影园自记》,见陈植、张公弛选注,陈从周校阅《中国历代名园记选注》,合肥:安徽科学技术出版社1983年版,第223页。
② 〔明〕茅元仪:《影园记》,见杨光辉编注《中国历代园林图文精选》第四辑,上海:同济大学出版社2005年版,第25页。
③ 〔明〕郑元勋:《影园自记》,见陈植、张公弛选注,陈从周校阅《中国历代名园记选注》,合肥:安徽科学技术出版社1983年版,第223页。
④ 〔清〕韩是升:《小林屋记》,见陈从周、蒋启霆选编,赵厚均注释《园综》,上海:同济大学出版社2004年版,第279页。

评,他自觉根据画理来造园,特别崇尚关仝、荆浩的笔意,因此他所造之园特别强调画意的效果,以"掇石而高、搜土而下"的手法营造境界开阔、宛若画意的园林格局。张涟,字南垣,是晚明最著名的造园家之一,他的作品包括松江李逢甲的"横云山庄"、太仓王时敏的"乐郊园"、常熟钱谦益的"拂水山庄"、嘉兴吴昌时的"竹亭别墅"等,张南垣的造园风格与计成的造园风格有所类似,同样反对传统造园那种堆叠假山雪洞、罗致奇峰异石的做法,而是强调营造画意,特别是倪瓒、黄公望等元代画家的笔意,因此计成造园师法关、荆,以境界开阔为特点,而张南垣师法倪、黄,以元代文人画笔意简远为特色,他的造园手法也就以"平冈小坂、陵阜陂陁"为主。从这四位杰出的造园家的作品和造园观念来看,晚明造园风格有一重要的变革,即从传统罗致奇峰异石、营造洞壑溪谷、模拟自然的缩微"假山"向仿造部分真山水、营造文人画画意风格和境界的转变,这种转变在计成和张南垣那里体现得最为明显。

晚明造园活动兴盛的另一体现就是造园著述的出现。陈植先生总结道:"我国古代有关造园的文献,片段地散见于诸家著述之中,非常丰富,言之较详的如:明末王象晋的《群芳谱》(花部、木部、卉部),高濂的《遵生八笺》(《燕闲清赏笺》——《瓶花》及《四时花纪》、《起居安乐笺》——《序古名论》、《居处建置》、《高子花榭诠评》、《草花三品说》、《盆景说》),计成的《园冶》,林有麟的《素园石谱》,陆绍珩的《剑扫》(共分十二部,以景韵两部与造园关系较深),孙知伯(绍吴散人)的《培花奥诀录》(别墅、园花),王世懋的《学圃杂疏》(花、果、竹三疏)及清初陈淏子的《花镜》,李渔的《一家言》(居室、器玩两部),高士奇的《北墅抱瓮录》,钱泳的《履园丛话》(园林部分),皆为一代名著。其中就造园问题作综合及系统的叙述的,尤以《园冶》、《长物志》、《花镜》等三种为著。"[①]在晚明的园林著述中,计成的《园冶》和文震亨的《长物志》最为知名,两者论述风格不同,但都能体现晚明时期造园风格的特点。计成的《园冶》是其多年从事

---

① 〔明〕文震亨著,陈植校注:《长物志校注》自序,南京:江苏科学技术出版社1984年版。

造园实践的总结,因此偏重从造园的技术和手法方面总结多年造园的经验;《长物志》是文震亨作为文人追求高雅生活的体现,面对晚明物质消费的日渐奢华和贵富阶层的兴起,文震亨有很强的为文人阶层确定审美裁决者的身份的诉求以及为社会制定审美标准的愿望,因此其《长物志》处处以文人自居的高雅风尚为追求,事无巨细地为园林内的各种事物确定雅和俗的界限。

第二节 明代北京园林分析

明代北京城作为王朝的首都,不仅拥有规模宏大的宫殿建筑,而且拥有数量颇多的皇家园林和私家园林。与江南地区文人色彩浓厚的私园相比,北京的皇家园林和私家园林在规模、选址、布局、叠山、理水、植物等方面都有北方的色彩和宏大的皇家气派,其环境意识在遵循传统的天人和谐的基础上,更突显治国安邦、皇权浩荡、神仙境界等包揽天下的特点。

一、明代北京皇家园林的基本格局与环境意识

明代的大内御苑共有六处:位于紫禁城中轴线北端的御花园,位于紫禁城内廷西路的建福宫花园,位于皇城北部中轴线上的万岁山,位于皇城西部的西苑,位于西苑之西的兔园,位于皇城东南部的东苑。

紫禁城是帝国的心脏,除了恢宏森严的宫殿建筑,紫禁城内廷布置了几处独立的园林,为皇帝与皇族休憩娱乐的主要场所,其中位于内廷正北的御花园和御花园西侧的建福宫花园为其代表。御花园的选址遵循中国历代王朝宫城"前宫后苑"的设计,也就是在宫殿的正北方设置一个相对独立的花园。明代的御花园从永乐迁都之时就开始筹划,此后经历多次重修和改建,但是其选址和基本格局没有太大的变化。明代御花园遵循皇家园林标准的中轴对称的格局,以密集的宫殿建筑为主,周围配以假山、水池和植物,风格端正谨严,体现了皇室内廷花园的私密性和

威严。御花园内最主要的建筑是位于中部偏北的钦安殿，内供元天上帝像，是宫内供奉道教神像的主要场所。为了克服标准中轴对称导致的呆板效果，御花园的建筑和假山池沼的布置往往只是位置上对称，而建筑等元素的造型则各有特点，相互不同，力求在谨严之中达到变化的效果。位于紫禁城内廷西路的建福宫花园同样以建筑为主体，配以假山和植物等小景增加景观的观赏性，其格局简单规整，沿着主要的宫殿建筑依次展开亭台楼阁的布置。

明代北京西苑的基本格局是在元代太液池的基础上修建而来的。元代以琼华岛及其附近的湖泊为基础拓建"太液池"，成为元、明、清三代大内御苑的主体。元代的大内御苑以开拓后的太液池为主要水体，池中布列三岛，形成皇家园林传统的"一池三山"的模式，体现了皇家园林追求神话传说中"蓬莱、方丈、瀛洲"三仙岛神仙境界的特点。太液池中最大岛屿为北部的万岁山，原为金代的琼华岛，元代改名为万岁山，其中主要建筑是岛中心的广寒殿，旁边围绕延和殿、仁智殿、介福殿以及瀛洲亭、方壶亭、玉虹亭等宫殿亭台建筑，这些建筑的命名也带有浓厚的追求仙山琼岛神仙境界的意味。位于太液池中部和南部的为"圆坻"和"犀山"两岛，岛上同样有类似的宫殿建筑。元代太液池周围以自然景观为主，特别是太液池往西，有大片的自然荒野。永乐时期合太液池和西御苑为西苑，后来又将太液池扩展为北海、中海与南海，原有的"圆坻"和"犀山"二岛与东岸相连为半岛，把原来土筑高台"圆坻"改为砖砌城墙的"团城"，而扩展的南海中新建一小岛"南台"。西苑北海和中海基本在元代建筑的基础上进行扩建，保留了元代追求神仙境界的风格；南海则保留大片村舍田野的风光，作为皇帝亲自耕种的"御田"之用。可见，明代西苑以水景搭配建筑景观为主，由于得天独厚的地理位置优势，它不像大内御花园那样建筑密集、格局迫促，不仅格局疏朗、境界开阔，而且景观元素丰富，既有对神仙境界的追求，又有村舍田野的风光，还有大片原生自然的野趣。自元代奠定太液池的基本格局到明代完成"三海二岛"的景观，清代基本上维持了这样的格局，只是局部有细微的变化，从这也可以看见元明两代对此处景观的建造是相当成功的。

和西苑相比,东苑的景观则带有更多的皇权展示的功能,明成祖曾幸东苑,携诸文武大臣、四夷朝使、在京耆老共观"击球射柳",向臣民展示皇权浩荡。同时东苑又有草舍、草亭、草轩这样的农舍布置,可见这里又有田园风貌的景观。兔园在西苑之西,以假山和水景为主,叠石为山,山中取洞,又设铜瓮以灌水注池,池边多立奇石,又作甃石引水作九曲流觞。万岁山位于皇城北部的中轴线上,是明代修建紫禁城时将扩建西苑挖出的淤泥堆积其上而形成的。明代万岁山以自然景观为主,丰富的植被营造了青翠蓊郁的风景,再配以造型多样的亭台楼阁建筑,构成气势宏伟的山林气象。

纵观明代北京皇家园林的建造,它们所体现的环境意识主要有如下五点:

一是注重根据环境的特点营造生动的园林景观,将皇家园林的规整与变化熔为一炉。明代北京的皇家园林,虽然大多聚集在皇城之内,但是因选址的不同,每座园林面对的环境条件都是不一样的。因环境的不同,不同的皇家园林的造园手法也就有所不同,但其主旨都是通过利用当地环境营造出既能体现皇家园林恢宏气势又能寓变化于尺度之中的游观场所。

御花园位于内廷正北,由于其坐落在紫禁城内廷,不仅缺少丰富的自然景观,而且还需严格依照中轴线左右对称的格局来布置建筑和其他景观,因此御花园和与之相似的建福宫花园以宫殿建筑为主,以亭、台、假山、植物小景为辅,且园内各元素的布局需要考虑整体性的对称效果而不能随便逾矩,这造成御花园的布局谨严规整有余而灵活不足,园内建筑过于密集而境界显得难以开阔。为了解决上述问题,御花园内的建筑和其他元素只是位置上对称,而在建筑的造型或者形态上则力求变化而不重复,努力通过园内元素的形态变化来弥补地理位置和基本格局的缺陷,以实现寓变化于谨严之中的效果。

明代西苑坐落在紫禁城西侧,因为有元代太液池这样得天独厚的地理条件,所以明代西苑的建设是围绕着广阔的水景展开的。通过向南扩展太液池,明代建造了西苑"三海二岛"的基本格局,营造出气象壮阔的海上仙山、琼楼玉宇的景象;再通过岛中和沿岸宫殿建筑群的营建,使富含仙家意味的人文景观融入整体的自然景观之中。两者相得益彰,体现出皇家园林才有的宏伟体量和气势。大面积的开阔地带,使明代统治者能在西苑布置更多的景观类型,如在北海设置先蚕坛作为祭祀蚕神和后妃养蚕之所,在南海设置"御田"作为皇帝亲耕之所。在西苑这样以自然景观为主的环境中,其造园的手法就和御花园不尽相同。在御花园中,造园手法是以变化寓于尺度之中为主,而在西苑"三海二岛"中,造园手法则是寓尺度于变化之中。在西苑,整体的造园格局遵循自然本身的形态,北海、中海和南海虽也是人工开凿,但是与宋代方形的金明池完全不同,它们根据的是类似自然形成的"曲水"的自由形态,在岛中布置的宫殿建筑等则可以遵循皇家园林左右对称的规则形制。这说明由于地理位置和周围环境的不同,明代皇家园林在理水手法上也会做出相应的调整,以求最大限度地营造出规整与变化相协调的景观。

二是注重对各种园林环境风格的容纳,体现皇家园林恢宏开阔的视野。作为皇家园林,其恢宏气势不仅体现在园林的体量和面积上,还表现在能够囊括各种环境风格于其内。明代的皇家园林,有像西苑这样以水体为核心、自然景观与人文景观相结合的类型,也有像御花园和建福宫花园这样以宫殿建筑和假山为主的类型,有像东苑那样以天子和臣民同乐、展示皇权浩荡为主的类型,还有像万岁山那样以山体为主、以植物和建筑相结合为特色的类型。

相比于私家园林,皇家园林因其规模宏大,故能够容纳更多的园林要素于其中。比如,皇家园林的宫殿建筑之精美和丰富,也是私家园林难以望其项背的,明代皇家园林往往中心是以体量较大的宫殿建筑为主,在其周围按照左右对称的方式布置相应的楼阁、轩馆、水榭、亭台、书斋、牌坊、城关等,为了突出天子及其皇族的权威,处于核心位置的宫殿建筑往往在体积和高度上都是独一无二的,其制造之精美华丽也是一般民间的建筑所难以媲美的。明代皇家园林在假山的兴建上也容纳多种风格，在像御花园那样的内廷花园中，往往选用形态各异的假山来增添园林的多样性变化，这样的假山以缩微模拟自然事物为主，体量和真实自然物相比一般都较小，追求缩微的象征性效果。如明代御花园东路北端靠西有座太湖石假山，假山上有座御景亭可以俯瞰紫禁城，此处假山形象古朴奇特，似有无数动物万头攒动，假山内有洞，左右设磴道。而在像西苑那样以自然景观为主的园林中，其假山的设置就大多置于土山之中，带有类似山脚的平冈小坂的风格。

明代皇家园林对植物的处理也有皇家气象，因皇家园林几乎不用考虑植物造景的费用问题，故相较于私园可以更自由地栽植所需的植物，皇家园林中的植物的种类和数量都是私家园林所不能比的。根据不同园林的位置和需求，植物的布置也要有相应的配合。在像御花园这样的内廷花园中，因其有私密性等的要求，这里往往栽种了相当数量的古树，营造佳木成荫、枝叶扶疏的幽闭感。在西苑这样面积很大的园林中，植物的布置也因具体环境的不同而有所不同。在池的两岸是营造"林树阴森、苍翠可爱"以及与各种禽鸟相戏的自然景观；而由琼华岛过陟山门折北有藏舟浦，"岸际有丛竹荫屋，浦外二亭，今皆荒废。秋来露冷，野鹜残荷，隐约芦汀蓼岸，不减赵大年一幅江南小景"①，可见这里的植物景观布置以江南风格为主；南海南台一带是皇帝亲耕的"御田"所在地，因此此处的植物造景则以村舍田野风光为主。

三是注重园林环境的象征功能，以体现皇家威权为主旨。园林在中国古代人眼中一直是被视为具有浓厚象征意味的一类环境，最典型的代表是宋代李格非的《洛阳名园记》，把洛阳园林视为朝代兴废的象征。作为皇家园林，这种象征意味更多是与整个王朝的命运联系在一起的，如果说江南园林仍是以一种个人化的视角来思考朝代的命运，那么皇家园林则直接寄寓着统治阶层的意识形态。除了基本的游观栖居，明代皇家

---

① 〔清〕高士奇：《金鳌退食笔记》，北京：北京古籍出版社1982年版，第137页。

园林和其他朝代的皇家园林一样,寄托着古代帝王治国平天下、歌颂太平盛世、宣扬纲纪伦常、标榜圣明贤良等寓意。

从选址来看,明代御花园继承传统的"前宫后苑"格局,这其实也是处处讲究男尊女卑、君臣父子的封建等级礼制的表现。前面的宫廷区是帝王处理朝政等事务的区域,与整个王朝的统治关系最为密切,而御花园属于游乐栖息的场所,因此前宫后苑的设置不仅体现了尊卑次序,而且体现了对治国安邦等重要主题的重视。和江南园林相比,皇家园林往往占地面积更大、气势更加宏伟,建筑体量和数量也是江南园林无法比拟的,鲜明地体现了皇家园林作为王朝象征的气魄。同时,皇家园林往往讲究严谨对称,园林空间的布局一般以一条或者几条中轴线为主,园林要素按照对称的格局安排在中轴线的两端,这种工整对称的布局和江南园林讲究自由的风格形成对比,体现了王朝统治的秩序感和等级观念。明代皇家园林有些内部空间本身的主要功能就是显示帝王权威,如东苑曾经作为明成祖携文武大臣、四夷朝使、在京耆老共观"击球射柳"的场所,向臣民展示皇帝的威仪和皇权的浩大;而有些园林场所则带有特定的象征功能,比如西苑南海有大片村舍田野的风光,作为皇帝亲自耕种的"御田"之用,在特定时刻,皇帝会在此进行仪式性的耕种活动,以示劝农之意。

四是注重通过园林营造想象性的理想世界,将观赏与求仙等主题融为一体。中国皇家园林中的求仙思想颇为浓厚,究其根源,除了道家思想的影响,帝王本身的享乐追求也是重要的原因。贵为帝王,集大权在握,享尽各种人间福祉,可能对于他们来说最难求的便是长生了。因此,和私人园林特别是文人私园有较浓厚的人间气息相比,皇家园林的长生求仙的色彩特别浓厚,帝王往往将他们的园林营造成想象中的仙境模样,期望在人世间也能享受那种彼岸世界的快乐。

明代西苑是最具这种求仙色彩的。西苑三海原本是在元代太液池的基础上扩建的,而元代太液池原为"一池三山"的传统格局,即太液池和万岁山、圆坻、犀山三岛,这是象征东海上的蓬莱、方丈、瀛洲三座仙山;明代在此基础上扩建为北海、中海和南海以及琼华岛和南台的"三海二岛"的景观,既保持了原有的海上仙山的格局,又扩大了原有景观的境界。西苑岛中的建筑也充满神仙境界的色彩,如琼华岛的中央是广寒殿,殿的左右为方壶亭、瀛洲亭、玉虹亭、金露亭四座小亭,岛的西坡有虎洞、吕公洞、仙人庵,岛上的奇峰怪石之间,还分布着琴台、棋局、石床、翠屏之类,"从岛上一些建筑物的命名来看,显然也是有意识地摹拟神仙境界,故明人有诗状写其为'玉镜光摇琼岛近,悦疑仙客宴蓬莱'"①。因为传说中的仙山往往在海上,因此皇家园林在摹拟这些境界的时候一般是寻找开阔的水体,没有天然水体的就开凿大池,在池上堆土筑山,形成传说中的海上仙山的环境。

皇家园林对神仙境界的追求往往带有很强的享乐色彩,因此其上的楼阁建筑往往富丽堂皇,和水中岛屿配合形成仙山琼阁的绚丽景观。除了仙山和楼阁,皇家园林在植物和动物的豢养方面也尽量摹拟传说中的神仙境界。在传说中,海上仙山生长着各种闻所未闻的植物,还有大量人间不存在的珍禽异兽。皇家园林当然不可能真的收集这些传说中的植物和动物,但是会尽量营造这样的仙家氛围。因为皇家园林往往不用顾及费用等问题,帝王可以在园中豢养大量的麋鹿、鹤、孔雀等与仙境关系密切的动物,也可以大量种植松树、柏树、梧桐等与仙家联系密切的植物。

五是园林中还有带有宗教意味的建筑。明代皇家园林中有一些宗教建筑,体现了统治阶层在宗教方面的追求。比如,明代御花园中央位置是一座核心建筑钦安殿,大殿内供奉的是道教的元天上帝像,反映了明代皇帝有道教方面的信仰,此后钦安殿一直作为供奉道教神像的地方。在西苑北海的北面有一组佛寺建筑,名为大西天经厂,在清代又称为西天梵境,用于翻译和印制佛经。明代皇家园林中还有一些神祠,如御花园内西路有四神祠,西苑北海有金海神祠、先蚕坛等。从这里可见,

---

① 周维权:《中国古典园林史》,北京:清华大学出版社1990年版,第118页。

园林不仅是游观憩息的场所、宣示皇权的场所、追求理想仙境的场所,同时也是表达宗教信仰的场所。

二、《帝京景物略》中的北京私园与环境意识

明代北京除了有规模宏阔的皇家园林,其实还有不少私家园林。在皇家园林的光彩夺目之下,明代北京的私家园林相对而言名气没那么大,但是它们也有自己的特点,不仅具有浓厚的北方园林色彩,而且在环境意识方面,似乎比同时期的江南园林更加注重保持环境的自然本色。万历年间文人刘侗、于奕正撰写了一部体现北京景观和风俗的《帝京景物略》,其中提到不少私家园林,我们就以这部著作中提到的北京私家园林为主,简要分析其中的环境意识。

明代江南地区的私家园林以文人园林为主,而明代北京地区的私家园林则以外戚、宦官、豪门世族的园林为主;因此,和同时期的江南园林相比,北京地区一些私家园林在体量上往往较大。据《帝京景物略》的记载,明代北京最著名的豪门园林首推武清侯李伟的家园,又名清华园。武清侯李伟是明神宗之母李太后的父亲,身世显赫,富可敌国,其清华园在面积和奢华方面也是一般的私家园林所不能比拟的。清华园坐落在海淀,《帝京景物略》载"清华园":

> 方十里,正中,挹海堂。堂北亭,置"清雅"二字,明肃太后手书也。亭一望牡丹,石间之,芍药间之,濒于水则已。飞桥而汀,桥下金鲫,长者五尺,锦片片花影中,惊则火流,饵则霞起。汀而北,一望又荷蕖,望尽而山,剑铦螺矗,巧诡于山,假山也。维假山,又自然真山也。山水之际,高楼斯起,楼之上斯台,平看香山,俯看玉泉,两高斯亲,峙若承睫。园中水程十数里,舟莫或不达,屿石百座,槛莫或不周。灵璧、太湖、锦川百计,乔木千计,竹万计,花亿万计,阴莫或不接。[①]

[①] 〔明〕刘侗、于奕正著,孙小力校注:《帝京景物略》,上海:上海古籍出版社 2001 年版,第 320 页。

　　根据上面的描述,清华园是一座以水体为主的园林,园内各种元素丰富,有堂、有亭、有桥、有山、有楼、有石等。园正中为核心建筑"挹海堂",堂北有亭,亭的周围是大片的牡丹和芍药,中间又布置奇石,一直延伸至水岸。湖中有飞桥,桥下豢养金鲫;汀往北则又是大片荷蘤,尽头则是假山,此处假山的体量可能很大,是模拟真山的形状而堆积的。在山水之间,建造高楼,楼上有台阁,可以平望、俯视园外的香山和玉泉山。与一般的私家园林相比,清华园的特点就是面积非常之大,根据上面的描述,光是园中水程就十数里,岛屿百座。清华园内收集的灵璧石、太湖石、锦川石等以百为计,乔木以千为计,竹木以万为计,花卉以亿万为计。这样的面积和排场,是一般的文人私园所难望其项背的。清华园虽然面积巨大宏丽,但是从上面的描述来看这座园林的形态并不复杂,各种空间元素的安排简单直接,空间具备多样性但又不像江南园林那样复杂,而是疏朗开阔、境界深远,特别注重游观的"望"的效果,可远望而尽,或平望、俯视园外所借之景,这也表明清华园疏朗开阔的气势,兼具北方园林和皇家园林的豪放特点,而与江南园林的小巧精致不一样。

　　与清华园比邻而居的是另外一座私园,即明代著名书画家米万钟的勺园。他在北京一共有三处私园,分别是在海淀的勺园、在什刹海的漫园和在西长安街的湛园。根据《帝京景物略》的记载,勺园虽与清华园比邻而居,但是面积就小很多:

　　　　园东西相直,米太仆勺园,百亩耳,望之奪深,步焉则奪远。入路,柳数行,乱石数垛。路而南,陂焉。陂上,桥高于屋,桥上,望园一方,皆水也。水皆莲,莲皆以白。堂楼亭榭,数可八九,进可得四,覆者皆柳也。肃者皆松,列者皆槐,笋者皆石及竹。水之,使不得径也。栈而阁道之,使不得舟也。堂室无通户,左右无兼径,阶必以渠,取道必渠之外廊。其取道也,板而槛,七之。树根槎枒,二之。砌上下折,一之。客从桥上指,了了也。下桥而北,园始门焉。入门,客懵然矣。意所畅,穷目。目所畅,穷趾。朝光在树,疑中疑夕,东西迷也。最后一堂，忽启北窗，稻畦千顷，急视，幸日乃未曛。福清叶公台山，过海淀，曰："李园壮丽，米园曲折。米园不俗，李园不酸。"[①]

米万钟的勺园和清华园同在海淀区，但是其体量、风格、意趣可以说大相径庭。沈德符在其《万历野获编》中说"米仲诏进士园，事事模效江南，几如桓温之于刘琨，无所不似"[②]，可见米万钟此园的建造是模拟江南园林的风格的。江南园林有着源远流长的历史，虽然在明代初期江南园林的发展比较缓慢，但是毕竟代表全国造园的最高水准，明代中后期江南地区造园日趋兴盛，而其中又以文人园林影响巨大，在此背景下北方园林的兴建也受到江南园林的影响，不少北方园林都有意模仿和吸收江南园林的技艺和风格。米万钟的勺园就是江南园林影响北方园林的一个明显的例子。和比邻而居的清华园那种开阔疏朗的境界不同，米万钟的勺园力求在一个较小的空间中营造出丰富复杂的变化。勺园的特点在于"曲折"，有意营造出"山重水复疑无路"的效果。整座园林也是以水体为主，但是和清华园一望无遗的特点相比，勺园则有意制造深远曲折的效果，"水之，使不得径也"；楼阁栈道的设计也是如此，"栈而阁道之，使不得舟也"；堂室的布置也遵循这个原则，"堂室无通户，左右无兼径"。游客经过水面、栈道、阁楼、桥梁之后，才来到勺园的正门，入门之后仍无所穷目，"疑中疑夕，东西迷也"，到最后一堂，又忽启北窗，见大片稻畦，让人有"柳暗花明又一村"之感。勺园这种设计是典型的江南园林的风格，通过营造丰富甚至可以说繁复的变化来让游人在一个较小的空间里获得惊奇感。时人对勺园和清华园的评价是"李园壮丽，米园曲折。米园不俗，李园不酸"，可见李园的特点是壮丽奢华，而米园的特点则是雅致曲折，后者更具文人私园的意趣。从当时的记载来看，海淀的几处园

---

① 〔明〕刘侗、于奕正著，孙小力校注：《帝京景物略》，上海：上海古籍出版社 2001 年版，第 320—321 页。

② 〔明〕沈德符：《万历野获编》，北京：中华书局 1959 年版，第 609—610 页。

林,文人最为称道的还是米园,可见当时文人对江南园林风格的推崇。但是如果从人与环境的关系来看,清华园虽然在设计效果上赶不上米园,但是米园体现出来的环境意识带有典型的晚明江南园林那种浓厚的人工设计的意味,而疏朗辽阔的清华园更注重尊重自然环境本身,人工痕迹没那么明显。

这种情况在定国公园更加明显。定国公园位于城北,明人称为北京滨湖众园之冠。定国公为明开国功臣徐达次子增寿,因助燕王朱棣起兵有功,被追封为定国公。《帝京景物略》记载:

> 环北湖之园,定园始,故朴莫先定园者。实则有思致文理者为之。土垣不垩,土池不甃,堂不阁不亭,树不花不实,不配不行,是不亦文矣乎。园在德胜桥右。入门,古屋三楹,榜曰"太师圃",自三字外,额无扁,柱无联,壁无诗片。西转而北,垂柳高槐,树不数枚,以岁久繁柯,阴遂满院。藕花一塘,隔岸数石,乱而卧,土墙生苔,如山脚到涧边,不记在人家圃。野塘北,又一堂临湖,芦苇侵庭除,为之短墙以拒之。左右各一室,室各二楹,荒荒如山斋。西过一台,湖于前,不可以台也。老柳瞰湖而不让台,台遂不必尽望。盖他园,花树故故为容,亭台意特特在湖者,不免佻达矣。园左右多新亭馆,对湖乃寺。万历中,有筑于园侧者,掘得元寺额,曰"石湖寺"焉。[1]

这篇短文是凸显明代北京私园环境意识的重要文献,其中体现出来的造园美学值得关注。根据这篇短文,在积水潭周围的园林中,定园创建最早,因此其风格也最为朴素。墙用土垒不粉刷,土池不铺砖,稍筑堂屋,不建亭阁,植树也不求花果,亦不讲究搭配和整齐,入门之后只有古屋三楹,除"太师圃"三字之外,额无扁、柱无联、壁无诗片,西转向北,只有几棵垂柳高槐,有塘一口,栽植荷花,隔岸是几个乱石随意布置,土墙已生满苔藓。从定园的这些布置来看,明显较其他私园来得朴素,和人

---

① 〔明〕刘侗、于奕正著,孙小力校注:《帝京景物略》,上海:上海古籍出版社 2001 年版,第 43—44 页。

工设计色彩浓厚、追求精致繁复效果的晚明江南园林来说,定园甚至显得有些寒碜。但文中说这样一种素朴的效果其实是蕴含深意和意趣的。朴素疏朗的园林布置,实际上是想要达到去除人工痕迹的效果,使人居住在此园中就好似居住在山野中一样,故文中说"如山脚到涧边,不记在人家圃",谓在园中就好似来到山脚涧边,野趣盎然,不觉是在人家园圃之中。塘也被称作野塘,塘边芦苇的生长亦不修饰,只建短墙加以隔离,左右各有一室,荒荒如山斋,同样以野趣为主。往西,有湖在前,不可以不筑台以登临眺望,虽然湖边的柳树有碍观瞻,但亦不凭借人力去加以破坏修理,所以即使登台也不必追求能够一览无遗。这里体现了定园一切都以追求自然野趣为主的手法,园中元素的布置和处理都以"不可以不"为原则,未到不可以不的时候则尽量遵循自然法则,不做过多的人工修饰。最后,文章还对那种修饰过多的造园手法提出了批评,说他园栽植花树着意剪裁布置,务求美观,而亭台的布置又特意为了观湖的效果而破坏自然的格局,这样的造园手法和定园相比未免显得轻薄。从这里可见,定园疏朗朴素的风格有其造园的深意,就是尽量尊重自然野趣而避免过多的人工技巧对自然的破坏。相比之下,晚明江南园林那种繁复多样的空间变化、精美细致的人工雕琢、密集局促的剪裁布置等风格,其实也蕴含着过于重视人工而轻视自然的倾向。

《帝京景物略》还记载了其他一些北京园林,亦极富北方园林的特色。英国公新园是右副将军张辅子孙所建,张辅永乐时率军攻克安南,封英国公,子孙世袭,英国公有宅园,人称张园,而此园为崇祯年间新造,故称新园。《帝京景物略》说:

> 夫长廊曲池,假山复阁,不得志于山水者所作也,杖履弥勤,眼界则小矣。崇祯癸酉岁深冬,英国公乘冰床,渡北湖,过银锭桥之观音庵,立地一望而大惊,急买庵地之半,园之,构一亭、一轩、一台耳。但坐一方,方望周毕。其内一周,二面海子,一面湖也,一面古木古寺,新园亭也。园亭对者,桥也。过桥人种种,入我望中,与我分望。

南海子而外，望云气五色，长周护者，万岁山也。左之而绿云者，园林也。东过而春夏烟绿、秋冬云黄者，稻田也。北过烟树，亿万家甍，烟缕上而白云横。西接西山，层层弯弯，晓青暮紫，近如可攀。①

文中说长廊曲池、假山复阁这样修建园林的活动其实是为了弥补缺乏真山水的遗憾，因此与游览真山水相比，即使行走更多，其实眼界仍然狭窄。这里说的是传统的园林观念，即园林是真山水的模仿，用来弥补不能亲身远赴真山水的遗憾，因此传统园林观念认为园林能修建在真山水中是最佳的，次为郊野，再次为城镇；这段话除了表达这种传统观念，其实还对违反真山水的造园风格有所批评，认为园林如果不能做到真山水的风格，其实表明园主人眼界是狭小的，这意味着即使是人工建造的园林，也要尽量接近真山水的风格。英国公新园即是如此，其风格与江南园林极尽人工巧妙不同，英国公新园尽量缩减人工建筑在园中的分量，只"构一亭、一轩、一台耳"，尽量保持自然景观原有的风貌，"但坐一方"，四周景物即可饱览无余。该园也不怎么强调园林内部和外部的区别，并没有用高墙或者其他建筑将园林围起，因此在银锭桥上的行人皆能入园中人眼中，而园中人亦入行人眼中。英国公新园周围景观丰富，既能远望万岁山，其旁又有大片稻田，往西可接西山美景，往北则是亿万碧瓦飞甍，也正是周围优异的景观的存在，使英国公新园的建造更注重保持自然景观的原始风貌而不做过多的人工改造。像英国公新园这样疏朗开阔、自然景观优异、注重园内园外景观互借的园林，十分突出地体现了尊重自然的环境意识。

前述武清侯李伟在城西海淀有清华园，其孙李诚铭在城南建有一新园，称为李皇亲新园。根据《帝京景物略》的记载，该园体量亦十分巨大，和清华园一样，也是以水体为主，"以舟游，周廊过亭，村暖隍修，巨侵而孤浮"②。该园的特色之一便是处处以梅为主，"入门而堂，其东梅花亭，

---

① 〔明〕刘侗、于奕正著，孙小力校注：《帝京景物略》，上海：上海古籍出版社 2001 年版，第 48 页。
② 同上，第 151—152 页。

非梅之以岭以林而中亭也,砌亭朵朵,其为瓣五,曰梅也。镂为门为窗,绘为壁,甃为地,范为器具,皆形以梅"①。除此之外,该园还有一个颇为奇特的地方,《帝京景物略》说:"历二水关,长廊数百间,鼓枻而入,东指双杨而趋诣,饭店也。西望偃如者,酒肆也。鼓而又西,典铺、饼炸铺也。园也,渔市城村致矣,园今土木未竟尔。"②该园和江南文人园林注重雅俗之间区分不同,园中有饭店、酒肆、典铺、饼炸铺,乃至园林成为渔市城村的景致,这也说明明代北京私园和江南私园的不同,在某种程度上是园主人的身份和爱好所导致的,明代江南私园大多是文人所建,非常讲究文人自身的修养和身份认同的效果,因此雅俗之间的区分在江南私园中体现得比较明显,其典型的例子便是文震亨所撰的《长物志》,要在园林中杜绝一切俗物;明代北京私园则大多为皇族贵戚宦官所建,他们建造的私家园林便更多地体现的是个人的口味,比如李皇亲新园对"梅"的嗜好,在园中呈现渔市城村等俗世行当恐怕也是这种个人口味的体现。又如西城外的惠安伯园以牡丹著名,"都城牡丹时,无不往观惠安园者。园在嘉兴观西二里,其堂室一大宅,其后牡丹数百亩,一圃也,余时荡然藁畦耳。花之候,晖晖如,目不可极,步不胜也。客多乘竹兜,周行塍间,递而览观,日移晡乃竟。蜂蝶群亦乱相失,有迷归径,暮宿花中者"③。

　　总的来看,明代北京私园体现出和同时期的江南私园不同的特点:江南私园无论是在数量还是质量上都要超过同时期的北京私园,因此有些北京私园刻意模仿江南私园的造园风格,如米万钟的勺园;江南私园大多为文人所造,而北京私园大多是皇亲贵胄和外戚宦臣所造,这也表明江南私园有较多的文人色彩,而北京私园则更多皇族特色;北京私园在体量和奢华程度上不比江南私园差,甚至有过之而无不及,特别是有些北京私园由于体量特别巨大,因此和江南私园相比显得境界更加开

①〔明〕刘侗、于奕正著,孙小力校注:《帝京景物略》,上海:上海古籍出版社2001年版,第152页。
②同上。
③同上,第291页。

阔;北京私园在追求开阔疏朗的境界的同时也体现出尊重自然环境的意识,个别私园有明确的追求自然野趣的倾向,在这方面北京私园和江南私园相比没有那么浓厚的人工痕迹。

第三节　明代江南私园分析

明代是我国园林建设的成熟期和转折期,特别是在江南地区,造园之风的兴盛、造园手法的成熟和精巧、造园功能的多样和丰富等等,在历朝历代中都是极为突出的。在此背景下,明代江南文人如何在造园活动中处理人与环境的关系就具有比较典型的意义,值得深入研究。

一、明代江南私家园林的基本功能

明代江南私家园林的基本功能丰富而多样,这些功能往往随着时代的发展而呈现出不同的需求和偏重,这些我们在"明代园林营造综述"一节已经有过介绍,此处我们把这些功能简单归纳一下。

（一）养亲功能

养亲或者娱亲,是明代造园风潮中十分重要的功能和动力。中国人素来推崇孝悌的观念,因此为年迈的双亲提供颐养天年的环境,这对中国人来说几乎是无法拒绝的。园林养亲的功能往往是造园活动中最基本也最不会引起非议的,在造园活动极为兴盛的时期,养亲的功能不会被抛弃,即使是在园林活动式微的时候,养亲功能的存在也能使之一脉尚存。

这种情况在明代造园活动中十分明显。明初由于太祖厉行节约并下有严格的禁园令,造园活动的发展相对缓慢,园林的娱乐功能在此时是不被提倡的,因此这个时期园林活动的直接动力便是养亲。如刘基的《怡怡山堂记》中的"任君"为二老筑"游息之地……而乐以终永年也"[1];

---

[1] 〔明〕刘基:《怡怡山堂记》,见赵厚均、杨鉴生编注《中国历代园林图文精选》第三辑,上海:同济大学出版社 2005 年版,第 224 页。

王祎《致乐轩记》中的"吾友东阳蒋伯康氏"造园"以为太夫人燕息之所，而名之曰致乐"①；赵㧑谦《草亭记》中的"友人余君""别作娱亲之所……名其所曰'东园'"②。可见，即使在朝廷严厉的禁园令下，为双亲营造理想的生活游息之所仍是合理合法的行为，养亲功能成为园林活动能够不断延续的重要动力。

因为园林养亲功能具有难以拒绝的正当性，所以当造园活动面对过于奢华或者过度沉溺在享乐之中的批评之时，养亲功能往往能赋予这些奢华或享乐行为某种正当性。比如 16 世纪上半叶，明代园林活动已经从明初的压抑状态中恢复过来，造园的兴盛也促进了当时社会的游乐之风，当然也引起一些正统文人的忧虑。陆深《薜荔园记》记载苏州徐子容的"薜荔园"就有此感，以致陆深有"君子有当世之志者，疑于习宴安而略忧勤矣，似乎有所不暇"的疑问，而园主人的回答则是："薜荔之有作，寔自先太史公始，太史公谋以娱静庵府君之老也而未成，成之者缙也，是故堂曰'思乐'。先公府君木主在焉，一石一峰，先世之藏也。至于一泉一池一卉一木之微，亦皆先人之志也。每一过焉，陟降泛扫之余，恍乎声容之在目，缙也何敢以为乐？愿子为我记之，以示后之人。"③面对陆深的质疑，徐子容是通过养亲娱亲的名义予以解释的，并表明"何敢以为乐"的初衷。陆深和徐子容之间的问答表明了养亲功能不仅是园林能够延续的重要动力，而且往往成为赋予园林活动合法性的重要理由。

明代后期园林活动趋于极盛，而且已经不再像明初那样对于享乐观念有所避讳，江南文人对于园林兴造所付出的财力和精力是令人咋舌的。在这个时期，园林功能中最为突出的是游观和享乐，养亲功能并不突出，但是在一些园记中仍能看到对于养亲娱亲功能的强调，表明了这种园林传统观念的延续性。如潘允端在《豫园记》中说建造"豫园"是为

---

① 〔明〕王祎：《致乐轩记》，见《王忠文集》卷九，四库全书本。
② 〔明〕赵㧑谦：《草亭记》，见《赵考古文集》卷一，四库全书本。
③ 〔明〕陆深：《薜荔园记》，见《俨山集》卷五十五，四库全书本。

了"时奉老亲觞咏其间"①；扬州郑元勋在其《影园自记》开头就说建造此园"为养母读书终焉之计"②，强调影园的建造有养亲和修身的考虑。从这来看，无论是园林兴造的蛰伏期还是兴盛期，养亲功能都是园林活动的一个重要的动力，也是调和其他园林功能的一个极为重要的合法性的理由。

（二）农业功能

中国古代的园林也承担一部分农业功能，这在明代江南私家园林中也有体现。在北京皇家园林中就有天子的"御田"，但这主要起着象征性的作用，皇家园林中的农业景观所发挥的实际意义是有限的。在江南私家园林中，这种农业景观往往和养亲与修身的功能结合起来，在园林活动过分倾向游观享乐的时候起着制衡的作用。

因明初的禁园令和节俭的社会风气，除了养亲，农耕也是造园的一个重要理由。如刘基《怡怡山堂记》记该园"前迤平畴，夏麦秋禾，芃芃离离"③，留有大片的田野以供农业作物的生长。赵撝谦《草亭记》记友人余君的园林"列树花果桑竹数百十本，引泉注渠而决左右"④，赵撝谦为之歌曰"东园之丘，草亭幽幽。墙桑八百株，春蚕可为裘。五顷肥田，六角黄牛。课奴勤力，稻米登秋。春秫作酒，可以忘忧。人生从所好，何事乎公侯"⑤，表达了陶渊明式的娱亲课子、耕读养身的观念。一直到15世纪下半叶，这样的造园观念仍然延续不绝。如15世纪著名文人李东阳描述苏州名园东庄："庄之为吴氏居，数世矣。……既乃重念先业不敢废，岁

① 〔明〕潘允端：《豫园记》，见陈植、张公弛选注，陈从周校阅《中国历代名园记选注》，合肥：安徽科学技术出版社1983年版，第113页。
② 〔明〕郑元勋：《影园自记》，见陈植、张公弛选注，陈从周校阅《中国历代名园记选注》，合肥：安徽科学技术出版社1983年版，第221页。
③ 〔明〕刘基：《怡怡山堂记》，见赵厚均、杨鉴生编注《中国历代园林图文精选》第三辑，上海：同济大学出版社2005年版，第224页。
④ 〔明〕赵撝谦：《草亭记》，见《赵考古文集》卷一，四库全书本。
⑤ 同上。

拓时葺,谨其封浚,课其耕艺,而时作息焉。"①我们看到在 15 世纪明代园林活动复兴并转向奢华的过程中,东庄仍保留"课其耕艺"这种传统的功能。

中国古代文人往往有出世和入世这两副面孔,当入世的愿望无法达致的时候,能够且耕且读仍不失为修身齐家的不错选择,因此中国古代园林即使在其娱乐功能极为突出的时候,依然能够在园中留下一片农耕之地,就算这片农耕之地并非真正发挥实用功能,但也能体现园主人注重耕读传统的积极形象。16 世纪上半叶王鏊的弟弟在太湖之东购得一片闲田造"且适园","乃购屋买田,且耕且读。既又辟其后为园,杂莳花木,以为观游之所"②,在王鏊的《且适园记》中描述该园有"菱港""蔬畦"这样的农业场所。王献臣所造之拙政园建于明正德初年(1506),文徵明在《王氏拙政园记》中说:"古之名贤胜士,固有有志于是,而际会功名,不能解脱,又或升沈迁徙,不获遂志,如岳者何限哉!而君甫及强仕,即解官家处,所谓筑室种树,灌园鬻蔬,逍遥自得,享闲居之乐者,二十年于此矣。"③在这里,筑室种树、灌园鬻蔬的实用功能可能不大,更多的是表明园主人"穷则独善其身,达则兼济天下"的观念。

这种观念在明代后期园林享乐之风极盛的时候仍然延续着。祁彪佳的寓园是重视农业功能的一例,其《寓山注》称"而予农圃之兴尚殷,于是终之以'丰庄'与'豳圃'"④,可见园中有大片土地是留作农耕之用的。"豳圃"主要用来种植果树,"以五之三种桑,其二种梨、橘、桃、李、杏、栗之属。庄奴颇率职,溉壅三之,芟薙五之,于树下栽紫茄、白豆、甘瓜、樱

① 〔明〕李东阳:《东庄记》,见赵厚均、杨鉴生编注《中国历代园林图文精选》第三辑,上海:同济大学出版社 2005 年版,第 171 页。

② 〔明〕王鏊:《且适园记》,见陈从周、蒋启霆选编,赵厚均注释《园综》,上海:同济大学出版社 2004 年版,第 221—222 页。

③ 〔明〕文徵明:《王氏拙政园记》,见陈从周、蒋启霆选编,赵厚均注释《园综》,上海:同济大学出版社 2004 年版,第 224 页。

④ 〔明〕祁彪佳:《寓山注》,见陈植、张公弛选注,陈从周校阅《中国历代名园记选注》,合肥:安徽科学技术出版社 1983 年版,第 261 页。

粟,又从海外得红薯异种,每一本可植二、三亩,每亩可收得薯一、二车,以代粒,足果百人腹"①。"丰庄"则以庄稼为主,"既园矣,何以庄为?予筑之为治生处也。出园北折,渡小桥,迎堤而门,绿畴在望。每对田夫相慰劳,时或课妻子挈壶榼往饷之,取所余酒食啖野老,共作田歌,呜呜互答。堂之后,为场圃。十月纳禾稼,邻火相春,荐新粳,增老母一匕箸。及蚕月,偕内子以居焉,采桑采蘩,女红有程课。场圃旁各数楹,栖耕作者。养鸡、牧豕、鸣吠之声,达于四野。学圃学稼,予将以是老矣"②。从祁彪佳的描述来看,他的寓园之内不仅有果树植物的栽培,而且有大片的庄稼地供其作为"治生"之处,且祁彪佳农圃之兴方浓,声称要"学圃学稼"以终老,虽然祁彪佳这种兴趣在崇尚奢侈享乐之风的晚明造园活动中颇为独特,但也表明农耕这种传统在明代园林活动中一直延续着。

（三）修身功能

园林是中国古代文人主要的修身场所,修身本身是个比较宽泛的概念,具体来说又包括隐逸、耕读、自娱、养老等活动。

隐逸是古代文人的一种人生选择,隐逸不仅是对社会现实采取一种退避的态度,而且也寄寓着文人"穷则独善其身"的修养。园林作为一种和城市以及社会有着一定距离的空间,往往也被当作文人隐逸的场所,因此中国古代园林活动有十分浓厚的隐逸方面的追求。隐逸同时又和修身自持关系密切,隐逸是文人自身高贵人格的体现,其外在的表现便是远离社会人群,以耕读、自娱和养老等活动保持独善其身的志向。耕读是传统修身的体现,其中寄寓着勤劳俭朴、自食其力、不涉世事、"帝力于我何有哉"的出世思想。自娱带有浓厚的审美意味,寄寓着在自然中抒情纵怀、与山水相往来之意。自娱和园林中的文人雅集不同,后者往往是在娱乐中蕴含着某种社会交往的实用功能,而前者更多的是自我性情的培养和抒发。养老也是自我修身的一种表现,不少园林都是文人为

---

① 〔明〕祁彪佳:《寓山注》,见陈植、张公弛选注,陈从周校阅《中国历代名园记选注》,合肥:安徽科学技术出版社 1983 年版,第 287 页。
② 同上,第 288 页。

官致仕之后所建,作为退休后涵泳性情、安度晚年之用。

在朝代更迭之际,文人隐逸的现象会特别显著,元末曾出现大量文人隐逸的现象,一方面是元政府对汉人的压制所导致,另一方面的原因则是元末战乱。明太祖规定寰中士夫不为君用则罪至抄札,导致隐逸活动大受打击。但即便如此,仍有些文人拒绝出世,宁愿待在自己的一方小天地中吟咏情性。如宋濂《新雨山房记》中的张君仁杰"未乱时尝有禄食,至今郡县屡辟之,辄辞不赴,以文墨自娱,甚适,号其室曰'新雨山房'"①,宋濂本人对这种隐逸修身的行为是持赞同态度的,当然他是从另一个角度来为这种行为寻找合法性,他认为张仁杰能够在自己的一片空间中"察时物之变,穷性情之安",正体现了在上位者的"拨乱致治"之功,作为一个政治家,宋濂的看法与张仁杰的看法未必一致,但两者是可以兼容的。刘基《贾性之市隐斋记》一文论述了"隐"的矛盾,根据记述,贾性之在圜阓中筑一室,"集古今图书,以为燕游接宾客之所。不高其垣,而不亲车马之尘;不深其宫,而不闻闾阎之声。以其径路宛转,户庭清谧,而不与鄙俗者接也。王君子充过而命之曰'市隐'",而刘基对于贾性之是否真"隐"则有疑问,认为"贾君以孝友处乎家人,以信义行乎里邻,有学有文,而口不言,其志可知矣。谓之隐者,不亦宜乎!虽然,夜光人深山,人莫得而见也;出而投之瓦砾之间,则庸人孺子皆识之矣。今君居于市,而不与市人同其行,吾惧其欲晦而愈彰也。他日见王君,请以斯言质之"②。在这里,文人的隐逸是和修身相联系的,以隐逸而相互标恃,同时也以隐逸交接同道,这种隐逸和真正的出世并不相同,园林作为真山水的替代空间,不能完全做到远离城市,因此隐身于园林之中也就更多是这种修身的体现,难怪刘基要发出"吾惧其欲晦而愈彰也"的感叹。

明初宋濂那种以国家太平为修身寻找合法性的观念在明初之后也能看到。如徐有贞《先春堂记》中说:"人能赏矣,而生无可乐之时,饥寒

---

① 〔明〕宋濂:《宋学士文集》卷七十四,四部丛刊景明正德本。
② 〔明〕刘基:《刘基散文选集》,天津:百花文艺出版社 2009 年版,第 73—76 页。

之切身,忧患之萦心,则登山临水,且悴然有恻怆之情,抑乌得以自乐哉?今子之居,既据湖山之胜,又生斯太平之时,承文儒之绪,田园足以自养,琴书足以自娱,有安闲之适,无忧患之事,于是逍遥于山水之间,以穷天下之乐中,其得多矣。"①这里同样是以国家之承平来对照个人之修身自娱,表明两者之间并不违和。明代中期和后期,园林作为社交功能的作用十分突出,导致其隐逸修身的功能并不显著,但是园林的这种功能也并未断绝,园林作为与城市保持相当距离的空间,仍然是园主人修身的重要场所。如王心一在其《归田园居记》中自谓有"邱山之癖",筑"归田园居","今无间阴晴,散步畅怀,聊以自适其邱山之性而已。所谓'此子宜置邱壑中',余实不能辞避"②,所表达的也是聊以自适的自娱修身的观念。

（四）游观功能

游观是园林最重要的审美功能。园林是艺术和自然的结合,这让园林比其他空间承担了更多的审美方面的功能。在明代初期,由于禁园令等严厉政策的打压,园林的游观功能并不突出,直到明代中后期造园风潮的兴起,这种游观之乐才凸显为园林最重要的功能。

我们上面已经提到,在 16 世纪上半叶王鏊那里,造园的"游观之乐"已经从养亲或者农业活动中凸显出来,"乃购屋买田,且耕且读。既又辟其后为园,杂莳花木,以为观游之所。……予往来必憩焉,与吾弟观游而乐之,因名其园曰:'且适'。予于世无所好,独观山水园林,花木鱼鸟,予乐也"③;在另一篇王鏊为其侄儿王学所建"从适园"所写的记中,对园林景观之"美"的描绘也占据了大部分的篇幅。如果说王鏊此时对"游观之乐"的强调还带有一定节制的"适",那么到了 16 世纪下半叶之后江南造

---

① 〔明〕徐有贞:《先春堂记》,见陈从周、蒋启霆选编,赵厚均注释《园综》,上海:同济大学出版社 2004 年版,第 215 页。

② 〔明〕王心一:《归田园居记》,见陈从周、蒋启霆选编,赵厚均注释《园综》,上海:同济大学出版社 2004 年版,第 233 页。

③ 〔明〕王鏊:《且适园记》,见陈从周、蒋启霆选编,赵厚均注释《园综》,上海:同济大学出版社 2004 年版,第 221—222 页。

园趋于奢侈,这种园林的"游观之乐"也变成不计代价的享乐了。如潘允端建造"豫园":"大抵是园,不敢自谓'辋川''平泉'之比,而卉石之适观、堂室之便体、舟楫之沿泛,亦足以送流景而乐余年矣。第经营数稔,家业为虚,余虽嗜好成癖,无所于悔,实可为士夫殷鉴者。"①从当时江南文人对像"瑞云峰"这样的石材的搜购不惜余力的情况就可以知道,他们对园林游观之乐的要求已经不仅仅满足于身体感官等的愉悦了,相互的攀比和竞争也成为造园之风兴起的重要原因。

（五）社交功能

社交功能在明代园林,特别是明代中后期的园林中,凸显为最重要的功能之一。园林一向是文人雅集的场所,文人在此吟咏抒怀、游赏赋诗,不仅凸显为文人和其他社会群体之间最重要的区别,同时也是文人自身之间相互扶持推许、获得声誉的重要举措。因此,园林成为生产社会关系的重要场所,一个文人如果有自己的园林并能邀请众多名流来此集会游赏,不仅表明他是当时文人群体内的成员,而且表明他在这个文人群体内享有相当高的地位;同时,一个文人能够进入当时的名园和众名流吟咏宴集,也表明他和这个文人群体有密切关系,这对他的声望和未来的前途会产生重要影响。

明初由于政治环境的关系,关于园林雅集活动的记载不多,比较有名的是宋濂在《春日赏海棠花诗序》中记载的"浦阳郑太常仲舒开宴觞客于众芳园"的一次园林集会,根据宋濂的记载,这次集会"众宾咸悦,衔杯咏诗,亹亹不自休"②,但这种集会在明初禁园令这样的社会环境下是比较少见的。宋濂在这次集会中引用李格非《洛阳名园记》的典故再次申发了园林和国家之间的象征关系,认为烽火之际"花草红青何处无之,有目不暇顾,欲求浊醪一卮以浇渴吻,尚可得邪"③,而现在天子在上而廓清

---

① 〔明〕潘允端:《豫园记》,见陈植、张公弛选注,陈从周校阅《中国历代名园记选注》,合肥:安徽科学技术出版社1983年版,第115页。
② 〔明〕宋濂:《文宪集》卷六,四库全书本。
③ 同上。

四海,故能得此雅集之乐。此次集会大致相当于家族聚会,"所赋诗自太常君而下凡三十人,其三则宾客,余皆其君昆弟子姓云"①,可见明初的园林集会还是相当收敛的。

到了明代中晚期,这种园林集会的规模已经相当大,所发挥的社交功能也越发明显。比如晚明郑元勋的影园经常举行宴会诗集,所邀请的都是名重一时的文士,在当时以及后世都产生了很大的影响。有次影园黄牡丹盛开,郑元勋邀请众名士赋诗,并仿效科举之法评定高低,评定人请的是当时士林领袖钱谦益,而岭南人黎遂球(字美周)获得一甲一名,引起轰动,"超宗共诸名士用鲜服锦舆饰美周,导以乐部,徜徉于廿四桥间,士女骈阗,看者塞路,凡三日。美周年少,丰姿俊上,气豪兴会,冠带逼真,咸羡为三百年来无此真状元也。于是声满吴越矣"②。可见,园林雅集所发挥的社交功能不能小觑,它不仅仅是文人之间吟咏情性的娱乐活动,还是文人互相扶持、确定自身身份的重要场所。黎遂球是在赴京赶考失败之后途经影园的,没想到在赋诗活动中获得第一名便能成为众人羡慕的"牡丹状元",其声势声誉甚至连真状元都为之逊色。其中的原因除了郑元勋和钱谦益这些重要文人在文人群体中的重要地位,还和晚明文人在富商阶层兴起以及内忧外患中寻找自我身份认同有关。

园林作为一种特定的空间,它发挥的功能是多样而复杂的,除了以上提到的这些主要功能,还有其他一些功能,如象征功能、宗教功能、学习功能等等③。从以上简单的描述来看,明代园林发挥的功能不是一成不变的,园林能发挥怎样的功能要依赖于当时的历史、社会和政治环境,这表明同样的功能在不同的历史时期会随着语境而发生变化,或隐匿或凸显或改变,园林不是和特定语境分离的审美空间,而是置身于特定的

---

① 〔明〕宋濂:《文宪集》卷六,四库全书本。
② 〔清〕檀萃:《楚庭稗珠录》,广州:广东人民出版社1982年版,第56页。
③ 象征功能在历代园林中都是很突出的,如李格非的《洛阳名园记》中将园林和朝代兴衰联系在一起,成为园林象征功能中的典型例子;宗教功能在园林活动中也比较突出,不少园林中都设有专门的佛教或者道教崇拜的建筑或者场所,除此之外还有大量专门的寺观园林存在;学习功能这里指的是园林是一种重要的学习环境,如专门培养儒家人才的学宫园林。

语境并和其他空间时时发生联系的场所。

二、明代江南私家园林的造园手法

园林是综合性的艺术,涉及多种造园手法,包括选址、建筑、叠山、理水、植木等等,各种元素的协调才能营造出令人流连忘返的景致。

(一) 选址

中国古代园林的营造是以效仿自然为其宗旨的,因此在选址方面也以亲近自然、远离城市为基本原则。计成在其《园冶》一开头就说:"凡结林园,无分村郭,地偏为胜。"①这里强调一个"偏"字,即远离城市、亲近自然之意。又说:"园地惟山林最胜,有高有凹,有曲有深,有峻而悬,有平而坦,自成天然之趣,不烦人事之工。"②

这种亲近自然的意识在明代园林营建中相当常见,只要条件许可,园林的选址都尽量远离喧器的城市环境,最好能在自然山水中直接构建园林,其次是在城市与自然之间的城郊或乡村地带,即使牺牲了城市便利的条件也在所不惜。如赵撝谦《草亭记》记载"友人余君,负上虞东郭门而居。居近市,嫌其喧隘,别作娱亲之所⋯⋯名其所曰'东园',亭曰'草亭'"③。这里"余君"嫌其居所近闹市而在旷夷之地别作娱亲之所。明中期王鏊在为其弟的"且适园"所写的记中说:"太湖之东,有闲田焉,南望包山,数里而近,北望吴城,百里而遥。吾弟秉之行得之,喜曰:'吾其憩于是乎? 包山信美矣,有风涛之恐;吴城信美矣,有市廛之喧。兹土也,得道里之中,适喧静之宜,其田美而羡,其俗淳而和,吾其憩于是乎?'乃购屋买田,且耕且读。"④这里该园的选址所根据的也是"得道里之中,适喧静之宜"以避市廛之喧的原则。

---

① 〔明〕计成原著,陈植注释:《园冶注释》,北京:中国建筑工业出版社1988年第2版,第51页。
② 同上,第58页。
③ 〔明〕赵撝谦:《草亭记》,见《赵考古文集》卷一,四库全书本。
④ 〔明〕王鏊:《且适园记》,见陈从周、蒋启霆选编,赵厚均注释《园综》,上海:同济大学出版社2004年版,第221—222页。

然而，直接在自然山水中造园毕竟仍有许多不便，城市中的便利生活也是自然所不能给予的。计成在《园冶》"相地"一篇中说："园基不拘方向，地势自有高低；涉门成趣，得景随形，或傍山林，欲通河沼。探奇近郭，远来往之通衢；选胜落村，藉参差之深树。村庄眺野，城市便家。"①在不同的地方造园，其取舍是不一样的，在村庄造园则宜于眺望，在城市造园则便于居家。因此，明代许多园林仍是选在城市间或者城郊之中。在这样的城市园林中，其选址也以效仿自然、取其幽静为宗旨。计成说："市井不可园也；如园之，必向幽偏可筑，邻虽近俗，门掩无譁。开径逶迤，竹木遥飞叠雉；临濠蜿蜒，柴荆横引长虹。院广堪梧，堤湾宜柳；别难成墅，兹易为林。架屋随基，浚水坚之石麓；安亭得景，莳花笑以春风。虚阁荫桐，清池涵月。洗出千家烟雨，移将四壁图书。素人镜中飞练，青来郭外环屏。芍药宜栏，蔷薇未架；不妨凭石，最厌编屏；未久重修；安垂不朽？片山多致，寸石生情；窗虚蕉影玲珑，岩曲松根盘礴。足征市隐，犹胜巢居，能为闹处寻幽，胡舍近方图远；得闲即诣，随兴携游。"②按照计成的看法，如果能在城市园林中做到取境幽僻，这样不仅能借此僻静之所隐居，又能享受城市带来的便利，因此足以证明城市小隐远胜野外巢居。既然能在喧闹处寻出幽境，又何必舍近求远要在山林中造园呢？文震亨《长物志》中也说："居山水间者为上，村居次之，郊居又次之。吾侪纵不能栖岩止谷，追绮园之踪；而混迹廛市，要须门庭雅洁，室庐清靓。亭台具旷士之怀，斋阁有幽人之致。又当种佳木怪篁，陈金石图书。令居之者忘老，寓之者忘归，游之者忘倦。"③文震亨这里也认为即使在城市造园，也应该在园内外的布置上效仿自然，尽量做到清幽雅洁，这才不失造园之本意。

在此我们可以看到，亲近自然虽然是中国古典园林营造的宗旨，但这里的自然也是随着语境的变化而变化的，在不同的地址和场所中自然

① 〔明〕计成原著，陈植注释：《园冶注释》，北京：中国建筑工业出版社1988年第2版，第56页。
② 同上，第60页。
③ 〔明〕文震亨原著，陈植校注：《长物志校注》，南京：江苏科学技术出版社1984年版，第18页。

这个概念的界定必定有所取舍。在中国古代园林观念中,如荒野一般的自然往往是作为园林的理想境界而存在的,而最常见的还是"虽由人作,宛自天开"①的那种人工自然。

（二）建筑

中国古典园林内往往有大量的建筑物,包括亭、台、楼、阁等等,分别有不同的功能,用于休憩、游乐、观赏、读书、集会、展示等活动,它们是中国古典园林的重要组成部分,明代江南私家园林也不例外。例如上述文震亨在《长物志》中就对园内建筑提出了"要须门庭雅洁,室庐清靓。亭台具旷士之怀,斋阁有幽人之致"的总体要求,具体到不同的室庐建筑又有不同的具体要求。比如作为园内正室的"堂",其要求是"宜宏敞精丽,前后须层轩广庭,廊庑俱可容一席;四壁用细砖砌者佳,不则竟用粉壁。梁用球门,高广相称。层阶俱以文石为之,小堂可不设窗槛"②;"山斋"的要求是"宜明净,不可太敞"③;"楼阁"依不同的功能而要求不同,"楼阁,作房闼者,须回环窈窕;供登眺者,须轩敞宏丽;藏书画者,须爽垲高深,此其大略也。楼作四面窗者,前楹用窗,后及两旁用板。阁作方样者,四面一式,楼前忌有露台卷蓬,楼板忌用砖铺。盖既名楼阁,必有定式,若复铺砖,与平屋何异? 高阁作三层者最俗。楼下柱稍高,上可设平顶"④。计成《园冶》也对园林中的各种建筑的建造布置有较详细的论述,如"堂",计成说"堂者,当也。谓当正向阳之屋,以取堂堂高显之义",说"斋""盖藏修密处之地,故式不宜敞显"⑤,可见他对"堂"与"斋"的看法与文震亨大致相同。又关于"台",计成说:"园林之台,或掇石而高上平者;或木架高而版平无屋者;或楼阁前出一步而敞者,俱为台。"⑥关于"亭",则"造式无定,自三角、四角、五角、梅花、六角、横圭、八角至十字,随意合

---

① 〔明〕计成原著,陈植注释:《园冶注释》,北京:中国建筑工业出版社1988年第2版,第51页。
② 〔明〕文震亨原著,陈植校注:《长物志校注》,南京:江苏科学技术出版社1984年版,第27页。
③ 同上,第28页。
④ 同上,第34页。
⑤ 〔明〕计成原著,陈植注释:《园冶注释》,北京:中国建筑工业出版社1988年第2版,第83页。
⑥ 同上,第87页。

宜则制,惟地图可略式也"①。

在明代江南园林中,有些园林是以建筑取胜的。如生活在 16 世纪后半叶到 17 世纪上半叶的范允临在苏州城外有座"天平山庄",明末清初文学家归庄在其《观梅日记》中说:"忆己卯岁曾来游,其时文正公之后裔范学宪,因山为园,池馆亭台之胜,甲于吴中。"②当然也有一些园林,因为建筑物过多,所以园林境界迫促,适得其反,如潘允端的"豫园",王世贞在其《游练川云间松陵诸园记》中认为:"入山蛇行而上,正枕大池,与乐寿堂对,中亦有峰峦、涧壑、亭馆之属,而不甚奇。竹细而疏,木庸而童,石亦称是。盖方伯志大而力不副,廊庙多而泉石寡,宜其尔也。"③豫园内是否如王世贞所说廊庙多而泉石寡,可能不同的游客会有不同的看法,但这里也说明一个问题,即园林中建筑的数量和位置安排与整个园林的欣赏效果是息息相关的,适量而妥帖的建筑能为园林起到画龙点睛的作用,但处理不当也容易引起相反的效果。从计成和文震亨等人的园林追求来看,园中建筑的建造讲究"宜"的原则:一是环境之宜,即建筑物的布置需要考虑和周围其他环境要素之间的关系,有些建筑物只能出现在特定的环境中,比如"榭"一般而言就只能建在水旁,"堂"一般而言建在园林的中心位置,因此不同位置的不同建筑必须相互协调才能达到令人赏心悦目的效果。园林内建筑的营造虽有成法,但是最好的效果是"造式无定",充分考虑建筑和环境之间的搭配关系,根据园林环境的地形地貌的性质和特点来定夺建筑的造型样式。二是功能之宜,即园内建筑的布置安排需要考虑满足建筑本身的功能。如"堂"和"斋"的功能是不同的,前者一般作为正室,则须宽敞,而后者往往为燕居之所,一般讲求明净清爽。楼阁也要根据不同的功能来设计,如作为卧室则须回环曲折,作登临眺望之用的则须宽敞宏丽。可见,园内建筑的建造和安排要考虑建筑的功能并考虑这些功能与环境之间的关系,才能最大限

① 〔明〕计成原著,陈植注释:《园冶注释》,北京:中国建筑工业出版社 1988 年第 2 版,第 88 页。
② 〔明〕归庄:《归庄集》,北京:中华书局 1962 年版,第 400 页。
③ 〔明〕王世贞:《弇州四部稿续稿》卷六十三,四库全书本。

度地在功能与审美欣赏之间求得平衡。

（三）叠山

假山是中国古典园林的重要元素。中国园林向来以效仿自然为宗旨，而这里的自然又通常是山水的代名词，故而山与水是中国古典园林中最重要的两个元素。中国古典园林中的叠山历史，晋宋以前以皇家园林大规模堆叠真山为主，也就是在园林中用土石堆起真山大小的假山，虽其名曰假山，但是因为体量和真山大小相仿，所以和真山并无二致，但像这样堆叠真山一般也只能在皇家园林中才能实现。晋宋以后，随着私人园林的兴起，中国古典园林中的叠山艺术逐渐向小型化发展，特别唐代以后，那种在广袤的园林内堆叠真山的活动已经减少，随之而来的则是在园内堆叠缩微假山，这种假山是真山的整体缩微和模仿，以实现"拳石勺水"、小中见大的目的。这种叠山风格对唐以后的历朝影响都很大，无论是皇家园林还是私家园林都能看到体现这种风格的假山。比如我们曾提到元代太液池苑囿的设计便是以"一池三山"为主，明代在此基础上形成了"三海二岛"的景观，其实就是神话中蓬莱、方丈、瀛洲的神山境界的缩微模拟。元末建成的苏州著名园林狮子林以假山怪石著称，它以玲珑剔透的太湖石堆叠成狮子、猴子等动物形象，这也是堆叠缩微假山的例子。在明代中期以前，这种叠山风格一直占主导地位，其手法基本上是"聚石为山"，也就是大力搜购奇石，并堆叠成小型的假山，通过假山中的峰、岩、洞、岫、泉、垣等模拟真山的景致。生活在 15 世纪的明代文人张宁有一"方洲草堂"，里面的假山便是这种风格的典型体现，其《一笑山雪夜归舟记》说："方洲草堂，叠石为山，山之上有苍玉峰、东垣、柱颊峰、宿雨岩、滴露岩、归云洞、兰雪坡、茶烟岫、咏月峤、卓笔碧、洗砚泉、映山池，皆镵石刻字，周植小桧、梅竹、杂卉，高旷未满寻丈，而欲拟诸大山，可发一笑。彼山之大者，非己所有，亦非草堂所能贮。此山可贮而有，以其能小也。山虽小，而气象、景色、生意毕具，庶几一拳广大之意，则亦自有可喜而笑者在，名之曰一笑山。"①明代后期最著名

———————————————

① 〔明〕张宁：《方洲集》卷十九，四库全书本。

的园林假山大概要数王世贞的弇山园,其"西弇""中弇"和"东弇"是主要的假山景区,其中"西弇""中弇"由当时著名的叠石能手张南阳所造,"东弇"则由另一叠石能手"吴生"所造。其中"中弇"以石胜,而"东弇"以目境胜,"中弇"尽人巧,而"东弇"时见天趣。王世贞自己在《弇山园记》中称弇山园"土石得十之四",可见假山景观是这座园林的主要特色。

中国古典园林的叠山风格在晚明有一变革,便是从模拟真山的缩微景观向局部再现真山水过渡。这样一种过渡是在计成和张南垣这些造园家那里实现的。受文人画风格的影响,计成和张南垣对传统那种缩微景观的叠石风格甚不满意,认为这种假山失去了真山水的意义。但是要在面积有限的私人园林中实现对真山水的再现又是不可想象的,在古代也只有在规模宏大的皇家园林中才有此可能。计成和张南垣的解决办法就是再现局部的真山水,例如在园林中堆叠出真实山水大小的山脚,通过对山脚的巧妙设计让人联想到真实的山水。计成的叠山手法是"掇石而高,搜土而下",使山形高峻,凸显真山的效果;又如"厅山"的设计,计成说:"或有嘉树,稍点玲珑石块;不然,墙中嵌理壁岩,或顶植卉木垂萝,似有深境也。"[1]这其实就是通过植物的遮掩营造似有深境的联想效果。张南垣在叠山上则提倡"平冈小坂,陵阜陂陁"的设计,通过营造真实的土山山脚的手法来追求文人画那种平远的效果。

(四)理水

中国古典园林强调山水第一,山元素和水元素是园林内最重要的两个元素。因此,除了叠山,理水也是营造优美的园林景观不可或缺的重要元素。中国古典园林关于水体的处理是多样的,由于自然山水是中国园林营造的最重要的理想,因此能够在拥有自然形成的水体之旁造园是最理想的,如果没有自然形成的水体,那么往往也会在园内合适的地方挖掘水池。没有任何水体的园林在中国古代往往是不可想象的。

在上面关于明代皇家园林的介绍中,我们可以看到景观最为优美的

---

① 〔明〕计成原著,陈植注释:《园冶注释》,北京:中国建筑工业出版社1988年第2版,第210页。

西苑就是以水体作为其景观主体,根据北海、中海和南海的基本形态来布置岛屿和建筑。明代北京最有名的私园也基本以水体作为景观欣赏的主体,如武清侯李伟的清华园就是一座以水体为主的园林,园中水体宏阔,光是水程就十数里,岛屿百座。与清华园比邻而居的米万钟的勺园也以水体为主,据记载,在园内桥上则园内一望皆水也。诸如定国公园、英国公园、李皇亲新园也是如此。总的来看,明代北京著名的私园往往是滨湖园林,或者环湖而建,或者园内就拥有湖池,根据水体来选址并安排园内要素是明代北京私园一个很重要的特点。

在明代江南地区的私家园林中,水体的建造同样也是园林要素。无论是在明初还是晚明关于园林的文献记录中,我们都可以发现大量关于园林理水的描述。如明初刘基《怡怡山堂记》记载该园"带以长渠,舟楫通焉;汇以清池,石泉泄焉……于是天清日明,二老乃泛轻舟,乘板舆,从以诸孙,斑裳彩衣,徜徉乎其中,不知其忘昏晨,而乐以终永年也"[1],这是明初关于园林水景的较详细的记载。明代中期最著名的江南园林之一——拙政园,同样是以水体景观为主。拙政园建园之初便因其中有积水而加以浚治,形成园中主要的水体"沧浪池",然后环池栽植树木花卉,并布置各种亭台楼阁。明代后期最著名的园林——王世贞的弇山园,也拥有非常优秀的水体景观。根据《弇山园记》的记载,该园的选址即突出了水景的特色,弇山园左边为隆福寺,寺前"有方池,延袤二十亩,左右旧圃夹之,池渺渺受烟月,令人有苕、霅间想"[2],弇山园的选址不仅强调了依广池而建,而且通过想象中的苕、霅二水而表达了隐居的志向。弇山园水体占的比例,王世贞说"土石得十之四,水三之,室庐二之,竹树一之"[3],可见在以假山闻名的弇山园中,水景依然占据了主要的部分。而

---

① 〔明〕刘基:《怡怡山堂记》,见赵厚均、杨鉴生编注《中国历代园林图文精选》第三辑,上海:同济大学出版社 2005 年版,第 224 页。
② 〔明〕王世贞:《弇山园记》,见陈从周、蒋启霆选编,赵厚均注释《园综》,上海:同济大学出版社 2004 年版,第 130 页。
③ 同上,第 131 页。

根据王世贞的记载,弇山园的建造对于水体特别留意,通过不懈的人工浚治,弇山园的水景最终得以超越其山景,成为该园的一大特色。王世贞说:"山以水袭,大奇也;水得山,复大奇。吾园之治,一兰若旁耕地耳,垒石筑舍,势无所资,土必凿,凿而洼为池,山日益以崇,池日以洼且广,水之胜,遂能与山抗。……盖弇之奇果在水,水之奇在月,故吾最后记水,以月之事终焉。"①可见,在王世贞心中,弇山园最奇之处还不在于"中弇""西弇"和"东弇"各种奇形怪状的假山,而在于水月之事。

(五)植木

植物是中国古典园林中的重要元素。中国古典园林向来注重生意和变化,而植物则是满足这方面要求的重要手段。我们可以看到,明代早期园林中的植物以农业植物为主,这和明代早期园林注重实用功能有关,如王行记载一座"何氏园林"在山之麓有泉林、茶坡、花坞、杏林、药区②,刘基记载的"怡怡山堂""前迤平畴,夏麦秋禾,芃芃离离"③,赵撝谦记载"东园""立亭八九椽,覆以白茅,列树花果桑竹数百十本"④。在这些明代早期的园记中,关于栽植具有实用功能的花卉树木的记载是相当普遍的。随着明代中期和晚期园林的功能逐渐向审美欣赏过渡,园内植物的种植也逐渐倾向满足观赏需求。如王鏊在《且适园记》中说其弟购屋买田之后"既又辟其后为园,杂莳花木,以为观游之所"⑤,在《从适园记》中记其侄筑"从适园"后,"湖山既胜,又益以花木树艺,秋冬之交,黄柑绿

① 〔明〕王世贞:《弇山园记》,见陈从周、蒋启霆选编,赵厚均注释《园综》,上海:同济大学出版社2004年版,第140—141页。
② 〔明〕王行:《何氏园林记》,见赵厚均、杨鉴生编注《中国历代园林图文精选》第三辑,上海:同济大学出版社2005年版,第188页。
③ 〔明〕刘基:《怡怡山堂记》,见赵厚均、杨鉴生编注《中国历代园林图文精选》第三辑,上海:同济大学出版社2005年版,第224页。
④ 〔明〕赵撝谦:《草亭记》,见《赵考古文集》卷一,四库全书本。
⑤ 〔明〕王鏊:《且适园记》,见陈从周、蒋启霆选编,赵厚均注释《园综》,上海:同济大学出版社2004年版,第222页。

橘,远近交映,如悬珠,如缀玉"①。从王鏊的记载可以看出这种由农业景观向观赏性景观发展的走向。文震亨《长物志》卷二"花木"详细描述了园林中 40 多种花木的种植方法和布置,大部分都已是观赏性的植物,文震亨在"花木"总条说花木的种植原则是"取其四时不断,皆入图画"②,可见也是以观赏性为主的。王世贞在《先伯父静庵公山园记》中对园中各种植物一一列举:"果则桃、李、梅、杏、橘柚、柑、枇杷、樱桃、燃柿、含桃、卢橘、来禽、郁棣、杨梅、梬枣之属;树则梧、楩、梓、栝、椑、柏、杉、桧、黄杨、桎榉、檗栌、胥余、栟榈、女贞、椿榕之属;卉草则蜀茶、海棠、辛夷、玉兰、蕙芷、穹穷、搏且、芙蓉、芍药、牡丹、含欢、忘忧、青萝、苍荔之属,各以百千计。"③可见,园内植物品种非常丰富。

明代江南园林的造园手法是多样的,除了上面讨论的五种,尚有动物的豢养、景观的命名、器具的布置等等。其总体的倾向是从明初的实用性为主向中后期的观赏性为主发展,造园手法也从明初的简单朴素走向后期的繁复奢华,不仅有对传统造园手法的继承,也有对传统造园手法的突破,特别是在晚明的计成、张南垣等造园大师那里,中国古代的造园手法有了突破性的发展。

三、明代江南私家园林的环境意识

这里的环境意识指的是人们对人与环境关系的看法与态度。园林作为自然与艺术的结合,其中体现出来的环境意识也就相对复杂,自然与艺术、自然与设计、自然与目的等关系是园林环境意识中的主要关系。效仿自然山水一直是中国古典园林的追求,也就是力求在人工设计中呈现自然化的环境。因此,中国古典园林的环境意识,总的来说是以尊重

---

① 〔明〕王鏊:《从适园记》,见陈从周、蒋启霆选编,赵厚均注释《园综》,上海:同济大学出版社 2004 年版,第 222 页。
② 〔明〕文震亨著,陈植校注:《长物志校注》,南京:江苏科学技术出版社 1984 年版,第 41 页。
③ 〔明〕王世贞:《先伯父静庵公山园记》,见陈从周、蒋启霆选编,赵厚均注释《园综》,上海:同济大学出版社 2004 年版,第 147 页。

自然为主的。在中国古典园林史中,这种尊重自然的环境意识发展出了一些独特的范畴,我们下面主要以明代江南私家园林为例进行论述。

(一)宜

明代江南私家园林中最基本的环境意识就是"宜"。"宜"包括主客观两方面的界定:就主观方面来说,是在园林这个环境中的居住之宜,包括身体耳目的快适愉悦;就客观方面来说,"宜"表现为对自然环境条件的追随和尊重。

对于"宜"的强调,在明代园林文献中是很常见的。如计成认为营造贵在"随曲合方,是在主者,能妙于得体合宜,未可拘率",特别是园林的兴造"随基势之高下,体形之端正,碍木删桠,泉流石注,互相借资;宜亭斯亭,宜榭斯榭,不妨偏径,顿置婉转,斯谓'精而合宜'者也"①。这里的"得体合宜",是从客观方面来说的,指的是园林的建造要根据自然条件来安排,地势的高下、体形的端正、各种要素的布置,都须不拘成法,根据自然条件该怎么安排就怎么安排。文震亨也说:"园林水石,最不可无。要须回环峭拔,安插得宜……乃为名区胜地。"②即是说园林水景和山石的布置得宜、相得益彰,形成多样性的欣赏环境,乃是成为名胜之地的重要前提。

根据对自然条件的尊重来建造和布置园林,可以得到相当惬意的审美效果。如弇山园,王世贞说:"宜花:花高下点缀如错绣,游者过焉,芬色糁眼鼻而不忍去。宜月:可泛可陟,月所被,石若益而古,水若益而秀,恍然若憩广寒清虚府。宜雪:登高而望,万堞千甍,与园之峰树,高下凹凸皆瑶玉,目境为醒。宜雨:蒙蒙霏霏,浓淡深浅,各极其致,縠波自文,儵鱼飞跃。宜风:碧篁白杨,琤琤成韵,使人忘倦。宜暑:灌木崇轩,不见畏日,轻凉四袭,逗勿肯去。此吾园之胜也。"③在这里,弇山园作为一个

---

① 〔明〕计成著,陈植注释:《园冶注释》,北京:中国建筑工业出版社1988年第2版,第47页。
② 〔明〕文震亨著,陈植校注:《长物志校注》,南京:江苏科学技术出版社1984年版,第102页。
③ 〔明〕王世贞:《弇山园记》,见陈从周、蒋启霆选编,赵厚均注释《园综》,上海:同济大学出版社2004年版,第131页。

在时间和空间中的存在,要做到宜花、宜月、宜雪、宜雨、宜风、宜暑,必然要在园林设计方面强调对自然条件的尊重,包括对植物习性的尊重,对四时规律的尊重,对自然现象的尊重,等等。对这些自然条件的尊重并按照自然条件来建造园林,带来的必然是欣赏者自身的审美愉悦。王世贞说其弇山园之胜在于宜花、宜月、宜雪、宜雨、宜风、宜暑,其实也表明了在弇山园游览居住能够带来合宜舒适的体验,能够过花而不忍去,听风而使人忘倦,畏日而轻凉四袭。"宜"是造园最基本的前提,虽然"宜"能够获得相当不错的审美效果,但"宜"和"美"也是存在矛盾的。如郑元勋在其《影园自记》中说:"大抵地方广不过数亩,而无易尽之患,山径不上下穿,而可坦步,然皆自然幽折,不见人工,一花、一竹、一石,皆适其宜,审度再三,不宜,虽美必弃。"[①]可见,在两者发生矛盾时,"宜"是首先需要考虑的,这表明在明代江南园林中,对自然环境的尊重要先于审美的考虑。

有些园记,虽然没有使用"宜"这个字眼,但其意和上面所讲的"宜"是一样的。如王心一的《归田园居记》说其造园"地可池,则池之;取土于池,积而成高,可山,则山之;池之上,山之间,可屋,则屋之"[②]。王心一这里说的"可",其意也就是"宜",是对自然环境的尊重并按自然条件来设计造园。

(二)适

比"宜"更进一步的是"适"。"宜"意味着通过对环境的尊重而达到人与环境之间关系的和谐,这样的关系是基本的但也是初步的;"适"则是在"宜"的基础上进一步强调人与环境之间的审美关系,已经带有很强的美学意味了。和"宜"相比,"适"更偏向于强调园居主人或者欣赏者主观上的舒适感,表明园居生活中人与环境之间的和谐为人带来的愉悦情

---

① 〔明〕郑元勋:《影园自记》,见陈从周、蒋启霆选编,赵厚均注释《园综》,上海:同济大学出版社
　　2004年版,第90页。
② 〔明〕王心一:《归田园居记》,见陈从周、蒋启霆选编,赵厚均注释《园综》,上海:同济大学出版
　　社2004年版,第231页。

性的修养。如王世贞《安氏西林记》中说："凡山居者,恒恨于水;水居者,恒恨于山;山水居者,或狭且瘠,而不可以园。适于目者,不得志于足;适于足者,不得志于四体;适于四体者,不得志于口。是四者具矣,而多不得志于人与文。懋卿之'西林',佹得之哉!"①根据王世贞的看法,园居生活须适目适足,便于游赏,又须适于四体和口腹,使四体舒适、食材丰美;四者具足而又有才人佳客时相过从。"西林"于此种种皆无遗憾。可见,"适"这个美学范畴与人的感官身体的愉悦关系特别密切。

在明代江南园林中,王鏊家族的园林是以"适"闻名的。王鏊在京师为官之时就有自己的园林,名为"小适",告归后又于家乡造一园,名"真适",其弟有园林名叫"且适",其侄有园名为"从适"。王鏊家族喜欢为园林取名为"适",不仅强调园林能够满足人的"观山水园林,花木鱼鸟,予乐也"的邱山之性,而且"适"也是一种非常高雅的哲学观念,王鏊说他与其弟显晦不同,但其弟"不怼、不变、不沮,曰:'天其果遂穷予乎?予且适于斯以竢之,无戚戚者天其或有时而达予乎?予且适于斯以竢之,无汲汲者。'穷达、进退、迟速,一委诸天,而不以概于中,是其所以为适者也"②。在这里,"适"代表着"适于天",即人与天之间的"适",将人生之穷达、进退和迟速一委诸天,是将小我融于宇宙之大我的极为精微的哲学态度,而这种精微的哲学态度是通过园居生活中人与环境之"适"表现出来的,它已超越了简单的观游之乐,故王鏊说其弟"岂真适乎是哉?其亦暂寓乎此者也"③。可见,"适"在这里一方面是人在环境审美欣赏之时获得的身心之适,另一方面也暗示着超越现实世界小我而融入宇宙大化中的终极目的。

"适"这个范畴有比较深远的思想渊源,因此有些文人通过把园居生

---

① 〔明〕王世贞:《安氏西林记》,见陈植、张公弛选注,陈从周校阅《中国历代名园记选注》,合肥:安徽科学技术出版社1983年版,第125—126页。
② 〔明〕王鏊:《且适园记》,见陈从周、蒋启霆选编,赵厚均注释《园综》,上海:同济大学出版社2004年版,第222页。
③ 同上。

活和这种古代资源联系起来抒发一己之见。明代戏曲家顾大典在《谐赏园记》中说："主人去家园二十年，官两都，历四方，足迹几半天下，尝登泰山，谒阙里，入会稽，探禹穴，陟雁荡，访天台，睇匡庐，泛彭蠡，穷武夷之幽胜，吊鲤湖之仙踪，江山之胜，颇领其概，意有不合，退而耕于五湖，得以佚吾老于兹园也。入则扶持板舆，出则与昆弟友生觞咏为乐，江山昔游，敛之邱园之内，而浮沉宦迹，放之何有之乡，庄生所谓自适其适，而非适人之适，徐徐于于，养其天倪，以此言赏，可谓和矣。夫'谐'者，和也，庶几无戾余命园之意欤？"[1]这里顾大典引用庄子"自适其适"与"适人之适"的区别，来描述其园居生活摆脱官宦生涯、追求适性顺意的理想。"谐赏园"的命名是与其这种人生哲学相符合的，"谐"与"赏"在此都有和谐之意，谓和谐的园居生活足以自适其性而无须适人之性，最终养其天倪、与道适往。

（三）因

前述合"宜"是造园的基本原则，而从具体的造园手法来看，合"宜"的效果是通过"因"而获得的。计成对此有过精当的论述，他说："'因'者：随基势之高下，体形之端正，碍木删桠，泉流石注，互相借资；宜亭斯亭，宜榭斯榭，不妨偏径，顿置婉转，斯谓'精而合宜'者也。"[2]在这里，计成论述了"因"的具体手法，那就是遵循自然的原理，随着地形的高低端正来进行建造，有树枝妨碍就除去，有泉水流出就引注石上，能建亭的地方就建亭子，能建榭就建榭，才能达到"精而合宜"的效果，这就是因循自然的造园手法。因此，"因"是最能体现中国古代造园自然主义特色的范畴之一。

"因"这种造园手法贯彻在选址、建筑、空间布置等各个方面。"因"的主要意思是因随，即遵循自然环境的基本条件来安排设计；但"因"并不是强调人工越少越好，因为做出"因"这种行为的始终是人，所以"因"

---

[1]〔明〕顾大典：《谐赏园记》，见陈从周、蒋启霆选编，赵厚均注释《园综》，上海：同济大学出版社2004年版，第154页。
[2]〔明〕计成著，陈植注释：《园冶注释》，北京：中国建筑工业出版社1988年第2版，第47页。

既是对客观条件的遵守,也是主观目标的实现。以选址为例,明代江南园林在选址上多强调依山傍水,在山水之间选择造园场所便是对自然优异条件的因借。又如楼阁等建筑,也以因山傍水为好,如文徵明《玉女潭山居记》说:"自'升阳'北出,地渐高且广,盖山之麓也。因山为台,澄爽层出,陟级而上,延阁若干楹,前轩施槛,可以肆目,曰:'大观廊'。"①文徵明《王氏拙政园记》又说拙政园"凡诸亭槛台榭,皆因水为面势"②。有时一些园记中没有用"因"这个概念,但其实说的也是"因"的造园手法,如文徵明《王氏拙政园记》说:"槐雨先生王君敬止所居在郡城东北,界齐、娄门之间,居多隙地,有积水亘其中,稍加浚治,环以林木。"③这里的"稍加浚治"其实也就是"因"的造园手法,以人工因循自然为主。又如朱察卿《露香园记》说:"不五武,有'青莲座',斜榱曲构,依岸成宇,正在阿堵中。"④即谓"青莲座"在水岸弯折处而建,屋椽结构皆依岸势屈曲。这里的"依岸成宇"也正是采用了"因"的手法。

在明代园记文献中,王鏊的《天趣园记》对"因"的论述是最集中的。"天趣园"为萧九成之园,据王鏊的记载,萧九成对该园有独特的看法,他说:"凡观游胜概,以人力为之,则费且劳,因其故焉,则省且佚。吾之有是园也,吾无作焉。其景有十,皆因其故为之。园东抵高山,山之麓青壁数仞,苍翠巇绝,有岩岩之气象,是为'石壁'。石壁之下,巨石坡陀平衍,可坐数人,曰'盘石'。泉出山下,自南流入,旱涝不见盈涸,曰'源泉'。源泉潆潆,西北诘屈流,导为流觞,曰'曲水'。曲水流数十步,潴以大池,广可数亩,曰'方池'。水自池下流,日夜不息,作碓其傍,其机自动,不烦人力,曰'水碓'。水抵北复南折,为大溪,有石临之,曰'钓矶'。石壁之

---

① 〔明〕文徵明:《玉女潭山居记》,见陈植、张公弛选注,陈从周校阅《中国历代名园记选注》,合肥:安徽科学技术出版社 1983 年版,第 106 页。

② 〔明〕文徵明:《王氏拙政园记》,见陈植、张公弛选注,陈从周校阅《中国历代名园记选注》,合肥:安徽科学技术出版社 1983 年版,第 100 页。

③ 同上。

④ 〔明〕朱察卿:《露香园记》,见陈植、张公弛选注,陈从周校阅《中国历代名园记选注》,合肥:安徽科学技术出版社 1983 年版,第 119 页。

左有窟如屋,相传昔人炼丹于此,曰'丹穴'。曲水分支西流,有轩瞰其上,曰'漱清'。缘溪作亭,溪外诸山隐隐可见,曰'仰高'。山之松竹杉桂,四时苍翠郁然,名花汇列,怪石骈峙,皆可以供游观者。他日吾将老焉。"①在这里,萧九成建天趣园的总原则便是"因其故",这样不仅"且省且佚",而且隐含以自然为上的传统思想,因此他造园"无作焉",园中景观俱以不多事人工为主,能池则池,能山则山。王鏊以萧九成的"因其故"思想批评时人造园"绝涧壑,隳丘垄,披灌莽,疲极人力"的做法,认为这样做"亦劳且费",更无法求得兹园之"天趣"。这里所谓"天趣",便是因循自然的意思,是"为高必因丘陵,为下必因川泽"②。

（四）借

如果说"因"这个范畴主要体现了中国古典园林因循自然、尊重自然的思想,那么"借"这个范畴则体现了中国古典园林从整体来理解环境的意识。对于"借",计成《园冶》有过较详细的论述,在他看来:"'借'者:园虽别内外,得景则无拘远近,晴峦耸秀,绀宇凌空,极目所至,俗则屏之,嘉则收之,不分町疃,尽为烟景,斯所谓'巧而得体'者也。"③计成《园冶》最后专门有一节论述"借景",可见他对于园林"借"的手法的运用是相当重视的。在他看来,园林虽有内外之别,但是从景观欣赏的角度来看不能拘束于远近,为了取得良好的园林景观效果,对于有碍观瞻的,可以通过设计来屏障,而对于能够进入欣赏视野并形成优良景观的,则应该尽量收取过来。在计成的论述中,我们可以看到,园林虽然是一个特殊的空间,即他这里讲的"园虽别内外",但是对园林景观的审美欣赏不能拘束在园林之内,园林观赏效果是内和外相结合而获得的,那种将园林游赏龟缩于园林高墙之内的做法只会切断环境原本的连续性,使园林成为一种失去了自然与艺术动态结合的活力的空间。

---

① 〔明〕王鏊:《天趣园记》,见《震泽集》卷十七,四库全书本。
② 同上。
③ 〔明〕计成著,陈植注释:《园冶注释》,北京:中国建筑工业出版社 1988 年第 2 版,第 47—48 页。

　　这种借景的手法在明代江南园林中十分常见。如王稚登《寄畅园记》说该园："右通小楼,楼下池一泓,即惠山寺门阿耨水,其前古木森沈,登之可数寺中游人,曰:'邻梵'。"①寄畅园以惠山寺为邻,登园之楼阁可数寺中游人,用的即借景的手法。与寄畅园左右夹峙惠山寺的愚公谷也充分使用了借景的手法,邹迪光《愚公谷乘》描述道:"大都园林之间,山太远则无近情,太近则无远韵,惟夫不远不近、若即若离,而后其景易收,其胜可构而就,兹亭居两山之中,前后翠微,不远而离,不近而即,不依依而匿,不落落而傲。"又说在该园楼阁中"凭栏四顾,则远之为茅峰,近之为僧庐宝刹者、二泉亭者,又近而为吾园之粉堞雕甍石栏花屿者,历历在目"②。我们可以看到,愚公谷无论是山中小亭还是园中楼阁的设计,都十分强调对远景和近景的借用,并且提出借景须不远不近、若即若离的原则,这是对借景手法的非常精妙的概括。对于借景的重要性,明代文人是相当了解的,有时借来的远景甚至成为园林最重要的景观。如陈所蕴《日涉园记》中说:"阁南望,则浦中帆樯,北望则民间井邑,一一呈眉睫间,盖园中一大观也。"③可见借景手法运用得好,能够使园外之景成为园内的重要元素。

　　"借"的手法的使用,表明明代人把园林内外的空间视为有机的整体,园林空间并不是和整体环境相分隔的封闭的空间,而是与外部空间和整体环境处于一种微妙的有机联系中。园林优秀的景观和观游效果的形成,在于正确地处理这种内外要素之间的关系。园林外部的景观通过借的手法成为园林内部不可或缺的观赏资源,同样作为园林内部的景观要素也可以成为外部其他空间的外借要素。这种内外有机的联系使整个环境形成互相因借、移步即景的多元空间。由此可见,明代江南园

① 〔明〕王稚登:《寄畅园记》,见陈植、张公弛选注,陈从周校阅《中国历代名园记选注》,合肥:安徽科学技术出版社1983年版,第182页。

② 〔明〕邹迪光:《愚公谷乘》,见陈植、张公弛选注,陈从周校阅《中国历代名园记选注》,合肥:安徽科学技术出版社1983年版,第189—191页。

③ 〔明〕陈所蕴:《日涉园记》,见陈植、张公弛选注,陈从周校阅《中国历代名园记选注》,合肥:安徽科学技术出版社1983年版,第204页。

林的建造十分重视整体环境质量的维系与提升,园林的建造虽然大部分人事集中于园林内部空间要素的安排与设计,但是如果园外环境变得糟糕,同样会影响园林景观最终的欣赏效果。对这种借景手法的重视,能够促进明代人形成一种有机的、整体的环境意识,即要在维系环境整体的质量上去开展造园活动,而不是把园林视为隔绝的空间而忽视了周围的环境或者甚至对周围环境起到破坏的作用。

第四节 王世贞与明代江南私园

王世贞(1526—1590),字元美,号凤洲,又号弇州山人,明代苏州府太仓人。王世贞22岁中进士,累官至南京刑部尚书,卒赠太子少保。王世贞与李攀龙等合称"后七子",在李攀龙死后独领文坛20年,著有《弇州山人四部稿》《弇山堂别集》《嘉靖以来首辅传》《觚不觚录》等。王世贞对于我们了解明代园林特别是16世纪后半叶的明代园林有十分重要的意义,理由有如下三点:第一,王世贞是当时文坛领袖,在很多方面代表当时文人阶层的高雅趣味,也就是说王世贞的审美趣味具有典型性和象征性,能够比较集中地体现16世纪后半叶明代文人的审美判断;第二,王世贞本人性爱山水,特别对于园林有着痴迷的态度,他自己不仅拥有几处相当著名的园林,而且每到一处则对当地的园林特别留意,并留下他自己的园林和各处园林的大量园记,这些园记是了解明代园林的重要文献;第三,王世贞处于16世纪后半叶,此时正是明代物质消费走向奢华的阶段,明代的园林兴建也在这个阶段趋于极盛,从各种迹象来看,王世贞正处于明代园林由极盛走向变革的敏感时期,因此有学者认为他的弇山园是"变革之前的明代园林风格的代表"①,由此可以把王世贞及其造园观念视为明代园林风格变革前的总结。

---

① [英]夏丽森:《明代晚期中国园林设计的转型》,见吴欣主编《山水之境:中国文化中的风景园林》,北京:生活·读书·新知三联书店2015年版,第215页。

一、园林的选址:"不能得自然岩壑以为恨"

如前所述,自然山水是中国古典园林追求的境界和宗旨,因此在大量的园记文献中我们都可以看到对于园林选址应以接近自然为原则的论述。在这方面,王世贞的看法也不例外,他在园记中对理想的园居场所的描述,往往是以和"阛阓""廛市"等城市环境的比较而出现的。比如在《安氏西林记》中他说:"余与仲,俱嗜名山水,而家东海泻卤地,亡当者;家有园,颇见称说,游客亦以近廛市,且不能得自然岩壑以为恨。"①王世贞家族拥有多处为人称道的园林,而王世贞本人的弇山园更是"以巨丽闻",但王世贞对此仍不满意,一是因为"近廛市",二是因为无自然岩壑,这两方面的缺憾表明王世贞对于园林选址是偏向传统的自然主义的,以园林和城市之间距离的远近作为评判园林选址优劣的标准。但是大凡远离城市环境,园居生活又面临不够便利的困境,因此虽然中国古典园林强调接近自然为佳,但选择在城市和城郊造园的文人并不在少数,甚至可以说,能够真正摆脱城市生活的便利而栖居在自然岩壑的文人是很少的。王世贞在这篇园记中表达了理想的园居生活是环境与身体两方面的和谐的思想,"凡山居者,恒恨于水;水居者,恒恨于山;山水居者,或狭且瘠,而不可以园。适于目者,不得志于足;适于足者,不得志于四体;适于四体者,不得志于口。是四者具矣,而多不得志于人与文。懋卿之'西林',傛得之哉!"②理想的园居生活,一方面是在选址上能够更加接近自然山水,避开城市蹇迫喧嚣的环境;另一方面园居生活不能让人回到原始状态,必须要满足人的目、足、四体、口等方面的需求,此外还要满足人在文化和社交上的高级需求。足够幽静的环境加上能满足身体所需的便利条件,又能够凸显文人的高雅情趣,这几点便构成了王世

---

① 〔明〕王世贞:《安氏西林记》,见陈植、张公弛选注,陈从周校阅《中国历代名园记选注》,合肥:安徽科学技术出版社 1983 年版,第 124 页。
② 同上,第 125—126 页。

贞眼中理想的园居生活。但是很少园林能够达到这样苛刻的要求，就王世贞所见也就安氏西林园能够实现而已。

王世贞的弟弟王世懋对于园林的选址也有类似的看法，而且似乎在追求接近自然这方面更甚于王世贞。王世贞的《澹圃记》说："澹圃者，吾弟敬美之所手创也。敬美自秦臬予告归，若虋额于阛阓者，而不能远余而放于麋鹿鱼虾之地，念欲栖离薋则太湫而狎嚣，栖弇山则大丽而贾客，皆厌之。行募地，得城隅之坤维，其南望恬憺观三百武而近，北去弇山半里而遥，三方皆远市。右方虽小迀而特荒落，亡贸易歌哭声，傍多沃野，稍远为乡人墅，饶嘉木美箭之属。敬美大乐之，曰：'是可居也。'"①从上文的记述来看，王世懋和他哥哥一样烦于阛阓喧嚣之事，希望能在远离城市之地觅得造园之所。但显然王世贞还热衷于四体之适以及文人社交生活，因此其弇山园以巨丽闻名之后已成为游观胜地，王世懋则更青睐于追求一处个人修身的场所。因此，当看到城隅有地三方皆远离市廛、傍多沃野之后，王世懋让管家"苍头政"为其在此地造园，且嘱托不能按照弇山园的样子来建造。园成后仅弇山园的六分之一大小，但无疑更适合个人修身之用，王世懋还在园中开辟学稼之处，每至耕时，则"先其家众行课耕"，又"养鸡牧豕，酏酪不乏，间携妇以止，曰'异日为儿曹作一蜗壳者也'"②，可见该园虽在体量上远逊于王世贞的弇山园，但因其更加远离城市而幽僻，也更适合个人幽居修身之用。从该园的命名也能看出这一点，道家有"道之出口，澹乎其无味"之语，可见取名"澹圃"与道家自然恬淡的思想有关。王世贞承认自己对于世事留恋过多，无法像其弟那样做到"澹"的境界，"敬美甫草而未尝一日不与余偕，余故勉自割，尚于世味时时染指焉。敬美则知足少欲，自天性矣。……是故敬美之署澹圃也，以澹圃者也，非以圃澹者也"③。在这里，澹圃幽僻的选址、园内简洁

---

① 〔明〕王世贞：《澹圃记》，见赵厚均、杨鉴生编注《中国历代园林图文精选》第三辑，上海：同济大学出版社 2005 年版，第 130 页。

② 同上。

③ 同上，第 132 页。

的布置、对耕读传统的强调等等,都体现了园居主人自然恬淡的道家追求,使园居环境成为这种哲学追求的物质外化。

二、园林的功能:"计必先园而后居第"

在王世贞眼中,园林之所以如此重要,除了园居生活能给人带来游赏之乐,它还发挥着非常重要的文人身份认同和社会区分的功能,对于作为士林领袖的王世贞来说,这种认同和区分的功能显得尤为重要,因为他的一举一动、他的审美趣味和裁断,其实都代表着当时千千万万士林学子。

在《弇山园记》中,王世贞描述了生活在弇山园中的苦与乐:"吾自纳郧节,即栖托于此。晨起,承初阳,听醒鸟。晚宿,弄夕照,听倦鸟。或蹑短屐,或呼小舠,相知过从,不逆不送。清醒时,进钓溪腴以佐之;黄粱欲熟,摘野鲜以导之。平头小奴,枕簟后随,我醉欲眠,客可且去。此居园之乐也。守相达官,干旄过从,势不可却,摄衣冠而从之,呵殿之声,风景为杀。性畏烹宰,盘筵饾饤,竟夕不休。此吾居园之苦也。"①在上面这段话中,王世贞将一种类似于有魏晋士人风度的园居生活视为"乐",同时将不得不应付的应酬视为园居生活之苦。实际上,以王世贞的巨大声望、家世及其个性,他建弇山园之初就未必真把该园视为隐居清修之所,因此社交生活在弇山园中是无法规避的。他也说:"自余园之以巨丽闻,诸与园者,游以日数,他友生以旬数,而今计余迹,岁不能五、六过,则余且去而为客。"②弇山园或许本就不是像其弟王世懋的澹圃那样主要是为隐居生活而建,而是要成为"以巨丽闻"的社交游观之所。王世贞在《题弇园八记后》还表述他的这种愿望:"余以山水花木之胜,人人乐之,业已成,则当与人人共之。故尽发前后扃,不复拒游者。幅巾杖屦,与客屐时

---

① 〔明〕王世贞:《弇山园记》,见陈从周、蒋启霆选编,赵厚均注释《园综》,上海:同济大学出版社2004年版,第131页。
② 同上,第132页。

相错,间遇一红粉,则谨趋避之而已。客既客目我,余亦不自知其非客,与相忘游者日益狎,弇山园之名日益著。于是群讪渐起,谓不当有兹乐。"①王世贞这里说与游者日益狎,甚至到了招致非议的地步,把这段话中的"共乐"与上面那段模仿魏晋风度的"独乐"相比,其中的意味颇耐人寻味。作为当时士坛文化象征的符号,不管王世贞是否愿意,园外的世界都会介入他的园居生活,或许他根本就没有把他的园林视为隐居之所,因此他其实是十分享受把园林视为文化资本向陌生人炫耀的。

那为何王世贞有时又以很不客气的语气描述外在世界的介入所带来的"居园之苦"呢? 在明代中后期,江南私家园林已经成为奢侈消费和文化展示的场所,随着富商和其他阶层的影响力越来越大,他们的触角已经伸向了向来作为文人文化展示场所的园林。自唐宋以来,私家园林逐渐成为据以界定文人身份的特定场所,这种倾向在明代中后期发展到了极致。文人的身份其实是相对模糊的,因为文人可以出入于各种场合,或为官僚,或为商人,或为平民,因此单从政治、经济或者世俗场域难以界定文人的身份。但是,当江南私家园林逐渐成为文化展示的场所,它也就成为文人界定自身最理想的空间。在此空间文人相与过从、吟咏诗意,因此王世贞在《弇山园记》中描写的类似魏晋士人的园居生活并非只是他个性生活的体现,而是当时文人共同的生活理想,这种生活是属于文人阶层的。因此,王世贞描写的"居园之乐"是"相知过从"的生活而非个人隐居的生活;而他描写的"居园之苦"也不是他个人居园生活之苦,而是作为文人阶层的他所感受到的身份危机之苦,其实作为个人他是喜欢"共乐"的,王世贞真正介意的并非"守相达官"对其弇山园的介入,而是官僚阶层介入其所代表的文化身份。因此,"相知过从"和"干旄过从"在他的描述中就成了文化品位的不同,与前者的交往完全是文人高雅情趣的体现,而后者却是官僚政治场域中的应酬。但实际上,王世

---

① 〔明〕王世贞:《题弇园八记后》,见赵厚均、杨鉴生编注《中国历代园林图文精选》第三辑,上海:同济大学出版社 2005 年版,第 121 页。

贞所谓的"相知"并不乏官府中的高官显要,去弆山园的"守相达官"中也不乏具有高雅品位的文人。王世贞做出如此的区分,显然是为了突出园林这个空间和官场的不同,前者是属于文人自己的吟咏情性的诗意空间,而后者则是遵循官场逻辑的制度空间。文人的身份是可变的,在不同的空间他可能化身为不同的身份,因此空间成了判定文人身份的重要因素。

文人与特定阶层的区分往往通过多种不同的手段,视阶层与阶层之间的不同关系而改变。对于"守相达官"这样具有权力的官僚,王世贞通过"势不可却"的感叹和居园之"苦"来从文化层面发起反驳,意谓官僚阶层政治上的威权并不能保证其在文化上具有优先性。而对于富商阶层,王世贞则同样嘲讽备至,他说:"今世贵富家往往藏镪至巨万,而匿其名不肯问居第。有居第者,不复能问园,而间有一问园者,亦多以润屋之久溢而及之。独余癖迂,计必先园而后居第,以为居第足以适吾体,而不能适吾耳目。"①明代中后期商业的发达使商人阶层迅速兴起,其累计的财富往往是一般文人所不能相比的,面对商业阶层在物质上更多的投入,如更巨丽的园林、更堂皇的居第、更奢华的生活、更好的教育等等,文人阶层明显感觉到了这方面的压力。王世贞同样通过强调商人阶层在文化和品位上的不足来区分两者,与讽刺"守相达官"虚伪的排场大煞风景不同,对于"贵富家"他则直接批评他们教养和审美品位的缺失。文人和贵富家的区别在于能不能有更高的文化和审美追求,也即他说的"适吾体"和"适吾耳目"的区别。

而对于一般的民众,王世贞则通过"与民同乐"的方式间接地暗示两者的区别。表面上看王世贞似乎对一般民众宽容得多,他乐于和他们分享山水花木之胜,甚至将自己也视为游赏之"客"而混于大众之间。但实际上,面对一般大众这个不能对文人阶层造成身份危机的群体,王世贞

---

① 〔明〕王世贞:《太仓诸园小记》,见赵厚均、杨鉴生编注《中国历代园林图文精选》第三辑,上海:同济大学出版社 2005 年版,第 125 页。

的处理方式就是以身份的优越为基础显示其宽容,他乐于向大众开放自己的私人空间,乐于看到大众带着艳羡的目光在弇山园中获得平时难得的快乐。在这里面难道没有隐含着王世贞和"与民同乐"这个典故中的周文王那样高居于大众之上的那种文化裁断者的优越感吗?弇山园成了文化展示的场所,在没有展示的场所中阶级之间的区分是不存在的,通过展示弇山园的各种巨丽和品位,王世贞强调了在一般民众眼中他不可替代的位置。

三、造园风格:"以堆积为工"

王世贞所处的时期是明代造园发生重要变革的阶段,而王世贞本人所造之园也被视为变革之前的明代园林风格的代表。这种变革,据一些学者的研究,包括"假山的简约化、水池由方形发展到比较'自然'的形状,树林的安排由大片的同类树木到比较分散的几棵树。同时有各形门窗和不寻常的筒子(像梅花亭)出现"①等等。在这些变革的特征中,叠山风格的变化可能是最为明显的。我们可以发现,在王世贞的园林中,大规模的假山堆叠往往成为整座园林最突出的特点。在其著名的弇山园中,除了水体之外,整座园林最突出的就是"西弇""中弇"和"东弇"三处假山景区,景区内各种假山奇石和竹木建筑夹杂的密度很大,也造成了王世贞的园林"以堆积为工"的特点。关于弇山园,钱谦益和王世贞的儿子王士骐(字冏伯)有段对话颇堪玩味:

> 冏伯论诗文,多与弇州异同,尝语余曰:"先人构弇山园,叠石架峰,以堆积为工。吾为泌园,土山竹树,与池水映带,取空旷自然而已。"余笑曰:"兄殆以为园喻家学乎?"冏伯笑而不答。②

王士骐这段话很明显体现了晚明造园风格的变化。在他看来,他的

---

① [英]夏丽森:《明代晚期中国园林设计的转型》,见吴欣主编《山水之境:中国文化中的风景园林》,北京:生活·读书·新知三联书店2015年版,第222页。
② 〔明〕钱谦益:《列朝诗集小传》,上海:古典文学出版社1957年版,第437—438页。

泌园以"取空旷自然"为特点,与其父王世贞的弇山园"以堆积为工"有很不相同的风格。钱谦益以家学解释这种造园风格的不同,似乎暗示晚明治学路数和学术思潮的变化导致了这种风格的嬗变。从晚明文学方面公安派的改革、绘画方面董其昌文人画风格的出现,我们可以看到晚明学术思想确实有一种转变,我们可以把从王世贞的弇山园到王士骕的泌园的这种变化看成晚明思想变革的一部分,换言之,晚明造园风格的明显转变是与当时社会思想风气的变化密切相关的。

王世贞"以堆积为工"的造园风格是否与其崇尚复古文风相关①,还需要更多的考证,但可以肯定的是,王世贞所造之园的确是唐宋以来传统造园风格的典型体现。如离薋园,王世贞说:

> 入门为蟠松二,方竹十余茎。最南有亭曰"壶隐"。其三方皆梅,可二十树。前叠石为山,俯盎沼蓄朱鱼其中,山之延袤仅可以丈计,而中有洞,有洞,有岭,有梁,皆具体而微。碧梧数株,骎骎欲干云。其右方为书室二楹,其左方种竹千余竿,露翠风簧,时时琴酒。适竹间有亭曰"晞发",以憩客。步壶隐之后,得小圃二,皆有栏竹藩之,桃杏、木药、海棠、山矾之属寓焉。圃尽而径见,为广除孤峰。出为洞庭石,嵌空玲珑,色青黑。而右有锦川、斧劈辅之,复有老梅,玉蝶、绿萼各一,植左右,大可荫台。临台而屋凡五楹,中榜曰"鹪适轩",状其卑小也,亦以志自得也。左室可读书,以得竹故署曰"碧浪"。右室可栖客,曰"小憩"。轩之后为重轩,临后池,拟种白莲百本,榜曰"芙蓉沼"。沼后距墙咫而近,亦有夭桃、紫薇、垂柳以覆之。度小憩室,折而西,北为侧楼三楹,临渠而傍阶,其前庖庾

---

① 英国学者夏丽森认为王世贞造园风格与其崇尚复古文风存在对应关系,"弇山园'堆积'(巨大的结构)对应于王世贞复古文风的相对冗长雕琢",见[英]夏丽森:《明代晚期中国园林设计的转型》,见吴欣主编《山水之境:中国文化中的风景园林》,北京:生活·读书·新知三联书店 2015 年版,第 216 页。

浴室也。①"

　　根据王世贞的描述,离薋园虽然面积狭小,但也体现了以"堆积为工"的造园风格。比如园内植物的栽种,往往成片成林,如"其三方皆梅,可二十树",书室对面又"种竹千余竿","临后池,拟种白莲百本",这种植物密集的风格显然与王士骐所说的"取空旷自然"的风格不同。而从王世贞之后的晚明江南园林来看,特别是以张南垣为代表的追求文人画高远疏淡风格的园林,在园内植物种植方面都强调"疏"的特点,往往是几棵古树疏落点缀于屋前渚后,营造出空旷疏朗的效果。其叠山的风格也以"堆积"为特点,如"山之延袤仅可以丈计,而中有洞,有洞,有岭,有梁,皆具体而微",这明显是唐宋以来"拳石勺水"叠山风格的体现,以再造外在自然的缩微景观为其特点,故园中的山皆有洞、有洞、有岭、有梁,并标榜模拟外在自然的"具体而微"的特点,这种缩微的特点在园中建筑的命名中也有体现,如最南有亭曰"壶隐"。在王世贞最有名的弇山园中,这种缩微的特征也很明显,园所以名"弇山"或"弇州",本是王世贞诵《南华经》"大荒之西、弇州之北"而来的,可见弇山园的建造带有一定程度的模拟仙界的意味。而在后来计成、张南垣等人所造的园林中,叠山风格已经迥异于前,所叠假山不再集中堆积于几处,而是散见在园中各处,假山也不再追求对外在自然的缩微模拟,而是再现真实的部分山水。两种叠山风格并无优劣之分,但新出现的叠山风格明显更受文人画的影响,其特点是结合了高度真实的自然山水和空旷疏朗的文人意趣。

　　从环境意识方面看,这种风格的转变也体现了明代人对园林环境的看法有了变化。中国古人对园林环境的看法一直受自然山水观的影响,因此他们对园林环境的看法也总是和他们对自然山水的态度联系在一起。唐宋以前,中国园林特别是皇家和贵族园林的体量非常巨大,因此

---

① 〔明〕王世贞:《离薋园记》,见赵厚均、杨鉴生编注《中国历代园林图文精选》第三辑,上海:同济大学出版社 2005 年版,第 128—129 页。

他们可以在园林内再造真实尺度的自然山水,这是中国古典园林追寻自然山水的最初的意识。唐宋以后随着私家园林的兴起,这种在园内追寻自然山水的情况也起了变化,因为私家园林并没有像皇家园林那样的条件,因此在园内建造一个缩微的自然便成为此时私家园林的选择,可以使园主人在园内就能享受到类似外在自然的山水环境,这是考虑到私家园林现实条件的一种折中。在晚明,这种缩微模拟的风格已经发展得相当成熟,但是也日趋走向僵化和烦琐,"具体而微"的特征使园主人享受自然山水的替代性满足的同时,也容易造成园林内各种人工元素的堆积、狭迫和繁复,反而失去了追寻自然山水的真意。计成等人以画意造园,便是针对这种以假山水代替真山水的弊病,重新将真实自然引入园内。为了契合私家园林的体量和格局,他们没有再采取缩微模拟整个自然山水的手法,而是再现部分真实的自然山水,如在园内建造真实大小的山脚等等,使欣赏真实自然山水的追求在私家园林内得以实现。由于不必再现"具体而微"的整体自然,这种新风格可以在园林中实现如真实自然一般的疏朗开阔的境界,使园内和园外的审美欣赏具有连续性。从这个方面来看,新风格的园林结合了中国早期园林和唐宋以后园林的优点,较好地解决了园林中人与环境之间的矛盾。

第五节　《长物志》与晚明造园的环境意识

晚明作为中国园林营造史上的一个重要阶段,不仅诞生了王世贞的"弇山园"、徐泰时的"东园"(即今之"留园"前身)、潘允端的"豫园"等著名的私家园林,而且出现了几部总结性的园林理论著述,其中又以计成的《园冶》和文震亨的《长物志》最为著名。文震亨(1585—1645),字启美,为明中期著名书画家文徵明之曾孙,其兄震孟为天启二年(1622)状元,可谓书香世家。文震亨崇祯中官武英殿中书舍人,以善琴供奉。文震亨雅好林泉,有丰富的园林品鉴经验,明末清初顾苓在《塔影园集》中说:"公长身玉立,善自标置,所至必窗明几净,扫地焚香。所居'香草垎',水木清华,房栊窈窕,阛阓中称名胜地。曾于西郊购碧浪园,南都置水嬉堂,皆位置清洁,人在画图。致仕归,于东郊水边林下,经营竹篱茅舍,未就而卒,今即其地为新阡矣。"①显赫的家世、深厚的学识教养和丰富的园林品鉴经验,使文震亨与计成这样专业的叠山师有所不同,前者更能代表当时文人精英的儒雅趣味,因此《长物志》跋曰"盖贵介风流,雅人深致,均于此见之"②。故《长物志》不仅是文震亨其人清雅超拔的审美趣味的体现,也特能代表晚明文人精英对于人居环境的要求和品鉴,是理解此一时期环境意识的重要文献。

一、"随方制象,各有所宜"

与纯欣赏性的园林不同,中国古典园林往往还承载着居住的功能,养亲、修身、集会、农耕等功能是和游观之乐融合在一起的,这在文人为自身营建的私家园林上尤为显著。因此,园林游观之乐的获致要以适宜居住为前提,"宜居"便成为园林各种要素的安排布置首先需要考虑的问题。晚明江南地区经济富庶、文化繁荣,促使园林营建活动极为繁盛,并日渐成为穷极土木、竞新斗巧的奢侈行为,如生活在明中叶的何良俊所言,"凡家累千金,垣屋稍治,必欲营治一园,若士大夫之家,其力稍赢,尤以此相胜"③,导致明代中前期治园尚尊崇的养亲、修身、隐遁等功能似有让位于游观之乐的嫌疑,但即便如此,园林发挥宅第的居住功能仍是基本的,因此居住之宜和适仍得到当时文人的强调。如文震亨所说,园庭屋室的建造须使"居之者忘老,寓之者忘归,游之者忘倦"④,可见住居的功能仍是首要的。

文震亨的园林宜居的思想,集中体现在对园林各种要素的布置安排

---

① 〔明〕文震亨著,陈植校注:《长物志校注》,南京:江苏科学技术出版社 1984 年版,第 426 页。
② 同上,第 423 页。
③ 〔明〕何良俊:《西园雅会集序》,见〔清〕黄宗羲编《明文海》卷三〇一,北京:中华书局 1987 年版,第3109 页。
④ 〔明〕文震亨著,陈植校注:《长物志校注》,南京:江苏科学技术出版社 1984 年版,第 18 页。

上。如园内建筑的体制尺度,文震亨强调了"宜"这个字。如"堂",他强调"堂之制,宜宏敞精丽"①;"山斋","宜明净,不可太敞"②;"丈室","宜隆冬寒夜,略仿北地暖房之制"③。文震亨总结园林建筑营造的原则就是"随方制象,各有所宜"④,也就是说,各种建筑的体制须充分考虑环境的特点来进行设计,使之和周围环境相协调。对于室内陈设的布置,文震亨也强调"宜"的思想,《长物志》卷十《位置》说:"位置之法,繁简不同,寒暑各异,高堂广榭,曲房奥室,各有所宜,即如图书鼎彝之属,亦须安设得所,方如图画。"⑤园林内各种器具陈设,应当都有其合适的位置和方向,这是由不同的空间和时间的特定条件决定的,其遵循的原则是使各种要素"各有所宜",即使是图书鼎彝之属,也须布置得当。如坐几,文震亨说"天然几一,设于室中左偏东向,不可迫近窗槛,以逼风日。几上置旧研一,笔筒一,笔砚一,水中丞一,研山一。古人置研,俱在左,以墨光不闪眼,且于灯下更宜,书尺镇纸各一,时时拂拭,使其光可鉴,乃佳"⑥,这是充分考虑到气候因素和生活习惯对室内陈设的影响,故在位置布局上坐几要位于室中左偏东向,并不可迫近窗槛,同时笔墨纸砚的安排也要合于我们的书写习惯。又如花瓶的布置,文震亨说"供花不可闭窗户焚香,烟触即萎,水仙尤甚,亦不可供于画桌上"⑦,可见园林营建不能纯考虑审美欣赏的因素,就如室内供置植物那样,是不能不首先考虑植物的生活习性的。因此,尽管文震亨在《长物志》中最为标榜文人精英高雅独到的审美趣味,但是一牵涉最基本的生活常识,这种审美趣味的选择仍要让位于生活起居之"宜"。如卧室,文震亨认为"地屏天花板虽俗,然卧室取

---

① 〔明〕文震亨著,陈植校注:《长物志校注》,南京:江苏科学技术出版社1984年版,第27页。
② 同上,第28页。
③ 同上,第29页。
④ 同上,第37页。
⑤ 同上,第347页。
⑥ 同上,第348—349页。
⑦ 同上,第352页。

干燥,用之亦可,第不可彩画及油漆耳"①,可见卧室的布置不得不考虑气候等不可抗拒的因素。文震亨"各有所宜"的园林思想表明了晚明文人对园林营造过程中环境多样性的尊重,正是因为气候、场所、建筑、植物等各有其不同的特点,故应在园林的营造和设计中充分尊重这种环境的多样性,才能换来住居和观赏的惬意。如文震亨说,"园林水石,最不可无。要须回环峭拔,安插得宜。……乃为名区胜地"②,即是说园林水景和山石的布置得宜、相得益彰,形成多样性的欣赏环境,乃是成为名胜之地的重要前提。

园林建造中的合"宜",《园冶》作者计成同样赋予其基础性的位置。他认为营造贵在"随曲合方,是在主者,能妙于得体合宜,未可拘率",特别是园林的兴造"随基势之高下,体形之端正,碍木删桠,泉流石注,互相借资;宜亭斯亭,宜榭斯榭,不妨偏径,顿置婉转,斯谓'精而合宜'者也"③。园林是否合"宜",直接影响身体上能否得"适"。文震亨说"室中精洁雅素,一涉绚丽,便如闺阁中,非幽人眠云梦月所宜矣"④,这里似乎是强调"幽人"之雅致,其实也是充分考虑了睡眠质量与周围环境之间的关系,卧室色彩过于绚丽,是无法使睡者安眠的。对于园林的居住者和欣赏者而言,这种"适"或者"不适"乃是构成审美感最基本的要素。如文震亨认为"古人制几榻,虽长短广狭不齐,置之斋室,必古雅可爱,又坐卧依凭,无不便适"⑤;言"舟车",则"要使轩牕阑槛,俨若精舍,室陈厦饗,靡不咸宜,用之祖远钱近,以畅离情;用之登山临水,以宣幽思;用之访雪载月,以写高韵;或芳辰缀赏,或艳女采莲,或子夜清声,或中流歌舞,皆人生适意之一端也"⑥。考之有明一代,园林作为重要的居住和游观场所,其让人"适意"是不断得到强调的重要功能,因此不少园林是以"适"为主

① 〔明〕文震亨著,陈植校注:《长物志校注》,南京:江苏科学技术出版社1984年版,第354页。
② 同上,第102页。
③ 〔明〕计成著,陈植注释:《园冶注释》,北京:中国建筑工业出版社1988年第2版,第47页。
④ 〔明〕文震亨著,陈植校注:《长物志校注》,南京:江苏科学技术出版社1984年版,第354页。
⑤ 同上,第225页。
⑥ 同上,第339页。

题的。如明中期王鏊家族有一系列以"适"命名的园林,包括"小适园""真适园""且适园"和"从适园"。晚明王心一的"归田园居"同样按照"各有所宜"的原则营建,"地可池,则池之;取土于池,积而成高,可山,则山之;池之上,山之间,可屋,则屋之",园成,散步畅怀其间,王心一谓"聊以自适其邱山之性而已"①。又晚明徐学谟记友人秦少说有座"鹪适园",取名"鹪适"意即园虽小,但"宜可以为适矣"②。可见,园林之有所宜和居住游观之有所适之间的关系,已是晚明文人环境意识中的一种共识。

二、"古雅精洁"

"宜"的思想除了表现对环境的因循尊重,其实也暗示了文人精英对审美鉴赏的垄断,因为"宜"或"不宜"实际上也是某种主观的审美判断。作为晚明文人精英的代表,这种垄断鉴赏的要求最集中地体现在文震亨对园林生活须"雅"的思想上,相关的要求包括自然、朴拙、高古、简洁、去奢等等,而又以"雅"为统摄,以"俗"为大敌。

在《长物志》中,文震亨对"雅"的推崇是随处可见的。如对于街径庭除文震亨强调"以石子砌成,或以碎瓦片斜砌者,雨久生苔,自然古色"③;对于园中瀑布,认为人工蓄水所制造的瀑布"终不如雨中承溜为雅,盖总属人为,此尚近自然耳"④;对于园中假山,认为尧峰石"苔藓丛生,古朴可爱"⑤;对于卧具,认为"凳亦用狭边镶者为雅;以川柏为心,以乌木镶之,最古"⑥;于衣饰,要求"衣冠制度,必与时宜,吾侪既不能披鹑带索,又不当缀玉垂珠,要须夏葛、冬裘,被服娴雅,居城市有儒者之风,入山林有隐

---

① 〔明〕王心一:《归田园居记》,见陈从周、蒋启霆选编,赵厚均注释《园综》,上海:同济大学出版社 2004 年版,第 231—233 页。
② 〔明〕徐学谟:《鹪适园记》,见赵厚均、杨鉴生编注《中国历代园林图文精选》第三辑,上海:同济大学出版社 2005 年版,第 209 页。
③ 〔明〕文震亨著,陈植校注:《长物志校注》,南京:江苏科学技术出版社 1984 年版,第 33—34 页。
④ 同上,第 105 页。
⑤ 同上,第 113 页。
⑥ 同上,第 236 页。

逸之象"①；对于饮食的用具，"又如酒鎗皿合，皆须古雅精洁，不可毫涉市贩屠沽气"②。提倡"雅"的同时，是对"俗"的批判，如认为池边"若桃柳相间，便俗"③；言几榻，认为"今人制作，徒取雕绘文饰，以悦俗眼，而古制荡然，令人慨叹实深"④；对于琴台的制作，批评"于台中置水蓄鱼藻，实俗制也"⑤。《长物志》卷一"海论"有"随方制象，各有所宜，宁古无时，宁朴无巧，宁俭无俗；至于萧疏雅洁，又本性生，非强作解事者所得轻议矣"⑥之语，这"宁古无时，宁朴无巧，宁俭无俗"和"萧疏雅洁"正是文震亨尚雅思想的概括。

　　一直以来，园林都是文人雅集活动的主要场所，因此文人造园尚雅本也是情理之中的事；但是，明代中期以后，这种尚雅的品位则愈发和"俗"对立起来，成为文人精英自身身份认同并与其他阶层相区隔的重要手段。作为修身、隐逸和社交的空间，园林一直以来是文人精英持以标榜自身的重要场所，但是随着明中期以后江南地区经济的繁荣和新兴豪富阶层的出现，文人精英在这种场所的竞争中明显感受到了自身身份的弱化和边界的消融。王世贞在其《太仓诸园小记》说："今世贵富家往往藏镪至巨万，而匿其名不肯问居第。有居第者，不复能问园，而间有一问园者，亦多以润屋之久溢而及之。独余癖迁，计必先园而后居第，以为居第足以适吾体，而不能适吾耳目。"⑦根据上述记载，可知在王世贞生活年代，豪富阶层对园林的投资似乎还未形成热潮，以致王世贞批评他们是家藏巨万而不知问园；但更关键的是，王世贞认为豪富之家未肯将资金投入到园林之中更多的还是一种文化品位上的缺失。当经济上的投入

---

① 〔明〕文震亨著，陈植校注：《长物志校注》，南京：江苏科学技术出版社1984年版，第325页。
② 同上，第360页。
③ 同上，第48页。
④ 同上，第225页。
⑤ 同上，第298页。
⑥ 同上，第37页。
⑦ 〔明〕王世贞：《太仓诸园小记》，见赵厚均、杨鉴生编注《中国历代园林图文精选》第三辑，上海：同济大学出版社2005年版，第125页。

和炫耀性的消费不能将文人精英和豪富阶层分别开来的时候,文化品位上的选择往往便成为文人阶层维护自身身份的利器。

比王世贞稍后的文震亨显然也深刻地感受到了这种身份上的危机,沈春泽在其为《长物志》所写的序中说:"夫标榜林壑,品题酒茗,收藏位置图史、杯铛之属,于世为闲事,于身为长物,而品人者,于此观韵焉,才与情焉,何也? 挹古今清华美妙之气于耳、目之前,供我呼吸,罗天地琐杂碎细之物于几席之上,听我指挥,挟日用寒不可衣、饥不可食之器,尊踰拱璧,享轻千金,以寄我之慷慨不平,非有真韵、真才与真情以胜之,其调弗同也。近来富贵家儿与一二庸奴、钝汉,沾沾以好事自命,每经赏鉴,出口便俗,入手便粗,纵极其摩娑护持之情状,其污辱弥盛,遂使真韵、真才、真情之士,相戒不谈风雅。"①正是有鉴于上述情形,《长物志》一出,沈春泽便誉为"诚宇内一快书,而吾党一快事矣"②,这里的"吾党"一词相当明显地表露了要通过鉴赏判断来区隔文人阶层和其他阶层的动机。文震亨也意味深长地回应道:"吾正惧吴人心手日变,如子所云,小小闲事长物,将来有滥觞而不可知者,聊以是编隄防之。"③文人能够据以自恃和自矜的,便是在审美鉴赏上有着独到的品位和素养,当园林巨大的资金投入已经不能将文人和其他阶层区分开来的时候,文震亨便转而以"闲事长物"上的精雅品鉴宣告豪富者的庸俗,以雅对俗、以古对时、以朴对巧、以检对奢,无不透露出维护文人自身身份的深长意味,但也间接表明晚明文人阶层已受到其他新兴阶层的严峻挑战。

在此过程中,园林环境成为某种文化的象征,它是文人借此展示自身审美品位和鉴赏力的象征之物;作为一种空间,它不仅能够展示园林主人的个性才情,而且能够通过园林主人的文化实践团结和维系具有共同身份的同类人。

---

① 〔明〕文震亨著,陈植校注:《长物志校注》,南京:江苏科学技术出版社1984年版,第10页。
② 同上,第11页。
③ 同上。

三、"方如图画"

中国古代的园林向以宗法自然为其目的,而至元、明山水画也已臻成熟,两者之间的相互影响颇受学者的关注。如曹汛先生认为,明代后期以来造园活动空前高涨,许多文人画士直接参与园林的规划设计甚至直接参与建造,此外宋元以来山水画的逐渐成熟,马一角、倪云林的"水口"和黄子久的"矶头"等描写山水局部的画风也早已兴盛起来,山水画的这一变化必然对造园叠山产生影响。① 这一造园风格的变化就是明确树立了以画意指导园林营造的基本原则,这种新风格是在明末的造园大师张南垣和计成那里完成的,而在文震亨的《长物志》中也有体现。

《长物志》关于造园效果的论述中值得关注的一个方面便是"如画",如位置之法,文震亨强调"各有所宜……方如图画"②;花木,"不可繁杂,随处植之,取其四时不断,皆入图画"③;论广池,认为"最广处可置水阁,必如图画中者佳"④。文震亨生于书香世家,曾祖文徵明是著名书画家,文震亨自己也擅画,清徐沁《明画录》称其画宗宋元诸家,格韵兼胜。⑤ 因此,文震亨强调以画意造园,与其精于绘事的文人素养分不开。

如曹汛先生所言,文人画士直接参与造园是晚明一个显著的现象,除了文震亨这样的文人精英,当时最知名的几个造园家无不精于画理。如著名的造园能手上海人张南阳,潘允端的豫园和王世贞的弇山园都有其参与营造,而据陈所蕴所撰《张山人传》言,其父就以善绘名,"故山人幼即娴绘事……以画家三昧法,试累石为山",遂"擅一时绝技"⑥;计成在《园冶》自序中说他"少以绘名,性好搜奇,最喜关仝、荆浩笔意,每宗之",

---

① 曹汛:《略论我国古代园林叠山艺术的发展演变》,《建筑历史与理论》1980 年第 1 辑,第 80 页。

② 〔明〕文震亨著,陈植校注:《长物志校注》,南京:江苏科学技术出版社 1984 年版,第 347 页。

③ 同上,第 41 页。

④ 同上,第 103 页。

⑤ 同上,第 423 页。

⑥ 参见陈从周:《梓室余墨》,北京:生活·读书·新知三联书店 1999 年版,第 279 页。

计成为常州吴玄所营"东第园",认为"此制不第宜掇石而高,且宜搜土而下,令乔木参差山腰,蟠根嵌石,宛若画意;依水而上,构亭台错落池面,篆壑飞廊,想出意外"①;另一位晚明造园大师张南垣,吴伟业《张南垣传》中记载其"少学画,好写人像,兼通山水,遂以其意累石"②,"曾于友人斋前作荆、关老笔,对崞平城,已过五寻,不作一折;忽于其颠将数石盘互得势,则全体飞动,苍然不群"③。

从以上所引晚明最知名造园家的情况来看,精于绘事并将画理画意引入造园观念和实践当中,是晚明江南园林活动最为突出的特点之一。强调以画意画理造园,当是晚明文人画士的共识,但是个人所理解的画意和画理的不同,导致不同造园家以画意累石叠山的风格也是不同的。张南阳的造园风格,据陈所蕴《张山人传》描述,是"沓拖逶迤,巉嵝嵯峨,顿挫起伏,委宛婆娑。大都传千钧于千仞,犹之片羽尺步。神闲气定,不啻丈人之承蜩。高下大小,随地赋形,初若不经意,而奇奇怪怪,变幻百出,见者骇目恫心,谓不从人间来……咄嗟指顾间,岩涧溪谷,岑峦梯磴陂坂立具矣"④;陈所蕴《啸台记》又说:"予家不过寻丈,所衷石不能万之一,山人一为点缀,遂成奇观,诸峰峦岩洞,岑蠚溪谷,陂坂梯磴,具体而微。予谓山人食牛之象,不能搏鼠,固拙于用小也,山人能以芥子纳须弥,可谓个中三昧矣。"⑤由此可见,张南阳造园带有较多传统色彩,晋宋以后私人小园兴起,特别是唐宋以后园林假山的营造相当兴盛,形成白居易在《草堂记》中所说"覆篑土为台,聚拳石为山,环斗水为池"⑥的风格,张南阳造园注重山石而多于土景,通过假山的多样性营造出奇奇怪怪、令人骇目惊心的效果,同时在假山之间筑洞置梯,增加游人穿越登临

---

① 〔明〕计成著,陈植注释:《园冶注释》,北京:中国建筑工业出版社1988年第2版,第42页。
② 〔清〕吴伟业著,李学颖集评标校:《吴梅村全集》,上海:上海古籍出版社1990年版,第1059页。
③ 同上,第1061页。
④ 参见陈从周:《梓室余墨》,北京:生活·读书·新知三联书店1999年版,第279页。
⑤ 见陈从周:《明代上海的三个叠山家和他们的作品》,《文物》1961年第7期。
⑥ 〔唐〕白居易著,顾学颉校点:《白居易集》,北京:中华书局1979年版,第935页。

的亲身体验,可以说将传统"聚拳石为山"、芥子纳须弥的特色发挥得淋漓尽致。

计成和张南垣的画意造园风格则更多创新色彩。计成对于这种重视拳石假山的风格提出批评,他说:"环润皆佳山水,润之好事者,取石巧者置竹木间为假山,予偶观之,为发一笑。或问曰:'何笑?'予曰:'世所闻有真斯有假,胡不假真山形,而假迎勾芒者之拳磊乎?'或曰:'君能之乎?'遂偶为成'壁',睹观者俱称:'俨然佳山水也';遂播闻于远近。"①张南垣同样对这种造园手段提出了批评,吴伟业《张南垣传》中说:"百余年来,为此技者类学崭岩嵌特,好事之家罗取一二异石,标之曰峰,皆从他邑辇致,决城闉,坏道路,人牛喘汉,仅而得至。络以巨絙,锢以铁汁,刑牲下拜,劓颜刻字,钩填空青,穿窪岩岩,若在乔岳,其难也如此。而其旁又架危梁,梯鸟道,游之者钩巾棘履,拾级数折,伛偻入深洞,扪壁投罅,瞠盻骇栗";而张南垣造园则"惟夫平冈小坂,陵阜陂陁,版筑之功可计日以就,然后错之以石,棋置其间,缭以短垣,翳以密筿,若似乎奇峰绝嶂,累累乎墙外,而人或见之也。"②从这可见,张南垣同样反对那种置假山拳石、架梁设梯的传统做法。张南垣取文人画简淡平易的画意,所造注重平冈小坂、陵阜陂陁的淡远风格,以土景为主,山石则随意布置其间,使其"有林泉之美,无登顿之劳"③。和张南阳相比,计成和张南垣的造园风格更接近宋元以来文人画的意境和风格,反对罗致奇峰异石和堆叠琐碎,更重视如山水画技法"三远"那般的视觉效果,而不强调穿行登临的亲身体验。文震亨画宗宋元诸家,从《长物志·论画》中所说的"山水林泉,清闲幽旷……定是妙手",而"山水林泉,布置迫塞……定是俗笔"④来看,文震亨的造园思想应该更接近于张南垣和计成;但《长物志·水石》

---

① 〔明〕计成著,陈植注释:《园冶注释》,北京:中国建筑工业出版社 1988 年第 2 版,第 42 页。
② 〔清〕吴伟业著,李学颖集评标校:《吴梅村全集》,上海:上海古籍出版社 1990 年版,第 1059 页。
③ 同上,第 1060 页。
④ 〔明〕文震亨著,陈植校注:《长物志校注》,南京:江苏科学技术出版社 1984 年版,第 138 页。

也有"园林水石，最不可无。要须回环峭拔，安插得宜。一峰则太华千寻，一勺则江湖万里"①之语，也可见传统造园"拳石斗水"的影子。晚明画意造园风格的变革，似乎在文震亨这里带有过渡的性质。

可见，同样是以画意造园，因所理解的画意画理的不同，便也体现出不同的风格。拳石斗水的传统做法从唐宋至明末发展已臻成熟，在清代的园林营造中亦有继承和体现，因此计成、张南垣那种重视土石结合、强调整体布局意境的新观念对于中国造园观念而言有其变革的重要意义。其最重要的意义是自然环境被重新确立为园林营造中的首要因素。自然山水一向是作为中国园林的理想形态而被仿效的，传统拳石斗水的园林营造善于通过假山的丰富形态模拟出自然环境的各种缩微模型，虽然也是以自然山水为圭臬，但其发展的极致是将园林营建为一个和真山水隔离的空间，和真正的自然环境反而隔绝了。张南阳的作品最终使"见者骇目恫心，谓不从人间来"，似乎便能说明这个问题。计成批评传统做法不能"假真山形，而假迎勾芒者之拳磊"则深中其弊，而其自己的累石被观赏者誉为"俨然佳山水也"，也证明他的风格主要是以再现真山水为目的，即其所说的"掇石莫知山假"②。张南垣叠山风格是"平冈小坂""陵阜陂陁""截溪断谷"等，主要的手段也是再现部分真山水，特别是土石兼备的山脚，给游园者造成"似乎奇峰绝嶂，累累乎墙外"的欣赏效果，以为整个园林就置身于自然山水之中。可见，计成、张南垣的造园风格不再把园林视为和自然隔绝的缩微空间，而是积极地在园林中部分再造真实的自然环境以拉近两者的距离。真山水在造园中的地位的确立，也意味着计成、张南垣的作品相较于传统私园有着更为开阔和深邃的境界，与传统造园用人工拳石勺水模拟自然全貌不同，计成和张南垣善于在园林中堆叠真实尺度的部分山水，激发游园者对于真山水全貌的想象，既恍惚若在真实山水之中又能在欣赏中寄托"无易尽之思"，可以说深得马

---

① 〔明〕文震亨著，陈植校注：《长物志校注》，南京：江苏科学技术出版社 1984 年版，第 102 页。
② 〔明〕计成著，陈植注释：《园冶注释》，北京：中国建筑工业出版社 1988 年第 2 版，第 62 页。

远、倪瓒、黄公望等描写山水局部的画风画理的精髓。

这并不是说计成、张南垣的新风格就能完全取代传统风格。和皇家园林可以在广袤之地内容纳真实自然不同,中国古代私园要在尺寸之地再现自然山水,其本身便是一门遗憾的艺术,因此自然和艺术的结合不仅是中国古代私园的特点,也是其矛盾纠结的根源,不论何种风格技法,都很难在自然和艺术之间做出完美的协调。如果我们以"游"和"观"作为园林欣赏的两种主要效果,那么可以看到不同风格的园林,其游观效果是不同的。如张南阳的作品,虽然仍偏向于通过假山的多样性来吸引欣赏者,和真山水有一定的距离,但其作品特别重视欣赏者"游"的亲身效果,通过各种穿越登临的设计激发欣赏者最丰富的多感官体验,这种参与性的体验又恰好是与真实自然山水欣赏的体验相仿;计成、张南垣的作品往往不提供穿越登临的效果,计成善于设计如真实山水般的画壁,张南垣也擅长营造"有林泉之美,无登顿之劳"的平冈小坂,他们的作品都重视如绘画"三远"技法那样的视觉效果,可以说是更偏向于"观"的,然而这样一种"观"的效果,虽然观的对象已是真实山水的部分再现,却也因为强调"观"的视觉距离而弱化了参与性的亲身体验的价值,这又和真实自然山水的欣赏有所不同了。可见,"游"与"观"之间的矛盾,是自然和艺术这对矛盾在园林中的主要体现,而过于偏向任何一端其实都会面临"游"与"观"无法统一的困境,一座向为人所称道的精美园林往往是在二者之间达到了某种程度的和谐统一。

第六节 《园冶》与晚明造园的环境意识

计成(1582—?),字无否,江苏吴江人,是晚明著名的造园家和造园理论家。计成自谓少即以绘名,曾漫游燕、楚,中岁后归吴定居镇江。根据计成的描述,在镇江之时他不太满意传统那种在竹木间置假山的做法,于是仿照山水叠一石壁,而后他在造园上的才华为人所知,遂播闻于远近。计成接受委托而造的园林包括常州吴玄的"东第园"、仪征汪士衡的"寤园"、安徽怀宁阮大铖的私园以及扬州郑元勋的"影园"。计成为人所熟知，不仅因为他是几所著名园林的营造者，而且因为他撰写了《园冶》这部中国历史上最重要的造园理论专著。计成集文人、造园理论家与工匠于一身，他既有当时文人所具有的诗歌和绘画等知识素养，又有丰富的造园实践和经验，最后他又自觉地将这些造园实践升华为理论著述。在中国的造园史上，能够兼容这三者而又在这几方面都有突出表现的，也只有计成一人而已。同时，身兼工匠的计成与文震亨这样纯粹的文人不同。文震亨的家世、教育和身份都决定了他为文人阶层代言的性质，因此他在《长物志》中阐发的造园思想以强调雅、俗之间的区分为核心，目的在于确立文人阶层在审美品位和素养上的裁决地位；计成没有显赫的家世可以炫耀，在文人阶层中他也没有什么可以凭借的资本，如果不是造园这项技能，计成很可能就淹没在历史的河流当中了，"匠"的这种身份让计成拥有广泛的实际造园经验，但同时也决定了他不会被文人阶层接纳为其中的精英分子，在晚明那种各阶层身份逐渐模糊而使文人精英分子异常敏感的时期，计成这种不太纯粹的身份是颇显尴尬的。这种身份背景的不同也让《长物志》和《园冶》呈现出不同的风格，前者以阐发文人园林独特精致的审美品位为主，相比之下后者则更多造园技术上的总结和归纳，但大致相同的时期也决定了两者仍体现出能够反映当时造园情况的相似的思想。

一、"因""借""体""宜"

计成在其《园冶·兴造论》中提出"因""借""体""宜"的说法，可以视为他的造园思想的总纲。"因""借""体""宜"，是计成对中国传统造园思想精髓的总结，也是他在长期的造园实践中总结出来的四个最为关键的要素。

在《园冶·兴造论》中他说："园林巧于'因'、'借'，精在'体'、'宜'，愈非匠作可为，亦非主人所能自主者，须求得人，当要节用。'因'者：随基势之高下，体形之端正，碍木删桠，泉流石注，互相借资；宜亭斯亭，宜榭斯榭,不妨偏径,顿置婉转,斯谓'精而合宜'者也。'借'者:园虽别内外,得景则无拘远近,晴峦耸秀,绀宇凌空,极目所至,俗则屏之,嘉则收之,不分町疃,尽为烟景,斯所谓'巧而得体'者也。体、宜、因、借,匪得其人,兼之惜费,则前工并弃,即有后起之输、云,何传于世?"①在计成所说的四个要素中,因与借是手段,而体与宜则是目的或效果。

因的思想非常能够体现计成造园对于自然条件的尊重,而这种尊重换来的效果则是精当而合宜。他认为造园要随着地基的高低来安排,同时要留意地形的端正,有树木阻碍就修剪枝条,若遇泉水通过就引注石上,适宜造亭的地方就造亭,适宜造榭的地方就造榭,取径不妨偏僻,布置要有曲折,才能达到精而合宜的效果。从以上描述来看,所谓因,在计成看来就是要充分考虑地基和地形的自然条件,要根据这种自然条件来安排园内的要素。因此造园和其他建筑不同,造园没有固定的形制可以遵循,郑元勋为此说:"古人百艺,皆传之于书,独无传造园者何? 曰:'园有异宜,无成法,不可得而传也'。"②郑元勋认为自古以来难见造园的著述是因为造园因人因地制宜,并无一定的成规可循,难于笔之于书。在《园冶》的很多地方,计成都强调了这种"园有异宜无成法"的思想,如在"相地"中他说:"园基不拘方向,地势自有高低;涉门成趣,得景随形。"③这里说园内的地基不拘方向,地势也是有其高低的,要入门有趣,就要随地取景。"得景随形"和《兴造论》中讲的"随基势之高下,体形之端正"的思想是一致的,由于造园和建屋不同,没有固定的制式可以遵循,因此必须随着地势和地形来随形赋景。

建筑是园林的一大内容,在中国古典园林中建筑占有重要的地位。建筑往往是有一定制式的,但是放置在园内就需慎重考虑其制式与园内

---

① 〔明〕计成著,陈植注释:《园冶注释》,北京:中国建筑工业出版社 1988 年第 2 版,第 47—48 页。

② 同上,第 37 页。

③ 同上,第 56 页。

环境的契合问题。关于亭榭的建造,计成说:"亭安有式,基立无凭。"①意思是说亭子的建造有其定式,但选地立基则是没有成法的。关于亭的式样,计成又说:"造式无定,自三角、四角、五角、梅花、六角、横圭、八角至十字,随意合宜则制。"②计成在这里很好地解决了有法和无法之间的矛盾,亭榭有法但基立无凭,即亭榭的法式需要根据地势地基来考虑,这也就是他所讲的"得景随形"的意思。只要能够解决这种有法和无法的矛盾,那么在计成看来就可达到精而合宜的效果,即"宜亭斯亭,宜榭斯榭"。亭榭的建造能够符合地势地基的自然条件,这种"宜"就是人与环境之间的和谐。

我们在前面也说过,借的思想是最能体现中国古典园林建造的整体思维的,因为所谓借或借景,是通过远近和内外之间的有机联系而形成整体上和谐的园林景观。计成这里说"园虽别内外,得景则无拘远近",讲的就是通过借景这种手法使园林内外的景观成为一体,因此他说的"巧而得体"的"体",不仅是得宜之体,还是整体的体,能够不拘于一墙之隔,将园内外景观熔为一炉,才可以说是精巧而得体。

计成甚至视借景为造园最重要的手法,他说:"夫借景,林园之最要者也。如远借、邻借、仰借、俯借、应时而借。"③借的手法是多样的,可以向远处借景、向邻处借景、向高处借景、向低处借景以及应四时而借景。借景的前提是景观之间的相互因持,有远景和近景之间的区别才能远借和邻借,有高景和低景之间的区别才能仰借和俯借,有春夏秋冬四时不断的景观区别才能应时而借,因此计成说"构园无格,借景有因。切要四时,何关八宅"④,也就是说,借与因是相通的,有因斯有借,有借斯能因。因与借总体上说是把园林环境视为各个要素之间相互联系、相互作用的整体,既要对自然环境的规律给予必要的尊重,也要充分利用这种自然

---

① 〔明〕文震亨著,陈植校注:《长物志校注》,南京:江苏科学技术出版社 1984 年版,第 76 页。
② 同上,第 88 页。
③ 〔明〕计成著,陈植注释:《园冶注释》,北京:中国建筑工业出版社 1988 年第 2 版,第 247 页。
④ 同上,第 243 页。

规律来形成有机的、动态的整体景观。这种整体的园林观主要关涉的是自然本身的规律和条件,因此计成认为构园"切要四时,何关八宅",否定了造园和风水有关,可以说是相当有见地的。

二、"虽由人作,宛自天开"

园林是自然和艺术的结合,在中国古典园林中,对自然的追求总是超越于人工的,因此自然往往成为人工所要遵循和追求的总目标。计成的造园思想总体上没有脱离这种传统,效仿自然同样是其造园的理想,他把这种理想概括为"虽由人作,宛自天开"①,换言之,即使园林这种环境主要是人工所造而不是真正的自然,但也要以师法自然为其宗旨,以不露雕琢痕迹为上。

师法自然带来最直接的影响便是对自然本身的尊重。计成造园,虽也有"掇石而高,搜土而下"②这样大兴土木的作业,但他在重视园林游观效果的同时也非常注重对自然本身的保护,尽量寻求二者之间的平衡。比如他说:"多年树木,碍筑檐垣;让一步可以立根,斫数桠不妨封顶。斯谓雕栋飞楹构易,荫槐挺玉成难。"③意思是说,如遇生长多年的古树,有碍于檐垣的砌筑,则不妨把建筑物定位退让一步,以便保留树木,如与建筑物定位关系不大,则不妨修剪分支,并不影响树冠的发育,这是因为雕栋飞楹的建筑建造较易,而古槐修竹的成活较难。这里很明显体现了计成比较自觉的环境保护的思想,在自然和人工之间,计成的选择是更偏向于自然的,人工建筑最好要以不破坏自然植物的成长发育为准则。

在园林选址上,也比较能体现计成的这种自然观。园林的选址直接影响到整座园林的定位,在这方面古代的造园家一般都是强调尽量和自然接近的。计成说:"园地惟山林最胜,有高有凹,有曲有深,有峻而悬,

---

① 〔明〕计成著,陈植注释:《园冶注释》,北京:中国建筑工业出版社 1988 年第 2 版,第 51 页。
② 同上,第 42 页。
③ 同上,第 56 页。

有平而坦,自成天然之趣,不烦人事之工。"①计成认为园林选址以山林地为最佳,其原因就在于在山林造园自成天然的幽趣而不需人力的加工。而在离山林地较远的地方造园,虽然缺少自成天然之趣,可是其大要也在于尽量塑造这种自然的意境。比如"城市地",计成说:"市井不可园也;如园之,必向幽偏可筑,邻虽近俗,门掩无譁。开径透迤,竹木遥飞叠雉;临濠蜿蜒,柴荆横引长虹。院广堪梧,堤湾宜柳;别难成墅,兹易为林。架屋随基,浚水坚之石麓;安亭得景,莳花笑以春风。虚阁荫桐,清池涵月。洗出千家烟雨,移将四壁图书。素入镜中飞练,青来郭外环屏。芍药宜栏,蔷薇未架;不妨凭石,最厌编屏;未久重修;安垂不朽?片山多致,寸石生情;窗虚蕉影玲珑,岩曲松根盘礴。足征市隐,犹胜巢居,能为闹处寻幽,胡舍近方图远;得闲即诣,随兴携游。"②总的来说,计成认为城市并非造园的理想之所,假如非得在城市造园,则要遵循择幽而建的原则,其实这也是尽量在城市地中营造自然之所。关于城市园林的建造,我们可以发现其中各种要素的安排,无不是为了取得"闹中取静"的效果,如小径需要透迤,隐藏在竹木之间,还要挖成曲折的池沼,并于柴门之内横接长桥,这些手法的使用当是为了使园林更加幽僻。又如在院落中栽植梧桐,在蜿蜒的堤岸种植杨柳,池中飞瀑垂挂,郭外山峰环列,这些造园手法无不是为了尽量减少城市对景观的影响,使城市中的园林也呈现山林野趣。计成甚至认为,如果能够获得这种野趣,何必舍近求远要到山林造园呢?要在选址上解决这个矛盾,郊野地便是一个不错的选择,计成说:"郊野择地,依乎平冈曲坞,叠陇乔林,水浚通源,桥横跨水,去城不数里,而往来可以任意,若为快也。"③在郊野造园,既能接近自然,又能接近城市,可以弥补两者的缺陷,因此在计成看来是较为理想的造园之所。

园林内各要素的布置,计成也强调了这种追求自然的效果。如园内

---

① 〔明〕计成著,陈植注释:《园冶注释》,北京:中国建筑工业出版社1988年第2版,第58页。
② 同上,第60页。
③ 同上,第64页。

书房的建造,计成认为:"书房之基,立于园林者,无拘内外,择偏僻处,随便通园,令游人莫知有此。内构斋、馆、房、室,借外景,自然幽雅,深得山林之趣。如另筑,先相基形:方、圆、长、扁、广、阔、曲、狭,势如前厅堂基余半间中,自然深奥。"①书房的选址宜偏僻通畅,能任意通往园中各处而又不易为游人所发现,其目的是取得自然幽雅、得山林之趣的效果。又如"廊房基",计成说:"廊基未立,地局先留,或余屋之前后,渐通林许。蹑山腰,落水面,任高低曲折,自然断续蜿蜒,园林中不可少斯一断境界。"②廊房的建造,用的并不是齐整的几何图形,而是沿着地形任高低曲折,形成自然断续蜿蜒的形态,这是很典型的自然主义的造园手法。在"廊"字条,计成又强调:"廊者,庑出一步也,宜曲宜长则胜。古之曲廊,俱曲尺曲。今予所构曲廊,之字曲者,随形而弯,依势而曲。或蟠山腰,或穷水际,通花渡壑,蜿蜒无尽,斯寤园之'篆云'也。"③计成所造的之字形曲廊,相较于古代的曲尺状曲廊,更有自然的意味,其形状没有固定的规则,"随形而弯,依势而曲",主要是依赖地形的变化来设计形状,这样更加符合自然的要求。

三、"从雅遵时"

如前所述,晚明是一个身份意识异常敏感的时期,文人所能做的就是通过不断强调传统文化或观念的价值而与其他阶层区别开来。因此,雅俗之间的对立在晚明文人之间得到刻意强调,特别是在私人园林这样凸显文人文化品位的空间,这种对立显得尤为突出。我们看到,在像文震亨那样的贵介风流那里,一般性的雅俗对立甚至都已无济于事,高雅的文人需要通过对各种"闲事长物"的精雅品鉴来宣告他们超尘脱俗的品位。这种对"雅"的强调在晚明业已成为文人阶层的群体性事件,特别

---

① 〔明〕计成著,陈植注释:《园冶注释》,北京:中国建筑工业出版社 1988 年第 2 版,第 75 页。
② 同上,第 77 页。
③ 同上,第 91—92 页。

对于那些在这个阶层中有影响力的文人来说,这种强调并非仅仅是个人的趣味或者偏爱的表现,而是要为整个阶层代言并维护这个阶层的共同利益。

作为晚明江南地区的造园家,计成造园的理念不可能脱离这种大的背景。我们可以看到,对"雅"的追求在《园冶》一书中亦随处可见。如论"书房基",他的要求是"自然幽雅,深得山林之趣"①;论"户槅",他说"兹式从雅,予将斯增减数式,内有花纹各异,亦遵雅致,故不脱柳条式"②。这种对"雅"的追求大多也是在雅和俗的对立中展开的,如论"郊野地",计成说"须陈风月清音,休犯山林罪过。韵人安褒,俗笔偏涂"③;论"仰尘",他批评"多于棋盘方空画禽卉者类俗"④;论园中铺路,他认为"园林砌路,堆小乱石砌如榴子者,坚固而雅致,曲折高卑,从山摄壑,惟斯如一。有用鹅子石间花纹砌路,尚且不坚易俗"⑤。计成认为,要将园林营造成文人起居和游观的高雅空间,以便和其他社会空间区别开来,那么大到择地、建基,小到一窗一径都要符合从雅去俗的要求,在这方面他和文震亨那些文人并无不同。

但我们也发现,在强调"雅"的同时计成也强调"时"的观念,在这方面他和文震亨的观点就不太一样了,我们猜测大概是两人身份上的差异导致了这种观念上的区别。有时计成造园也会强调"仿古",如在论述叠"峭壁山"时他说:"峭壁山者,靠壁理也。借以粉壁为纸,以石为绘也。理者相石皴纹,仿古人笔意,植黄山松柏、古梅、美竹,收之圆窗,宛然镜游也。"⑥但大多数时候,计成会更强调依时而制,比如他认为园林的窗牖、栏杆等要"制式新番,裁除旧套;大观不足,小筑允宜"⑦。因此,在窗

① 〔明〕计成著,陈植注释:《园冶注释》,北京:中国建筑工业出版社1988年第2版,第75页。
② 同上,第114页。
③ 同上,第64页。
④ 同上,第113页。
⑤ 同上,第197页。
⑥ 同上,第213页。
⑦ 同上,第51页。

牖方面,他力主时制,"古之户牖棹版,分位定于四、六者,观之不亮。依时制,或棹之七、八,版之二、三之间"①;"古之短牖,如长牖分棹版位者,亦更不亮。依时制,上下用束腰,或版或棹可也"②。在栏杆方面,他也大力革新,"栏杆信画而成,减便为雅。古之回文万字,一概屏去,少留凉床佛座之用,园屋间一不可制也"③。可见,计成所谓的"雅"是和"时"结合在一起的,用他的话说就是"从雅遵时,令人欣赏,园林之佳境也"④。

　　与计成强调的"从雅遵时"不同,文震亨则将"雅"和"时"对立起来。如前所述,文震亨的园林尚雅的思想可以概括为"宁古无时,宁朴无巧,宁俭无俗",以古对时、以朴对巧、以俭对奢构成了他的雅俗对立思想的基本内容。在晚明这个身份敏感的时期,为了维护文人阶层的整体形象和利益,最重要的就是不断强调为整个阶层所维护、承继和共享的那些传统价值,而作为文人阶层中为数不多的执牛耳者,文震亨显然有更加迫切的为整个阶层代言的欲望。在此意义上,我们可以理解为何文震亨要把"宁古无时"作为雅俗对立的一个基本内容,在古代和现代的园林物类、制式或者观念之间,前者无疑更能凸显文人阶层的共同价值和一以贯之的文脉。因此,不管是有意还是无意,也不管是不是事实,时新的制作在文震亨那里都成了需要提防的流俗之物。

　　计成的身份实际上介于文人与匠工之间,此种身份的不确定性决定了他不可能成为文人阶层中的精英分子,他的出生和学识让他与纯粹的工匠不同,但他又必须依靠这项技能来谋生。这种身份的模糊性也造成了他的造园观念的模糊性,即造园过程中的理想价值和具体实践之间常处于一种矛盾的状态。他不断强调园林尚雅的理想,强调园林是一种超尘脱俗的理想空间,有时还说要模仿古人笔意来叠山,而一旦涉及具体的园林制作,他便认为要屏除古人的体式,采用时新的制式。他无法像

---

① 〔明〕计成著,陈植注释:《园冶注释》,北京:中国建筑工业出版社 1988 年第 2 版,第 116 页。
② 同上。
③ 同上,第 137 页。
④ 同上,第 184 页。

文震亨那样在"古"与"时"之间作如此决绝的裁断,他的造园经验也不允许他说出这样罔顾实际的话,他必须在尊重客观条件的基础上采用合适的制式,而无法像文震亨那样率先从他所栖身的文人阶层的理想价值出发。为了生计,计成也不得不在其造园中采用更多的时新的制式,以满足诸如富商等日益崛起的其他阶层的需求;在这方面,他也无法做到像文震亨那样一味地追求古雅,因为那样有可能会失去顾客的青睐。

四、园林深境

计成对于园林空间的整体效果有较为自觉的追求,总的来说就是要将园林营造成一个符合文人生活意趣的特殊空间。这种整体效果,计成常用"境"来称之。

在《园冶》中与"境"有关的概念比比皆是。如论"廊房基",计成说:"廊基未立,地局先留,或余屋之前后,渐通林许。蹑山腰,落水面,任高低曲折,自然断续蜿蜒,园林中不可少斯一断境界。"[1]论"门窗",他说:"伟石迎人,别有一壶天地;修篁弄影,疑来隔水笙簧。佳境宜收,俗尘安到。"[2]论"园山",他说:"园中掇山,非士大夫好事者不为也。为者殊有识鉴。缘世无合志,不尽欣赏,而就厅前三峰,楼面一壁而已。是以散漫理之,可得佳境也。"[3]有时,计成又将园林的这种境界称为"仙境""妙境"或者"幻境",如论园林中的"屋宇",他说:"境仿瀛壶,天然图画,意尽林泉之癖,乐余园圃之间。"[4]论"厅堂基",他说:"厅堂立基,古以五间三间为率;须量地广窄,四间亦可,四间半亦可,再不能展舒,三间半亦可。深奥曲折,通前达后,全在斯半间中,生出幻境也。凡立园林,必当如式。"[5]论"池山",他又说:"池上理山,园中第一胜也。若大若小,更有妙境。就水

---

① 〔明〕计成著,陈植注释:《园冶注释》,北京:中国建筑工业出版社 1988 年第 2 版,第 77 页。
② 同上,第 171 页。
③ 同上,第 209 页。
④ 同上,第 79 页。
⑤ 同上,第 73 页。

点其步石,从巅架以飞梁;洞穴潜藏,穿岩径水;峰峦飘渺,漏月招云;莫言世上无仙,斯住世之瀛壶也。"①

　　计成所说的园林境界与中国古典美学中的境界范畴意义类似,都有强调情景交融、虚实相生的意味。比如论园林中的"门窗",他认为需要让观游者"触景生奇,含情多致"②,也就是实现情景交融的效果,而门窗的设计最重要的就是"处处邻虚,方方侧景"③,也就是遵循窗前面向空旷但又面面皆近景物的虚实相生的原则。这种情境交融、虚实相生的境界在园林掇山那里体现得更加明显,他认为"掇山之始,桩木为先,较其短长,察乎虚实",然后按照"深意画图,余情丘壑;未山先麓,自然地势之嶙嶒;构土成冈,不在石形之巧拙"的方式布置假山,形成"有真为假,做假成真"的真真假假的效果,才能使观游者"信足疑无别境,举头自有深情"。④

　　将园林空间视为"仙境""妙境"或者"幻境",强调按照情景交融、虚实相生的方法来塑造园林境界,这些其实都已是中国古典园林中相当成熟的思想,计成的论述或许更加精当与细致,但也未见得有很多创新的地方。在我们看来,计成对园林境界思想的重要拓展,应当体现在他关于园林深境的论述上。计成在其《园冶》中多次强调要营造一种园林的深境,比如论"厅山",他说:"人皆厅前掇山,环堵中耸起高高三峰排列于前,殊为可笑。加之以亭,及登,一无可望,置之何益?更亦可笑。以予见:或有嘉树,稍点玲珑石块;不然,墙中嵌理壁岩,或顶植卉木垂萝,似有深境也。"⑤论"楼山",他说:"楼面掇山,宜最高,才入妙,高者恐逼于前,不若远之,更有深意。"⑥论"涧",他又说:"假山依水为妙,倘高阜处不

---

① 〔明〕计成著,陈植注释:《园冶注释》,北京:中国建筑工业出版社1988年第2版,第212页。
② 同上,第171页。
③ 同上。
④ 同上,第206页。
⑤ 同上,第210页。
⑥ 同上,第211页。

能注水,理涧壑无水,似少深意。"①计成认为,园林掇山应制造深远的意境,俗习一般是在厅前耸起高高的三座山峰,或在上面加盖亭子,其实登临之后却一无所望,他认为不如在墙内嵌筑壁岩,或在顶上栽植花卉藤萝,形成深远的意境;在楼对面掇山的,为防止假山过高而对建筑造成逼迫,最好放置在较远之处,形成深远之意;同理,假山若无水,则同样缺少深远的意味。

计成关于园林深境的论述要和晚明江南园林设计的变革联系起来看才能凸显其重要的意义。我们说过,在计成和张南垣他们那里,晚明江南园林的设计风格出现了一次重要的变革,计成他们对于传统园林那种缩微模拟的叠山手法并不满意,认为根据这种手法所叠之山太假,计成说"胡不假真山形,而假迎勾芒者之拳磊乎"②,也就是说为什么不模仿真山的形态而偏偏要累成拳石大小的形状呢。计成认为最好能在园林中累叠出自然山水真实的尺度,让假山呈现出"作假成真"的效果。但显然在江南的私园中容纳真实尺度的山水又是不大可能的,因此,计成主要是通过如下四种手法来实现这种真山的效果:

一是化叠山为叠壁,也就是抛弃传统那种可供登临穿越但尺度较小的缩微模拟的假山,而改为累叠出只供视觉观赏的犹如画卷一般的石壁,欣赏者欣赏石壁中的山水就如欣赏画卷中的山水一样,这种手法保证了欣赏者和石壁之间存在一种想象性的距离,就好像在石壁中看到了如山水画中那般远望的真山水一样;二是将假山放在观赏点的较远处,这样不仅能在欣赏者的视觉中呈现更多欣赏对象,而且欣赏者和欣赏对象之间纵深距离的增加也使欣赏空间变得更加丰富和多样;三是注意通过各种园林要素和遮掩的手法来激发欣赏者的想象空间,比如说在壁岩之上种植花卉垂萝,让欣赏者想象似乎壁岩之后有更加深远开阔的空间,或者在假山中注水,让欣赏者的视

---

① 〔明〕计成著,陈植注释:《园冶注释》,北京:中国建筑工业出版社1988年第2版,第219页。
② 同上,第42页。

线随着水流而伸展到远处；四是在园中堆叠真实尺度的山脚，即他说的"未山先麓，自然地势之嶙嶒"①，让欣赏者有看到真实尺度的山水的那种感觉。

计成最不满意的是传统园林所叠之山的"假"，他认为即使是假山也要作假成真。因此，他非常注重在文人私园的有限空间之内容纳更多真实的元素。为达到此目的，他向绘画学习，或者是通过实质性地增加与欣赏对象的距离，或者是通过激发欣赏者的想象空间，来营造一种深远的意境。此种意境的营造能够突破文人私园有限的空间限制，在有限的空间内似乎可以呈现无限的内容。计成为郑元勋造的"影园"具有"大抵地方广不过数亩，而无易尽之患"②以及"于尺幅之间，变化错综，出人意外，疑鬼疑神，如幻如蜃"③的效果，很大程度上应该就是这种深远意境的营造的结果。

如果我们从晚明这种园林设计风格的转变来看，那么计成关于园林深境的看法就是具有重要意义的。它是园林境界思想的重要拓展，实现了中国古典园林和绘画境界的贯通。作为中国古代艺术的两个重要门类，园林和绘画之间的相互借鉴早已有之，但可以说在计成这里两者才真正实现了精神内核意义上的契合。中国绘画的独特精神突出地表现在文人山水画所追求的几种核心特质上，如虚和实的相生，如淡远的风格，如散点的视角，如凸显的部分前景，等等。计成追求的园林深境可以说正是文人山水画这些核心特质在园林设计中的体现。比如他要求拉大与欣赏对象的纵深距离，使欣赏对象能够更大限度地出现在视线之内，或者直接以石壁替代假山，让欣赏者在石壁上看到远山的效果，这些都是效仿文人山水画强调淡远和散点透视的设计手法。计成又强调和

---

① 〔明〕计成著，陈植注释：《园冶注释》，北京：中国建筑工业出版社 1988 年第 2 版，第 206 页。

② 〔明〕郑元勋：《影园自记》，见陈植、张公弛选注，陈从周校阅《中国历代名园记选注》，合肥：安徽科学技术出版社 1983 年版，第 223 页。

③ 〔明〕茅元仪：《影园记》，见杨光辉编注《中国历代园林图文精选》第四辑，上海：同济大学出版社 2005 年版，第 25 页。

欣赏者距离较近、居于视觉前景的假山最好采用部分山脚的设计,或者采用某些遮挡的手法让欣赏者无法窥视全貌,从而激发欣赏者用无限的想象去填补有限的视觉景象,这种手法则是山水画中的虚实相生以及凸显部分前景等特征的体现。

因此,园林具有深远的意境可以视为计成造园的一个主要目标和最终效果,是其借助文人山水画的画意画理革新传统造园观念的集中体现。计成造园思想中的其他一些重要概念均与此种深境的追求有关。如计成非常重视借景,视其为"林园之最要者",通过借景的手法,远景进入欣赏者的视野,成为园林景观不可缺少的一部分。实际上,借景可以有效地增加欣赏者和欣赏对象之间的纵深距离,并实现类似于山水画欣赏那样的效果,计成如此重视借景就不难理解了。计成和张南垣是晚明园林设计风格转变的关键人物,两者的造园理念颇多类似之处,都反对传统的缩微模拟的叠山风格,都强调要在园内再现真实的部分山脚,都注重通过植物的遮掩效果激发更多的想象空间,等等;简单地说,他们都试图将宋元以来山水画的理念应用到文人私园的营造中。张南垣叠山以平冈小坂、陵阜陂陁为主,似乎更多的是一种平远的风格,不似计成叠山那样强调深远的意境,但不管是平远还是深远,它们都可以说是晚明园林设计风格转变的集中体现。从这方面来看,此种园林深境的思想在中国古典园林史上的重要性也就不言而喻了。

第五章　明代江南的生态环境与农业景观

江南大略位于现今的长江三角洲地区,又以环太湖的苏、松、常和杭、嘉、湖六府为核心,延伸至边缘的扬州府、镇江府、绍兴府和宁波府等。明代江南地区是全国经济文化的重心,不仅出现了苏州、杭州这样数一数二的大城市,而且周边经济型市镇发展迅速,形成了全国乃至世界闻名的生态农业。江南地区的生态农业自宋代开发以来,在明代则基本成型并形成"江南水乡"的典型农业景观。从明代中后期开始,农业景观逐渐代替自然景观成为江南最典型的景观类型,并对江南文人的环境审美欣赏产生重要影响。

第一节　明代以前的江南生境与景观变迁

江南生态农业和景观是该地人与环境长期互动而形成的。从上古到明清时期,太湖地区的水文和生态条件塑造了这个地方独特的生活方式,而这个地区的居民在适应了这种环境之后积极治水营田,兴造了许多具有重要影响的水利设施,逐渐使太湖区域成为河网密布、土地肥沃、阡陌相连的鱼米之乡。太湖地区人与环境之间的互动既有成功的经验,也留下不少引人深思的教训。不合理的水利治理和过度的经济开发导致各种环境问题,如洪涝灾害、农业减产、景观单一等等。因此,我们要了解江南地区农业生产和景观变迁的历史,就不能不了解这个地区生态环境建设和治理的历史。

太湖地区自唐宋以来就有鱼米之乡的美誉,水文条件优渥,素为东南赋税之重镇;但在汉唐以前,这里还是地势卑湿、农业生产效率低下的地区。史鉴《吴江运河志》说:"太湖西上承宣、歙、常、苏、湖数州之水,汪洋浩瀚,不可涯涘,故昔人有三万六千顷之称,而吴江当其下流,茫然泽国,古无陆路,非舟不通。"①从古籍记载来看,上古时期吴江中下游地区是为泽国,故《吴越春秋》有范蠡乘舟出三江之口的说法。此时该地区地广人稀,存在大片的原始水域,陆路较少,出行工具主要是舟船;当地农业也主要处于饭稻羹鱼、火耕水耨的原始农业阶段。

直至魏晋南北朝时期,随着吴江和嘉湖地区的逐渐淤化,太湖南岸地区形成了原始的塘浦溇港系统。南迁移民的增加加速了江南地区环境的变迁和经济的发展,人们在此围湖垦田、筑塘建坝,初步形成太湖地区防洪蓄水、促进生产的水利设施。农业生产相较于原始阶段已有了很大发展,当地执政官鼓励民众植桑种麦,这为后来唐代通过屯田而形成的塘浦大圩奠定了基础。尽管如此,魏晋南北朝时期江南地区的农业并不发达,生态环境中野生自然所占的比例很高。特别是天目山一带以山水清幽闻名,当时特有的门阀制度促进了庄园经济的发展。世家大族往往侵占山水优美之地,在那里建造园林别墅。这些庄园往往体量较大,环境丰富度很高,因此自然色彩也比较浓厚,和明清时代江南园林的狭小精致形成对照。当时的庄园经济农业化程度并不高,农业景观虽有发展但并未对大面积的自然景观造成压倒性的优势;相反,园林别墅的建立将优美的自然景观集中在特定的区域,激发了当时人们对自然审美的极大兴趣。像谢灵运这样的文人对江南自然风光的审美发现,直接促成了中国山水诗的出现。谢灵运《山居赋》描写了绍兴一带的幽居生活,

---

① 〔明〕史鉴:《吴江运河志》,见〔明〕张国维《吴中水利全书》卷十八,四库全书本。

"其居也,左湖右江,往渚还汀。面山背阜,东阻西倾""近东则上田、下湖,西溪、南谷,石埭、石漭,闵硎、黄竹。决飞泉于百仞,森高薄于千麓""近南则会以双流,萦以三洲。表里回游,离合山川""近西则杨、宾接峰,唐皇连纵。室、壁带溪,曾、孤临江。竹缘浦以被绿,石照涧而映红。月隐山而成阴,木鸣柯以起风""近北则二巫结湖"①等等,从中可以看出此时江南环境多样性程度很高,上田下湖、西溪南谷、山林川泽等构成一幅幽深清丽的自然画面。《宋书·谢灵运传》称:"灵运父祖并葬始宁县,并有故宅及墅,遂移籍会稽,修营别业,傍山带江,尽幽居之美。"②此时江南自然景观深茂幽僻,足以成为隐士幽居之所,与明清时期发达的农业景观和市镇经济迥然有别。

现代江南地区的基本形态实际上是从唐代开始形成的,唐代人在此进行大面积的围湖垦田,促进了以太湖为核心的塘浦圩田系统的形成。太湖地区经此浚治,在唐代后期成为全国经济的重心。

唐代江南地区的开发建立在湖堤和海塘系统的发展上。《新唐书·地理志》说杭州余杭郡"有捍海塘堤,长百二十四里,开元元年重筑"③。太湖地区东面临海,时常遭受海潮的侵袭,捍海塘堤的修筑使太湖平原大面积地垦田有了保障。在修建海塘的同时,唐代人也积极参与太湖东南沿岸湖堤的修筑。如唐开元十一年(723)和广德年间(763—764)乌程县令严谋达和湖州刺史卢幼平先后培修荻塘;贞元八年(792)湖州刺史于頔重筑荻塘,规模甚巨,民感其德,易名为頔塘;贞元十三年(797)又主持疏浚淤废已久的长兴西湖,命修复堤岸;元和十三至十五年间(818—820),苏州刺史王仲舒在太湖东修筑塘路;湖州刺史崔元亮宝历中(825—826)在湖州东南 42 里开菱湖,后又相继开吴兴塘、洪城塘、保稼塘、连云塘;湖州刺史杨汉公开成中(836—840)开蒲帆塘,自城北 2 里西

① 〔南北朝〕谢灵运著,顾绍柏校注:《谢灵运集校注》,郑州:中州古籍出版社 1987 年版,第 321—322 页。
② 〔梁〕沈约:《宋书》卷六十七,北京:中华书局 1974 年版,第 1754 页。
③ 〔宋〕欧阳修、宋祁:《新唐书》卷四十一,北京:中华书局 1975 年版,第 1059 页。

接长兴大溪,开成三年(838)又在湖州城南白苹州开芙蓉池。经过多次较大规模的整治,太湖南岸和东岸的湖堤连成一线,有效地改变了湖水漫溢的状况,和沿海的海塘系统一起,为太湖平原地区的围垦和塘浦大圩系统的形成提供了水利保障。

唐代海塘湖堤的修筑促进了太湖地区圩田系统的形成。在唐代,太湖地区的圩田系统主要是通过屯田的形式进行的。唐广德年间(763—764),苏州刺史李栖筠委派大理评事朱自勉在嘉兴组织大规模屯田,时人李翰曾撰《苏州嘉兴屯田纪绩颂并序》,对嘉兴屯田的情况作了记述和评议,该文说:"浙西有三屯,嘉禾为大,乃以大理评事朱自勉主之。且扬州在九州之地最广,全吴在扬州之域最大,嘉禾在全吴之壤最腴。故嘉禾一穰,江淮为之康;嘉禾一歉,江淮为之俭。……嘉禾土田二十七屯,广轮曲折,千有余里。公画为封疆属于海,浚其畎浍达于川,求遂氏治野之法,修稻人稼穑之政。芟以珍草,剔以除木,风以布种,雨以附根,颁其法也;冬耕春种,夏耘秋获,朝巡夕课,日考旬会,趋其时也;勤者劳之,惰者勖之,合耦助之,移田救之,宣其力也;下稽功事,达之于上,上制禄食,复之于下,叙其劳也。"[1]据文中所载,当时浙西设有三屯,以嘉兴屯规模最大,"广轮曲折,千有余里";故嘉兴在吴农业地位最为重要,"嘉禾一穰,江淮为之康;嘉禾一歉,江淮为之俭";经过大规模的屯田垦植,"自赞皇为郡,无凶年。自朱公为屯,无下岁。元年冬,收入若干斛,数与浙西六州租税埒"[2]。

因为屯田能够大范围调动军民进行统筹规划,唐代太湖地区的圩田系统规模往往很大。范仲淹在其《答手诏条陈十事》中说:"江南旧有圩田,每一圩方数十里,如大城。中有河渠,外有门闸。旱则开闸引江水之利,涝则闭闸拒江水之害。旱涝不及,为农美利。"[3]根据今人的统计,按

---

[1] 〔唐〕李翰:《苏州嘉兴屯田纪绩颂并序》,见《全唐文》卷四百三十。
[2] 同上。
[3] 〔宋〕范仲淹:《答手诏条陈十事》,见〔宋〕范仲淹著,李勇先、王蓉贵点校《范仲淹全集》,成都:四川大学出版社 2007 年版,第 533 页。

北宋郏亶"或五里七里而为一纵浦,又七里或十里而为一横塘"的规格,则每一圩的面积约在1.3万至2.6万亩之间,可见唐代圩田的巨大。在郏亶看来,太湖地区地势独特,江湖相连而水面平阔,因此水势散漫而三江不能疾趋于海,其沿海之地皆高仰,反在江水之上,是以环湖之地常有水患,而沿海之地常有旱灾,"古人遂因其地势之高下,井之而为田。环湖卑下之地,则于江之南北为纵浦,以通于江;又于浦之东西为横塘,以分其势,而棋布之,有圩田之象焉";又塘浦纵深尺度很大,因为"古人为塘浦阔深若此,盖欲畎引江海之水,周流于岗阜之地,虽大旱之岁,亦可车畎以溉田;而大水之岁,积水或从此而流泄耳,非专为阔深其塘浦以决低田之积水也。至于地势西流之处,又设岗门、斗门以潴蓄之,是虽大旱之岁,岗阜之地皆可耕以为田。此古人治高田、蓄雨泽之法也。故低田常无水患,高田常无旱灾,而数百里之内,常获丰熟。此古人治低田高田之法也"①。唐代塘浦圩田系统能够在屯田制的基础上进行大规模的开发,其尺度和深度都是后来宋元明清时期的圩田所不及的,在郏亶看来,正是这种塘浦大圩体系保证了江湖之水势常流,三江常浚而水田常熟,岗阜之地也得以畎引以灌溉。

　　唐代塘浦圩田系统的开发促进了江南地区农业的发展,使江南在唐代后期逐渐成为全国经济中心。圩田系统的形成为江南地区的耕作栽培奠定了基础,当地农民利用圩田种植稻麦,圩岸栽桑种柘,在此基础上发展渔业和养殖业。唐代塘浦圩田系统为宋以后江南地区生态农业的形成奠定了基础。同时唐代的塘浦圩田系统是大规模的屯田围垦,太湖地区的农业经济还未进入到对环境的过度开发中;因此,此时江南地区的景观形成了自然与农业相协调的状态。我们既可在李翰的《苏州嘉兴屯田纪绩颂并序》中读到"我屯之稼,如云漠漠,夫伍棋布,沟封绮错"②这样壮观的农业景观,也可以读到唐代诗人张籍《江村行》"南塘水深芦笋

---

① 〔宋〕郏亶:《治田利害七论》,见〔明〕归有光撰《三吴水利录》卷一,四库全书本。
② 〔唐〕李翰:《苏州嘉兴屯田纪绩颂并序》,见《全唐文》卷四百三十。

齐,下田种稻不作畦。耕场磷磷在水底,短衣半染芦中泥。田头刈莎结为屋,归来系牛还独宿"①这样较典型的江南水乡劳作的场景。在这些作品中我们能看到,在唐时江南种稻栽桑已是很普遍的事情。唐代江南地区的自然景观仍然保持了较好的完整性和丰富度,大面积的水景和野生动植物仍然比较多见。如唐代诗人皮日休有诗《吴中苦雨因书一百韵寄鲁望》云"全吴临巨溟,百里到沪渎。海物竞骈罗,水怪争渗漉"②,虽描写的是渔业景观,但也体现了唐代上海地区物产丰饶、海景壮丽的景象。

唐代江南地区塘浦深阔、水势常流,淤化现象仍处在可控的状态,因此吴淞江中下游有不少地区是江河湖海与沼泽地带。乾隆年间的《震泽县志》云:"今日之桑麻廛市,皆当日之巨浪洪波也。嘉靖至今,仅二百余年,而变迁若此,则宋元以前,更不知如何浩瀚矣,何况三代以上耶。……又接今之长桥河,只此一线之细流,而古人皆指此以为吴淞之正口,甚属可疑。然从吴家港外、南湖之中,徘徊四望,西南一带,水势连天,建瓴东注,惟此是趋。遥想宋元以前,并无所谓吴家港及东西草路等名支分派别,惟有千丈江身,环城东泻,而长桥横贯于其交,汪洋冲激,始信太湖入海之干流,实在于此。"③吴江长桥一带自宋以后逐年淤积,在明清时期人们所见早已不是湖水连天的景象,如长桥之南在宋元以前是湖,宋元之后已然淤落为田,然而仍可遥想宋元之前汪洋冲激的壮观场面。吴江一带未陷入过度开发状态,故而风景优美,自然资源丰富。唐代诗人对此多有描述,如张贲《旅泊吴门》说:"一舸吴江晚,堪忧病广文。鲈鱼谁与伴,鸥鸟自成群。"④章碣《变体诗》云:"东南路尽吴江畔,正是穷愁暮雨天。鸥鹭不嫌斜两岸,波涛欺得逆风船。"⑤崔颢七绝《维扬送友还苏州》云:"长安南下几程途,得到邗沟吊绿芜。渚畔鲈鱼舟上钓,羡君归

---

① 〔唐〕张籍:《张籍诗集》,北京:中华书局1959年版,第86页。
② 〔唐〕皮日休、陆龟蒙等:《松陵集》卷一,四库全书本。
③ 〔清〕陈和志修,倪师孟等纂:《震泽县志》卷二十九,见《中国地方志集成·江苏府县志辑23》,南京:江苏古籍出版社1991年版,第267页。
④ 〔唐〕张贲:《旅泊吴门》,见《全唐诗》卷六百三十一,四库全书本。
⑤ 〔唐〕章碣:《变体诗》,见《全唐诗》卷六百六十九,四库全书本。

老向东吴。"①白居易《偶吟》："犹有鲈鱼莼菜兴,来春或拟往江东。"②皮日休《西塞山泊渔家》："雨来莼菜流船滑,春后鲈鱼坠钓肥。"③元稹《酬友封话旧叙怀十二韵》："莼菜银丝嫩,鲈鱼雪片肥。"④在唐代诗人的笔下,鸥鹭成群、莼鲈绿肥几乎成了吴江一带的集体意象,而鸥鸟、鲈鱼、莼菜对于生长环境有比较严格的要求,这也表明唐代江南的生态环境十分优良,未遭受大范围和大规模的环境破坏。

五代以后,水利政策的改变给江南地区的生态环境和景观带来了深远的影响,唐代形成的塘浦大圩系统逐渐解体,而代之以民修小圩为主,太湖地区开始进入河网细化、淤积并最终成为圩田的景观变迁过程,农业景观在太湖地区所占比重逐渐增加,并深刻改变了人们的环境意识和审美观。

北宋结束五代十国的分裂割据以后,在水利方针上一改唐代屯田制度,把水利转为以漕运为主。端拱年间(988—989)两浙转运使乔维岳将凡是有碍舟楫转漕的堤岸堰闸一概毁去,使唐代建成的塘浦大圩失去了控制。为了漕运的便利,庆历年间(1041—1048),朝廷筑长堤于吴淞、太湖之间,横截数十里以益漕运;又在吴淞江进水口植千柱于水中,建吴江长桥(又名垂虹桥、利往桥)。吴江长堤和长桥的修建,为漕粮运输和军需供给提供了保障,却阻塞了太湖水的下泄,湖水既对淤落沙沉冲刷无力,吴江中下游地区便逐渐淤塞,唐代形成的溇港体系零碎分化成密布的河网,塘浦大圩也渐渐被分割为分散零碎的民修小圩。

北宋上述水利政策给江南地区的生态环境带来了重要影响,自宋以后江南地区的水旱灾害比前代增加了很多,成为宋元明清历朝一个突出的社会问题,也引发了诸多学者对治理太湖地区的措施展开讨论。苏轼曾简明扼要地概括建造吴江长桥对下游河港地区的影响:

① 〔唐〕崔颢:《维扬送友还苏州》,见《全唐诗》卷一百三十,四库全书本。
② 〔唐〕白居易:《偶吟》,见《全唐诗》卷四百五十九,四库全书本。
③ 〔唐〕皮日休:《西塞山泊渔家》,见《全唐诗》卷六百十三,四库全书本。
④ 〔唐〕元稹:《酬友封话旧叙怀十二韵》,见《全唐诗》卷四百六,四库全书本。

三吴之水潴为太湖，太湖之水溢为松江以入海。海水日两潮，潮浊而江清。潮水常欲淤塞江路，而江水清驶，随辄涤去。海口常通，故吴中少水患。昔苏州以东，官私船舫皆以篙行，无陆挽者。古人非不知为挽路，以松江入海，太湖之咽喉不敢鲠塞故也。自庆历以来，松江始大筑挽路，建长桥，植千柱水中，宜不甚碍。而夏秋涨水之时，桥上水常高尺余，况数十里积石壅土筑为挽路乎？自长桥挽路之成，公私漕运便之，日葺不已，而松江始艰噎不快。江水不快，软缓而无力，则海之泥沙随潮而上，日积不已。故海口湮灭，而吴中多水患。近日议者但欲发民浚治海口，而不知江水艰噎，虽暂通快，不过岁余，泥沙复积，水患如故。今欲治其本，长桥挽路固不可去，惟有凿挽路于旧桥外，别为千桥。桥餶各二丈，千桥之积为二千丈。水道松江，宜加迅驶。然后官私出力，以浚海口。海口既浚，而江水有力，则泥沙不复积，水患可以少衰。①

此文为苏轼举荐单锷吴中水利书状，单锷为宋嘉祐五年（1016）进士，留心于太湖水利，著《吴中水利书》，经苏轼代奏于朝。单锷对太湖水患的思考直指吴江长桥和长堤的修筑，"自庆历二年，欲便粮运，遂筑此堤。横截江流五、六十里，逐致震泽之水，常溢而不泄，浸灌三州之田"②。湖水下泄不畅、冲刷无力，导致出海口泥沙淤积，水文生态亦随之改变，单锷曾"睹岸东江尾与海相接处，污淀茭芦丛生，沙泥涨塞；而又江岸之东，自筑岸以来，沙涨成一村。昔为湍流奔涌之地，今为民居民田桑枣场圃……夫江尾昔无茭芦壅障流水，今何致此？盖未筑岸之前，源流东下峻急，筑岸之后，水势迟缓，无以涤荡泥沙，以至增积而茭芦生，茭芦生则水道狭，水道狭则流泄不快，虽欲震泽之水不积，其可得耶？今欲泄震泽之水，莫若先开江尾茭芦之地，迁沙村之民，运其所涨之泥。然后以吴江岸凿其土，为木桥千所，以通粮运……随桥餶开茭芦为港走水，仍于下流

---

① 〔宋〕苏轼：《进单锷吴中水利书状》，见〔明〕姚文灏《浙西水利书》卷上，四库全书本。
② 〔宋〕单锷：《吴中水利书》，见〔明〕张国维《吴中水利全书》卷十三，四库全书本。

开白蚬、安亭二江,使太湖水由华亭、青龙入海,则二州水患衰减。"①出海口淤塞使茭芦等水生植物滋生,又进一步导致该地区水道变狭、流泻不快;淤塞面积的增加加速了居民的迁移,形成不少新建的沙洲村落,村民在此居住、栽桑和种稻,看似能够增加不少赋税,这种生态环境的改变却增加了水旱灾害的概率,实际上是弊大于利的。单锷的办法是开通江尾茭芦之地,迁沙村之民,在吴江岸边新建千桥以浚海口。

北宋慢于农政,制度废弛,也是江南塘浦大圩系统解体的重要原因。范仲淹云:"臣询访高年,则云曩时两浙未归朝廷,苏州有营田军四都,共七八千人,专为田事,导河筑堤,以减水患。于时民间钱五十文籴白米一石。自皇朝一统,江南不稔则取之浙右,浙右不稔则取之淮南,故慢于农政,不复修举。江南圩田、浙西河塘,大半隳废,失东南之大利。"②朝廷于农政怠慢,没有统一之规划,各种破坏环境的现象便接踵而来。郏亶说:"或因田户行舟及安舟之便而破其圩,或因人户请射下脚而废其堤,或因官中开淘而减少丈尺,或因田主但收租课而不修堤岸,或因租户利于易田而故致淹没,或因决破古堤张捕鱼虾而渐致破损,或因边圩之人不肯出田与众筑岸,或因一圩虽完傍圩无力而连延隳坏,或因贫富同圩而出力不齐,或因公私相杂而因循不治。"③由于缺乏水利知识和环境保护的意识,民不相率以治港浦,有的因利于行舟之便而坏其圩,有的侵占坡脚而使堤身毁坏,有的则开浚尺度不足,有的因田主只管收租而不修堤岸,或因租户利于易田而导致堤身淹没,有的则是因开挖古堤、张捕鱼虾而导致堤身受损,还有的因出力不齐或公私相杂等而导致圩田损毁。

宋室南渡之后,随着大量人口的南迁,江南地区水利大兴。军事豪强和强宗世族多有侵占土地进行围湖垦田的,追求利益而来的盲目围垦缺乏长远的统筹规划,导致太湖地区进一步淤塞,太湖水体萎缩,防洪蓄

① 〔宋〕单锷:《吴中水利书》,见〔明〕张国维《吴中水利全书》卷十三,四库全书本。
② 〔宋〕范仲淹:《答手诏条陈十事》,见〔宋〕范仲淹著,李勇先、王蓉贵点校《范仲淹全集》,成都:四川大学出版社2007年版,第534页。
③ 〔宋〕郏亶:《治田利害七论》,见〔明〕归有光《三吴水利录》卷一,四库全书本。

水的能力进一步下降。豪强世族的盲目围垦还引发了诸多水利纠纷，"浙西民田最广，而平时无甚害者，太湖之利也。近年濒湖之地多为军下侵据，累土增高，长堤弥望，名曰坝田。旱则据之以溉，而民田不沾其利；水利远近泛滥，不得入湖，而民田尽没"①，被豪强所占的湖田在旱时独擅灌溉之利，而民田得不到灌溉，水涝之时决水放入民田又使民田尽没。大量围湖垦田使水利纠纷增多，水旱灾害增加，社会矛盾日益尖锐，南宋朝廷曾多次下令禁止围垦，但围垦者多是豪右之家，所以成效并不显著。

由于各种人为和自然因素的影响，宋代江南地区的景观呈现复杂和不稳定的状态。宋以前江南地区的自然景观和农业景观大体上处于较为稳定的状态，小农经济的发展不至于影响整个生态环境的格局，大规模的屯田围垦也因为水利措施的得当而没有出现大范围的水涝灾害，自然景观优美，农业景观宜人，生态环境富于多样性并且能够保持稳定的发展。宋以后，水利政策的改变使太湖地区淤积现象变得严重，朝廷慢于农政、制度废弛，农民为生活和利益所逼，在生态保护上也没有长远的眼光。宋代以后，江南地区的水旱灾害成为突出的社会问题，一直困扰着元明清的当局和地方统治者，这也说明从宋代开始江南地区的景观形态趋于不稳定。

宋代江南地区景观形态的变化可以说和太湖淤积有紧密联系，正是严重的淤塞为明清时期典型的江南农业景观奠定了基础。吴江长桥的修建导致太湖沿岸排水不畅而产生淤积，泥沙淤积又使江水更加无力冲刷海口而导致进一步的淤塞。太湖沿岸景观的变化往往与淤塞的程度相关。太湖地区的淤积导致水涝灾害增加，水涝灾害的频繁发生必然导致吴江中下游地区出现大量沼泽和洼地，而大量沼泽和洼地的出现也带来了芦苇、菰蒲等水生植物的繁茂。单锷曾在江尾与海相接处看见菱芦丛生的现象，并指出是水势迟缓而导致泥沙增积而菱芦丛生；菱芦丛生又进一步导致江水壅滞而无法下泄。菱芦菰蒲大量滋生，容易在水面形

①〔清〕徐松辑：《宋会要辑稿·食货八》，北京：中华书局 1957 年影印版，第 4935 页。

成葑田,苏轼曾在西湖见到大面积的葑田:"臣闻杭州之有西湖,如人之有眉目,不可废也。唐长庆中白居易为刺史,方是时,湖溉田千余顷;及钱氏有国,置撩湖兵士千人,日夜开浚。自国初以来,稍废不治,水涸草生,渐成葑田。熙宁中,臣通判本州,则湖之葑合盖十二三耳。至今才十六七年之间,遂湮塞其半。更二十年,无西湖矣。"①同时,茭芦等水生植物水下根茎犬牙交错,可以实现护堤防塌的作用,因此不少人家沿岸种植茭芦以护堤,甚至有豪强之家通过种植茭芦来实现侵占湖荡的目的。

随着茭芦菰蒲等水生植物的大量滋生,太湖沿岸的沼泽和洼地进一步淤积为低地,河网进一步细化和破碎化,江南人遂开发成以稻作农业为主的圩田。以圩田为主的农业活动的增加,造成了原本大面积增生的野生芦苇、菰蒲等水生植物的削减,以稻作为基础的农业景观开始代替自然景观成为太湖地区的主要景观形态。南宋时期,太湖地区已经发展出了大规模的桑基农田和桑基鱼塘。河网破碎导致圩岸增加,人们在圩岸种植桑柘,不仅可以护堤防塌,而且可以增加经济收入。江南地区桑蚕业出现很早,但在宋以前还主要集中在山区高地,那边有大面积优质土地种植桑树;随着太湖沿岸的不断淤积和小圩田系统的逐渐形成,桑蚕业也开始在低地平原地区发展。特别是南宋以后,随着小圩田系统的成熟,以桑基稻田和桑基鱼塘为主的生态农业已经颇具规模。人们将湖荡和洼地围垦成稻田或者鱼塘,圩田或者鱼塘种植稻麦或者养鱼,圩岸种植桑柘,塘泥培桑,桑叶养蚕,蚕粪饲鱼,形成一种世界闻名的高效的生态农业体系。

宋代江南大部分地区处于风景优美的状态,自然景观和农业景观相得益彰;相较于唐代,宋代江南的农业景观发展很快,大面积的自然野景有所缩减,但还不至于像明清时期那样变得稀少而珍贵。汉唐以来关于江南的一些典型的审美意象在宋代继续发展并得到强化,如鲈鱼和莼菜,但自然环境的改变使这些动植物开始减少并变得珍贵。宋代也出现

①〔宋〕苏轼:《乞开西湖状》,见〔明〕姚文灏《浙西水利书》卷上,四库全书本。

一些值得关注的审美现象,如著名景点的转移、减少和集中化,这些现象在明清时期随着自然环境的逐渐恶化而变得更加明显。

关于宋代江南的自然野景,我们在宋代诗人那里仍然能够看到关于大面积水景和野生植物的描写,但是这种描写已经大多和农业景观掺杂在一起,构成了壮丽优美的田园风光。如梅尧臣的《华亭谷》云:"断岸三百里,萦带松江流。深非桃花源,自有渔者舟。闲意见水鸟,日共泛觥筹。何当骑鲸鱼,一去几千秋。"①"断岸三百里,萦带松江流"和"何当骑鲸鱼,一去几千秋"的壮丽景观已经和桃花源般的渔家农景结合在一起。梅尧臣的《忆吴松江晚泊》"念昔西归时,晚泊吴江口。回堤溯清风,澹月生古柳。夕鸟独远来,渔舟犹在后。当时谁与同,涕忆泉下妇"②则充满一种清幽伤感的特色,但也能从中见到自然景观和农业景观相结合的特点。自然美景与农业景观的结合在宋代描写江南的诗歌中很有代表性,如王安石的《柘湖》云:"柘林著湖山,菱叶蔓湖滨。秦女亦何事,能为此湖神?年年赛鸡豚,渔子自知津。幽妖窟险阻,祸福易欺人。"③王安石见到的柘湖不仅种植有大面积的菱类植物,且当地还有蓄养禽畜等的农家场景。司马光《松江(其二)》"秋风索索连江起,暮过烟波十余里。长芦瘦竹映渔家,灯火渺茫寒照水"④则描写的是优美的渔家生活。林景熙《过淀山》"沸口乘寒浪,湖心散积愁。菰蒲疑海接,凫雁与天浮。泽国无三伏,风帆又一洲。平生漫为客,奇绝在兹游"⑤则突出了"菰蒲"和"凫雁"这两个意象,从他的描述可见当时淀山湖拥有大面积的水生植物景观,为野生动物提供了适宜的栖居之地。宋代太湖沿岸淤塞之初或者发生水涝灾害的时候,大面积的芦苇菰蒲景观往往就会出现,但随着后来圩田系统的进一步开发,芦苇菰蒲景观也被稻麦桑柘景观代替而开始减

---

① 〔宋〕梅尧臣:《宛陵集》卷四十四,四库全书本。
② 〔宋〕梅尧臣:《宛陵集》卷二十七,四库全书本。
③ 〔宋〕王安石:《临川文集》卷十三,四库全书本。
④ 〔宋〕司马光:《传家集》卷六,四库全书本。
⑤ 〔宋〕林景熙:《霁山文集》卷二,四库全书本。

少,但在一些地方芦苇菰蒲景观仍被保留了下来。如苏轼在西湖就看见大面积的菰蒲景观,其《夜泛西湖五绝(其四)》云:"菰蒲无边水茫茫,荷花夜开风露香。渐见灯明出远寺,更待月黑看湖光。"①

　　鲈鱼和莼菜这样的传统江南意象在宋代诗文中持续发展。如范仲淹《江上渔者》:"江上往来人,但爱鲈鱼美。君看一叶舟,出没风波里。"②陈尧佐《吴江》诗云:"平波渺渺烟苍苍,菰蒲才熟杨柳黄。扁舟系岸不忍去,秋风斜日鲈鱼乡。"③张先《吴江》诗云:"春后银鱼霜下鲈,远人曾到合思吴。欲图江色不上笔,静觅鸟声深在芦。"④梅尧臣《送裴如晦宰吴江》云:"吴江田有粳,粳香春作雪。吴江下有鲈,鲈肥脍堪切。"⑤苏轼《戏书吴江三贤画像三首(其二)》云:"浮世功劳食与眠,季鹰真得水中仙。不须更说知机早,直为鲈鱼也自贤。"⑥朱敦儒《好事近》云:"失却故山云,索手指空为客。莼菜鲈鱼留我,住鸳鸯湖侧。偶然添酒旧葫芦,小醉度朝夕。吹笛月波楼下,有何人相识。"⑦辛弃疾《水龙吟》云:"休说鲈鱼堪脍,尽西风,季鹰归未?"⑧陆游《秋晚杂兴(其四)》云:"冷落秋风把酒杯,半酣直欲挽春回。今年菰菜尝新晚,正与鲈鱼一并来。"⑨从以上诗作来看,莼菜和鲈鱼已成为宋代江南的代名词,这些意象和菰蒲、杨柳、芦苇、江景、海景等一起构成了宋人眼中的典型江南。

　　宋代江南景观的变迁还集中体现在新景点的出现上,比如宋代建造吴江大桥(也叫垂虹桥)之后,该桥周围一带景色优美,历代文人雅士便留下了很多关于此桥的诗作。如梅尧臣《送裴如晦宰吴江》云:"月从洞

① 〔宋〕苏轼著,〔清〕王文诰辑注:《苏轼诗集》,北京:中华书局1982年版,第353页。
② 〔宋〕范仲淹著,李勇先、王蓉贵点校:《范仲淹全集》,成都:四川大学出版社2007年版,第48页。
③ 见〔宋〕郑虎臣:《吴都文粹》卷五,四库全书本。
④ 见〔明〕钱毅:《吴都文粹续集》卷二十四,四库全书本。
⑤ 〔宋〕梅尧臣:《宛陵集》卷四十九,四库全书本。
⑥ 〔宋〕苏轼著,〔清〕王文诰辑注:《苏轼诗集》,北京:中华书局1982年版,第565页。
⑦ 见〔清〕朱彝尊编,汪森增订:《词综》卷十二,四库全书本。
⑧ 〔宋〕辛弃疾著,朱德才选注:《辛弃疾词选》,北京:人民文学出版社1988年版,第13页。
⑨ 〔宋〕陆游:《陆游集》,北京:中华书局1976年版,第1688页。

庭来,光映寒湖凸。长桥坐虹背,衣湿霜未结。四顾无纤云,鱼跳明镜裂。谁能与子同,去若秋鹰挈?"①米芾《垂虹亭》诗云:"断云一叶洞庭帆,玉破鲈鱼霜破柑。好作新诗寄桑苎,垂虹秋色满东南。"②这些诗作也证明了宋代江南地区自然景观和人文景观处于一个较为和谐的状态。

第二节　明代江南的生态环境与农业景观

现代江南的基本地貌是从唐宋开始形成的,特别是宋代的环境政策和地理变化给明清的江南带来了深远的影响,河网分化、圩田增多、市镇发展以及相应的生态环境恶化是宋以后江南地区人与环境互动的突出现象。明代是近代江南地貌形成的重要时期,宋代以来形成的生态农业系统持续发展并在明代实现极大的繁荣,使江南地区成为举世瞩目的富庶之地;但是经济的发达同样带来了生态环境的持续恶化,溇港圩田的过度开发和生态系统稳定性的下降是紧密联系的,明代江南地区因此水患特别严重,治水专著也在这个时期大量出现。河网的进一步分化和圩田的持续增加使明代江南地区的农业景观得到显著的发展,大约从明代中期开始农业景观已经成为江南地区的主导性景观类型,江南地区的人文生态和环境意识也受此影响,大量描写农业景观的作品出现,形成了我们现在所熟知的"江南水乡"的审美意象,但是这种单一化的农业景观也造成了环境多样性的消失,导致在明代中后期的江南文人当中,与自然的疏离成为一种普遍的现象,于是他们形成了或是在复古的诗文中或是在想象性的虚构中再造自然的一种渴望,这种渴望是促成明代江南宅园兴造热潮的一个重要的心理动因。总的来说,明代是江南地区生态环境和农业景观重要的发展阶段,这个阶段既为江南带来了举世瞩目的经济繁荣,也形成了近代江南以农业为主的景观类型和审美意象,但同时江南地区的过度开发也带来了比较严重的环境问题,给这个地区的人文

---

① 〔宋〕梅尧臣:《宛陵集》卷四十九,四库全书本。
② 见〔明〕钱穀:《吴都文粹续集》卷三十六,四库全书本。

和社会生态带来了深远的影响。

　　明代江南地区面临着和宋代一样的环境问题,而且更加严重,特别是水涝灾害。明代屠隆在其《东南水利论》中说:"盖自有宋以来,三吴水灾,志不绝书,淹没田禾,漂荡庐舍,泽国千里,民化鱼鳖。虽朝廷下令遣官,累有修浚,时通时塞,得失相参,利害相半。迄未闻有为三吴遗千百年之永利者。"①自宋代以来,江南地区的水患变得严重,虽然朝廷不时有修浚之举,但是很难真正一劳永逸,其原因既与江南地区的整体环境有关,也与人为的水利政策有关。从江南地区的环境来看,屠隆说太湖三面受水而一面分流的地理条件是导致其容易遭受水患的关键,"三吴巨浸,厥有太湖,汪洋浩淼,绵亘三万六千顷。三吴诸水咸入太湖,而分注三江以入大海,是吞吐元气、翕荡东南之一大关键也。南则杭湖、天目诸山,发源苕、霅等溪,由湖州七十二溇而入;西则金陵、溧水、溧阳、九阳江、洮湖、荆溪诸水,由常州百渎而入;北有运河,受京口大江及练湖诸水,北由江阴一十四渎入于大江;东由常熟、昆山之三十六浦入于大海,而入江海不及者,亦由武进、无锡诸港以入太湖。太湖三面受水,独湖东一面泻之三江以入大海。然三江水道仅有吴江一十八港入江,是太湖三面受水一面分流,吞多吐少,易蓄难泄。水口一有梗塞,则停缓无力;天时一遇淫雨,则泛溢为灾。是水口之宜通而不宜塞,彰彰明甚也"②。而从人为的方面来说,屠隆也提到宋代吴江长桥的修筑为太湖地区带来了严重的淤塞现象,"自吴江将泄泻太湖一带故道建长桥、筑挽路,以便漕舟,水道始梗,泥沙淀积,而太湖之水往往漫衍矣"③。吴江长桥的修筑在后世备受争议,被认为是造成太湖沿岸淤积的首要原因,而三吴地形本自低洼,大面积的淤积改变了这个地区的微地形,往往在太湖涨溢、海水倒灌的时候便发生水患。

　　在宋代造成吴江地区淤塞的因素在明代并没有得到纠正,比如种植

---

① 〔明〕屠隆:《东南水利论》,见〔明〕张国维《吴中水利全书》卷二十一,四库全书本。
② 同上。
③ 同上。

茭芦。太湖沿岸低洼之地会生长茭芦,而茭芦的大量生长进一步促成淤塞的发生。人们发现茭芦可以使湖水变清,又能巩固堤岸,于是大量种植茭芦,留淤成田,史鉴在其《吴江水利说》中谈到这个问题,他说:"又湖水之浑滓,易为停积,沿湖之人多种茭蒲,岁久成田,咸登粮额,遂致水道日微。又瓜泾港长桥正当太湖东流入江要道,至为深阔,而瓜泾港居民虑贼所侵,辄夤缘巡捕官为之筑堰。长桥又为豪家淹塞,规为田宅,为患极大。"[①]茭芦生长可以拦截淤泥,使湖水变清,茭芦增长进一步造成水势低缓,岁久而成田,可以种植粮食而获利。在利益的驱使之下,茭芦在吴江地区大面积生长,虽然增加了粮食赋税,但也造成该地区的淤塞现象越发严重。如果说小民为利益驱使而造成的淤塞可以控制,豪强之家的类似行为则很难受到官方的约束。史鉴这里也说"长桥又为豪家淹塞,规为田宅,为患极大"。生活在明代后期的陆彦章在《上海县疏河记》中也谈到这个问题:"上海泽国也,百余年来,县不得水之益。地中市民庞杂,苴砾杂投,而豪家大族渔圂并小利,岸日益拓,河日益狭。久则屋其上,无故迹可寻。不久则更相传,更相售,以为固然。子大夫有议疏者,顾盼不敢动,辄议辄止。故市民旱则捐滴无所求,潦则沟浍无所泄,秽则蒸厉,火则延烬。此城中肠胃之大害也。"[②]豪家势族为利益驱使而围湖成田,官府则顾盼而不敢动,故而对该地区的生态环境产生了极大的患害。

太湖沿岸地区从湖滩湿地向桑基稻田的发展过程其实也就是围湖造田的过程。太湖沿岸的淤塞导致茭芦丛生,茭芦的生长造成沙土淤积而成为田,人们造田而享稼穑之利。这个过程自唐宋以后持续发展,自然景观逐渐让位于农业景观,湖泊面积变小而农田面积增加。生活在明代中期的江南人见证了这种景观类型的易位,如方豪说:"豪初至湖上,遍询故老,咸云自鲇鱼口以西皆湖故址,湖去鲇鱼口不远,自不可信。因

---

① 〔明〕史鉴:《吴江水利说》,见〔明〕张国维《吴中水利全书》卷二十,四库全书本。
② 〔明〕陆彦章:《上海县疏河记》,见〔明〕张国维《吴中水利全书》卷二十五,四库全书本。

思郡县二志皆云湖纵横各十八里,乃用二小舟以百步绳互牵之,自南至北,得步五千四百有奇。古称三百步为里,五千四百步为里十八,所谓纵十八者是已。然后自西至东,如其法,尽其数,树木以表识之。东有黄泾,去所表木不及二百六十步,阅其东岸甚老而古,意湖之故址在是也。登岸瞻视,见一父老,问之曰:‘岸之西即田耶?’曰:‘侬生来第见此岸,岸西皆茭荡,非田也。’鄙见遂决。盖人之利于湖也,始则植茭芦以引沙土而享茭芦之利,久而沙土渐积,乃以之为田,而享稼穑之利。故湖之东为田者,旧涨也;田之外为荡者,新涨也。先度其新涨之荡,得五千亩有奇;后度其旧涨之田,得九千亩有奇。”①根据方豪的调查,昆承湖面积相比于旧时县志所记已经有所缩小,农田面积相应增加,不过几十年围湖垦田就造成了此地景观的极大改变。

吴江长桥在宋代修建,但在宋代所引起的淤塞还不至于太过严重,宋人在该桥仍能观赏优美的景致。而到了明代,淹塞引起景观质量下降。如明中期的伍余福说:“吾尝登垂虹亭而望之,其浩淼无涯,牛马莫辨。长桥河西南以上,皆纳数郡之水以备旱潦。而今淤塞有如此河者,已过其半。大则瀼为圩田,小则散为草梗。居民比屋,沃墅连畴。此治农者之所当患也。”②

太湖沿岸持续淤塞的一个结果就是水面的不断破碎化。淤塞使水流变缓并形成水面分割,河道变细变窄并形成网络状形态,部分形成死水并最终成为平陆,被开发成桑基稻田或者住宅,而另一部分则被开发成桑基鱼塘。唐代太湖地区实行的是塘浦圩田系统,宋代以后这种圩田系统逐渐解体,让位于小圩田体制,河网开始分化。明代是太湖地区河网细化的重要阶段,是江南市镇发展的重要基础。相较于前代,明代江南的市镇经济出现了爆发式的增长,引起产业结构的重要变化。樊树志

---

① 〔明〕方豪:《勘视昆承湖复治水都御史俞谏揭》,见〔明〕张国维《吴中水利全书》卷十五,四库全书本。
② 〔明〕伍余福:《水利论·七论长桥百洞》,见〔明〕张国维《吴中水利全书》卷二十一,四库全书本。

先生说:"进入明代以后,商品经济不断向纵深发展,日益深入农村,促使农家经营的商品化程度不断提升,集中体现在传统的蚕桑丝织经济与新兴的棉纺织经济,带动了农民家庭手工业的专业化与市场化,经济收益明显增加,导致农业结构发生变化——蚕桑压倒稻作、棉作压倒稻作,从而改变了先前以粮食作物为主体的农业模式,代之以与市场密切相关的经济作物的栽培,以及对蚕茧、棉花的深加工带动的手工业的飞速繁荣,于是出现了'早期工业化'。"[①]这种农业结构的变革和太湖流域地理形态的变化是息息相关的,在淤塞没有发生、河网没有细化或者细化不够充分的时期人们无法获得足够的田地和桑地,自然也无法带动市镇经济的发展。江南地区种植桑柘的历史比较早,但唐宋时主要分布在山区高地,在太湖沿岸淤积发生水面缩小之后,桑柘的种植才从山地逐渐扩展到平原。水面的破碎和消失为桑基农田和桑基鱼塘的增加提供了必要的基础,而发达的桑基农田和桑基鱼塘的生态农业也就促成了明代这种市镇经济的繁荣。桑作需要有肥沃的土壤进行培植,人们在利益驱使之下不断开河挖泥用以培养桑基,形成凹凸不平的碟形洼地。生活在明代后期的朱国祯说:"余家湖边,看来洪荒时,一派都是芦苇之滩。却天地气机节宣,有深有浅,有断有续,中间条理,原自井井。明农者因势利道,大者堤,小者塘,界以埂,分为塍,久之皆成沃壤。今吴江人往往有此法,力耕以致富厚。余目所经见,二十里内,有起白手至万金者两家。此水利筑堤所以当讲也。"[②]太湖流域水患之后往往形成大面积的芦苇滩地,农民趁机筑堤修塘、开河围垦,使水面细化为小面积的桑基农田或者鱼塘,用心培植使之成为致富的沃壤。

桑基稻田和桑基鱼塘生态农业体系的发达使明代农业景观已经相当成熟,特别是在明代中后期,以桑柘棉麻为基础的经济作物的种植和开发已经取代了粮食作物,使整个江南地区形成了以桑柘为核心,以鱼、

① 樊树志:《晚明大变局》,北京:中华书局 2015 年版,第 154 页。
② 〔明〕朱国祯:《涌幢小品》卷六,见《明代笔记小说大观》,上海:上海古籍出版社 2005 年版,第 3257 页。

猪、羊等的饲养为周边的农业景观类型。王建革先生指出："嘉湖地区桑基生态农业不是短期内形成的,是人与生态环境长期互动的结果。稻作与植桑使嘉湖从一片沼泽中生成碟形洼地系统,形成桑基圩田和桑基鱼塘。随着圩田与水塘的增多,植桑也在低地圩岸上形成规模。南宋时期,人口增长,开发加强,小农经济与市场亦发达,桑基农业得到大发展。明代的地貌与景观趋于定型。港溇区的水环境在天目山一带开发压力下开始淤塞,推动了桑基稻田和桑基鱼塘的大量出现。桑基农业的发展使田野动植物向特定的生物群落发展,原有的一些野生动植物渐渐消失,水面的植物与鱼类的多样性也逐步消失。水面破碎化使养殖业受到限制,鱼类资源也渐渐集中于鱼塘,庭院养猪、养羊开始增多。小农经济使小圩田与小水面形成巧妙的耦合。小农既经营稻田,也经营蚕桑,在桑叶价格上升时期,人们宁愿以稻田中的泥土培桑基,出现了桑争稻田的现象……总体上看,这一过程向多样性减少和零散化方向发展,但与其他地区的生态破坏不同,嘉湖地区通过堆叠土壤,利用蚕、桑树、猪、羊等物种,形成了一种世界著名的高产高效农业形态,并在一定程度上保持了优美的田野风光。"①这段话非常精辟地概括了江南地区桑基农业的形成过程以及江南农业景观的基本特点。相较于唐宋时期江南地区的景观而言,明代江南的农业景观发展得更加成熟,景观定型化的现象也更加明显。特别是从明代中期开始,江南地区形成了典型的江南水乡景观,并在一定程度上保持了优美的形态。但是,江南农业景观的形成又是以景观多样性的消失为代价的,原有的野生动植物逐渐消失,而特定的农业生物群落渐渐占据优势。当这个过程发展到极端,就造成原生自然的消失,给江南社会的人文生态带来深刻的影响。

从宋代到明代,江南地区农业景观的发展,经历了从湖到田、从葑芦到稻麦的过程。到了明代,农业景观已经发展成熟,经济作物兴起,极大地改变了农业产业结构,从而也改变了江南农业生物群落的构成。在明

---

① 王建革:《江南环境史研究》,北京:科学出版社 2016 年版,第 264 页。

代的农业景观中,稻桑景观无疑占有优势地位。在明代以前,江南地区一向是粮食的高产区,唐李翰《苏州嘉兴屯田纪绩颂并序》说:"故嘉禾一穰,江淮为之康;嘉禾一歉,江淮为之俭。"①这说明嘉兴地区的粮食生产和输出覆盖到整个江淮地区。陆游《常州奔牛闸记》中说:"予谓方朝廷在故都时,实仰东南财赋,而吴中又为东南根柢。语曰:'苏常熟,天下足'。"②这也说明江南地区的粮食生产在南宋具有举足轻重的地位,是全国闻名的大粮仓。因此,从唐宋开始,稻田景观便是吴中特色之一。如苏轼《赠孙莘老七绝(其六)》:"乌程霜稻袭人香,酿作春风雪水光。"③陆游《秋思(其五)》:"风林脱叶山容瘦,霜稻登场野色宽。"④明代之前江南地区粮食作物的生产具有如此的重要性,说明当时经济作物的生产虽有发展,但限于经济发展的条件,尚未能大规模地铺开,江南居民的生计主要依赖的仍是稻麦的种植和输出。

明代江南地区农业产业结构的重要变化是经济作物的兴起,其中又以桑树的栽植和利用为核心。特别是到了明末清初,蚕桑业和丝织业甚至取代了传统的粮食生产,成为江南地区经济的支柱产业。明末清初桐乡人张履祥所著《补农书》很能说明这个问题。《补农书》为上下两卷,上卷为明末湖州沈氏撰,下卷为张履祥为补沈氏农书不足而撰。上卷沈氏以水稻生产为主而兼及蚕桑,而张履祥的下卷则更重视蚕桑而兼及水稻生产。这种重心的转移表明了明末清初江南经济的发展和产业结构的变革。陈恒力先生在《〈补农书研究〉初版序》中说:"沈氏(《补农书》上卷)以水稻生产为主而兼及种桑,是反映了一个经济阶段的末尾;张氏(《补农书》下卷)则重桑而兼及水稻生产,又反映了另一个经济阶段的开端。"⑤这种农业生产上的变革不是突然出现的,而是和明代江南地区的

---

① 〔唐〕李翰:《苏州嘉兴屯田纪绩颂并序》,见《全唐文》卷四百三十。
② 〔宋〕陆游:《陆游集》,北京:中华书局1976年版,第2165页。
③ 〔宋〕苏轼著,〔清〕王文诰辑注:《苏轼诗集》,北京:中华书局1982年版,第409页。
④ 〔宋〕陆游:《陆游集》,北京:中华书局1976年版,第649页。
⑤ 陈恒力:《〈补农书研究〉初版序》,见〔清〕张履祥著,陈恒力校释,王达参校、增订《补农书校释》(增订本),北京:农业出版社1983年版,第3页。

地貌、水利和赋税等的整体环境有关。明代太湖沿岸淤塞愈发严重,河网细化、淤积乃至成为平陆,上至豪强下至百姓受利益的驱使莫不围湖垦田,造成湖水面积收缩而陆地面积增加,水稻和桑柘的种植面积也随着这种趋势而不断加大。人们在长期的农业实践过程中发展出桑基稻田和桑基鱼塘这样高效的生态农业,蚕桑和丝织业也在这种生态农业中占据越来越重的比例。而由于商品经济的发展,各地对丝织品的需求增加,当地政府也采取了重蚕桑轻粮食的政策。如在赋税方面粮食和蚕桑就有轻重之分,张履祥说:"湖州,税额不均之府也,归安为甚;为归安田者卑下,岁患水,十年之耕不得五年之获,而税最重。其地,桑蚕之息既倍于田,又岁登,而税次轻。其荡,上者种鱼,次者菱、芡之属,利犹愈于田,而税益轻。"[1]湖州水患严重,十年之耕不得五年之获,且赋税重于桑蚕,桑蚕之息倍于田而税又轻之,这就难怪百姓要轻稻作而重桑蚕了。在明末清初,植桑养蚕所获之利要高于种稻,张履祥说:"地得叶,盛者一亩可养蚕十数筐,少亦四、五筐,最下二、三筐。米贱丝贵时,则蚕一筐,即可当一亩之息矣。虽久荒之地,收梅豆一石,晚豆一石,近来豆贵,亦抵田息,而工费之省,不啻倍之,况又稍稍有叶乎。但田荒一年熟,地荒三年熟,人情欲速,治地多不尽力;其或地远者,力有所不及耳。俗云:'种桑三年,采叶一世',未尝不一劳永逸也,弗思耳。"[2]治地虽然既远而又不易,但获利要大于种田,因此张履祥主张多种田不如多治地。

综合以上因素,蚕桑业在明代生态农业中占据相当重的比例,桑柘景观也在明代成为十分突出的农业景观之一。生活在明代中期的顾应祥描述从东林山俯瞰湖州地区的景色道:"俯视平原,沃野万顷,高者皆桑,低者为蒱蒥,清溪萦回,横直相间,若界画然。"[3]顾应祥所见平原地区

① 〔清〕张履祥:《书改田碑后(甲申后)》,载《杨园先生全集》卷二十,见〔清〕张履祥著,陈恒力校释,王达参校、增订《补农书校释》(增订本)"附录",北京:农业出版社1983年版,第184页。
② 〔清〕张履祥著,陈恒力校释,王达参校、增订《补农书校释》(增订本),北京:农业出版社1983年版,第101页。
③ 〔明〕顾应祥:《东林山新建眺远亭记》,见〔明〕董斯张辑《吴兴艺文补》卷三十二,《续修四库全书》集部第1679册,上海:上海古籍出版社2002年版。

已遍布桑林,与田地、清溪、落舍、菰蒲交相辉映,构成优美和谐的乡村田园风光。唐宋时江南地区仍能看见较多的原生自然风光,但在明代,这种风光已被更加人工化、更加成熟的村落景观所代替,明代典型的江南景观也逐渐发展成为人居环境的景观。

随着江南地区桑基生态农业的成熟,这个地区的动植物群落逐渐由多样化向单一化发展,与桑基生态农业息息相关的动植物物种得到突出发展,而无法纳入这种农业体系中的动植物则被淘汰。江南地区人与环境之间的互动,使生物群落时时面临着筛选。明代江南地区得到突出发展的动植物,依然是那些能够满足人们经济利益需求的物种。

明代江南商品经济的发达离不开桑蚕业,养蚕的重要性是不言而喻的。张履祥说:"余里蚕桑之利,厚于稼穑,公私赖焉。蚕不稔,则公私俱困,为苦百倍。"①除蚕务之外,池塘养鱼在明代桑基鱼塘生态农业中亦占有重要地位,随着湖水面积的收缩和河网的细化,野生鱼类大量减少,已经难以满足人们的经济需求,鱼类的人工养殖便变得重要。人们在河道和湖荡内筑堤挖泥,开发成鱼塘,塘基植桑,以桑养蚕,蚕粪饲鱼,形成了高效的生态农业。在商品经济发达的明末,养鱼所获之利甚至大于种稻。张履祥说:"自水利不讲,湖州低乡,稔不胜淹。数十年来,于田不甚尽力,虽至害稼,情不迫切者,利在蓄鱼也。故水发之日,男妇昼夜守池口;若池塘崩溃,则众口号呼吁天矣。"②明代水利不修甚至甚于宋元各代,张履祥曾说过"水利不讲,农政废弛,未有如近代之甚者"③的话,湖州属于低洼地带,水灾年份要比丰收的年份多,因此此地养鱼获利要远大于种庄稼,故民众种田并不尽力,水患之年唯担心池塘崩溃。

野生动物的数量减少,而人工养殖的动物则增多,如猪、羊、鸡、鸭、

---

① 〔清〕张履祥著,陈恒力校释,王达参校、增订:《补农书校释》(增订本),北京:农业出版社1983年版,第108页。
② 同上,第132页。
③ 同上,"附录",第189页。

鹅等。张履祥曾详细记述猪和羊养殖的成本和利润。据陈恒力先生的调查,湖羊养殖是太湖地区一些县的重要农家副业,冬季以枯桑叶作饲料,使太湖流域蚕桑区大量的枯桑叶得到充分合理的运用;太湖地区的湖羊羔皮质地优良,柔软有光泽,花纹美观,是羔皮中的珍品,在国际市场上享有盛誉。① 张履祥又记述了鸡、鸭、鹅养殖的成本和利润,他认为鸡和鸭的养殖利极微,但鸡可以供祭祀、待宾客,鸭以取蛋,故田家不可无。考虑到家乡桐乡地区的地理条件,张履祥认为多养鸡鸭不如多养鹅:"吾地无山,不能畜牛,亦不能多畜羊。又无大水泽,不能多畜鸭,少养也须人看管。惟鹅、鸡可畜。然多畜鸡,不如多畜鹅;鸡多防攘窃;鹅不忧攘窃;鸡食腥则长,鹅食草谷而已;鸡畜一年,不及五斤,鹅三月即有六斤;若非留种及家用,则六、七斤即宜卖。"②

从《补农书》来看,明代人对于农业之地区性有深刻的认识,张履祥说:"一方有一方之物产,天地生此以养人,在人为财货。如山之竹木,海之鱼盐,泽国菱芡,斥卤木棉,莽乡羊豕之类;吾乡则蚕、桑、米、麦是也。但能反求诸己,竭力从事,不闭塞其利源,养生送死,可以无憾。"③张氏所说蚕、桑、米、麦概括了杭嘉湖平原地区主要的农业生产,男耕女织是此地农家本务,农业经济的发达也说明野生动植物群落相对收缩和减少,在经济利益的驱使下农业的多样性逐渐走向单一化。其最直接的视觉表现即农业景观比重的增加,这种趋势从宋代开始加剧,在宋代以前江南地区的自然景观比重要大于农业景观,自宋代开始农业景观的比重不断增加,而在明代江南地区典型的景观形态已经变成农业景观了。

---

① 〔清〕张履祥著,陈恒力校释,王达参校、增订:《补农书校释》(增订本),北京:农业出版社1983年版,第88页。
② 同上,第134页。
③ 同上,"附录",第156页。

第三节　明代江南的农业景观与环境审美

历史上早期的江南地区有丰富多样的自然景观,大面积的野生动植物群落没有遭到破坏。随着人类活动的增加、移民的大量涌入、农业技术的提高、城市扩张的加剧等等,江南地区的生态环境也面临着严峻的考验。特别是从宋代以后,江南地区人与环境之间的冲突越来越严重,生态环境破坏较多,由此而来的环境灾害也开始增多。明代是江南地区水旱灾害较为严重的时代,早期一些不合理的环境政策开始持续发酵并严重影响明代人的生产生活。相较于唐宋而言,明代江南地区的环境问题更加严重,环境优美的程度也降低。明代人面对人口急剧增长和整体质量下降的生态环境,开发出以桑基农田和桑基鱼塘为核心的高效的农业体系,这种农业体系在保证经济利益的同时能够维系一种生态的可循环性和可持续性,在一定程度上缓解了人与环境之间的矛盾。但是从整体上看,明代江南地区环境发展的趋势是自然景观逐步被农业景观取代,环境的多样性和丰富性减弱,湖水面积逐步缩减,野生动植物减少,动植物群落趋向定型化和单一化,粮食作物和经济作物占据主导地位。

明代因此是江南地区环境和景观类型转变的重要时期,特别是从明代中后期开始一直延续到清代,江南地区的农业景观取代了自然景观并占据主导地位,对整个江南地区的生境以及人文社会产生了深远的影响。江南地区不仅地理环境和动植物群落发生了改变,明代江南人由于起居环境的变化,他们自身的审美观、环境观、世界观等也相应发生了转变。由于旦夕生活在农业景观的环境中,不像唐宋人那样可以时常接触丰富多样的自然生境,自然这个概念在明代人心中开始变得模糊。他们也不再像唐宋人那样歌颂江南地区的自然美景,而是认为农业景观才是江南根本的特色。在这方面,祝允明的话是最有代表性的,他在《暮春山行》中说:"小艇出横塘,西山晓气苍。水车辛苦妇,山轿冶游郎。麦响家家碓,茶提处处筐。吴中好风景,最好是农桑。"①对于生活在明代中期的祝允明而言,农桑景观已是江南的代表,他们生于斯长于斯,自然景观对他们而言反而是有些隔阂的。这种情况从明代中期一直到清代愈演愈烈,农业景观遂发展成一种高度人工化和功能化的景观类型。如乾隆《震泽县志》云:"十里一镇,五里一村。土沃稻肥,动成千顷。菱芡茭芋,岁以数熟。树密路迂,溪深港曲。过客行舟,不有乡道,咫尺皆迷。实滨湖之沃壤,江浙之奥区也。"②在这种滨湖沃壤的农业开发中,野生的自然景观已被压缩到几乎消失的地步。厌倦了农业景观的士人则费尽心思想要在城乡之间开辟属于自己的自然,明代江南地区私人造园风气兴盛,既和这个地区的经济繁荣有关,也和人们迫切地希望寻求自然的心理有关。城市的生活已难寻清幽之地,乡村地带则布满农桑景观,这些都和唐宋时人所看到的江南美景有所不同。特别是晚明造园风气最兴盛的时候,像计成、张南垣这样的造园大师,都批评以前的园林未能再现真实的山水,这其实也是在园林中追寻自然的表现。

　　宋以后江南地区农业景观的兴起与太湖沿岸的淤塞息息相关,两宋时期太湖地区优美的自然景观随着淤塞而不断萎缩,浅水区由于淤积的出现而被分割成大小不等的水面,河道因为淤积的产生也不断分化成密布的河网,被分割而成的小水面和河网在进一步淤塞之后形成平陆。这些小水面、河网和平陆为桑基稻田和桑基鱼塘的产生奠定了基础,自然景观也在此过程中逐渐让位给了农业景观。

　　江南地区农业景观的增加导致自然景观的缩减,在宋代以前江南地区有着丰富多样的自然美景,人们无须奔赴远方便能欣赏到优美的景色;但在宋代以后大部分自然美景让位给了农业景观,自然景观开始集中在小范围的一些地区以供审美所需,出现了在一年中的某些特殊时日才出游赏观的现象。比如西湖,张岱《西湖梦寻》说:"自马臻开鉴湖,而

①〔明〕祝允明:《怀星堂集》卷六,四库全书本。

②〔清〕陈和志修,倪师孟等纂:《震泽县志》卷一,见《中国地方志集成·江苏府县志辑 23》,南京:江苏古籍出版社 1991 年版,第 23 页。

绝汉及唐,得名最早,后至北宋,西湖起而夺之,人皆奔走西湖,而鉴湖之澹远自不及西湖之冶艳矣。"①在北宋以前,江南地区最优美的自然景观集中在鉴湖,但宋以后鉴湖景观质量下降,而在西湖则有苏轼等地方官清理葑田,使西湖重新焕发光彩,加上苏轼等文人的竞相推崇,西湖的美名最终超越了鉴湖。王建革先生指出:"宋元时期江南失去了两个重要景观:一是湖光山色的三百里鉴湖区,二是充满水面的吴江地区。这两个区域集中了大量的自然美,有大量的诗画产生。审美失去了对象,创作亦受到限制。明清时期,多数湖泊区的边缘在农业开发下景观质量下降,文人的主要自然审美区开始集中于西湖等一些景观湖。唐代和北宋时期,西湖和鸳鸯湖不是江南最重要的风景区,鉴湖和吴江长桥区淤塞后,文人的审美区才集中到西湖。"②风景名胜区的产生,是审美对象和审美鉴赏活动的集中化的结果,它一方面表明人们对自然美的欣赏有着强烈的需求,但另一方面也表明江南地区的自然景观在整体上呈现缩减的趋势。在自然景观丰富而多样的时候,人们是无须奔赴特定的地点欣赏美景的,但宋明以后随着农业景观的不断压迫,人们对自然美的欣赏则要在特定的风景名胜之地才能实现。

自然美景既然只出现在特定的地点,便不是时时刻刻能够到达的;因此,在特定的时刻(比如节日)赏游名胜之地便成为一种习俗,此时的名胜之地也往往因聚集了大量游客而导致欣赏的效果大打折扣。少数具有极高鉴赏趣味的文人对这种游人如织的现象颇为厌恶,如明末张京元的《断桥小记》云:"西湖之胜,在近;湖之易穷,亦在近。朝车暮舫,徒行缓步,人人可游,时时可游。而酒多于水,肉高于山,春时肩摩趾错,男女杂沓,以挨簇为乐。无论意不在山水,即桃容柳眼,自与东风相倚游者,何曾一着眸子也。"③比张京元稍早的徐献忠说:"《吴都赋》云:'户藏

---

① 〔明〕张岱撰,马兴荣点校:《陶庵梦忆·西湖梦寻》,北京:中华书局 2007 年版,第 121 页。
② 王建革:《江南环境史研究》,北京:科学出版社 2016 年版,第 523—524 页。
③ 见〔明〕张岱撰,马兴荣点校:《陶庵梦忆·西湖梦寻》,北京:中华书局 2007 年版,第 162—163 页。

烟浦,家具画船',惟吴兴为然。自今乡居宦士,诚有然者,城市绝少,然春游实非西湖所及。西湖竟成游市,且不能远泛,士大夫或与诸女郎杂沓而至,颇亦厌观。"①蜂拥而至的游人大多对于自然景观并无高雅细致的审美品位,男女杂沓、摩肩接踵,既不曾对周围的美景有所眷恋,也对那些真正想欣赏美景的人造成影响,以致张岱发出"西湖七月半,一无可看,止可看看七月半之人"②的感叹。在江南边缘地区的其他城市也出现了类似的现象,如在扬州清明日,"是日,四方流寓及徽商西贾、曲中名妓,一切好事之徒,无不咸集"③;宁波府清明日亦然,"宁波府城内,近南门,有日月湖……清明日,二湖游船甚盛,但桥小船不能大。城墙下址稍广,桃柳烂漫,游人席地坐,亦饮亦歌,声存西湖一曲"④。可见,随着自然景观的缩减,人们已经无法时时处处感受到自然美的魅力了,而只能在特定时节赶往特定地点满足审美需求,而这样的审美效果往往又是打了折扣的;当人们习惯于在固定的"风景名胜"享受自然之乐,其实他们已在一定程度上丧失了能够欣赏丰富多样的自然美的感受能力,而这在明代的江南已不是少数地区才有的现象。

生态环境的变化必然带来动植物群落结构的变化,明代江南地区的自然胜景被压缩到少数著名的地点,带有明显自然色彩的动植物群落也大多集中在这些地方。在宋以前,江南地区拥有极为丰富的动植物群落,其丰富性和多样性遍布江南的大部分地区。人们可以在近距离范围内欣赏到各种自然和农业植物与动物,而无须烦劳到特定的地区去欣赏。随着太湖地区的淤塞并发展成为桑基稻田和桑基鱼塘,符合农业所需的动植物得到极大发展,而与农业经济利益无关的动植物则逐渐消失。明代是江南地区动植物群落走向单一化和定型化的重要阶段,人们

① 〔明〕徐献忠:《吴兴掌故集》,明嘉靖三十九年刊本,见《中国方志丛书·华中地方》第四八四号,台北:成文出版社有限公司1983年版,第757页。
② 〔明〕张岱撰,马兴荣点校:《陶庵梦忆·西湖梦寻》,北京:中华书局2007年版,第83页。
③ 同上,第66页。
④ 同上,第14—15页。

在咫尺距离之内能够接触到的往往是蚕、桑、稻、麦等农业景观,顾应祥从东林山"俯视平原沃野万顷,高者皆桑,低者为畜畬"①,可知当时湖州地区已是大面积的农业景观了。农业景观大面积增加,自然景观相应地便大面积缩减。明代的江南人已经很难随处见到大面积的自然美景,这些自然美景已被分割、压缩至碎片化的状态。

例如荷花的欣赏,唐宋时期江南地区广为分布的荷花景观在明代呈现为碎片化的状态,往往生长在池塘或者园林等小生境中,满足少数文人雅士的欣赏所需,而大面积的荷花景观则保留在某些特定的景点中;但即使是著名景点中的荷花景观,对它的欣赏也面临着游人过多的窘境。袁宏道曾描述苏州城外荷花荡的景观:"荷花荡在葑门外,每年六月廿四日,游人最盛。画舫云集,渔刀小艇,雇觅一空。远方游客,至有持数万钱,无所得舟,蚁旋岸上者。舟中丽人,皆时妆淡服,摩肩簇舄,汗透重纱如雨。其男女之杂,灿烂之景,不可名状。大约露帏则千花竞笑,举袂则乱云出峡,挥扇则星流月映,闻歌则雷辊涛趋。苏人游冶之盛,至是日极矣。"②对于当时的苏州人而言,要观赏大面积的荷花景观,只能在每年六月二十四日前往葑门外的荷花荡,但游人过多明显带来欣赏效果的削弱,我们可以发现袁宏道的描述重心已不是风景而是游人。张岱在荷花荡的所见所闻和袁宏道的描述非常一致:"天启壬戌六月二十四日,偶至苏州,见士女倾城而出,毕集于葑门外之荷花宕。楼船画舫至鱼艖小艇,雇觅一空。远方游客,有持数万钱无所得舟,蚁旋岸上者。余移舟往观,一无所见。宕中以大船为经,小船为纬,游冶子弟,轻舟鼓吹,往来如梭。舟中丽人皆倩妆淡服,摩肩簇舄,汗透重纱。舟楫之胜以挤,鼓吹之胜以集,男女之胜以溷,歊暑燀烁,靡沸终日而已。荷花宕经岁无人迹,是日士女以鞋鞜不至为耻。袁石公曰:'其男女之杂,灿烂之景,不可名

① 〔明〕顾应祥:《东林山新建眺远亭记》,见〔明〕董斯张辑《吴兴艺文补》卷三十二,《续修四库全书》集部第1679册,上海:上海古籍出版社2002年版。
② 〔明〕袁宏道:《荷花荡》,见〔明〕袁宏道著,钱伯城笺校《袁宏道集笺校》,上海:上海古籍出版社2008年版,第170页。

状。'大约露帏则千花竞笑，举袂则乱云出峡，挥扇则星流月映，闻歌则雷辊涛趋。盖恨虎邱中秋夜之模糊躲闪，特至是日而明白昭著之也。"①张岱的描述更为细致，荷花荡经岁无人迹，表明景观集中于景点，是景观欣赏的集中化和固定化，其实也间接表明日常化的自然审美欣赏活动已经消失；士女只有在六月二十四这天蜂拥云集，游人往来如梭，其实却"一无所见"，自然景观的退化和集中最终带来的是景观质量的下降和游人审美能力的集体迟钝。

　　大面积的荷花景观已经不是时时能够欣赏得到的，因此小生境的荷花审美在明代颇受士人的青睐。其中，面积不大的荷塘景观在明代园林中十分常见。如生活在 15 世纪的何乔新描述陆孟昭的"锦溪小墅"云："吴中山水名天下，高人韵士占幽胜、治台馆，靡有遗矣。若锦溪之胜，则前世未有发之者。今福建参知政事陆公孟昭始发其胜而居焉。初，孟昭家太仓城之巽隅，所居之西有地数百弓，规为园。园之左，澄溪溶溶，自东南来，芙蕖、芰荷列植其间，花时烂若锦绣，故以锦云名为溪云。"②陆孟昭的锦溪小墅以芙蕖芰荷烂若锦绣为名，其园占地数百弓，可知这里的荷花景观面积不会很大，但能够为私人园主所拥有，也可以说是比较少见的了。王世贞《先伯父静庵公山园记》中说："辟塘扉而北，则杳然别一天，为大方池，中浸芙蓉、菱、芡。"③这里虽云"大方池"，但作为私人园林其面积也不可能太大。又有上海豫园，潘允端《豫园记》云："'乐寿堂'之西，构祠三楹，奉高祖而上神主，以便奠享。堂后筑方塘。栽菡萏，周以垣，垣后修竹万挺。"④这也是明代典型的方塘或方池的小生境审美，这种池塘大的多以亩计，小的则不足一亩，朱熹"半亩方塘一鉴开，天光云影共徘徊"的审美意境在明代江南的文人园林中影响甚大。明代江南园林

---

① 〔明〕张岱撰，马兴荣点校：《陶庵梦忆·西湖梦寻》，北京：中华书局 2007 年版，第 17 页。

② 〔明〕何乔新：《锦溪小墅记》，见《椒邱文集》卷十三，四库全书本。

③ 〔明〕王世贞：《先伯父静庵公山园记》，见赵厚均、杨鉴生编注《中国历代园林图文精选》第三辑，上海：同济大学出版社 2005 年版，第 123 页。

④ 〔明〕潘允端：《豫园记》，见陈植、张公弛选注，陈从周校阅《中国历代名园记选注》，合肥：安徽科学技术出版社 1983 年版，第 115 页。

的方池面积并不大,其中荷花景观就不可能大面积种植。在一些园林中,尽管有方池,但植荷的数量更加有限,如沈恺《采诗楼记》云:"洲稍北有方池,植荷蕖数茎,六月暑退,楼居晏坐,清风徐来,荷香袭袭可掬。"[①]到了晚明,如文震亨这样有着高雅品位的文人,已不觉得大面积水域的荷花景观最有魅力,而是认为荷花景观的欣赏要以池塘最胜,他说:"藕花池塘最胜,或种五色官缸,供庭除赏玩犹可。缸上忌设小朱栏。花亦当取异种,如并头、重台、品字、四面、观音、碧莲、金边等乃佳。白者藕胜,红者房胜。不可种七石酒缸及花缸内。"[②]文震亨认为荷花以池塘为最胜,他也欣赏那种栽种在瓷器内供庭除赏玩的荷花,并对花种和瓷器有着精细的鉴赏品位;文震亨的品位不可谓不高雅,但我们也看到,这完全是一种小生境的自然审美,其格局和境界都难以企及唐宋文人的雄浑和开阔。明清江南文人审美境界的趋势是越来越退缩到狭小的一己之世界,其私人空间的赏玩品鉴愈发走向精细和雅致,但同时也因为失去了与外界的真正联系而变得琐碎和孱弱。明清时期的江南自然景观在农业景观的蚕食下逐渐退缩甚至消失无疑是重要原因之一。

于是,我们可以看到明代两种奇特的文人鉴赏:一种是像文震亨那样,具有常人难以企及的高雅品位,但是他们沉浸在越发纤细的小生境审美世界中;另一种是像张履祥那样,熟悉下层百姓的生活,甚至有相当丰富的农业实践经验,传统的自然境界对他们来说有点距离,他们向往的是躬耕不辍的小农生活。对这两种文人鉴赏来说,"自然"从某种意义上都消失了。像文震亨那样的文人,家世和教养都使他不会甘于平凡的小农生活,小农景观也无法真正体现他卓绝的鉴赏品位;像他这样的上层文人更青睐的是创造属于自己的私人世界,一个相对远离城市和乡村环境的自然领地,他们在自己的园林中创造具有多样性和丰富性的生态环境,努力恢复被日益单调的农业景观所侵袭的生动自然。但是这样的创造往往带有非常强烈

---

① 〔明〕沈恺:《采诗楼记》,见〔清〕黄宗羲编《明文海》卷三三四,北京:中华书局1987年版。
② 〔明〕文震亨原著,陈植校注:《长物志校注》,南京:江苏科学技术出版社1984年版,第90页。

的主观性,他们难睹唐宋时丰富壮阔的自然之境,只能在有限的空间中创造着自己想象中的自然,这样的创造成为他们高雅精致的阶级品位的体现,在很多时候这种所谓的"自然"是通过高度人工化的技巧、繁复精细的设计和不得不妥协的逼仄空间体现出来的,真实的自然反而消失在这种成熟老到的园林设计中。园林和自然毕竟是不相同的景观类型,明代江南士人在城市扩张和农业环境的逼迫之下,希望通过营造理想中的私人空间来寻找久违的自然,这本身就是一种悖论之下的无奈选择。因此,明代江南地区造园风潮的兴盛,虽在一定程度上满足了士人自然审美的需求,但从更根本的方面而言,江南士人和他们的前代相比更加退缩在相对狭小的人造空间中,也更加远离了这个私人空间之外的真实自然。

而像张履祥那样的江南文人则选择了耕隐生活,他不仅对于下层百姓的生活十分熟悉,对于农务也能做到躬耕。张履祥的生活要求,首先是能满足小农家庭之需,他说:"凿池之土,可以培基。基不必高,池必宜深。其余土可以培周池之地。池之西,或池之南,种田之亩数,略如其池之亩数,则取池之水,足以灌禾矣。池不可通于沟;通于沟,则妨邻田而起争。周池之地必厚;不厚,亦妨邻田而丛怨。池中淤泥,每岁起之以培桑竹,则桑竹茂,而池益深矣。筑室五间,七架者二进二过,过各二间。前场圃、后竹木、旁树桑。池之北为牧室三小间,圃丁居之。沟之东,傍室穿井。如此规置,置产凿池,约需百金矣;少亦需六、七十金。其作室亦约需此数,非力之所及也。"①如果说像文震亨这样的文人满足于庭院小生境的审美欣赏,那么像张履祥这样的文人则更讲究的是小农景观的满足和欣赏。凿池、培基、种田、灌禾、植桑、养蚕是江南农家最基本的日常劳作,这里并没有传统那种悠游于山水之间的自然情怀,有的只是繁密的农务和精细的时间安排,还要有和睦的邻里交往和合理的经济管理,因此他们更欣赏的是前场圃、后竹木、旁树桑这样的农家景观,稻、

①〔清〕张履祥著,陈恒力校释,王达参校、增订:《补农书校释》(增订本)"附录",北京:农业出版社1983年版,第179页。

麦、桑、竹成为最常见的居住景观,它们基本上都是人为的而非自然的。在明代中期以后,桑竹田泽已被视为最典型的江南景观,这是江南地区景观类型发生转折的重要阶段,标志着自然景观已不再占据主导的地位。环境的改变也引发了生活其间的文人文化心理的改变,明代人面临的大多是破碎化之后的自然风景,对他们来说农桑景观要比远处的自然来得更加亲近,更加实在。明代江南的村落景观依旧优美,且发展出具有生态合理性的循环农业,只是这种小农视野已经无法和唐宋时真实山水的开阔境界相比,明代江南村落景观也以人工景观为主,导致动植物群落的丰富性和多样性的降低。环境的改变迫使贫民士大夫只能在狭小的生境内寻求审美愉悦,但他们和文震亨这类文人一样,尽量把小生境布置得多样化以获得愉悦的最大化。前场圃、后竹木、旁树桑,不仅符合生态农业的需求,而且在方位和比例上也符合审美的眼光,能够在狭小的村舍空间内尽量容纳更多的审美要素。

农业景观开始占据主导优势,从一个侧面反映了明代江南地区的农村已经走向了城镇化的过程。明代江南地区的农业发展是和商品经济的发达密切相关的,江南地区独特的生态环境促成了桑基稻田和桑基鱼塘这种生态农业的形成,而随着经济利益的驱使,在明代后期甚至出现了桑争稻田的现象,表明植桑的利益已经远高于种稻。植桑这种农业活动是和养蚕、出丝这些产业联系在一起的,桑基稻田和桑基鱼塘的生态农业逐渐改变了传统乡村社会的封闭状态,使之具有了商品经济社会的开放性特点,江南农民不再安于农亩,而是不得已卷入了商品经济的潮流中。在明代中晚期的江南,乡村和城市之间的界限模糊了,不少乡村实际上具有了城市的规模以及城市的功能,而像苏、常、杭这样的大城市也因商品经济和乡村保持着更密切的联系。冯梦龙《醒世恒言·施润泽滩阙遇友》曾描述过这种现象:"说这苏州府吴江县离城七十里有个乡镇,地名盛泽。镇上居民稠广,土俗淳朴,俱以蚕桑为业。男女勤谨,络纬机杼之声,通宵彻夜。那市上两岸绸丝牙行,约有千百余家,远近村坊织成绸匹,俱到此上市。四方商贾来收买的,蜂攒蚁集,挨挤不开,路途无伫足之隙。乃出产锦绣之乡,积聚绫罗之地。江南养蚕所在甚多,惟此镇处最盛。"①我们可以看到,植桑养蚕这种农业活动为江南乡村向市镇发展奠定了基础,正是发达的桑基稻田和桑基鱼塘为江南地区市镇化的丝织业和棉纺织业提供了稳定的原材料,丝织业和棉纺织业丰厚的商业利益反过来也促进了蚕桑业的不断扩张,最终形成"俯视平原,沃野万顷,高者皆桑,低者为菑畬"②的农业景观。

总的说来,明代是江南地区生态环境变化的一个重要阶段,随着人口的增加和城市化的扩张以及各种人为和非人为因素的影响,明代江南地区的水域变小、河道细化,沼泽地区不断淹塞成为平陆,最后被开发成为桑基稻田或者桑基鱼塘;在此过程中,明代江南地区的景观主导类型发生了根本性的转移,以蚕桑为主的农业景观取代自然景观占据了主导地位,并给江南的人文社会生态带来了深刻的影响;为满足审美欣赏的需求,明代江南地区的自然景观开始集中在某些特定的区域,形成了影响很大的某些风景名胜之地,江南人的欣赏习惯也随之发生改变,随时随地能够欣赏的自然美景已不复存在,他们需要在一年中的某些特定时刻才奔赴特定地区进行欣赏;农业景观占据主导地位之后,江南地区的动植物群落开始向定型化和单一化发展,适应商品经济所需的动植物被大面积种植和豢养,而缺少经济利益的动植物则面临淘汰;江南文人欣赏大面积自然美景的机会变少,小生境审美开始受到时人的青睐,明代江南文人热衷于园林、庭院、村舍等的欣赏,他们的鉴赏趣味变得越发精致,但境界也越发局促;这种审美鉴赏上的变化随之对明代江南的设计风格产生影响,明代江南文人努力在小生境范围中实现多样化的审美,力求在狭小的空间内容纳更丰富的审美元素,促成明代晚期园林庭院设计中出现一种繁复精致、巧夺天工的艺术美。

---

① 〔明〕冯梦龙编:《醒世恒言》第十八卷,见《古本小说集成》第四辑,上海:上海古籍出版社 1994 年版,第963 页。

② 〔明〕顾应祥:《东林山新建眺远亭记》,见〔明〕董斯张辑《吴兴艺文补》卷三十二,《续修四库全书》集部第 1679 册,上海:上海古籍出版社 2002 年版。

第六章　明代山水小品中的自然审美观

　　中国古代文人对自然有种天然的热爱,尽管封建社会的发展趋势是城市和乡村在生活中所占的比重越来越大,但中国古代文人依然将更多的诗情和理想寄托于自然之上。"自然"在汉语中是个多义词,相当于"自然界"的这个含义,古代文学中常以"山水"来指称,特别是在山水诗和山水散文中,古代中国人的自然审美观体现得最为显著。明代有丰富的山水文学创作,也有众多高质量的山水文学作品,明人独特的自然审美经验及对自然的态度,在这些作品中有着最为直接的呈现。总的来说,明代前期山水文学中的自然审美观中言志和政教的意味较为浓厚,随着政治压力的降低、社会经济的发展以及新思潮的出现,明代中后期倾心山水的文人明显增多,其自然审美观也注入了心灵和个性解放的意味,追求畅神、真趣和性灵是此时文人进行山水欣赏的出发点。当然,这只是就主要的趋势而言,明代文学思潮和流派众多,文人邀众相互标榜和竞争的现象比较严重,导致各种思潮和流派的文学观反反复复,要找出一条没有分支的主流是不可能的。和前代相比,明人对人与自然之间的审美关系的思考无疑是更加深入了,即使是来自传统的对言志和政教功能的强调,明人的理解和阐述也要细腻与合理得多。明代是小品文创作的兴盛期和成熟期,这是最能体现明代文学创作的一种散文品种,本章即主要依据明代的山水小品对这个时期的自然审美观略作讨论。

第一节　传统自然审美观的继承和发展

　　明朝建立以后,太祖朱元璋对文人采取两面的政策:一方面延纳各方儒士,大力推崇儒家传统,以儒家意识形态作为新王朝的政权基础;另一方面又在思想领域采取严厉控制的手段,那些不合作或者有碍于统治的文人被残酷地清除。朱元璋出身贫民,本身缺乏高雅的文化教养,他对文学的基本态度主要取决于其帝国统治术,这种隔阂决定了他无法容忍那些脱离了道德规范和政教功能的作品。他的高压统治影响了明代前期文学的走向,新王朝的文人大多噤若寒蝉、明哲保身,文学表达也以依附新政权为主导倾向。朱元璋的这种两面手段对明代前期的文学创作产生了深远的影响,歌功颂德、粉饰太平的作品就成了文坛的主流。

　　这种依附新政权的文学思潮在明代前期的永乐朝达到顶峰。永乐皇帝热衷于文治武功的建设,其中就包括不少大型的文化工程,如《性理大全》《五经大全》和《四书大全》,进一步确立程朱理学在国家意识形态中的地位,他还命令翰林院编纂史无前例的《永乐大典》,无疑也是凸显其权威和国家形象的浓墨重彩的一笔。尽管永乐皇帝不像他的父亲太祖那样残忍好杀,他对国家的治理更加倚重儒家化的官僚,他也更重视文化教育所能产生的功效,然而这些都必须建立在维护皇权统治的前提之下,在这方面他和他的父亲并没有什么实质性的区别,永乐皇帝杀方孝孺因此只不过是太祖杀高启事件的一个翻版。如果说洪武朝的文学创作已被带入权力的控制和封锁的道路,那么永乐朝的文学创作则进入了集体性的歌功颂德的阶段。作为高启那一代人的诗作的抒情性特征已经式微,永乐朝的台阁体文学以集中赞颂明朝皇帝的圣德而著称。①

　　山水游赏是远离朝廷的一种方式——无论是亲临山水还是卧游神

---

① [美]孙康宜、宇文所安主编:《剑桥中国文学史》下卷,刘倩等译,北京:生活·读书·新知三联书店 2013 年版,第 36 页。

思,山水文学也为陷入困顿的文人提供了表达私人情感的途径。无论是有幸脱离尘网羁绊的隐士,还是位高权重的台阁大臣,在内心深处他们对待山水的态度大多是相同的。被朱元璋誉为"开国文臣之首"的宋濂,在其《游钟山记》中感叹:"山灵或有知,当使予游尽江南诸名山,虽老死烟霞中,有所不恨。他尚何望哉! 他尚何望哉?"①正是在"他尚何望哉"的反诘中,宋濂作为个体生命的丰富感性才在刹那间绽放,而他也不再仅仅是那个主张明道致用、宗经师古,在皇帝面前诚惶诚恐、谨小慎微的"纯臣"②。

　　这种"老死烟霞,在所不恨"的希求只有在明代中后期才在士人中形成一种发扬蹈厉的情绪,而明代前期的士人大多仍选择了小心翼翼地表达隐微心曲。儒家托物言志、比德寓意的传统无疑成为此时山水文学最为稳妥的选择,观水、观云、观松、观竹等成为此时文士最为青睐的文学主题。解缙有《观澜轩图记》一文,说天下之美观无有过于水者,因其有似乎君子,"当无事之际,处常行之安便焉,或无甚异也。及其临大节而不可夺,当死难而不苟免,鏦铮炳烺,震动天地,不二其操,与水之万折必东何异哉? 虽然,此第观澜之一端耳。若夫道体之妙,由其静而有本,故能溥博而无穷,其往者过非有所逐也,其来者续非有所迫也,可以观理之通而致诚之德焉"③。以水之"常行无异"和"万折必东"的两种状态来比喻君子处无事之际和临死难之节的表现,是典型的儒家观水之德的传统自然审美观;解缙更进一步,说这不过是"观澜之一端耳",由水之外观而领悟道体的溥博无穷,以观理之通而致诚之德,始为观水之大要;由观澜之万状而最终实现观理致诚,是一个由外而内的过程,观澜最终所要领悟的也就是内心德性的诚明。

---

① 〔明〕宋濂:《游钟山记》,见〔明〕宋濂著,罗月霞主编《宋濂全集》,杭州:浙江古籍出版社1999年版,第213页。

② 李贽《续焚书·读史汇》说:"余观上之曲宴公,尝叹曰:'纯臣哉尔濂! 今四夷皆知卿名,卿自爱!'呜呼,危哉斯叹! 芒刺真若在背,而公又尚不知,何也?"见〔明〕李贽著,张建业主编:《李贽全集注》第三册《续焚书注》,北京:社会科学文献出版社2010年版,第239页。

③ 〔明〕解缙:《观澜轩图记》,见《文毅集》卷十,四库全书本。

　　与解缙同值文渊阁的金幼孜对于观云有"理"与"迹"之辩，与解缙观澜一说有异曲同工之妙。金幼孜《书樵云卷》说："古之人有托于隐者，但求其心之所寓，不可泥其迹，苟以迹求之，则徒得其外，而其中之所存者，未必能得也。是故心者，其理也；迹者，其形也。形之在宇宙间，若日月星辰之照。临雷霆电雹之震霍，风雨霜露之变化，河海山岳之高深，昆虫草木之繁殖，与夫典章文物名器制度之宏博，虽仰观俯察万有不齐，然吾皆得抚而有之。然亦岂屑屑焉泥其迹哉？盖必有得其理者矣，得其理则心之所寓者可得而识矣。予友曾君学中，脱略不羁，尝以樵云自号。以常情观之，樵云特其迹而已，而不知学中之处于此，观夫云之敛舒上下、沉浮聚散、悠悠扬扬、或行或止、或往或来，皆有至理者，存而于是心有默契者焉。若曰学中之乐夫樵与云为徒，优游岁月以自放于山林间者，岂真知学中者哉？学中持是卷求予题，予故表而出之，使观学中者当观其心，不可徒求其迹也。"[1]迹或形是宇宙间事物的外在变化，而理与心则是宇宙间事物的内在道理；观云的敛舒沉浮、行止往来就如解缙所说不过是"观澜之一端耳"，由观事物外在的行迹而体察事物内在的道理，才是内外兼得而不泥于迹。无论是解缙的观澜还是金幼孜的观云，都强调了在山水欣赏中通过比拟的方式领悟内在德性的重要性，而对于儒家之理的强调又表现出传统比德命题在宋明理学背景下的继承和发展。

　　观竹也是儒家比德观的集中体现，身心高雅的君子往往在其居所广植修竹，以见胸中意趣。明初台阁重臣杨士奇在一篇记中说："夫竹中虚外直，刚而自遂，柔而不挠，有萧散静幽之意，无华丽奇诡之观，凌夏日以犹寒，傲严冬而愈劲，此其德为君子之所尚。"[2]明初著名理学家薛瑄记一友在藏修之所种竹数百竿，并名其轩曰"友竹"，薛瑄说："况竹之为物，直而不曲，劲而不凋，而又锵鸣风雨，声闻于远，有似乎直、谅、多闻之德。以之为友，则耳目所接，心志所适，为益其可一二数耶！以是知先生之用

---

① 〔明〕金幼孜：《书樵云卷》，见《金文靖集》卷十，四库全书本。
② 〔明〕杨士奇：《翠筠楼记》，见〔明〕杨士奇著，刘伯涵、朱海点校《东里文集》，北京：中华书局
　　1998年版，第7页。

心,殆庶几于古人而不违乎孔子之教矣。"①金幼孜在其《湖山竹隐诗序》中记有仲詹氏隐居乡里,并于湖山之傍构堂和轩,轩之前列植以竹,日与宾客故人徜徉嬉游其间,金幼孜说:"於乎!世之珍奇瑰异可好者多矣,而仲詹所好而乐者,独在于竹,岂不以其虚中直外,特立不阿,遇霜雪而不摧,历四时而不变,为君子之所尚欤?然则仲詹之有取于此,所以蓄耀韬光,抱幽守独,异于庸俗者,霄壤不侔矣。虽然,湖山之胜,岂特为今日之美观,将俾后之人挹其流风遗韵,涵养封殖以继承于无穷,则仲詹遗泽之所及,讵有涯哉?"②比德重在与自然物所比之德,所以仲詹所乐者不独在竹,也不在湖山之胜的美观,而是取其"虚中直外,特立不阿,遇霜雪而不摧,历四时而不变"的君子之德;金幼孜指出山水欣赏中美观和德性之间的关系,高雅文人徜徉于湖山胜景之间,非为耳目的饱游饫看,更重要的是内心道德的涵养。

对于山水欣赏中这种耳目和心意之间的矛盾,明初画家裴日英有更细致的阐述。宋濂在其《竹坞幽居诗序》中记述了裴日英的议论:"有竹之竹,不若无竹之竹之美也。有竹之竹,适在耳目。无竹之竹,适在乎心。心之所得,非若耳目之浅而易忘也。吾方有竹时,笙乎竹,箫乎竹,竽乎竹,篁乎竹,所见所闻日陈吾前者皆竹也。然吾未尝知竹之为美也。今弃之而居乎此,虽不接乎耳目,而心恒存焉。思竹之声,以为有《虞韶》之遗音;思竹之挺拔特立,以为有壮夫伟士之节;思竹之历寒暑而不变,以为类乎有道者。其虚中不窒似仁,其直遂似义,其周于用似才,其高自骞举不屈侪类下似智。取而比德焉,无不美者,然后知竹之不可得也。吾心日存乎竹,虽谓之有竹,何过乎?且古之圣贤,后世慕之如神龙威凤者,以其不可见耳。圣贤道德虽高,使人得接而狎之,其不见慢于恒人者

---

① 〔明〕薛瑄:《友竹轩记》,见〔明〕薛瑄著,孙玄常等点校《薛瑄全集》,太原:山西人民出版社1990年版,第803页。
② 〔明〕金幼孜:《湖山竹隐诗序》,见《金文靖集》卷七,四库全书本。

鲜矣。其与吾好竹之说何异乎。"①裴日英对于观竹有十分独特的看法，即"有竹之竹，不若无竹之竹之美也"；在他看来，耳目感官的相接浅显而易忘，因此当其耳目所闻皆竹的时候，这些幻象流连于感官而未曾恒存于心，故而未尝知竹之为美；裴日英认为事物取而比德而无不美，人的德性落实于内心而非耳目，因此心日存乎竹才能超越感官的局限而获得竹所象征的仁义礼智的深层意义；也就是说，在裴日英看来，自然物只有取拟于儒家道德才会无所不美，如果只是流连于耳目感官则是不美的。裴日英关于比德的看法相当独特，他将传统比德观发展为耳目和心意之辩，令人有耳目一新的感觉。耳目日接而不知其美是生活中确有的审美现象，知竹之不可得而心生美意在生活中也并非罕见，然而前者大多与陌生感的消失和审美疲劳的产生有关，而后者则大多产生于由某种缺失而致的强烈的心理期待。裴日英认为是有无比德而产生的不同结果，这却是把耳目交接和心之所得割裂开来了。

特定的自然物既然拥有象征人类道德的属性，这样的自然物常常也就成为君子托物言志的对象。金幼孜说："呜呼！君子未始无所乐也，而众人之所乐者，君子有弗与焉。是故肥甘以为羞，居室以为华，舆马声色以为欢，金玉珍宝以为玩，此众人之所乐也，而君子则曰：'吾布衣疏食，诵诗读书，怡神于恬寂之境，寄迹于闲旷之乡。'不必有肥甘居室之美，不必有舆马声色金玉珍宝之好，而其乐反有过于众人者，此无他，由其趣向之异而所志者有不同也。"②君子和众人趣向抱负有所不同，众人只满足于感官享乐，而君子则有更深层的道德涵养的要求，因此众人以肥甘居室、舆马声色、金玉珍宝为乐，而君子则布衣疏食、诵诗读书，反而有过于众人之所乐。金幼孜将读书吟诗明道视为最纯正的君子之乐，那么徜徉于山水是否属于君子之乐呢？金幼孜认为这里面也有区别，那些"以逸自放者，非美德也"，也就是"流连光景，放肆于形骸之外者"，他们沉溺于

---

① 〔明〕宋濂：《竹坞幽居诗序》，见〔明〕宋濂著，罗月霞主编《宋濂全集》，杭州：浙江古籍出版社1999年版，第1735页。
② 〔明〕金幼孜：《林泉逸乐记》，见《金文靖集》卷八，四库全书本。

山水之癖中,忘了"君子之志,惟勤可以成德"①,只有那些在山水悠游之中而又不忘其志的君子才能获得真正的逸乐。金幼孜强调了自然欣赏中志趣的主导性,有纯正的志趣就能远离声色犬马的众人之乐,同时有纯正的志趣也才能不陷溺于游览山水的感官之乐,在自身纯正志趣的主导下徜徉山水而又不陷溺于山水才是真正的山水逸乐。

明代前期的文学思想总体而言重政教和事功,这从某种意义上来看和山水欣赏是有矛盾的,因此明代前期的文人往往要为他们游赏山水的行为寻找依据,竭力证明山水之乐也有大抱负大志向。明初章三益结庵于匡山,名为"看松庵",日歌吟于万松间。有人听闻此事而有所怀疑:章负济世之才,曾率众抗击福建贼寇,现在怎会隐居避世呢?宋濂则不以为然,其《看松庵记》说:"夫植物之中,禀贞刚之气者,唯松为独多。尝昧昧思之,一气方伸,根而蕴者,荄而敛者,莫不振翘舒荣以逞妍于一时。及夫秋高气清,霜露既降,则皆黄霣而无余矣。其能凌岁寒而不易行改度者,非松也耶!是故昔之君子,每托之以自厉。章君之志,盖亦若斯而已!君之处也,与松为伍,则嶷然有以自立。及其为时而出,刚贞自持,不为物议之所移夺,卒能立事功而泽生民,初亦未尝与松柏相悖也。或者不知,强谓君忘世而致疑于出处间,可不可乎?"②在植物之中,松树被视为最具贞刚之气,因此宋濂推敲章君与松为伍,就是托之以自厉的意思,并非隐居而忘世,而只不过刚贞自持、待时而出罢了。

作为开国文臣之首,宋濂的文学观带有洪武朝主流文学的那种政教色彩。宋濂身居显位,又逢朱元璋这种治尚严峻的君王,其文学思想不得不适应当时朝廷的取向,政教和颂美的倾向都比较浓厚,因此他并不主张写只有风花烟鸟而无仁义道德的文章。在《看松庵记》中他还只是委婉地为章三益辩护,认为他与松为伍只是托以自厉、待时而动,而在《水北山居记》中他就较明确地表达出寄情山水不如报效朝廷的思想。

---

① 〔明〕金幼孜:《林泉逸乐记》,见《金文靖集》卷八,四库全书本。
② 〔明〕宋濂:《看松庵记》,见〔明〕宋濂著,罗月霞主编《宋濂全集》,杭州:浙江古籍出版社 1999年版,第 318—319 页。

湖府经历叶伯旼,结庐蜃江之北,名之曰水北山居,间与二三友适意山水间。宋濂虽称赞伯旼贤明,但又说:"虽然,予犹有一说,为伯旼告焉。当大明丽天,万物毕照,名一艺者必收,占一才者必庸,有如伯旼之学之美,谁不羡之? 其有不登于枢要者乎? 伯旼宜悉屏江湖之念,而益存魏阙之思,俟它日功成名遂,归老于水北山居,岸巾而坐,与三二友追叙平生旧游,烹鲜酤觞,从容而赋诗,尚未晚也。"①功成名就、告老归田,这是儒家学者理想的人生设计,宋濂说当今"大明丽天,万物毕照",拥有才能的人必定会得到任用,因此劝伯旼放弃寄情江湖之念而多一些报效朝廷的想法。宋濂的山水文学观中出现这种颂美的倾向是可以理解的,尤其像他们这些经历过元明之际连年兵燹、颠沛流离生活的人来说,对于为他们带来安稳富足生活的新政权有种天然的感激之心。在《见山楼记》中宋濂说:"夫自辛卯兵兴,闾庐所在,往往荡为灰烬。狐狸昼舞,鬼燐宵发,悲风翛然袭人,君子每为之永慨。自非真人龙兴,拨乱世而反之正,含齿戴发之氓,孰不在枯鱼之肆哉? 纵有佳山日在眉睫间,将不暇见之矣。今仲远雍容于观眺之际,亦曰:'帝力难名,而吾民恒获遂其生尔。'昔太常博士施侯作见山阁于临川,而荆国王文公为记其事,且谓'吾人脱于兵火,洗沐仁圣之膏泽余百年,而施侯始得以楼观自娱。'仲远之去乱离仅四三载尔,乃能抗志物表,修厥故事如承平时。此无他,皇化神速有非前代所可及,雍熙之治将见覃及于海内,是楼之作,其殆兆之先见者欤? 虽欲不为之记不可得也。"②乱离之世,人人朝不保夕,自是无暇观赏佳山水;而有时间有余力作山水赏会之事,是承平之世的表征;宋濂在这里论述了山水欣赏背后的政治前提,虽然带有颂圣粉饰的意识形态倾向,但也确实说出了审美欣赏的一个事实,即作为一种高级的精神活动,审美欣赏是需要一定的物质前提作为保证的。

---

① 〔明〕宋濂:《水北山居记》,见〔明〕宋濂著,罗月霞主编《宋濂全集》,杭州:浙江古籍出版社1999年版,第754页。
② 〔明〕宋濂:《见山楼记》,见〔明〕宋濂著,罗月霞主编《宋濂全集》,杭州:浙江古籍出版社1999年版,第568页。

　　永乐时进士、官至礼部尚书的王直对儒家比德观的发展是将比德和相宅联系在一起，并从风水的角度论述了山水和人的关系。其《环秀堂记》说："孔子曰：'智者乐水，仁者乐山。'故君子之卜宅，必相其宜然后安，而善观人者亦必观其所处。果能得山水之胜，而当清淑灵秀之气之所萃，其人必英伟不常，有以乐其心而裕其后矣。王氏名堂如此，则其地之美与固隐之所以乐，其子孙之所以蒙其福者，皆可知也。"①按照儒家的比德思想，君子常与山水相近，王直认为卜居也是如此，必得相其山水之胜处，因为山水之气与人相通，其清淑灵秀之气所萃之人也必英伟不常，因此在山水之胜处卜居对于子孙的福祉是有利的。但王直又认为山川之秀只是成才的条件之一，除了钟灵毓秀还需诗书礼义之训，才能内外相契而成其美。王直说："因其生质之美而力学以成之，观山以益吾仁，观水以益吾智，出而用于世，则事业显而名闻流。"②有山川之气的凝萃，又有诗书礼义的熏习，然后观山水以增其仁智，出而用于世就能名闻而事显，这是结合比德观与风水学说对人与地关系的独特阐发。

　　王直以清淑灵秀之气理解山水，实际上已经触及了人地相通的关键问题。稍晚的理学名臣邱濬对此有更深入的阐释，其《冲和堂记》说："予闻老氏有言：'万物负阴而抱阳，冲气以为和。'嗟乎！岂独人哉？山川亦然。故凡天下之山，其脉皆发于西北，而绵绵起伏以至乎东南。西北阴也，东南阳也，而扶舆清淑之气，实流行乎其间，如人之生也，面阳而背阴，而清明纯粹之气寓焉。人之与山，其抱负之形，冲和之气，一而已矣。山而聚扶舆清淑之气，其为山也灵；人而得清明纯粹之气，其为人也贤。人之所以贤者，以其钟是山川之气也。是气也，出于天，凝于地，融结为山川，而发露于人。人得是气以成质，质由是气以聚散。其聚也出于是，其散也亦必返于是。散清明纯粹之气，返扶舆清淑之原，冲和妙合，氤氲无间，殆将周流太虚，以复归于太极无极之真矣乎。不然，则发而为卿

① 〔明〕王直：《环秀堂记》，见《抑庵文集》卷一，四库全书本。
② 同上。

云,蒸而为灵芝,凝而为贞石,不可知也。"①邱濬从气的哲学解释了人与
山川之间的相互影响,因为人与山川都是气的不同形态;山川得扶舆清
淑之气而灵,人得清明纯粹之气而贤,故而两者能够冲和妙合、氤氲无
间。由这种气的哲学,人对于山川名胜的栖赏就有了合理的解释。

　　山水欣赏涉及人与地之间的审美关系,明代前期的文人对于人地之
间的审美关系已有深刻的理解。邱濬说"山而聚扶舆清淑之气,其为山
也灵",实际上已经暗中指出,聚集了越多清淑之气的山川就越多灵气。
金幼孜指出,文人雅士总是寻找奇胜之地登临观赏,"天下山水之乐无
穷,而或地之所寓非奇胜之区,景之所得乏伟丽之观,则其乐有不能尽
者"②,这是说欣赏对象也需满足一定的条件,非奇胜伟丽之观不足以尽
主体之乐。

　　而对于欣赏主体的重要性,明前期的文人则有更多的讨论。如刘基
《横碧楼记》说:"天下之佳山水,所在有之,自有天地以迄于今,地不改作
也,或久晦而始彰,其有数乎?抑亦系于人也。故兰亭显于晋,盘谷显于
唐,乃与右军之记,昌黎之序,相为不朽。物之遇也,果有待于人哉。"③兰
亭因王羲之而显于晋,盘谷因韩愈而显于唐,因此佳山水彰显于世实系
于人。金幼孜也有类似的言论,其《沂江八景记》说:"予谓山水之区,因
人而胜者,尚矣。岘山之高,不逾于嵩华,以羊祜而得名于后世;兰亭之
美,不逾于金谷,以右军而流芳于千载。今沂江之胜,不逾于萧滩、玉峡
也,一旦得吾孟修为之品题,而其名遂播之四方。此无他,盖因时而有所
遇者然也。"④其《金川八景记》又说:"天壤之内,山水林壑之美可好者何
限,然必遭遇其人而后可以传述无穷。不然,亦徒为风雨闲旷之乡而已。
有若金川八景之胜,自有天地以来,固自若也,苟不遇子仪而品题之,亦

---

①〔明〕邱濬:《冲和堂记》,见《重编琼台稿》卷十八,四库全书本。
②〔明〕金幼孜:《象江八景记》,见《金文靖集》卷八,四库全书本。
③〔明〕刘基:《横碧楼记》,见《诚意伯文集》卷八,四库全书本。
④〔明〕金幼孜:《沂江八景记》,见《金文靖集》卷八,四库全书本。

将韬奇秘异于数千载之下,尚得以见称于世而为骚人墨客之所取哉?"①佳山水若没有遭遇适合的人欣赏品评,则消失于风雨闲旷之乡;因此,佳山水的彰显也要讲究个"遇"字,即欣赏对象也要遇见合适的欣赏者,一方面是欣赏者可以尽其游赏之乐,另一方面则是欣赏对象的美被发现并得以传述。

对于审美主体在欣赏活动中的重要性,王直和王祎的理解是最为精当的。王直在其《凝翠楼记》云:"夫山水之美,所在有之,苟不遇人而爱焉,则遗弃荒暇寂寞之野,樵夫之所往来,牧子之所陟降,故知物不自美,因人而彰,不偶然也。"②柳宗元在《邕州柳中丞作马退山茅亭记》中曾提出"美不自美,因人而彰"③的命题,王直这里将之改为"物不自美,因人而彰",意思是一样的,用以说明山水必定是在遭遇欣赏者之后才有美的性质,没有欣赏者的山水就如被遗弃于荒郊野岭,既然都无人发现,那就更谈不上是美的了。王祎说:"夫宇宙间名区奥壤,大抵扶舆清淑之气之所钟,然必得至人高士为之增重,而后益有以显其灵,所谓地以境而胜,境因人而著也。"④王祎在此论述了山水欣赏中审美主客体的条件,"地以境而胜"意味着只有扶舆清淑之气所钟之地才有灵气,才能成为名区奥壤的秘境;"境因人而著"则是说只有遇见至人高士为其增重才能益显其灵。

对于山水欣赏中的主体,明前期的文人大多强调一个"遇"字,自然山水如果没有遇见合适的人,则无法呈现其美的性质,这里其实也对山水所遭遇的人提出了要求,并非所有人都适合做山水的欣赏者,也并非所有人都能发现山水的美。杨士奇说"天下嘉山胜水岂少也,不闻于人,则亦与弃物何异",同时也强调"夫人于山水之胜,非其资识清明,襟宇洒

---

① 〔明〕金幼孜:《金川八景记》,见《金文靖集》卷八,四库全书本。
② 〔明〕王直:《凝翠楼记》,见《抑庵文后集》卷四,四库全书本。
③ 〔唐〕柳宗元:《邕州柳中丞作马退山茅亭记》,见《柳宗元集》,北京:中华书局1979年版,第730页。
④ 〔明〕王祎:《马迹山紫府观碑》,见《王忠文集》卷十六,四库全书本。

落，无利欲之累者，不足以乐之。乐之而至于既去不忘，又托于贤士大夫为之发潭，盖乐之深者也”①。金幼孜也说：“予谓山水泉石之胜，燕赏游观之美，非幽人逸士不足以专之，苟一为爵禄所縻，非其志有所不暇，则其迹之有所不能及，而又势之有不得为者也。”②意思是说需要抛弃一定的利欲之累，方能尽其山水游赏之乐，因此往往是那些资识清明、襟宇洒落的幽人逸士才是最适合的山水欣赏者。

我们看到，山水欣赏中人与地之间是既有条件又相互需要的，明代前期的文人对两者之间的这种关系理解得相当到位。明初贝琼在其《拥翠楼记》中说：“秋高木脱，霜霁天空，延朝景之飞云，送夕阳之归鸟。山之翠罨于瓯越者无尽，而吾之趣亦无尽焉。噫！有其地而无其人，虽美弗居；有其人而无其地，虽居弗美。”③高启《游灵岩记》中也说：“天于诡奇之地不多设，人于登临之乐不常遇；有其地而非其人，有其人而非其地，皆不足以尽夫游观之乐也。”④贝琼和高启都认为，有其地而非其人或者有其人而非其地，都不足以尽游观之乐，地美而无人则地亦不美，有其人而无其地则虽居弗美；贝琼和高启的这两句话可以说是对人与地审美关系的最精当的概括。在山水欣赏中，美是人与地相互作用的结果，两者是不可或缺的。

明代前期山水文学中的自然审美观，主要还是继承了儒家传统的比德思想，强调抒情言志和德性的涵养。因此，对于山水欣赏的功能或者意义，明代前期的山水文学基本上是在言志比德这个大前提下进行更细致的阐发。如金幼孜在《送聂士安重游金台序》中说：“士之隐于山林者，其宁静澹泊，可以观物察理，晦迹求志，以积诸躬，以充其蕴蓄，而必得通都胜地为之观游，名山大川备其登览，以宏其器识，以招其见闻，庶几其

---

① 〔明〕杨士奇：《中溪八景诗序》，见〔明〕杨士奇著，刘伯涵、朱海点校《东里文集》，北京：中华书局 1998 年版，第 118 页。

② 〔明〕金幼孜：《深州八景记》，见《金文靖集》卷八，四库全书本。

③ 〔明〕贝琼：《拥翠楼记》，见《清江文集》卷十五，四库全书本。

④ 〔明〕高启著，〔清〕金檀辑注，徐澄宇、沈北宗校点《高青丘集》，上海：上海古籍出版社 1985 年版，第 862 页。

所负者不卑以隘也。不然，井蛙管豹，庸庸琐琐，乌足以为士哉？此司马子长之所以远游也。"①金幼孜说隐于山林者必登名山大川以备游观，可以增进人的器识，扩大人的见闻，这是摆脱庸俗境界成为"士"的必经之路。宋濂也有类似的看法，其《送陈庭学序》记载："天台陈君庭学能为诗，由中书左司椽屡从大将北征有劳，擢四川都指挥司照磨，由水道至成都。成都，川蜀之要地，杨子云、司马相如、诸葛武侯之所居。英雄俊杰战攻驻守之迹，诗人文士游眺饮射、赋咏歌呼之所，庭学无不历览。既览必发为诗，以纪其景物时世之变，于是其诗益工。越三年，以例自免归，会余于京师。其气愈充，其语愈壮，其志意愈高，盖得于山水之助者侈矣。"②与金幼孜说山水游观能增器识、长见闻类似，宋濂也认为山水游览能使人气充语壮、志意高远，陈庭学饱览川蜀山水之后，诗歌的功夫大进，宋濂以为这离不开川蜀山水之助。

明代前期还有学者从怡情悦性的角度来解释山水欣赏的审美功能。如贝琼说："余尝论天下之至乐，不在于珠玉之玩，狗马之适，而恒得于一山一水之间。故欧阳永叔醒心于泉上，黄鲁直醒心于竹所，岂特解其酒之沈酣也哉？大抵日与事接，耳塞其聪，目蔽其明，如蛊如瘵，颠倒错乱，所恶殆甚于酒已。一旦脱嚣烦而即幽阒，见夫天之高、野之旷，烟云吐纳，禽鱼上下，于是易其视听，不翅蛊而愈，瘵而觉，岂非境变于前而心悟于内哉？"③金幼孜也说："夫天下之乐，莫过于山水、泉石、烟云、花竹、鱼鸟之物，会于心而触于目，以供游赏之适，临眺之娱，使人神志舒畅，意态萧散，无一毫尘累足以动其中，然后有以浮游于万物之表，此其快且适当何如哉？"④俗世生活的嚣杂使人耳塞目蔽、颠倒错乱，而佳山水却能使人神清气爽、志意清明，使人的心灵得到净化，山水欣赏实质上带有治疗的

---

① 〔明〕金幼孜：《送聂士安重游金台序》，见《金文靖集》卷七，四库全书本。
② 〔明〕宋濂：《送陈庭学序》，见〔明〕宋濂著，罗月霞主编《宋濂全集》，杭州：浙江古籍出版社1999年版，第1711页。
③ 〔明〕贝琼：《醒心轩记》，见《清江文集》卷十七，四库全书本。
④ 〔明〕金幼孜：《澹湖八景记》，见《金文靖集》卷八，四库全书本。

功能了。

明初的苏伯衡有类似的观点,但他主要是从养生的角度论述了山水欣赏的作用。苏伯衡关于养生有段精细的论述,涉及人的耳目、心志和神气。苏伯衡在其《三然楼记》中说:"人之生,有耳目,有心志,有神气。曰耳目,吾以之为用者也;曰心志,吾以之为主者也;曰神气,吾以之为干者也。为吾用者隘则陋,故欲广吾视听;为吾主者郁则昏,故欲适吾意趣;为吾干者劳则耗,故欲安吾精爽。豁然,则视听广矣;悠然,则意趣适矣;恬然,则精爽安矣。视听广,然后用行;意趣适,然后主尊;精爽安,然后干强。故豁然,所以养耳目也;故悠然,所以养心志也;故恬然,所以养神气也。养生者,安得不兼务之? 有以养耳目,无以养心志,是养其外而不养其内,非善养生者也;有以养心志,无以养神气,是养其性而不养其形,非善养生者也。耳目而耳目养焉,心志而心志养焉,神气而神气养焉,则可谓善养生者矣!"①在苏伯衡看来,善养生者必养其耳目、心志和神气;耳目之养欲其广大,心志之养欲其适意,而神气之养则欲其精爽;三者兼务才能实现养生的内和外、性和形的结合,才可谓善养生者。在苏伯衡的记述中,有位张思中氏作楼于山下,名之曰"三然楼",苏伯衡认为登临此楼观览山水能实现耳目、心志和神气之养。苏伯衡说:"坐乎其中,一望数十百里,高者、下者,洪者、纤者,峙者、流者,动者、植者,皆几格间物也,而吾耳目得所养焉;入乎其西,碧梧、丹桂、杉、松、楮、桧,蔚荟成林,掩映轩户,清风不动,爽气自臻,林景阴翳,疑出尘境,得也、失也、休也、戚也,荣也、辱也,皆不足以累我也,而吾心志得所养焉;憩乎其东,方床觕几,可据可隐,解衣岸帻,或偃或仰,书插架而忘披,琴挂壁而忘弹,无思无为,无将无迎,荣卫之周流,呼吸之出入,不知其关键橐籥之在我、之在天地也,而吾神气得所养焉。"②具体地说,坐在三然楼的不同方位观览山水,能实现耳目、心志和神气的涵养,使吾人内外、性形得所养

---

① 〔明〕苏伯衡:《三然楼记》,见《苏平仲文集》卷九,四库全书本。
② 同上。

而养吾生。山水观览是清课,欣赏者于世寡求、自足自乐,故能全性葆真,相反的则是追求富贵、纵情极欲的行为。苏伯衡说:"世岂无朱甍碧瓦以为丽,雕槛绮疏以为美,姬姜以为贮,管弦以为娱,醴鲜以为奉? 彼视斯楼,孰不自以为雄也! 然蛊聪窒明而为用者,丧焉;快情极欲而为主者,溺焉;沦精夺魄而为干者,伐焉。余见其未有以养生,且先戕其生矣!"①如果不对物质利益加以节制,则耳目为之蒙蔽,心志为之陷溺,神气为之戕伐,是绝对不利于养生的。苏伯衡从养生的角度论述了山水欣赏对于人的生命的重要性,是明代前期的自然审美观中一种很有意义的观点。

第二节 心学思想与心物关系的新见解

15 世纪中叶到 16 世纪中叶通常被视为明代中期。明代中期并未出现像明太祖和明成祖那样雄强霸气的皇帝,北方游牧民族的兴起、日益腐败的宦官和残酷的宫廷斗争都相对削弱了中央政府的集权。然而此时明王朝的政治也相对稳定,各种制度建设特别是文官制度的建设日趋完善,明中期的大多数皇帝对于教育和文化都持支持的态度;明中期的经济也开始有了长足的发展,一些地区在摆脱战争带来的毁坏之后,逐渐发展成为繁华富庶之地。这些政治方面的变化让明中期的文人有了更多自我表达的机会,也有了更多自我表达的诉求和勇气;而经济方面的变化则为明中期的文人提供了更充实的满足自身兴趣爱好的条件。

明代前期的山水文学受政治等方面的影响,其对自然的主导态度是以比德言志为主的。这种态度在明代中期仍然延续并持续发展。思想观念的发展远非像朝代的划分那样清晰,就后者而言,皇帝的登基与驾崩或其他有重大意义的政治事件都可能是朝代划分的节点,但思想观念的发展往往不会与此亦步亦趋。思想观念的发展也不会是一种单线进

---

① 〔明〕苏伯衡:《三然楼记》,见《苏平仲文集》卷九,四库全书本。

化的模式,不会好像故事那样有发生、发展、高潮和结束的明显思路,也不会是一条通过编年史上的重要人物串联起来的人工合成的线索。思想观念的发展要复杂得多。不同时期不同地域的人或许会有相同的观念,这种现象很难用那种单线性的进化观来解释。思想史更像是由不同观念相互共存相互竞争而构成的场,它们此起彼伏,却并不会朝相同的方向发展。

因此,虽然明代中期文人有了更多自我表达的机会,但这并非意味着那种比德言志的自然审美观就此消失。作为儒家一种经典而传统的审美观,比德言志在不同时期都有类似的表达,并且依赖不同的语境而有新的发展。比如对于山水欣赏的主体,传统观念总是强调山水欣赏要有适合的主体,非幽人志士不得而观等等,对此明前期的文人多有论述;生活在 15 世纪后半叶的程敏政也有类似的言论:"天下之景,盖未尝阙也,然有显不显者,何邪?系其人尔。彼酣于富贵者,既不暇为;累于贱贫者,又不能为;懵然于弦诵者,又不知所以为。此佳胜之地,不幸而沦于荒烟灌莽之余,不得扬厉洗濯以登于骚人墨客之场者,什九也。若用彰者,岂非贤哉?虽然,谢康乐好山泽之游,人以为癖;李平泉酷于花木山石之玩,人以为愚。盖天下之事,流而不返者,皆足以戒也。"①酣于富贵者整日追逐名利,累于贫贱者忙于生计,懵然弦诵者则为故纸堆所缚,这三者显然都不是山水欣赏的合适主体,导致佳胜之地沦于荒烟灌莽之余。山水欣赏的合适主体无疑是那些无利害之心、有一定经济基础且有高雅趣味的君子。强调文人具有高雅的趣味和审美判断的能力,不仅在明代,在不同的朝代都有类似的发声,程敏政此处说的和其他人说的也并没有什么不同。然而,正是这种不断重复的言论塑造了一种持续性的传统,并结合不同的社会环境而滋生新的意义,形成文人阶层自我标榜和相互认同的强大资源。

相比于传统观念的持续出现,思想观念上的新的变化在某种意义上

①〔明〕程敏政:《阳湖八景诗序》,见《篁墩文集》卷二七,四库全书本。

更吸引人,因此我们将笔墨更多地放置在那些新观念和新见解上面,但这并不意味着从明前期到明中期有这么一个从传统到新变的截然对立的转折,它们往往是相互掺杂、不断反复的。程敏政在其言论中批评了时人沉耽于山水以至成癖的嗜好,认为此事就如谢灵运好山泽之游与李德裕酷于花木山石那样,流而不返而有碍于自身品德的建设;因此他主张山水欣赏要讲究一个度,不以穷幽抉胜以为癖好,也不以好奇贪得以为愚。程敏政的观点自然是儒家传统比德言志说的体现,就观点而言本身并无多少可以说的,明代前期的文人对此也有大量的言述;但程敏政的批评间接说明了在 15 世纪后半叶"山水癖"已逐渐成为问题。实际上,明中期以后文人耽于山水的渐多,无可避免地与传统观念产生抵牾。明前期比德观念的盛行,带有很强烈的帝王意志和政治意识形态的色彩,当中央政府的集权开始减弱,原本被压抑的个体生命、情趣和私生活很自然就重新成为关注的焦点。对自然山水的沉酣甚至陷溺此时便带有一种为个体情性和私生活张目的意味,程敏政的批评恰好反映了 15 世纪后半叶文人对于自身与私生活的重新关注——尽管在此时他们仍大多是在公私两端犹疑而曲折地为自身私生活申辩。

从 15 世纪开始,吴中一批文人的关注点已从台阁转向了私人生活。如沈周祖父澄,永乐间举人才而不就,伯父贞吉、父恒吉并抗隐,沈周亦拒绝郡守荐举贤良,决意隐遁;沈氏家族构有竹居,内设图书鼎彝,与四方名士过从无虚日。他们对于政治缺乏热情,却对山水情有独钟。这种公私之间的转换,带来了一种作为私人生活重要内容的山水欣赏,自然对于他们而言较少政治意识形态的色彩,而更多的是个体生命和情怀的载体与象征。这种对个体自我的重新发现与优游山水的审美实践深深地交织在一起,使一种注重个体感受和内在心意的自然审美观悄然兴起。沈周《市隐》诗说:"莫言嘉遁独终南,即此城中住亦甘。浩荡开门心自静,滑稽玩世估仍堪。"①《怡野》诗又云:"心远自成幽僻地,移家不必入

---

① 〔明〕沈周著,张修龄、韩星婴点校:《沈周集》,上海:上海古籍出版社 2013 年版,第 131 页。

千峰。路通绿野城三里,屋绕青山树几重。"①沈周认为只要内心清静超脱,实已不必隐遁于山林。当自然从比德言志的沉重负担中解脱出来,就成为追寻精神自由和自我超越的文人饱游饫看的对象;而当文人把精神自由和自我超越作为山水欣赏的目标,那么作为欣赏对象的自然最终也就成为需要被超越的那种对象。我们可以看到,在沈周所追求的那种心灵自由中,自然环境成为那种必经的但又是必须要被克服的障碍。无论是城市还是山林,在更高层次的精神或者心灵自由面前,它们之间的差异性似乎并没有那么重要。

而生活在 15 世纪后半叶的吴中人杨循吉则在看似传统的态度中注入了一些新的内容,与沈周等人的看法形成某种有趣的内在关联。杨循吉在一篇游记中说:"将为游观之乐者,则必先求于心志,有不获焉,虽曰环之以景物,而不为我有,故山泉禽鱼之胜,惟遂而逸者,然后能专之。"②杨循吉在此强调了山水欣赏中主体心志的重要性,似乎重复了传统的比德言志的思想,但实质上关于山水欣赏的方式和心志的内容,他的想法都和传统思想有一定的区别。明代前期的士人将山水视为君子托物言志的对象,山水是君子道德所不可或缺的载体,因此他们常常强调山水和君子之间的"遇",合适的山水之胜与合适的山水欣赏者恰当遭遇,所谓的托物言志才能实现。杨循吉却讨论了心志和景物之间的先后问题,不是两者的恰当遭遇,而是先求于心志而后才有游观之乐,如果内心不先存在这种心志,则即使身边环绕着景物也不会产生快乐。关于心志的内容,也不再是政教或仁义礼智之德,而是遂生而逸处、得享个体生命和情趣的精神自由。在另一段文字中,杨循吉有类似的表达:"体无定适,得其志则乐。夫山岩之胜信美矣,然而游者率一览而去,挽而止之,鲜不望望然掉臂者。彼固以为荒间岑寂,非人情之所堪也。乐是者则不然,以为事谢酬酢则既寡乎鞅掌矣,而又有烟云雪月四时之景交陈而为之

---

① 〔明〕沈周著、张修龄、韩星婴点校:《沈周集》,上海:上海古籍出版社 2013 年版,第 304 页。
② 〔明〕杨循吉:《鸿山画中亭记》,见〔明〕杨循吉《松筹堂集》卷三,清金氏文瑞楼抄本。

助，抑何往而非适哉！"①明前期士人还在乎"物不自美，因人而彰"，杨循吉则肯定了"山岩之胜信美矣"，然而唯有得其心志的人才能乐享其成，而那些不得其志的人则以为"非人情之所堪"。即使山水的美是肯定的，仍需要期待于欣赏者有无其志，这一微妙的变化无疑加大了主体心志在欣赏过程中的决定性作用。

无论是沈周那种超越环境差异性的精神追求，还是杨循吉这种先求于心志而后乐的想法，我们都可以发现一种更加注重内心倾向的自然审美观出现在15世纪后的吴中士人身上。相比于同时期较为传统的比德言志观，如程敏政的言论，这种内倾的倾向是一种新的变化，更加值得我们的重视。在15世纪前期，这种变化很可能来自对此前台阁运动的反拨，从台阁到私生活的转变激发了士人将更多的目光转向身边的自然风景，也促动了对士人自身生命情怀和心灵自由的关注。然而这样一种转变还缺少深刻的哲理层面的支持，它更多地来自某些品位高雅人士的先知先觉，而在15世纪前期能够像沈周那样对于个体生命的超越性有超乎常人的理解的只是少数，甚至只是到了16世纪这种具有强烈内倾倾向的自然审美观才蔚为大观。在此过程中，心学思想的出现为这种新的变化提供了哲学方面的支持。

白沙先生陈献章是明代心学的先驱，他的学问以自然为宗，而其实质则是心灵的自由。他说："人与天地同体，四时以行，百物以生，若滞在一处，安能为造化之主耶？古之善学者，常令此心在无物处，便运用得转耳。学者以自然为宗，不可不著意领会。"②陈白沙的自然之学实质是"自然而然"的学问，遵循万物自然流转的规律，便能实现心灵最终的自由；这种自然之学既然以万物的流动作为世界最基本的道理，便反对心灵滞留在任何物之上，也就是他说的"常令此心在无物处"。一种强调无物的心学自然不会把外在环境放在最重要的位置，因此无论水到渠成还是鸢

---

① 〔明〕杨循吉：《金山杂志·事胜》，见〔明〕杨循吉等著，陈其弟点校《吴中小志丛刊》，扬州：广陵书社2004年版，第231页。

② 〔明〕陈献章著，孙通海点校：《陈献章集》，北京：中华书局1987年版，第192页。

飞鱼跃,万物的圆转如意最终是为了印证一种内心的快乐。在《湖山雅趣赋》中他说:"迨夫足涉桥门,臂交群彦;撤百氏之藩篱,启六经之关键。于焉优游,于焉收敛;灵台洞虚,一尘不染。浮华尽剥,真实乃见;鼓瑟鸣琴,一回一点。气蕴春风之和,心游太古之面。其自得之乐亦无涯也。出而观乎通达,浮埃之濛濛,游气之冥冥,俗物之茫茫,人心之胶胶,曾不足以献其一哂,而况于权炉大炽,势波滔天,宾客庆集,车马骈填! 得志者扬扬,骄人于白日;失志者戚戚,伺夜而乞怜。若此者,吾哀其为人也。嗟夫! 富贵非乐,湖山为乐;湖山虽乐,孰若自得者之无愧怍哉!"①由外在自然的游观而获得脱尽浮华喧嚣的快乐,但这种快乐在他看来仍是有所滞碍的,真正的快乐是内心自得的快乐。相较于俗世的浮华和喧嚣,湖山的游览确实能给人带来心灵暂时的解脱,但若只是驻留于这种外在的自然之上,那么仍未得到最终的内在自然的自由。

陈白沙还曾记述其罗浮之游的体会:"罗浮之游,乐哉! 以彼之有入此之无,融而通之,玩而乐之,是诚可乐矣。世之游于山水者皆是也,而卒无此耳目之感:非在外也。由闻见而入者,非固有在内则不能入,而以为在外,自弃孰其焉!"②白沙之学主张由外在自然进入内在自得,能够以彼之有而入此之无并融而通之,就能获得真正的快乐;他同样强调了外和内的先后问题,不是固有在内则外在闻见不得而入,因此所谓的自得之乐要以内在固有之乐在先才能实现,其潜在的观点是,没有这种内在固有之乐,即使环之以佳山水也不会产生真正的快乐。我们可以看到,杨循吉所谓先求于心志而后乐的想法,实际上已经隐含在白沙心学的这种内外之辨中。包括沈周那种对环境差异性的超越性追求,也可在这种无物的心学中找到解释;既然内在自得之乐固存于心中,而且不能滞留在任何外在之物上,那么城市和山林之间的差异性,在最终的内心真实面前都不那么重要了。虽然大多数士人仍会选择通过山林而不是城市

---

① 〔明〕陈献章著,孙通海点校:《陈献章集》,北京:中华书局1987年版,第275页。
② 同上,第976页。

来走向更真实的个体生命并实现更深邃的快乐,但山林和城市之间的区别在这种心学的语境中只不过是路途远近的问题,心学对内心真实的强调本身隐含着一种和外在自然的难以协调的矛盾。沈周谈到的"市隐"只不过是这种矛盾的集中体现,沈周本人倒是厌入城市并唯恐匿迹不深的,但是明代中后期当城市化不断蚕食乡村和自然领域的时候,居住在城市有时就成为一种无可奈何的选择,"市隐"也就成为滞留于城市的最好的开脱之辞。

白沙心学中的这种内外之间的隔阂,在王阳明那里被心物一体的方式消解了。王阳明建立了一种以心体良知为核心的心物一体论,《传习录》说:

> 问:"人心与物同体,如吾身原是血气流通的,所以谓之同体。若于人便异体了。禽兽草木益远矣,而何谓之同体?"先生曰:"你只在感应之几上看,岂但禽兽草木,虽天地也与我同体的,鬼神也与我同体的。"请问。先生曰:"你看这个天地中间,什么是天地的心?"对曰:"尝闻人是天地的心。"曰:"人又什么教做心?"对曰:"只是一个灵明。""可知充天塞地中间,只有这个灵明,人只为形体自间隔了。我的灵明,便是天地鬼神的主宰。天没有我的灵明,谁去仰他高?地没有我的灵明,谁去俯他深?鬼神没有我的灵明,谁去辩他吉凶灾祥?天地鬼神万物离却我的灵明,便没有天地鬼神万物了。我的灵明离却天地鬼神万物,亦没有我的灵明。如此,便是一气流通的,如何与他间隔得!"[1]

陈白沙还在纠结"非固有在内则不能入",王阳明却说整个天地鬼神都是与人的灵明同体的,因此在他那里并不存在内外之间的间隔,只要体会到人心发窍处的这点灵明,则人与天地之间一气往来,无有间隔。王阳明扫除了陈白沙还在纠结的那点人心固有,创造出一个阔大精深的

---

[1] 〔明〕王守仁:《传习录》,见〔明〕王守仁撰,吴光等编校《王阳明全集》,上海:上海古籍出版社1992年版,第124页。

心灵境界,心是充斥天地的灵明,世间万物无论巨细概莫能外。王阳明说:"大人之能以天地万物为一体也,非意之也,其心之仁本若是,其与天地万物而为一也。岂惟大人,虽小人之心亦莫不然,彼顾自小之耳。是故见孺子之入井,而必有怵惕恻隐之心焉,是其仁之与孺子而为一体也;孺子犹同类者也,见鸟兽之哀鸣觳觫,而必有不忍之心焉,是其仁之与鸟兽而为一体也;鸟兽犹有知觉者也,见草木之摧折而必有悯恤之心焉,是其仁之与草木而为一体也;草木犹有生意者也,见瓦石之毁坏而必有顾惜之心焉,是其仁之与瓦石而为一体也;是其一体之仁也,虽小人之心亦必有之。是乃根于天命之性,而自然灵昭不昧者也。是故谓之'明德'。"①因为天地万物与"我"一体,王阳明心学对于自然有更加切己的体会,无论有机物还是无机物都在万物一体的联系中成为"我"所顾惜悯恤的对象。可以说儒家学说发展至王阳明的心学,才得以扫除心物之间的残留障碍而至于弥纶万物的境界。

但王阳明以心体良知作为世界存在的依据,因此天地万物在王阳明的心学中更像是作为心灵境界而存在的,或者说即使有"离却我的灵明"的天地鬼神万物,那也不在他的心学的考虑范围之内。王阳明的心学从内在的良知出发,赋予整个天地万物一种儒家道德的意味,改变了宋代理学那种认定外在的天地万物具有道德属性的思路。宋儒大多是从"生"的角度将自然和道德联系在一起,如程颢说:"'天地之大德曰生','天地氤氲,万物化醇','生之谓性',万物之生意最可观,此元者善之长也,斯所谓仁也。人与天地一物也,而人特自小之,何耶?"②天地生物便是其仁德所在,天道即为生道,天理即为生理,是以万物皆有道德属性,与人具有仁德类似,也是在此基础上人与天地才融为一体。朱熹也说天地生物即是仁,与人伦之仁并无二致,"此心何心也? 在天地则块然生物

---

① 〔明〕王守仁:《大学问》,见〔明〕王守仁撰,吴光等编校《王阳明全集》,上海:上海古籍出版社1992年版,第968页。
② 〔宋〕程颢、程颐著,王孝鱼点校:《二程集》,北京:中华书局1981年版,第120页。

之心,在人则温然爱人利物之心,包四德而贯四端者也"①。宋儒大抵是通过这种类比的方式来实现儒家伦理意义上的人与万物一体,尽管从心物圆融的程度上来看这种类比无法和明代心学相比,但宋儒理学仍然保留了天地万物离却人的心灵而存在的先在性,因此宋儒时时不忘观察"万物之生意",这也就是宋儒所说的格物穷理的意思。王阳明既然将心体良知作为天地万物的灵明,也就反对宋儒那种向外格物的方法;对于他来说,既然"心外无物""心外无理",那么格物只需向内求取即可。所以王阳明说:"先儒解格物为格天下之物,天下之物如何格得?且谓一草一木亦皆有理,今如何去格?纵格得草木来,如何反来诚得自家意?"②在他看来,对于自然物的观察研究无法真正获得关于心体良知的知识,所以"天下之物本无可格者,其格物之功,只在身心上做"③。

明代心学对自然审美观的影响,或许是个需要重估的问题。我们看到王阳明心学对心体良知的极端重要性的强调,却容易忽视他这种心物论将天地万物纳入个体心灵的阔大境界;我们看到王阳明的心物论以心体良知弥纶万物的阔大境界,却容易忽视这种境界更多的是心灵境界而非真实世界。这到底是对自然的重视还是不重视?

无论如何,心学的出现都加深了那种具有内倾倾向的自然观,加大了主体心志在自然欣赏过程中的决定性作用。实际上,从 15 世纪开始就出现了这种端倪。陈白沙的好朋友罗伦是那个时代著名的理学家,《四库全书〈一峰集〉提要》说"伦与陈献章称石交,然献章以超悟为宗,而伦笃守宋儒之途辙,所学则殊",然罗伦的思想在坚守程朱理学的同时也具有某种内化的倾向,尤其他对心物关系的看法实质上是以心为主的。罗伦在其《竹鹤轩记》中对于"癖"有段独特的见解:

---

① 〔宋〕朱熹:《朱子文集》,见王云五主编《丛书集成初编》,北京:商务印书馆 1936 年版,第466—467 页。
② 〔明〕王守仁:《传习录》,见〔明〕王守仁撰,吴光等编校《王阳明全集》,上海:上海古籍出版社1992 年版,第 119 页。
③ 同上,第 120 页。

盘谷居士有竹鹤癖，所至种竹与居，携鹤以游。客过之曰："子何癖乎？昔卫懿公好鹤，鹤有乘轩者，卒亡其国；子猷好竹，至呼之为君，而子猷不成于晋。子何癖乎？"居士曰："凡物好之而不忘则癖。仁者乐山，忘其山也；知者乐水，忘其水也。若人之见也，樵者亦乐山，渔者亦乐水乎？目癖乎色，不忘乎色也；耳癖乎声，不忘乎声也；癖乎富贵，不忘乎富贵者也。尧舜桀纣皆有天下也，尧舜有天下而不与焉，忘天下者也；桀纣有天下至于忘其身。尧舜忘也，桀纣癖也。懿公之亡，桀纣之癖也，鹤能忘其国乎？凡物好之而不忘则癖，忘则神荧。河之图，伏羲忘其为马；洛中之书，神禹忘其为龟；茂叔忘于莲，伊川忘于梅，陶渊明忘于菊，张旭之为书也，忘其为书而后神也。好事者种菊一篱，植莲一池，号于人曰'吾爱菊也，爱莲也'，犹童子执笔而为旭之书，号于人曰'吾旭也'，其能旭乎？子猷之于竹也，好之亦若是欤。是故天之生物也，忘其生也；物之生也，忘其所以为生也。今夫鹤俯而饮，仰而啄，招之而来，放之而去，忘其鹤也。今夫竹贯四时而不改，干云霄而不挠，虚中而直外，毋矜色，毋傲态，忘其竹也。吾以一老颓乎二物之间，方其境与神会，心与物冥，天地吾不知其大，日月吾不知其明，鬼神吾不知其幽，千驷万钟吾不知其富，布褐蓬茅吾不知其贫，心腹肾肠耳目鼻口吾不知其为我也，而况于二物乎？吾将烧竹煮鹤而游于无何之乡矣，吾何癖？吾何癖！"①

罗伦这段文字的细微之处很值得玩味，且如果与前述程敏政的言论相比较，两段文字似乎表明 15 世纪前期士人对于心物关系的看法已经出现某种新的变化。针对明中期以来士人耽于山水的癖好，程敏政从传统道德政教的观念进行批评，认为沉耽山水是流而不返、足以为戒之事。罗伦对于士人玩物之癖也持批评的态度，然而其批评的出发点与程敏政不太相同。罗伦通过两个或为虚设的人物展开其对"癖"的讨论，"客"用

①〔明〕罗伦：《竹鹤轩记》，见《一峰文集》卷四，四库全书本。

传统观念批评"盘谷居士"的竹鹤癖,而"盘谷居士"则用"好""忘"之辩来反驳。后者主要的观点是"凡物好之而不忘则癖",如果好之但又能忘之则能避免玩物丧志的负面效果。正确对待外物的态度应该是"忘"而不是"癖",能忘则心灵不会耽溺于物,不会产生因癖而有害身心的结果。"盘谷居士"还从"忘"的角度对传统儒家山水欣赏的命题进行新的阐释,对于"仁者乐山,智者乐水"这样的命题,他认为仁者与智者之所以"乐",是因为能忘其山忘其水,而不忘乎山水而好之则成山水癖。对于鹤与竹这样带有比德意味的自然之物,"盘谷居士"实际也并未真正强调它们比德的意味,甚至为了忘记二物而能"烧竹煮鹤而游于无何之乡"。因此,忘物的最高境界是"境与神会,心与物冥",在心物相契而又相忘的境界中实现心灵的真正自由。

我们在这里看到某种道家思想的影响,也看到类似于苏轼"寓意于物"和"留意于物"①的讨论。同样是对山水癖的批评,程敏政依然恪守儒家传统道德立场,而罗伦所谓的"忘"则更在乎的是与自然物境遭遇过程中实现的心与物冥的心灵境界。作为理学家的罗伦不可能抛弃儒家的比德思想,鹤俯饮仰啄、竹中通外直,在他看来都具有比德的意味;但心与物冥的境界既然是通过"忘"的方式来实现的,那么仍需通过托物来言志的比德观,就显然还未完全绝累于物。

16世纪以后,这种具有内倾倾向的心物观明显多了起来。在这个问题上唐顺之比罗伦更加激进。唐顺之在其《石屋山志序》中说:

> 凡情攖于物者,未有不累于中,而丧失其所乐者也。有人焉,知夫轩裳圭组之足以为累,而欲自逃于山颠水涯之外,以为得所乐,不攖于物矣。然不知方其有羡于山水,而莫之致也,则或烦劳而怅望,而其既得也,则或嗜深玩奇,穷乎幽绝,劳精神而不知止。其据而私

---

① 苏轼《宝绘堂记》云:"君子可以寓意于物,而不可以留意于物。寓意于物,虽微物足以为乐,虽尤物不足以为病。留意于物,虽微物足以为病,虽尤物不足以为乐。"见〔宋〕苏轼著,孔凡礼点校:《苏轼文集》,北京:中华书局1986年版,第356页。

之也,则一丘一壑悉以自占,而若恐其或夺也,其久而将去也,则踌躇顾恋,而其既去也,则或怅然有失,如迁客之思其故乡,胃于怀而不能已。此其患得患失于山水,与夫患得患失于轩裳圭组者,清浊有间矣,其决性命之情以撄于物,而丧失其所乐,则一也。孔子不云乎:"知者乐水,仁者乐山。知者动,仁者静。"仁则所见无非山者,然非待山而后为乐也。知则所见无非水者,然非待水而后为乐也。非待山水而后为乐者,非遇境而情生;非遇境而情生,则亦非违境而情歇矣。故境有来去,而其乐未尝不在也。苟其乐未尝不在,则虽仁者之于水,知者之于山,亦是乐也,虽入金石蹈水火不足为碍。至于轩裳圭组不足为绁,亦是乐也。君子所以欲自得者,以此而已。①

罗伦主张"忘于物"的前提是"境与神会,心与物冥",自然物境与心神的冥会产生了忘物的结果;唐顺之的激进之处在于甚至否认了物境对于人心的影响。他认为凡是有撄于物者,就会丧失其所乐;不仅患得患失于轩裳圭组是有撄于物,而且患得患失于山水也是有撄于物。患得患失于山水是说对于山水嗜深玩奇,或据而私之恐其被夺,或踌躇顾恋恐其将去,或怅然有失而思其既去,这些在他看来都是有撄于物而决其性命之情。唐顺之也是对山水癖持批评态度的,这和罗伦、程敏政保持一致,但唐顺之在如何看待心与物的关系上比他们走得更远。他认为要断绝这种"决性命之情以撄于物"的行为,就要切断心与物之间的关系。因此,他主张心在这种关系中的绝对重要性,心有所乐则无境不乐。在此基础上他对"仁者乐山,知者乐水"这个命题做了新的解释,仁者和智者心中有乐,则不必待山水而后乐,虽入金石蹈水火乃至轩裳圭组皆足以为乐。在罗伦那里尚需见山而忘山、见水而忘水,在唐顺之这里就变成不待山水而后为乐了。唐顺之的观点极大地张扬了主体心志的作用,导致心物关系中物境对于心境的影响被取消了。我们很难看出这样一

---

① 〔明〕唐顺之著,马美信、黄毅点校:《唐顺之集》,杭州:浙江古籍出版社 2014 年版,第 468—469 页。

种心物观对于真实自然的重视程度，唐顺之在这篇散文中阐述了其山水欣赏不能撄于物的观点之后，描述了一位隐居石屋山的彭君，因不得纵览佳山水，于是为图若干卷以为卧游，唐顺之述其“不离乎轩裳圭组之间，渺然自纵乎幽遐诡异萧散之观。虽人之未尝至石屋者，亦将于是焉可以神游而意到也”①，在强调心志的极端重要性的同时环境的影响被弱化乃至被取消，因此无须接触真实自然的“卧游”“神游”被凸显出来也就在情理之中了。

唐顺之有篇奇特的散文《大观草堂记》，在这篇记中他的“神游而意到”的主张得到了集中的体现。在记的开头，唐顺之说尚书张西盘归老于家，来信叮嘱他为其大观草堂写一篇记，唐顺之有点惶恐，因为张西盘为其草堂名为“大观”，肯定对此有人所不知的独到见解，唐顺之自谦未见乎天地之全，因此还没有能力知晓这种“大观”。况且，唐顺之从未到过张西盘的大观草堂，因此无法想象其草堂之景，也无法观张西盘之所观。这样的话，如何为其写记？唐顺之独辟蹊径，从自己的草堂谈起：

> 虽然，余未能登公之草堂，以观公之所观，而尝登吾之草堂，以观吾之所观矣。方吾之心闲而无事，以逍遥乎草堂，而观于鱼鸟之飞鸣而潜泳，烟云之出没而隐映，融然若有凝于精，爽然若有释于神，是以物无逆于目，目无逆于心，而心无逆于物。一旦情随事以迁，勃焉而有斗，于是而心逐逐焉，而目眈眈焉，凡向之飞泳而出没，若有凝于精而释于神者，举皆不知所在矣。徐徐焉斗解而机息，乃始还而观之，则草堂向之草堂，而烟云鱼鸟向之烟云鱼鸟也，于是为之怃然而一笑。嗟乎，嗜欲有蔽乎其中，则凡物举皆得而匿乎其外。物举皆得而匿乎其外，则虽与之游乎瀛海之表，而骋乎块漭凭虚之域，亦窅然若无睹也，而况于草堂乎？夫大观者，通宇宙而为观也，故谓吾草堂之景，非公草堂之景不可，谓吾所观于吾之草堂，非公所观于公之草堂者不可。则愿以我所观于吾之草堂者，而记公之所观

① 〔明〕唐顺之著，马美信、黄毅点校：《唐顺之集》，杭州：浙江古籍出版社2014年版，第469页。

于公之草堂者,以为公之能得其大观,盖不蔽于欲,而物不能匿也。①

唐顺之反思他观自己草堂的体会:内心澄明清净而无嗜欲的时候,鱼鸟飞鸣潜泳、烟云出没隐映,心与物莫不适然;而一旦内心被欲障蒙蔽,心逐而目昏,则向前清明的景象不复所在;如果欲障消除,内心恢复清明,则清明的景象又复出来。唐顺之把心放在心物关系的主导地位,因此自然物境虽未改变,但人心是否有嗜欲,看见的景象就大不相同。他的结论是人心为嗜欲所蔽,则物皆匿乎其外而观无所观;所谓"大观"则与此相反,"大观"是通宇宙而为观,只要内心清明寡欲,则物无所匿乎其外。既然"大观"时物不能匿,则凭什么说我的草堂之景非公之草堂之景,我观于我的草堂不同于公观于公之草堂呢?在《石屋山志序》中唐顺之说物境的来去与心中之乐实无必然的关系,因此对于未曾到过的石屋山也可"神游而意到";对于未曾到过的大观草堂,唐顺之也用同样的方式应对。只要心无嗜欲的蒙蔽,则物无所匿,不管它在不在眼前。从罗伦到唐顺之,明人对心物关系的理解越发地偏向内倾了。在唐顺之这种极端的心物论中,外在自然或者被取消,或者被内化为一种通过内心的"大观"而获得的凭虚之境。

与唐顺之"不撄于物"说类似的还有王慎中的"以情御物"说。王慎中在其《金溪游记》中说:"凡物之美恶无恒,而人情之欣厌有向。昧者挈情以徇物,中之厌欣变于外之美恶,迭欣迭厌,而不知自主。惟明者为能以情御物,物变于外而不足以易其中之所乐。乐之取于物,未尝无所寄,而皆其自足于中者之所取,则恶者未尝不美,而况于其美。然后美恶者卒归于有恒,而皆吾之所御,欣且不得而有,而何有于厌?苟其无所厌,则遇物皆适,无之而不喜,而奚待于忽然?"②王慎中认为物之美恶是没有常态的,如果欣赏者挈情以徇物,则内心的欣厌会随着外物的美恶而变化,接着陷入以情逐物而欣厌无定的状态,其最终结果必然是不快乐的;

①〔明〕唐顺之著,马美信、黄毅点校:《唐顺之集》,杭州:浙江古籍出版社 2014 年版,第 550 页。
②〔明〕王慎中:《金溪游记》,见《遵岩集》卷八,四库全书本。

而以情御物则是内在情志保持不变,内心自足而不受外物的变化所改变,因内心保持恒定的快乐,故外物美的自然是美的,即使是恶的亦未尝不美。外物的美恶皆取决于内心的恒定之乐,那么就可遇物皆适、无之而不喜了。王慎中的"以情御物"说与唐顺之的"不撄于物"说基本观点相同,两者都赋予心在心物关系中极为重要的地位,相较之下自然物境的重要性则被抑制到了最小的程度。

明代中期以后,城市化不断蚕食乡村和自然的领域,居住在城市有时就成为无可奈何的选择。这种外部居住环境的变化也会导致士人用一种内倾化的视角来看待外物。较有代表性的是 16 世纪的归有光。在其《书斋铭》中,归有光说昔日的名人高士,其学多得于人迹不至的长山大谷中,以保持气清神凝而不乱;文人的书斋,也大多窗明几净、修竹环绕,更是远避闹市。然而,归有光的书斋以"地少天多"之故只能安置在市廛之中,没有庭院,正对大街,左右皆市人,喧闹之声至深夜而不止。这样的位置和环境,可以说非常不适合用来读书学习了。但归有光说:"彼美室者,不美厥身。或静于外,不静于心。余兹是惧,惕焉靡宁。左图右书,念念兢兢。人心之精,通于神圣。何必罗浮,能敬斯静。鱼龙万怪,海波自清。火热水濡,深夜亦惊。能识鸢鱼,物物道真。我无公朝,安有市人。"[1]书斋外在环境的安静固然能够有助于读书,但归有光认为外在环境并非决定性的因素,优良的环境条件也未必能使内心静下来,关键是读书人内心本身就能够静,才能不为外界的纷扰所影响;能够坚守内心的淡泊宁静,才能实现内外两忘,这样又何必前往深山大泽?归有光于是说:"书斋可以市廛,市廛亦书斋也。"[2]和 15 世纪的沈周一样,当外在环境不允许士人有太多选择的时候,他们会更多地追求内心的清净超越,外在环境随之也就成为需要被克服和超越的对象,在这种极端强调内在超越的精神自由面前,环境之间的差异性就变得不那么重

---

[1] 〔明〕归有光著,周本淳点校:《震川先生集》,上海:上海古籍出版社 1981 年版,第 650—651 页。
[2] 同上,第 650 页。

要了。

　　无论罗伦、唐顺之、王慎中还是归有光,都或多或少受到当时兴起的心学的影响。明代自心学兴起,士人眼界豁然开朗,犹如长久束缚忽而解脱,整个天地万物都被纳入个体心性的境界内。对于个体身心自由和超越的追求,往往都不是完全通过静坐养心能实现的,借助自然山水洗涤尘嚣、回归质朴生命是一条很重要的途径;心学的出现为明代士人接近自然消除了障碍,也扩大了士人接纳自然山水的心境。当然,这只是影响的一部分。心学始终是一种朝向本心的观念,它主要通过内心的扩张而实现心物一体,它在取消宋代儒学坚持的理的外在性的同时,也将外在自然内在化为某种类似心灵的存在。嘉靖时进士王时槐将心学的这种心物关系说得很清楚:“阳明以意之所在为物,此义最精。盖一念未萌,则万境俱寂,念之所涉,境则随生。且如念不注于目前,则虽泰山觌面而不睹;念苟注于世外,则虽蓬壶遥隔而成象矣。故意之所在为物,此物非内非外,是本心之影也。”①物是意之所在,是本心之影,物在心物关系中已经居于次要的地位。在一般情况下,这种内外之间的矛盾并不成为问题,大多数士人并不会完全通过纯粹的养心而实现心灵自由,借助山水而涵养心灵仍是大多数士人所热衷的;但是在某种极端的状况下,当这种内外之间的矛盾无法协调的时候,心学所构拟的物的世界的虚幻性就会凸显出来,真实的世界会被视为返归于心的最后一道屏障。于是,我们看到,真实的自然山水或者被“忘”,或者被视为与其他环境并无本质的区别,又或者被视为没有美恶的恒定常态。真实的自然山水甚至已不必亲临,我们如何能从这样的自然欣赏中获得真正的美感? 又如何能从这样的自然观中产生足够的对自然的尊重?

　　但上面这种情况仍不足以说明心学对明人自然观的影响,心学本身的情况是十分复杂的,王阳明之后有所谓“王学七派”,各自发展出不少新的观点,特别是王门后学中有提倡自然人性的一支,对明代后期士人的自然

---

① 〔清〕黄宗羲著,沈芝盈点校:《明儒学案》,北京:中华书局1985年版,第482页。

观产生了深刻的影响，为明代前中期士人所批评的那种山水癖在此时反而成为士人独特个性的表现。关于这个问题，我们将在下一节讨论。

第三节　自然情性与求真尚趣的自然观

《明史·儒林列传》说："嘉、隆而后，笃信程、朱，不迁异说者，无复几人矣。"①这说明嘉、隆以后，阳明心学广为流行，产生了深远的影响。这并不意味着阳明心学就此撼动了程朱理学的地位，阳明心学也没有上升为官方承认的国家意识形态，当时思想领域的主流依然是程朱理学。但是如果从思想的新变这方面来看，阳明及其后学所产生的影响就很值得注意了。就本书所关注的主题而言，阳明心学的主旨是对心体良知的重视，因此在心物关系上总是带有偏向主体内心的倾向，这是阳明心学在心物关系上总的看法，明代后期受心学沾溉的士人多多少少也在这个问题上带有这种倾向；但王门后学中出现了一些思想的新变，引发相关士人在心体良知这个基础上更加重视自然情性与个体意识的价值，相应地他们对于心物关系的看法也就有了一些微妙的变化。

王阳明的心学主张以良知本体为基础的体用不二、动静无间，因此由良知向外扩张也就形成了身心之间的融合；王阳明的弟子王艮正是在此前提下将之发展为一种重身的理论。王艮将儒家传统的修身放在天下国家之本的地位，他说："'大人者，正己而物正者也'，故立吾身以为天下国家之本，则'位、育'，有'不袭时位'者。"又说："危其身于天地万物者，谓之'失本'，洁其身于天地万物者，谓之'遗末'。"②王阳明主张的是身心一体，因此在身心一体这个前提下将"身"抬高到"本"的地位，也不算脱离阳明心学的范围。但身和心毕竟有别，王艮重修身的主张容易引起误会，让人以为他只重修身而不重安心，对于那些怀疑其修身之说的人，王艮的解释是："安其身而安其心者，上也；不安其身而安其心者，次

① 〔清〕张廷玉等：《明史·儒林列传》，北京：中华书局1974年版，第7222页。
② 〔明〕王艮著，陈祝生等校点：《王心斋全集》，南京：江苏教育出版社2001年版，第4页。

之;不安其身又不安其心者,斯其为下矣。"①从这里看,王艮的主张仍未脱离心学的大传统,但他对修身的强调无疑开辟了心学的一个发展方向。因为对"身"的重视,王艮对于个体的生命和价值持相当肯定的态度:"知修身是天下国家之本,则以天地万物依于己,不以己依于天地万物。"②"仕以为禄也,或至于害身,仕而害身,于禄也何有? 仕以行道也,或至于害身,仕而害身,于道也何有?"③王艮这里说的"以天地万物依于己"可以看作对阳明心学"心外无物"的一种发展,但他在这句话中突出了个体生命在天地万物中的位置,心的意味反而有所降低了,因此他强调不能以仕禄或行道害身是就个体生命而不是心灵安置而言的。阳明心学更重视的是心灵安置的问题,在对待外物的态度上走的是内在超越的思路,严格地说,仕禄害身并不会必然对心灵的安然造成影响;而王艮更在意个体生命在外在环境中能否保全,因此对于这种官场上的进退更为关注。由于着眼于个体生命的重要性,明哲保身对他来说就是一种上上之策了,因此他说:"微子之去,知几保身,上也;箕子之为奴,庶几免死,故次之;比干执死谏以自决,故又次之。"④既然修身是本,那么像箕子、比干那样为奴或自决就是对个体生命的戕害,而微子的明哲保身也就成为知其本末的最合理的行为了。

王艮的强调知几保身招致不少质疑,儒家传统思想强调责任和担当,明哲保身向来不被视为君子所为,但王艮的保身思想又和临难苟免的自私行为不同,他强调保身实是出于对个体生命和独立人格的尊重。在他看来,个体的生命和人格是天地万物中最重要者,特别是透悟良知、心怀仁心的仁人志士,更是天地万物所依从而不依从于天地万物的。如果世无明君,还要为此而丧失生命,那就是不知保存自身价值的舍本逐末的行为了。因此,王艮的保身论建立在儒家个体生命和人格的极度膨

---

① 〔明〕王艮著,陈祝生等校点:《王心斋全集》,南京:江苏教育出版社 2001 年版,第 17 页。
② 同上,第 6 页。
③ 同上,第 8 页。
④ 同上,第 12 页。

胀的基础上,他将阳明心学把心视为天地万物最终根据的思想转化到了儒家个体生命和人格的建立上。从这个方面去看,我们就容易理解王艮的"为帝者师"的主张,他说:"大丈夫存不忍人之心,而以天地万物依于己,故出则必为帝者师,处则必为天下万世师。出不为帝者师,失其本矣;处不为天下万世师,遗其末矣。进不失本,退不遗末,'止至善'之道也。"①出则为帝王师,处则为天下万世师,这种睥睨天下的狂者心态在明代前中期是很难看到的,这种思想的出现既和晚明朝纲不振的社会局势有关,也和王艮本人独特的身世与狂者心态有关;但不管如何,这种"为帝王师"的主张的出现,正表明晚明士人心态的某种变化,对个体生命和价值的关注达到了明代前所未有的程度。

王艮还撰有《明哲保身论》,专门述说其修身保身的主张,为避免这种明哲保身流于自私自利,他认为保身和爱人是一体的:"知保身而不知爱人,必至于适己自便,利己害人,人将报我,则吾身不能保矣。吾身不能保,又何以保天下国家哉?此自私之辈,不知'本末一贯'者也。若夫知爱人而不知爱身,必至于烹身割股,舍生杀身,则吾身不能保矣。吾身不能保,又何以保君父哉?"②王艮将明哲保身与儒家传统"爱人"和修齐治平的思想联系在一起,使爱身、保身突破了自私自利的局限,并上升到治国平天下的大境界。王艮甚至把身提高到道的地位:"身与道原是一件,至尊者此道,至尊者此身。尊身不尊道不谓之尊身,尊道不尊身不谓之尊道。须道尊身尊,才是'至善'。"③在儒家传统中,似乎很难找到像王艮这样重视"身"的意义的了,虽然"身"在王艮那里通过体用无二的方式和心体良知以及所谓的"道"紧紧联系在一起,因此他说"身"的时候实际说的也是"心"和"道",但"身"这个概念实在和人的血肉之躯与鲜活生命关系太过紧密,因此隐含在阳明心学中的那种对个体生命价值的尊重在王艮这里就完成了。从自然灵明之心到作为个体生命的身,王艮成功地

① 〔明〕王艮著,陈祝生等校点:《王心斋全集》,南京:江苏教育出版社2001年版,第13页。
② 同上,第29页。
③ 同上,第37页。

把关注点从人心转移到了人身上。

身体在传统思想中往往和不洁与欲望联系在一起,这让它很难获得与"心"和"道"同等的地位。王艮却强调重身爱身,认为身与道原是一体,无疑为晚明的自然情性论开辟了一片天地。因此,我们看到,求乐顺性成为王艮以后泰州学派的一种倾向。王栋是王艮族弟,师事王艮多年,尽得其真传。王栋心学的要旨是反身和乐学。王栋继承其师以"安身"释"止至善"的主张,将"身"视为天下国家之本,因此他特别重视孟子"反身而诚"的命题,并且着意突出孟子所说"万物皆备于我"是备于"身"而不是备于"心":"万物皆备于我,旧谓万物之理皆备我心,则孟子当时何不说万理皆备于心。孟子语意犹云视天下无一物非我,总只是万物一体之意,即所谓仁备于我者,备于我身之谓也。故下文即说反身而诚,其云强恕而行,正是反身之学。由强而至于诚,都是真知万物皆备我身,而以一身体万物也。"①与旧儒多以心释诚不同,王栋以身训诚,因此他所谓的"诚"并不排除人的欲望,而是情性的自然流出。他说:"诚意谓之毋自欺,谓不自欺其良知也。如恶恶臭,如好好色,形状出良知之不欺者,而指之以示人耳。盖谓不欺之形状,正如人之恶恶臭与好好色一,出于自然之良知,而无一毫作伪之私杂于其念,此便是自己慊足底真功夫,而非有所待于多也。"②诚意谓不自欺,就如人之恶恶臭与好好色,只要出于自然之良知而无作伪,便可自足而无所待。由这种自然的良知论,王栋对于程朱理学"察私防欲"的做法不以为然:"察私防欲,圣门从来无此教法,而先儒莫不从此进修,只缘解克己为克去己私,遂漫衍分疏而有去人欲、遏邪念、绝私意、审恶几以及省防察检纷纷之说。而学者用功,始不胜其繁且难矣。然而夫子所谓克己,本即为仁由己之己,即谓身也,而非身之私欲也。克者力胜之辞,谓自胜也。有敬慎修治而不懈怠之义,《易》所谓'自强不息'是也。"③王栋主张释"克己"为不懈修身,而非克服

---

① 〔明〕王艮著,陈祝生等校点:《王心斋全集》,南京:江苏教育出版社 2001 年版,第 161 页。
② 同上,第 149 页。
③ 同上,第 150 页。

私欲之意,这也是从他反身之学而来的观点;既然把"身"作为天下国家之本,那么对于由身而来的各种欲望便也不能采取先儒察私防欲的做法了。由反身而诚到反对察私防欲,王栋很自然地就形成了一种自然情性论的主张,只不过王栋还没有去到晚明一些狂者提倡的纵情恣性的程度,他反对先儒察私防欲的做法,但并非完全主张任人的情性无节制的发展,而是"但要声色臭味处,知所节约耳"①。

王栋为学的另一宗旨是提倡乐学,他认为反身和乐学其实只是一事:"一友谓:'某之教人只'反身'、'乐学'两件工夫为要旨。'曰:'此亦只是一事。''何谓一事?'曰:'事事反身以自诚,则障碍不生,而真乐在我,所谓学便然后乐也。时时寻乐以为学,则天机不滞,而反己益精,所谓乐便然后学也。故孟子曰:'反身而诚,乐莫大焉。'又曰:'乐则生矣,生则恶可已。'故曰一也,二之则不是。'"②王栋甚至将"学不离乐"视为孔门第一宗旨,这种"乐"既与"身"为一体,实际上也就是顺性自适所获得的快乐,也就是他说的"障碍不生""天机不滞"的意思。

王艮之子王襞师事王畿多年,故其学兼受心斋、龙溪的影响。黄宗羲《明儒学案》说王襞之学"以'不犯手为妙。鸟啼花落,山峙川流,饥食渴饮,夏葛冬裘,至道无余蕴矣。充拓得开,则天地变化,草木蕃,充拓不去,则天地闭,贤人隐。今人才提学字,便起几层意思,将议论讲说之间,规矩戒严之际,工焉而心日劳,勤焉而动日拙,忍欲希名而夸好善,持念藏机而谓改过,心神震动,血气靡宁,不知原无一物,原自见成。但不碍其流行之体,真乐自见,学者所以全其乐也,不乐则非学矣。'此虽本于心斋乐学之歌,而龙溪之授受,亦不可诬也"③。可见王襞论学强调天机的自然流行,顺应自然明觉之性,则动作施为何者而非道? 日夜操劳、刻意求取反而是画蛇添足、搅动自身心神而已。王襞之学更重视情性的这种自然流露,因此对于其父王艮的乐学之说,他强调了自性本具足、率性而

① 〔明〕王艮著,陈祝生等校点:《王心斋全集》,南京:江苏教育出版社2001年版,第165页。
② 同上,第176页。
③ 〔清〕黄宗羲著,沈芝盈点校:《明儒学案》,北京:中华书局1985年版,第719页。

出的这种由内而外的"学"。这种"学"也就成为一种简单易行的"百姓日用是道",与禅宗的修行颇为类似了。由于其学主张自性的自然流出,因此自然之物常被借来论证这种自性的流出,也就是他所谓的"鸟啼花落,山峙川流,饥食渴饮,夏葛冬裘,至道无余蕴矣"。除此之外,他还说过:"空中楼阁,八窗洞开,梧桐月照,杨柳风来,万紫千红,鱼跃鸢飞,庭草也,驴鸣也,鸡雏也,谷种也,呈输何限,献纳无穷,何一而非天机之动荡?何一而非义理之克融?"①对于自然情性论而言,确实没有比自然物的权舆徂落、生生不息更有说服力的了。王栋和王襞主张乐学本源自王艮的《乐学歌》,然考之《乐学歌》尚有良知和私欲之间的对立,如《乐学歌》说:"人心本自乐,自将私欲缚。私欲一萌时,良知还自觉。一觉便消除,人心依旧乐。"②王栋和王襞继承了这种"人心本乐"的思想,但在他们的主张中良知和私欲之间的对立已经没那么明显了,王栋之反对察私防欲,王襞之强调天机流行,都把关注点放在了顺性自适之上。于是我们看到,和他们的父辈相比,王栋和王襞更加洒脱率性,优游于山水的人生倾向也更加明显。

　　然而真正造成心学思想转折的是李贽,他更彻底地坚持了顺性而为的这种自然情性论,并将心学所关注的良知与私欲之间的矛盾转换为自然与人伪之间的矛盾,从而对晚明士风产生了很大的影响。李贽论学的根本目的是探究个体生命的存在意义,他说:"凡为学皆为穷究自己生死根因,探讨自家性命下落。是故有弃官不顾者,有弃家不顾者,又有视其身若无有,至一麻一麦,鹊巢其顶而不知者。无他故焉,爱性命之极也。"③前述王艮视修身为天下国家之本,这是泰州学派的一个重要传统,李贽曾师事王襞,在这方面可能继承了王艮这种思想。李贽同样将修身视为天下之本,尤其突出了个体独立的意味。万历二十四年(1596),李

<hr>

① 〔明〕王艮著,陈祝生等校点:《王心斋全集》,南京:江苏教育出版社2001年版,第232页。
② 同上,第54页。
③ 〔明〕李贽著,张建业主编:《李贽全集注》第三册《续焚书注》,北京:社会科学文献出版社2010年版,第1页。

贽为友人刘东星之子用相、侄用健讲授《大学》《中庸》,用健曾说:"普天之下,更无一人不是本,亦无一人不当先立其本者,吾是以未能无疑。观今之天下,为庶人者,自视太卑;太卑则自谓我无端本之责,自陷其身于颇僻而不顾。为天子者,自视太高;太高则自谓我有操纵之权,下视庶民如螳蚁而不恤。天子且不能以修身为本矣,况庶民耶?"李贽答道:"天子有治平之责,固宜修身齐家以为之本,若庶人虽无治平之任,然亦各有家,亦各有身,安得不修身以齐之? 苟不齐,则祸败立至,身不可保,家不可完,又安得不以修身为本耶? 故齐家观乎身,天子庶人,壹是无别。由是推之,以治国平天下,直措之耳,无容别有治平术矣。"①李贽赞同刘用健的观点,不仅强调以身为本,而且认为天下无一人不是本,最终又从修身立本这个角度出发,视天子和庶民并无区别,这里隐含着一种独立和平等的思想。

李贽以修身为本来实现齐家、治国、平天下,而他认为修身又以意诚为先。"故君子莫先于诚意焉。意诚则有可推之地,由此而齐家,治国,平天下,直推之而已。故能推即是修身,推之以及人,即是齐家、治国、平天下之功效,再无别有修之功、齐之功、治之功、平之功也。"②在何谓"意诚"这个问题上,李贽与王栋有类似的思路,即都以不自欺解释意诚,又以这样的不自欺而走向了自然情性论。李贽说:"《大学·释诚意》即首言'如好好色,如恶恶臭',盖即此以比好恶之真实不欺处。使人知此是诚意,诚即实也;知此是独知,独知即自不敢欺也。不欺则意诚矣。不欺己则慊于己,不欺心则慊于心,不欺人则自不至于消沮闭藏,而无恶之可掩矣。"③意诚是真实不欺,即如好色恶臭也不故意隐瞒欺骗,这就导出以真和假为判断标准的道德观,即使有种种私欲但不自欺欺人也是意诚,而违背自己的意愿的种种善念也因为作伪而显得虚假。因此对于齐宣

---

① 〔明〕李贽著,张建业主编:《李贽全集注》第十四册《道古录注》,北京:社会科学文献出版社2010年版,第242页。
② 同上,第278页。
③ 同上,第277页。

王之好色、好货、好勇，李贽认为："皆是自独知而来，皆是自真真心意所发而来，不肯一毫瞒人者，非意诚而何？"①到了李贽这里，私欲已经成为人性发展之必然，虽圣人亦无例外，"夫圣人亦人耳，既不能高飞远举，弃人间世，则自不能不衣不食，绝粒衣草而自逃荒野也。故虽圣人，不能无势利之心；虽盗跖，不能无仁义之心。……则知势利之心，亦吾人禀赋之自然矣"②。

从程朱理学一直到阳明心学，尽管思路不一致，但对于人性人情都是以儒家伦理作为首要标准的，即都以善作为仁的开端并提倡以此为基点去培育孝悌忠信等伦理素质，因此将人的私欲视为礼教之大防。泰州学派重视尊身保身，并对程朱理学"察私防欲"的做法不以为然，这已开辟了儒门性情论和伦理观的另一种路向。在这条路上李贽走得更远，这并不是说他不关心儒家伦理中的人性善恶问题，而是说他更关注的是人性真伪的问题，因此人性造伪在他看来比人有私欲要更加可怕。由于人性真伪成为首要的问题，李贽也不可能采取程朱理学"察私防欲"的修身方法，他主张的是顺性而为。他说："能尊德性，则圣人之能事毕矣。于是焉或欲经世，或欲出世，或欲隐，或欲见，或刚或柔，或可或不可，固皆吾人不齐之物情，圣人且任之矣。……人但率性而为，勿以过高视圣人之为可也。尧舜与途人一，圣人与凡人一。"③圣人之为只不过尊德性，也就是顺民之性、从民之欲而已，任百姓自由发展其本性；人性有不齐，因而以刑政强行压制使之齐平是不妥的，圣人所作的只不过让人率性而为，甚至从率性而为这个角度来看，圣人和凡人并无本质的区别，尊德性即从性而为，圣人所为也只不过众人之所为而已。

判断性情之真假成为李贽思想的首要标准，他著名的"童心说"也是建立在这种标准之上的。童心即真心，是绝假纯真、最初一念之本心；童

① 〔明〕李贽著，张建业主编：《李贽全集注》第十四册《道古录注》，北京：社会科学文献出版社2010年版，第278页。
② 同上，第255页。
③ 同上，第259—260页。

心也就是自然而诚,也就是禀赋之自然。童心来自先天的本性,和后天习得的道理闻见不同,两者并非处于截然对立的状态,但古之圣人纵多读书亦用来护此童心而勿失,而如果以外入的道理闻见而非最初一念本真为心就会使童心被障,就会出现假人假言、假事假文。故天下之至文,未有不出于童心焉者。李贽这里说的是文艺的创作和发展,然而"童心"实际上也正是他的整体思想的一个高度概括。可见,在李贽这里,儒家传统的伦理善恶标准已经让位给自然情性的真假标准,这并非意味着伦理的善恶在他这里就不重要,也不是说伦理上的善恶与自然情性的真假是截然对立的关系,而是说判断的首要标准已经有了转变,真与假的问题已经跃居其整个思想的核心。李贽思想的这种转变对晚明士人产生了极为重要的影响,尤其是以公安派为代表的一批士人,他们特别注重个体独立的精神和自然情性的发展,以性情的真假作为首要标准去衡量自身行为与外物外事,对于自身以及他人的言行已不像明代前中期士人那样陷入伦理主义的束缚之中。在这样一种思想背景下,像公安派这样的晚明士人对于心物关系的理解以及对于自然的态度均有所突破。

如前所述,明代前中期士人对于嗜欲往往持批评的态度,即便是像悠游山水这样的雅好,也多主张未可耽之过深而至于伤身害性。但是晚明耽于山水游赏的士人极多,对于山水癖的态度也较之前更加宽容。万历时期的旅行家王士性的看法很有代表性,他认为游道的深浅在于嗜与不嗜,并对此有一番议论:"心志不分者,神凝耳目不眩者虑定,故丈人之承蜩也,若或掇之也,夏侯氏之倚柱而书也,雷霆而婴儿之也。余之嗜游类有然者。夫游必具宾主,戒车徒,提筐筥。语云:良辰美景,赏心乐事,所以试也。余游则不择是。当其霜雪惨烈,手足皲瘃,波涛撼空,帆樯半覆,朝畏岚烟,夜犯虎迹,垂堂不坐,千金谁掷,余不其然。余此委蜕于大冶乎何惜?"[①]所谓嗜游是如丈人承蜩般专注于山水,那些"游必具宾主,

---

① 〔明〕王士性:《五岳游草》自序,见〔明〕王士性著,周振鹤编校《王士性地理书三种》,上海:上海古籍出版社 1993 年版,第 28 页。

戒车徒,提筐筥"并美其名曰"良辰美景,赏心乐事"的游只是浅尝辄止,而王士性所谓的真嗜之游是以性命躯体委蜕于山川的游,因此遇见"霜雪惨烈,手足皲瘃,波涛撼空,帆樯半覆,朝畏岚烟,夜犯虎迹"等险恶情况都不会退却。

像王士性这样不惜以性命躯体为代价的旅游,在传统儒家思想中就是本末不分、玩物丧志的表现,即便是在泰州学派这样反对制欲的王门后学来看也未免有些伤身害性,但如果对士人举止言行的判断标准由伦理上的善恶转变为情性的真假,那么这样的"嗜"也因为是自然情性的一部分而获得了肯定。在公安派袁宏道那里,"嗜"有最为正面的理论表达:

> 嵇康之锻也,武子之马也,陆羽之茶也,米颠之石也,倪云林之洁也,皆以癖而寄其磊傀俊逸之气者也。余观世上语言无味面目可憎之人,皆无癖之人耳。若真有所癖,将沉湎酣溺,性命死生以之,何暇及钱奴宦贾之事?古之负花癖者,闻人谭一异花,虽深谷峻岭,不惮�∰踅而从之,至于浓寒盛暑,皮肤皱鳞,汗垢如泥,皆所不知。一花将萼,则移枕携襆,睡卧其下,以观花之由微至盛至落至于萎地而后去。或千株万本以穷其变,或单枝数房以极其趣,或臭叶而知花之大小,或见根而辨色之红白,是之谓真爱花,是之谓真好事也。若夫石公之养花,聊以破闲居孤寂之苦,非真能好之也。夫使其真好之,已为桃花洞口人矣,尚复为人间尘土之官哉?[①]

与明代前中期士人对嗜欲癖好或多或少有所批评不同,袁宏道直言无癖之人语言无味、面目可憎,而如嵇康、王武子、陆羽、米芾、倪云林这样的前代名士,都有自己的癖好并在其癖好中寄托了磊落俊逸之才气。在《与潘景升》文中,袁宏道又说:"弟谓世人但有殊癖,终身不易,便是名

---

① 〔明〕袁宏道:《瓶史·十·好事》,见〔明〕袁宏道著,钱伯城笺校《袁宏道集笺校》,上海:上海古籍出版社1981年版,第826页。

士。如和靖之梅,元章之石,使有一物易其所好,便不成家。"①所谓"癖",是直以性命死生付之,于其他事物根本无暇顾及,因此为闲居孤寂之苦而养花仍非真有花癖,因为尚有留恋俗世官职之心。

"癖"意味着对某种事物的超乎寻常的情感投入,就如王士性那般以性命躯体委蜕于山川。袁宏道也有类似的看法,他说:"举世皆以为无益,而吾惑之,至捐性命以殉,是之谓溺。溺者,通人所戒,然亦通人所蔽也。溺于酒者,至于荷锸;溺于书者,至于伐冢;溺于禅者,至于断臂。溺山水者亦然,苏门之登,至于废起居言笑,以常情律之,则为至怪;以通人观之,则亦人情也。"②对山水癖之以至于溺,甚至性命以殉,袁宏道认为从通人的角度看,其实也是人情;他并未将这种癖好视为人的情性中非自然的、需要排除的那部分,而是认为人各有所好,好之而成癖,这不过是一种很自然的情感投入罢了。因此,"癖"和强烈的情感投注是分不开的,有癖好之人也往往有某种强烈而执着的深情。张岱说:"人无癖不可与交,以其无深情也;人无疵不可与交,以其无真气也。"③有癖好实是一个人有真性情的标志,对于袁宏道和张岱来说,真性情自然要比假道学更有生命的光彩。

袁宏道说嵇康、王武子等有癖之人皆是"以癖而寄其磊傀俊逸之气者",这意味着"癖"的本质其实是一种情感的寄托,人将其情感寄托于现实的某物,正体现了人对现世生活的一种爱慕和留恋。袁宏道说:"人情必有所寄,然后能乐。故有以弈为寄,有以色为寄,有以技为寄,有以文为寄。古之达人,高人一层,只是他情有所寄,不肯浮泛虚度光景。每见无寄之人,终日忙忙,如有所失,无事而忧,对景不乐,即自家亦不知是何

---

① 〔明〕袁宏道:《与潘景升》,见〔明〕袁宏道著,钱伯城笺校《袁宏道集笺校》,上海:上海古籍出版社1981年版,第1597页。
② 〔明〕袁宏道:《游苏门山百泉记》,见〔明〕袁宏道著,钱伯城笺校《袁宏道集笺校》,上海:上海古籍出版社1981年版,第1484页。
③ 〔明〕张岱撰,马兴荣点校:《陶庵梦忆·西湖梦寻》,北京:中华书局2007年版,第55页。

缘故,这便是一座活地狱,更说什么铁床铜柱刀山剑树也。可怜,可怜!"①可见,"癖"在袁宏道那里是一种生活态度,正是因为爱恋光景才会情有所寄,才能于寄物之中体会生命的快乐。对于儒家正统伦理而言,爱恋光景、贪慕浮生总是缺少一种道德上的正当性,因此对于这种现世的情感寄托和快乐也就总会带有一些抵触的情绪。袁宏道则从自然情性的角度将之驳斥为腐儒的观点,他说:"古今文士爱念光景,未尝不感叹于死生之际。故或登高临水,悲陵谷之不长;花晨月夕,嗟露电之易逝。虽当快心适志之时,常若有一段隐忧埋伏胸中,世间功名富贵举不足以消其牢骚不平之气。于是卑者或纵情曲蘖,极意声伎;高者或托为文章声歌,以求不朽;或究心仙佛与夫飞升坐化之术。其事不同,其贪生畏死之心一也。独庸夫俗子,耽心势利,不信眼前有死。而一种腐儒,为道理所锢,亦云:'死即死耳,何畏之有!'此其人皆庸下之极,无足言者。夫蒙庄达士,寄喻于藏山;尼父圣人,兴叹于逝水。死如不可畏,圣贤亦何贵于闻道哉?"②无论何时何事,世人贪生畏死的心意总是一样的,这是不可违逆的人之常情,腐儒庸夫或者不信眼前有死,或者相信视死如归,这对于人的基本性情而言毫无依据;正是相信眼前有死,现下的生活才会有意义,才会有超脱庸俗生活的境界,蒙庄达士、尼父圣人正是在这种死生之际体会到了生命的意义。

　　"癖"为强烈的情感投注,因此人会对所癖之物有异乎寻常的钻研。晚明对癖好的肯定实源自对自然情性的推崇,受这种主张的影响,晚明士人对于山水欣赏中的心物关系也有了新的看法。对山水的嗜癖越深,对山水的形神就越是了解,对于山水的特征也越是形容得尽。因为强调人的性情的真实不欺,对于物态的观赏也就非常重视其自然的本性。如袁中道论山水强调其"趣灵"的一面,其《王伯子岳游序》说:"天下之质有

---

①〔明〕袁宏道:《李子髯》,见〔明〕袁宏道著,钱伯城笺校《袁宏道集笺校》,上海:上海古籍出版社1981年版,第241页。

②〔明〕袁宏道:《兰亭记》,见〔明〕袁宏道著,钱伯城笺校《袁宏道集笺校》,上海:上海古籍出版社1981年版,第443—444页。

而趣灵者莫过于山水，予少时知好之，然分于杂嗜，未笃也。四十之后，始好之成癖，人有诧予为好奇者。昔吾村有老人焉，一日不醉，则目眩手战，皇皇若疾。夫此老人者，岂诚慕荷锸漉葛之美而效之哉？疾病所驱，势不容已。予之于山林也，亦若是而已矣。"①在《卷雪楼记》中又说："质有而趣灵者，莫如山水，而常苦其不相凑，得其一，即可以送目而娱老。昔宗少文怀尚平之志，欲结宇衡山，而其后竟止江陵，立宅三湖上。岂非深山道远，饮食药饵俱艰，于老人不宜，而三湖皓渺之波，粘天荡日，亦可借其秀润，以畅性灵耶？"②袁中道对于山水也是好之成癖，犹如酒醉之人身不由己。他对山水之沉湎酣溺，使他发现了山水趣灵的一面。

为什么天下之有趣灵者莫过于山水？山水之趣灵又是一种什么特性？"趣"是公安派的一个重要概念，其含义同样贯穿着关于性情的真假标准的判断。袁宏道说：

> 世人所难得者唯趣。趣如山上之色，水中之味，花中之光，女中之态，虽善说者不能下一语，唯会心者知之。今之人慕趣之名，求趣之似，于是有辨说书画，涉猎古董以为清；寄意玄虚，脱迹尘纷以为远；又其下则有如苏州之烧香煮茶者。此等皆趣之皮毛，何关神情。夫趣得之自然者深，得之学问者浅。当其为童子也，不知有趣，然无往而非趣也。面无端容，目无定睛，口喃喃而欲语，足跳跃而不定，人生之至乐，真无逾于此时者。孟子所谓不失赤子，老子所谓能婴儿，盖指此也。趣之正等正觉最上乘也。山林之人，无拘无缚，得自在度日，故虽不求趣而趣近之。愚不肖之近趣也，以无品也，品愈卑故所求愈下，或为酒肉，或为声伎，率心而行，无所忌惮，自以为绝望于世，故举世非笑之不顾也，此又一趣也。迨夫年渐长，官渐高，品渐大，有身如梏，有心如棘，毛孔骨节俱为闻见知识所缚，入理愈深，

---

① 〔明〕袁中道：《王伯子岳游序》，见〔明〕袁中道著，钱伯城点校《珂雪斋集》，上海：上海古籍出版社1989年版，第460页。

② 〔明〕袁中道：《卷雪楼记》，见〔明〕袁中道著，钱伯城点校《珂雪斋集》，上海：上海古籍出版社1989年版，第624—625页。

然其去趣愈远矣。①

对"趣"这个概念难以做出准确的界定,并非会琴棋书画、脱迹尘嚣就能得趣,但"趣"的宗旨就是得之自然而非道理闻见,道理闻见越深,离趣就越远。袁宏道认为童子不知有趣而无往而非趣,这里他或许受到李贽童心说的影响,赤子之心未受道理闻见的侵染,故所作所为无不是趣;其次是山林之人,无拘无束,没有刻意求趣却和趣最为接近;再下一等是无品之人,品格虽卑但无所顾忌,这也是一种趣。可见,袁宏道所谓的"趣"的主要内涵就是天性的活泼自然,性情的自然流露、真实不欺,即使并非正等正觉最上乘的"趣",也离"趣"不远了。由此可知,所谓山水之趣,其主要内涵也是自然和真实,山水天工自成、不事雕琢便有生动之致、盎然之趣。

万历进士王思任也是个重自然之趣的文人,在这方面他大概受袁宏道等人的影响。王思任论诗主"趣",认为"一趣可以尽诗",他所谓的"趣"是真情至性的自然流出,"近日为诗者,强则峭峻溪刻,弱则浅托淡玄,诊之不灵也,嚼之无味也,按之非显也;而临侯遇境撼心,感怀发语,往往以激吐真至之情,归于雅含和厚之旨,不斧凿而工,不橐籥而化,动以天机,鸣以天籁,此其趣胜也"②。只有真情至性的自然流出,"动以天机,鸣以天籁",发而为诗,才是趣胜之作。从李贽到公安派,都喜欢用童子童心来比拟性情之自然,王思任也以此来阐述诗歌的自然之趣。他说:"董玄宰先辈与予论画,有生动之趣者便好,不必人鸟,一水口山头,不生不动,便不须着眼。予谓此说可以论诗。盖生动者,自然之妙也。孩儿出壳,声笑宛怡;若塑罗汉,穷工极巧,究竟土坯木梗耳。唐人之诗,韵流趣盎,亦只开口自然,莫强于今日之诗,玄深白浅,法度文章,何如捏

① 〔明〕袁宏道:《叙陈正甫会心集》,见〔明〕袁宏道著,钱伯城笺校《袁宏道集笺校》,上海:上海古籍出版社1981年版,第463—464页。
② 〔明〕王思任:《袁临侯先生诗序》,见〔明〕王思任著,任远点校《王季重集》,杭州:浙江古籍出版社2012年版,第74页。

作,要不过恶墨汁之图傅也。"①可见王思任所谓的生动之趣,要旨就是性情的自然流露、真实不诬,在这方面他和李贽以及"三袁"是一样的。

王思任以自然之旨来解释"趣",因此自然山水在他看来也具有"趣"的意味。在《石门》一文中,他阐述了人的性情与山川之趣的内在关系:"盖境物所遇,皆吾性情,此穷坞困源,无线通之地,有箭括之天,凶湍险洑,烟绝人稀,赤筋白汗,邪许万端,以至于此,亦何为者?谢康乐席父祖之资,呼其童仆门生,探峻造幽,伐木开径,既登石门之顶,遂力营所住,其所云'乘日用慰营魄'者,以为是皆三万六千日中之日也。尔时吟中未及飞瀑,岂天固秘之邪?向使得有垂虹滚雪之观,则功役更当无己,其为累东瓯者不浅矣。夫游之情在高旷,而游之理在自然,山川与性情一见而洽,斯彼我之趣通。可告来者,石门大苦境耳,蹴一丸泥封之,使隐君子长不知名,亦未为不可,吾不欲附和谢先生矣。"②山川能够成为人的欣赏对象,在于山川与人"彼我之趣通",也就是两者的气质性情相互契合、相互激荡,在大自然万物向荣的活泼生机面前,欣赏者的自然天性得到最为自由的释放。因此,"趣"在人来说是天性的自然流露,而对自然山水而言则是万物自由生长的勃勃生机。

对于那些注重山水自然生机的人来说,人为的破坏显然是无法容忍的。袁宏道见飞来峰"壁间佛像,皆杨秃所为,如美人面上瘢痕,奇丑可厌"③,"杨秃"指的是元朝胡僧杨琏真迦,此人在飞来峰上遍凿佛像,袁宏道对此自然是深恶痛绝。游齐云山,袁宏道又说:"齐云天门奇胜,崖下碑碣填塞,可厌耳。徽人好题,亦是一僻。仕其土者,熏习成风,朱书白榜,卷石皆偏,令人气短。余谓律中盗山伐矿,皆有常刑,俗士毁污山灵,而律不禁,何也?佛说种种恶业,俱得恶报,此业当与杀盗同科,而佛不

---

① 〔明〕王思任:《王大苏先生诗草序》,见〔明〕王思任著,任远点校《王季重集》,杭州:浙江古籍出版社 2012 年版,第 86 页。
② 〔明〕王思任:《石门》,见〔明〕王思任著,任远点校《王季重集》,杭州:浙江古籍出版社 2012 年版,第 135 页。
③ 〔明〕袁宏道:《飞来峰》,见〔明〕袁宏道著,钱伯城笺校《袁宏道集笺校》,上海:上海古籍出版社 1981 年版,第 428 页。

及,亦是缺典。青山白石,有何罪过,无故黥其面,裂其肤?吁,亦不仁矣哉!"①齐云山"碑碣填塞""毁污山灵"的现象,袁宏道视为与杀盗同科的恶业,并建议采用法治的手段加以制止。对于他来说,"青山白石"的自然生态就是最美的面貌,就是对山川本身最大的尊重;而人为的开凿题刻则如美人面上瘢痕,奇丑无比。自然情性论者主张情性的自然流露,因此情性的真假标准跃居善恶标准之上,这种思想也影响到了他们对于自然万物的看法,万物自由生长而未遭受人为的矫治和毁坏就是最美的,反之则奇丑无比;尊重自然、爱护自然就是最大的善举,反之则是与杀盗同科的恶业。

公安派等士人对山水癖的肯定以及对山水之趣的发现,表明晚明士人对自然态度的一种新的变化,即在内倾化的主调下对自然的个性化和情趣化的理解。阳明心学是种朝向本心的观念,它通过赋予内心极端的重要性来理解整个世界,因此在心物关系上它总是通过强调心的重要性来解决二者的矛盾。我们可以看到,在心学的影响下,像罗伦、唐顺之、王慎中和归有光这样的士人,大抵是通过"忘"这样的方式来实现心灵的无限自由,其积极的结果是随着心境的拓展而带来的眼界的开阔,但其消极的结果则是离真实的自然越来越远。晚明士人对自然的态度却有了微妙的变化,当人欲不再被视为人性中的负面因素,那么像山水癖这样的嗜好也就获得了正当的理由。晚明士人对于山水的专注和投入在明代是最突出的,彼时的人不再以沉溺于山水为玩物丧志之举,甚至以此为雅好并标榜自身独特的个性和趣味。因此,受此种思想影响的晚明士人,也不再通过"忘"的方式来解决心物的矛盾,而是尽其情性投注于情感对象,摩挲玩味以至穷微极隐,纤芥无遗。相较于明代前中期,晚明士人对于自然往往有更炽热的感情、更正面的态度和更深刻的了解,他们对于自然也有更精细、更丰富的审美感知和更传神的描

---

① 〔明〕袁宏道:《齐云》,见〔明〕袁宏道著,钱伯城笺校《袁宏道集笺校》,上海:上海古籍出版社1981年版,第457—458页。

绘。可以说,晚明自然情性论的流行在一定程度上改变了那种远离真实自然的倾向,同时也改变了理解自然的评判标准。情性的善恶标准向真假标准的转化,解开了束缚在自然身上的那种道德枷锁,使真实的自然山水成为人们欣赏玩味的对象。这种转化在一定程度上消解了传统比德思想带来的隔离感,有效拉近了欣赏者与真实自然之间的距离。

然而,晚明士人对自然的理解仍然无法脱离明代以来愈加内倾化的那种倾向。他们希望接触到最自然、最真实的山水,这样的山水就像自然流露的性情那般没有人工雕刻的痕迹,但他们发现的实际上是充满个性化和情趣化的自然。无论是把山水视为癖物还是趣灵,实际上都是根据人自身的性情去理解自然。如果说罗伦、唐顺之等人通过"忘物"的方式来实现心的自由,那么像袁宏道等人则将个人的才情趣味灌注入所遇的境物之中。因此,晚明士人对真实自然的理解更像是依据他们的内心真实而理解的自然,王思任所谓的"境物所遇,皆吾性情",正集中体现了晚明士人这样的自然观。这依然是一种内倾化的自然观,只不过这种内倾化采用了一种接近自然的呈现方式,因此不假人工的自然山水就成了自然流露的性情的最佳载体。

和明代中期的士人一样,晚明士人的自然观依然有着思想内倾化所带来的问题,即自然往往会成为这种内倾化过程中的牺牲品。前述罗伦有见山而忘山、见水而忘水,唐顺之有不待山水而后乐,以及归有光的书斋即市廛的内外两忘等观点,外在环境的重要性被大大降低了,这是内倾化自然观的一种共同倾向,而我们在袁宏道这里也能发现这种倾向。袁宏道《题陈山人山水卷》说:"陈山人,嗜山水者也。或曰:山人非能嗜者也。古之嗜山水者,烟岚与居,鹿豕与游,衣女萝而啖艺术。今山人之迹,什九市廛,其于名胜,寓目而已,非真能嗜者也。余曰:不然。善琴者不弦,善饮者不醉,善知山水者不岩栖而谷饮。孔子曰:'知者乐水。'必溪涧而后知,是鱼鳖皆哲士也。又曰:'仁者乐山。'必峦壑而后仁,是猿猱皆至德也。唯于胸中之浩浩,与其至气之突兀,足与山水敌,故相遇则深相得。纵终身不遇,而精神未尝不往来也,是之谓真嗜也,若山人是已。"①袁宏道此处谈的"真嗜"和罗伦等人的"忘"有细微的区别,"忘"是外物不滞于心,是心与物之间的分离,而"真嗜"则是心与物深层次的精神往来;然而两种观点最终的选择都是远离了真实的自然物境。袁宏道的这种"真嗜"观与晚明以来的自然情性论倒并不相悖,虽然晚明士人对自然有了更多的情感投入,但这毕竟并非对自然本身的纯粹关注,而主要是围绕心性理论而产生的对自然态度的转变。正如我们前面提过的,当真实的山水已不必亲临,我们如何从中获得丰富而真切的审美感知呢?又如何对真实的自然产生足够的尊重?

袁宏道的这种"真嗜"观让我们看到明代心学和自然情性论之间的延续性,也让我们更加了解明人的自然观及心物观的复杂性。这种复杂性意味着并不存在一种纯粹的肯定或者否定的态度,我们既能从中分析出亲近自然的友好态度,也能发现某些或隐或显的远离自然的倾向。这或许本来就是思想的真实面目。

---

① 〔明〕袁宏道:《题陈山人山水卷》,见〔明〕袁宏道著,钱伯城笺校《袁宏道集笺校》,上海:上海古籍出版社 1981 年版,第 1581—1582 页。

第七章　明代山水绘画中的环境美学

　　从环境美学的视角来看,中国山水绘画中体现出来的人与自然的关系是我们关注的重点。环境美学首先是一种肯定自然的视角,从这方面来看中国古代的山水画与这种视角似乎不应有悖逆,因为山水画从根源上看源自对特定的自然山水的描绘,如果缺少一种亲近自然和肯定自然的文化,这种以自然山水命名的艺术门类是不可能产生的。然而,这样的观念在明代山水画那里受到挑战,原因在于就明代山水画的整体状况而言,那种描绘特定的地方实景的创作倾向已经式微,绘画的潮流是日趋主观化的风格取代了对客观山水的描绘,而且这样的风格往往是通过对古代山水画大师的摹写来完成的。这就导致在那些师古意味浓厚的作品中,是否亲近自然可以与绘画主题无关——绘画的主题依然是自然或以自然为背景的文人生活,但这样的自然是和实景无关的笔墨再造的自然。换言之,明代山水画体现了一种内倾化的方向,心中山水或再造自然取代了对实景山水的精确捕捉,发展出一种仅仅通过笔墨形式的创新就能实现的理想化山水的类型。明代山水画中体现的人与自然的关系,已经很难用肯定或者否定来回答了,这对于明确肯定自然的环境美学视角而言,无疑构成了某种解释的困难。接下来我们将通过一些具有代表性的画家或者流派来呈现明代山水画的这种复杂性。

第一节　王履的自然主义画风与理论

王履,字安道,江苏昆山人,生于元至顺三年(1332),卒年失考。他本职为医生,师从元代著名医师朱震亨,其本人在医学上亦享有盛誉,曾在洪武年间任秦王(明太祖次子朱樉)府的良医正。王履博览群书,于诗文皆有造诣。

王履是由元入明第一位重要的画家,姜绍书《无声诗史》说他"画师夏圭,行笔秀劲,布置茂密。洪武初挟策冒险登华山绝顶,以纸笔自随,遇胜写景,得四十余图,极高奇旷奥之胜,书所赋诗于上以纪游"①。王履年轻时主要以南宋画院夏圭作为学习对象,他曾经对夏圭、马远等人的画作穷搜博采,并认为他们的作品"粗也而不失于俗,细也而不流于媚,有清旷超凡之远韵,无猥暗蒙尘之鄙格,图不盈咫而穷幽极邈之胜"②。王履大约50岁的时候冒险登上华山绝顶,这次经历使他的画风完成了一次彻底的转变。在领略了真实山川的雄伟奇秀之后,他意识到过去几十年的创作只不过是沿袭古人的路数,而真实山水能将他从这种陈陈相因中解脱出来。登临华山之后,王履形成了"吾师心,心师目,目师华山"③这个重要的画学观念。

元末明初之时的王履实际上正处于山水画发展的一个重要转折点,面对宋元以来的绘画传统他需要选择一条适合自己的道路。中国山水画的写实传统在宋代已经发展至顶峰,元代画家则另辟蹊径,将山水画中的表现主义发展得淋漓尽致。这两种不同的路径可以集中出现在形和意的画理争论中,王履在《华山图序》中一开头就提到了形和意的

---

① 〔明〕姜绍书:《无声诗史》,见于安澜编《画史丛书》(第三册),上海:上海人民美术出版社1963年版,第6页。

② 〔明〕王履:《画楷叙》,见俞剑华编著《中国历代画论大观》第四编《明代画论》(一),南京:江苏凤凰美术出版社2017年版,第2页。

③ 〔明〕王履:《华山图序》,见俞剑华编著《中国历代画论大观》第四编《明代画论》(一),南京:江苏凤凰美术出版社2017年版,第2页。

问题：

> 画虽状形主乎意,意不足谓之非形可也。虽然,意在形,舍形何
> 所求意? 故得其形者,意溢乎形,失其形者形乎哉! 画物欲似物,岂
> 可不识其面? 古之人之名世,果得于暗中摸索耶? 彼务于转摹者,
> 多以纸素之识是足,而不之外,故愈远愈讹,形尚失之,况意? 苟非
> 识华山之形,我其能图耶?①

王履对形和意的看法是一种典型的中国人的辩证法,即强调形和意
的有机结合,形和意之中以意为主,然而舍形也无法求意。如果考虑到
王履所处的元末明初这个阶段,那么这种形意之辨仍然有其特定的画史
意义。明代以前中国山水画的发展,一个主要的脉络就是从对客观自然
的描绘走向内心复杂观念的自我表现。那种对单纯形象的把握在中国
古代画史中是不受重视的,特别对于强调个人趣味和文化意义的文人画
来说更是如此。宋代苏轼"论画以形似,见与儿童邻"②的观点,表明单纯
的形象捕捉已经无法满足文人抒发自身意趣的需要了。这种自我表现
的需要在元代画家那里发展到一个高峰,倪瓒说他的画"不过逸笔草草,
不求形似,聊以自娱耳"③,把肖似自然放在了次要的位置上。他认为形
体只不过是抒写逸气的媒介,因此笔法凸显成为传达逸气的主要考虑的
因素。在深受元四家影响的明代中后期山水画中,画家的笔墨技法超越
了直接源自自然的画面呈现,引导观赏者首先关注画家刻意经营的形式
及其意味,而非自然山水的真实形象。这种重视笔法和意趣的倾向最终
也发展出一种反自然主义的、以抽象和变形为本质特征的绘画美学。就
绘画本身来说,这样的反自然主义并没有什么问题,甚至在晚明,这样的
反自然主义刺激了山水画从写实主义中解脱出来,从而实现了山水画在

---

① 〔明〕王履:《华山图序》,见俞剑华编著《中国历代画论大观》第四编《明代画论》(一),南京:江
　苏凤凰美术出版社 2017 年版,第 1 页。
② 〔宋〕苏轼:《书鄢陵王主簿所画折枝二首(其一)》,见〔宋〕苏轼著,〔清〕王文诰辑注《苏轼诗
　集》,北京:中华书局 1982 年版,第 1525 页。
③ 〔元〕倪瓒:《答张藻仲书》,见《清閟阁全集》卷十,四库全书本。

形式方面的极大创新；但如果考虑到绘画背后的人与自然的关系，那么毫无疑问这种反自然主义也导致画家不再热衷于从真实自然中汲取创作的资源，画家可以单凭笔墨、构图和母题等的不断分离和重组就能创作出作品。

把王履的形意之辨放在这样的画史脉络中，其重要意义也就比较明显了。王履在元末明初这个山水画发展的特定阶段强调了形和意相互结合的重要性，只有在和整个明代山水画愈加重视笔法形式的文人画倾向的比较中才能凸显其重要的意义。更重要的是，王履又将这种形意之辨引向了对师古、摹古风气的批评。王履说那些务于转摹的画家通过摹写古人而陈陈相因，其结果必然是在形和意两方面都有所丧失。王履在《帨成戏作此自讥》中叙述了自己登华山后的深刻体验："余自少喜画山，摹拟四五家余卅年，常以不得逼真为恨。及登华山，见奇秀天出，非模拟者可模拟。于是屏去旧习，以意匠就天出则之。虽未能造微，然天出之妙或不为诸家畦径所束。"①王履自己 30 年来作画都以师古为主，及见到华山的奇秀天出，才深知多年来都是以图像模仿图像，无法触及自然的真正样态，直到屏去旧习登临华山才悟出自然应该是山水画真正的范本。王履在这里跳出了单纯理论形态的形意之辨，认为绘画的形和意问题只有放在"师法华山"这样的背景下才能得到真正的解决，真正接触自然实景是使形和意两者有机结合起来的关键。于是，师古和摹古如果离开了师法自然，作品是会陷入无源之水的困境的。王履重新从师法华山的前提思考了绘画师古的问题：

> 斯时也，但知法在华山，竟不知平日之所谓家数者何在。夫家数因人而立名，既因于人，吾独非人乎？夫宪章乎既往之迹者谓之宗。宗也者从也，其一于从而止乎？可从，从，从也；可违，违，亦从也。违果为从乎？时当违，理可违，吾斯违矣。吾虽违，理其违哉！

---

① 〔明〕朱存理：《铁网珊瑚》，见卢辅圣主编《中国书画全书》（第三册），上海：上海书画出版社 1992 年版，第 765 页。

时当从，理可从，吾斯从矣。从其在我乎？亦理是从而已焉耳。谓吾有宗欤，不局局于专门之固守，谓吾无宗欤，又不远于前人之轨辙。然则余也，其盖处夫宗与不宗之间乎？[①]

因法在华山，王履得以彻底从因袭循环的路数中解脱出来，他对师法古人的态度有了根本性的转变。他把师从古人的画法称为"宗"，"宗"也就是师"从"古人；但有时违背古人的画法也是"从"。王履从"理"来解释"从"与"违"，也就是从自然物理来说，可从即从，而违也是根据"理可违"而来，故而"违"也可以说是"从"。王履所说的"理"是师法华山的自然物理，以自然物理作为山水画的创作前提，所谓宗法古人就有了极为灵活的内涵，"宗"与"不宗"是否适当都以"理"作为标准。王履因此宣称自己的立场是处于"宗"与"不宗"之间的。古人的作品有固定的家数，而自然山水则并无家数，自然山水的变化并非文房之具所能达致。王履认为以华山作为师法对象，其作品便能出于诸家数之外。王履说："藏诸家或偶见焉，以为乖于诸体也，怪问何师？余应之曰：吾师心，心师目，目师华山。"[②]

王履的《华山图册》有图页 40 幅，另有自作记、跋、诗叙、图叙共 66 幅，故宫藏图页 29 幅，余藏上海博物馆。从《华山图册》来看，"目师华山"的直接结果就是王履的华山图实现了对传统山水画画面结构的突破。山水画自宋元以后，逐渐形成了近景、中景和远景的三段式模式，近景多细描树石，远景描绘全景山体，中景多留白。王履的《华山图》则打破了这种模式，他的构图多为俯视，且多用截景式的山体铺于整个画面。其效果便是观画者容易产生一种强烈的代入感，似乎身处山中面对真实的山体；这和传统全景山水画往往将观察点设置在描绘对象之外不同。如《华山图册》中的《贺师僻静处》，构图采用截景法，整个画面几乎都是

---

① 〔明〕王履：《华山图序》，见俞剑华编著《中国历代画论大观》第四编《明代画论》（一），南京：江苏凤凰美术出版社 2017 年版，第 1 页。
② 同上，第 2 页。

巨大的石壁,观赏者似乎处在山体对面近距离俯视,上不见顶、下不见底的山体给人以巨大的现场感和压迫感。《千尺撞》也是如此,将画面处理为俯视角度,且山体占据几乎整个画面,给人以极为强烈的临场感和代入感。这样的构图很明显是由实景写生而不是图纸辗转相袭而获得的。

图7-1　《华山图册》之《贺师避静处》

（图片来源:明王履绘,纸本设色,纵35.2厘米,横50.5厘米,故宫博物院藏）

图7-2　《华山图册》之《千尺撞》

（图片来源:明王履绘,纸本水墨,纵35.2厘米,横50.5厘米,故宫博物院藏）

王稚登在观赏王履《华山图》之后有题跋云："每披一帧,即心悸股栗,舌咋目瞪,时当六月,暑气如灼,不觉肌生粟,何怪韩昌黎恸哭哉。乃其画法绝不类前所见,出入马、夏之间而微用李唐皴染。昔何霍靡,今何森郁;昔何柔曼,今何峭削。此翁伎俩胡所不有,不言师古而言师心、师目、师华山,其所自托千仞矣。"[1]因为登临华山并师法华山,王履所作之华山图皆自临场实景写生而成,他得以突破之前师法古人家数的习气,作品呈现出强烈的代入感和感染力,以致王稚登观画之后有肌肤生粟之感。

王履"师华山"的观念从画理上树立了实景写生的重要性,然而对于他的作品是否克肖自然还存在一些争议。俞剑华先生曾说王履崇拜马、夏,而"一旦见真山水,遂不得不舍其故习,而从事写生。所论极为精当。惟所作《华山图》曾见真本及神州国光社影印本,山石树木各种画法,仍是夏珪一法,并无变化,所写华山亦无一似处,盖故习难除,仍不免以山就画也"[2]。俞先生认为王履创作《华山图》仍延续马、夏风格,所写华山无一似处,也就是说王履在创作上仍是以因袭前代风格为主,并未真正做到实景写生。

关于这个问题,我们首先要考虑到的是,简单地在画论和绘画之间画等号是不合适的,认为一个画家的画论能够完全体现在其绘画作品中是忽略了理论和实践之间的裂隙。特别是在中国绘画史中,某些固有的文化传统已经形成强大的思维定式,以致任何画家都无法忽视这样的传统,即便他在创作上对此传统有所背离。比如奉自然为社会与行为的准则,早已是中国文化中一种具有权威性的传统,几乎没有一个文人能够否定它。晚明董其昌曾说画家以古人为师已是上乘,进而当以天地为师,若是只看这样一种画理上的表达,会将董其昌理解为自然主义绘画

① 王稚登之题跋,参见〔明〕王履:《王履〈华山图〉画集》,天津:天津人民美术出版社2000年版,第69页。
② 俞剑华编著:《中国历代画论大观》第四编《明代画论》(一),南京:江苏凤凰美术出版社2017年版,第3—4页。

的拥趸,但实际上董其昌的许多作品是极度非自然的,他通过师法古人并创造性地使用古人的母题、结构和笔法进行创作。[1] 在董其昌那里,画论和绘画、理论与实践之间出现了裂隙。在王履那里,我们同样能发现这样的裂隙,他模仿马、夏风格 30 余年,这样的故习并不容易摆脱,因此他说一见真山水便忘却平日的家数,这样一种画理上的新见并不意味着他在绘画实践中能够完全脱去故习。

其次,中国古代的实景写生绘画并不同于那种克肖自然的写实主义,中国山水画从很早开始就轻视单纯外在形式的模仿,更重视形式背后的审美情趣和文化意义。自唐代张璪提出"外师造化,中得心源"的命题之后,将师法自然和自我表现结合起来,就成为中国山水画的基本准则。王履"师华山"的理论和张璪这个命题并无本质区别,只不过论述得更为充分和精细。王履的基本意思仍然是求得自然和心意的有机结合,将"师心""师目"和"师华山"统一起来。可见,王履并没有主张山水画要克肖自然,对华山物象的敏锐捕捉仍然需要通过画家的内心世界而呈现出来,最终呈现的形象是体现了画家个体生命与经验的艺术形式。因此,说王履所写华山无一似处是以山就画,似乎将王履的"师华山"的理论理解为单纯的实景再现的艺术了。

王履的贡献并不在于奠定了一种写实主义的绘画风格,而在于他重新确立了自然实景在山水画创作中的首要地位。特别是在元末明初这个特殊的阶段,宋代山水画实景写生的巅峰已经远去,元代画家则极大地发展了绘画的自我表现的功能。自宋至元,山水画中的自然逐渐沦为画家复杂心绪的某种表现,和现实中的真实自然只维持着微弱的关联。如果我们从明代山水画创作的整体状况来看,则王履的价值更为凸显。明代中期以后,实景写生的传统虽仍未断绝,但画家的活动空间日益狭小,城市和乡村地带不断扩张,画坛商业利益的气氛愈加浓厚,像王履那

---

[1] 参见[美]高居翰:《气势撼人:十七世纪中国绘画中的自然与风格》,李佩桦等译,北京:生活·读书·新知三联书店 2009 年版,第 51 页。

样登临华山绝顶、遇胜写景的活动已经凤毛麟角了。到明代后期,山水画创作的师古气氛浓厚,古代名师的典范作品已经取代了自然成为画家进行创作时需要首先关注的对象,山水画创作成为笔法、结构和母题不断解构和重组的一种形式游戏。在宋元明的画史脉络中打量王履,他的重要性就凸显出来了。王履"师华山"的命题重新确立了真实自然在绘画创作上的首要位置,亲近自然、尊重自然成为山水画创作具有生命力和持续性的保证,山水画的形式和母题应当从变动不居的无定形的自然中获取无穷的资源。

第二节 吴门画派山水画的写生与师古

王履在其山水画理论中突出了实景写生的重要性。然而,王履在明代并没有受到重视,他的"师华山"的理论在明代也没有什么追随者。王履有时也被视为明初浙派的先驱,明初浙派师法南宋院体山水画,受马、夏影响极大,但明初和中期的浙派画家极少有王履"师华山"的观临体验,作品多为宋人笔意的程式化体现而较少真实山水的气息。明代的实景山水画一直到吴门画派才重新焕发生机,在沈周、文徵明这些绘画大师那里,明代实景山水画的创作出现了一个高峰,他们将自身独特的生命体验和带有苏州地方特色的景致结合在一起,改变了明代实景山水画创作的方向。但王履"师华山"的观念并未得到延续,吴派画家基本上没有像王履那样涉足山川的经历,他们对实景的描绘主要转到了他们所熟悉的城乡景观之上。吴派画家还创作了大量师古的作品,传统的母题、构图和笔法在他们的作品中不断浮现,隐微传达他们作为文人的生活品位和复杂情绪。在吴门画派那里,王履所面临的"师古人"还是"师自然"的难题再次发酵,但吴派画家没有选择王履的道路,而是从两方面都发展出某些新的思想。

吴门画派的实景山水画以自然风光、名胜风景和园林斋居为主,其中又以名胜纪游图最具特色。相关存世作品有沈周的《虎丘十二景图

册》《苏州山水全图》《太平山图卷》《千人石夜游图卷》《西山纪游图卷》，
文徵明的《石湖清胜图卷》《洞庭西山图卷》《天平纪游图轴》，唐寅的《沛
台实景图页》《黄茅渚小景图卷》，等等。如沈周的《虎丘十二景图册》，在
沈周以前的虎丘图，多为传统意义上的文人笔墨，构图和笔法较多程式
化的表现，实景意味较为淡薄，仅从画面很难分辨出虎丘山的形态特征，
而沈周的《虎丘十二景图册》则以写实的手法描绘了虎丘山塘、憨憨泉、
半山腰之松庵、悟石轩、千人石、剑池等 12 个景点，在这样的画面中，传
统文人画所要表达的笔墨意味反倒是次要的，画面主要起到一种介绍名
胜景观的功能。明代中后期的苏州商业气息相当浓厚，旅游文化也在城
市生活中占据相当重要的地位，沈周的《虎丘十二景图册》或许就是应此
而生的商业之作。图册主要发挥的是一种导游的功能，从虎丘山门开
始，途经憨憨泉、松庵、悟石轩、千人石、剑池，再到千佛堂云岩寺、五圣
台、千顷云、虎跑泉、竹亭、跻云阁，沈周有意为游客设置了一条从入山到
上山再到山后的虎丘胜景游览路线。

图 7 - 3　《虎丘十二景图册》之《憨憨泉》
（图片来源：明沈周绘，美国克利夫兰艺术博物馆藏）

　　传为沈周所画的《苏州山水全图》也是具有导游功能的纪游图，他将
苏州地区带有标志性的名胜景观汇集于一幅长卷中，包括虎丘、浒墅、天

池、天平山、支硎山、横塘、木渎、灵岩、上方山、胥口、虎山桥、光福、太湖等 20 多个景点。根据画卷的跋文可知,此画的目的很明确,就是使"未游者"能通过此卷而见吴下山水之概。因为此图的导游性质明确,画家便以写实性的手法描绘各大景点,并在画中每个景点之旁以小楷标识出其地名。

图 7-4 《虎丘十二景图册》之《千佛堂云岩寺》
(图片来源:明沈周绘,美国克利夫兰艺术博物馆藏)

沈周还有另一类介于实景写生与想象性创作之间的纪游画。沈周曾于成化十五年(1479)四月九日夜游虎丘千人石,其《夜登千人石诗序》写道:"四月九日因往西山,薄暮不及行,舣舟虎丘东趾,月渐明,遂登千人座,徘徊缓步,山空人静,此景异常,乃纪是作。"①14 年后的弘治六年(1493),沈周根据记忆创作了《千人石夜游图卷》,该图卷左侧为繁密紧凑的山石结构,蜿蜒而下的石磴标明了游览的路线,右侧为几株古木,沿着石岸错落布置,中间则以大片留白的手法描绘月下千人石的景色,千人石上有一白衣策杖高士徐行,应是画家多年前夜游千人石的写照。该图卷上的佛塔成为可以辨识的地理标记,既对应晋代高僧竺道生在此讲

---

① 〔明〕沈周著,张修龄、韩星婴点校:《沈周集》,上海:上海古籍出版社 2013 年版,第 55 页。

经说法的典故,又表明画面中的景色和千人石的真实景观的关系。这是一幅介于纪实和想象之间的作品,画家凭记忆再现了多年前的场景。该作品既非服务于导游的实用功能,也并非用以表达送别和访友等带有社交性的情感,而更多的是为了纪念一种个人化的游览经历和审美情趣而作。

图 7 - 5　《千人石夜游图卷》
(图片来源:明沈周绘,辽宁省博物馆藏)

而在一些实用功能没那么强的纪游画中,沈周并没有凸显其实景写生的意味。如其《虎丘送客图》,画面前景是两棵枝叶茂盛的松树,树下高台有一文士抚琴送客;中景为潺潺溪水和舒朗有致的山石;远景则为巨大的山体。此画为沈周送别好友徐仲山之作,画上题识说:"水部徐君仲山治泉鲁中者几三年,顷回寻行,因携酒饯别虎丘,水部即席有作,谩倚韵答之。庚子灯夕前三日沈周识。"①此画中的山水缺乏地理标志,如果不是标明虎丘饯别,则很难看出是在虎丘。当山水画并没有明确的实用功能的时候,画家往往会采用传统的笔法而非纪实性的描绘,画中景物常常被表现为非特定地点的程式化的背景,它的功能服务于诸如雅集、送别、访友、隐居、渔樵等经典主题并传达画家本人的意趣,而非惟妙惟肖地模仿自然。

由于没有模仿自然的需要,这类山水画的师古和仿古意味浓厚。吴派画家遍仿宋元诸大家,而又以仿元四家为最多。明代李日华《六研斋笔记》说:"石田绘事,初得法于父、叔,于诸家无不烂漫,中年以子久为宗,晚乃醉心梅道人。"②当山水画从克肖自然的束缚中解脱出来,画家得

---

① 〔清〕卞永誉:《式古堂书画汇考》卷五十五,四库全书本。
② 〔明〕李日华:《六研斋笔记》卷一,四库全书本。

以在更大范围内对绘画的各种要素进行编排；直接"师心"并独辟蹊径的作品并不受画家们的青睐，因为这不仅需要极为罕见的天赋，而且更有脱离整个文人传统的危险。我们可以看到，相似的母题、构图和笔法在山水画中不断重现，就吴门画派的画家来说，他们善于将宋元大师们的山水图像组合挪用，将各种元素解构并重组，在相似的笔法构图和主题中注入新的思想和情感。在这样的仿古作品中，我们看不到带有地理标记的具体实景的再现，而只有命名为"云林山水""董巨山水""大痴山水""梅道人山水"等带有个人风格特征的想象性山水的呈现。因此，在这样的作品中我们看不到对自然客体的持续性的热情，而只有对画史脉络中带有延续性的显著风格的关注。简单地说，仿古作品更关注的是对山水图式的文人认同。

然而，师古或仿古并非泥古，即并非对古人作品的亦步亦趋的刻意模仿，而是通过组合挪用各种绘画元素来实现创新。王世贞曾评论沈周山水画说："白石翁生平相交独吴文定公，而所图以赠文定行者，卷几五丈许，凡三年而始就。草树水石桥道，无一笔不是古人，而以胸中一派天机发之，千奇万怪，种种有真理。至于气晕神彩，触眼若新，落墨皴点，了绝蹊径。予所阅此老画多矣，无有如此者，令黄鹤山樵、梅道人见之却走三舍，董北苑、巨然师当惊而叹曰：'此子出蓝，掩吾名矣。'"①又文徵明之子文嘉为其父所撰《先君行略》说文徵明"性喜画，然不肯规规摹拟。遇古人妙迹，惟览观其意，而师心自诣，辄神会意解。至穷微造妙处，天真烂漫，不减古人"②。无论是沈周还是文徵明，他们在师法古人的时候，都不会单纯摹拟甚至刻意复制某种风格。中国古代画论在论及师古而不泥古的时候，往往强调画家师其意而不师其迹，就如文嘉说其父"览观其意，而师心自诣，辄神会意解"，但实际上像笔法皴点这样的"迹"是师法

---

① 〔明〕汪珂玉：《珊瑚网》，见卢辅圣主编《中国书画全书》（第五册），上海：上海书画出版社1992年版，第1111页。

② 〔明〕文嘉：《先君行略》，见〔明〕文徵明著，周道振辑校《文徵明集》，上海：上海古籍出版社1987年版，第1622页。

古人的重要内容,只不过对于这样的"迹"需要熟练掌握并灵活运用,就这方面而言,王世贞说沈周"无一笔不是古人,而以胸中一派天机发之"更符合作画的情况。如沈周的《仿云林送别图》,采用的是倪瓒"一河两岸"式的构图,而兼用其他画家的皴法:"沈周用黄公望的长披麻皴、王蒙繁密的卷笔皴以及吴镇的粗短笔皴法丰富了倪瓒的疏笔风格……所有用笔都渗透着激情、即兴的速度、精神控制、严谨与洒脱。作为对画风的探索,这幅画体现出沈周驾驭疏中见繁、寓动于静的能力。在'得'元代大师多种笔法并自辟蹊径方面,沈周的画既不取悦于人,又未陷于程式化,确如他所坚信的:出于本身不可替代的天性。"①这很符合王世贞的说法,沈周以自身的天性,创造性地活用前代大师们的构图和笔法,从而实现了师古与创新的统一。

对于这种文人气息浓厚的仿古作品,画面与现实之间的联系并不是主要的,画家更关注的是通过对画面进行有意处理而传达某种或隐或显的情绪。文徵明于嘉靖三年(1524)寓居京师时所作《燕山春色图》很能说明这个问题。该画采用了倪瓒"一河两岸"式的结构,前景为草堂和古树,远景为层次丰富的远山,中景则是河水。画上有诗曰:"燕山二月已春酣,宫柳霏烟水映蓝。屋角疏花红自好,想看终不是江南。"按照此诗所示,此画描写的应当是北京燕山二月春日的景象,但根据石守谦先生的考证,"燕山"在这里只是泛指北京附近的山,此画描绘的很可能只是北京西郊的西山;更重要的是,此画描绘的景色与西山并不尽相同,而是更为接近画家故乡太湖区域的景致,画中的草堂也更接近他在苏州之家居停云馆,而不似他在北京城中的居所。② 文徵明一生屡试不第,嘉靖二年(1523)年已五十的文徵明接受工部尚书李充嗣的推荐,以贡生进京并被授以翰林院待诏之职;其时北京政途险恶,文徵明居官三年多次上疏乞归,最终在嘉靖五年(1526)获准还乡。《燕山春色图》便作于他居官北

---

① ［美］方闻:《心印》,李维琨译,上海:上海书画出版社1993年版,第140页。
② 石守谦:《风格与世变:中国绘画十论》,北京:北京大学出版社2008年版,第277—278页。

京期间,北京和江南两种景色的叠加正反映了文徵明深切的思乡之情,而这种情感是很难通过写实化的手法表现出来的。在《燕山春色图》中,文徵明的意图并非以纪游的方式刻画实景山水,对西山惟妙惟肖的描绘并不能寄托其画外之思;文徵明通过带有强烈江南特色的倪瓒式的山水构图,在一种仿古的图像中重新唤起了"思乡"这样的传统母题,并最终将其个人遭遇和感受倾注在这种想象性的春日景象中。

图 7-6 《燕山春色图》
(图片来源:明文徵明绘,台北故宫博物馆藏)

我们可以看到,吴门画派从写生和师古两方面发展了明初以来的山水画,他们的实景写生大多满足于某种带有实用功能的目的,而师古之作则更多地与他们的审美品位和情感抒发联系在一起,而这两种不同的需要在明代画评家那里的评价是不一样的,后者被视为文人自身身份和价值的真正的体现。在吴门画派的师古之作中,想象性的画面代替了实景山水,特定的构图和笔法获得了独立的意义,重复的母题被不断唤起并生发新的意义,文人画的传统和脉络就在这样的师古和仿古中不断延续。在师古之作中形似的功能居于次要的位置,这也反映了吴派画家对于自我表现的强调。和明初画家王履相比,吴派画家在这方面或许会更多地受到时代思潮的影响。沈周在其《夜坐图》上题词曰:"余性喜夜坐,每摊书灯下,反覆之,迨二更方已为常。然人喧未息而又心在文字间,未尝得外静而内定。于今夕者,凡诸声色,盖以定静得之,故足以澄人心神情而发其志意如此。且他时非无是声色也,非不接于人耳目中也,然形为物役而心趣随之,聪隐于铿訇,明隐于文华,是故物之益于人者寡而损人者多。有若今之声色不异于彼,而一触耳目,犁然与我妙合,则其为铿訇文华者,未始不为吾进修之资,而物足以役人也已。声绝色泯,而吾之志冲然特存,则所谓志者果内乎外乎,其有于物乎,因得物以发乎?是必有以辨矣。於乎,吾于是而辨焉。夜坐之力宏矣哉!嗣当斋心孤坐,于更长明烛之下,因以求事物之理,心体之妙,以为修己应物之地,将必有所得也。"①沈周在此描述了他夜半醒来、静坐沉思的独特体验,当内心未得澄定而外界又声色纷杂的时候,外物对于人是损多益少的;只有体会心体之妙,以内心的定静去应对外物的纷杂,才能达到物我妙合、内外相泯的境界。沈周在这里描述的沉思体验或许是明代中期以后心学观念的一种体现,在这种内化倾向的影响下,再现客观自然被视为并未得到事物之理,后者只有深入画家内心才能真正获得。

在这种内化倾向的影响下,想象性的山水画被视为继承了文人画的

____

① 见〔清〕张照等编:《石渠宝笈》卷三十八,四库全书本。

真正传统,而那种克肖自然的形似之作则大多只出现在功能性和商业化的场合。这也导致吴派画家并未真正花心思去接触自然和临摹自然,他们的足迹大多只局限在江南苏州一隅之地,所描绘的山水也大多只是他们所熟悉的江南风物。如果说这样一种倾向在沈周、文徵明那里还不明显,那么在吴门画派后学那里这种局限性就凸显出来了。文徵明门下的钱穀曾为王世贞作《溪山深秀图》,该图有两卷,第一卷是用王世贞所得的高丽贡茧纸所作,此卷完成后两月余钱穀另得佳纸,且对前卷不太满意,复作一卷赠王世贞。王世贞为此卷作跋曰:"叔宝为余图之两月,意不满,会得佳纸,复作此图,纯用水墨气韵,精神奕奕射眼睫间,且要余作歌酬之,曰'能事尽此二卷矣'。余既如其言,复戏谓叔宝:'此浙东西山水也。'昔赵大年出新意作画,人辄嘲之曰:'得非朝陵回乎?'谓其所见不满五百里也。叔宝当颊发赤,然异日老屐游秦陇巴蜀八桂七闽还,吾更当得两奇卷矣。"①王世贞说钱穀所作《溪山深秀图》实为"浙东西山水也",就如赵大年所作画皆为一日往返之景,实际上是非常深刻地指出了钱穀作画视野狭小的缺点,没有见过浙江以外的山川大河,画出来的山水也就只能是浙江一带的风景。

王世贞在万历二年(1574)赴京任太仆寺卿时邀请钱穀一同前往,并画下沿途风景,钱穀随王世贞至扬州,共得画32帧,因年事已高,无法继续前行,遂派弟子张复随王世贞直至通州,再得画50帧,最后交由钱穀润饰,形成《纪行图》。王世贞在画跋中详细记载了此事:"去年春二月,入领太仆,友人钱叔宝以绘事妙天下,为余图,自吾家小祇园而起至广陵,得三十二帧。盖余尝笑叔宝如赵大年,不能作五百里观也。叔宝上足曰张复,附余舟而北,所至属图之,为五十帧,以贻叔宝,稍于晴晦旦暮之间加色泽,或为理其映带轻重而已。"②王世贞对于实景写生的纪游图颇感兴趣,他邀请钱穀同行并画下沿途风景,是本着记载

①〔明〕王世贞:《钱叔宝溪山深秀图》,见《弇州四部稿》卷一百三十八,四库全书本。
②〔明〕王世贞:《钱叔宝纪行图》,见《弇州四部稿》卷一百三十八,四库全书本。

行踪并供日后卧游所用的目的,因此该画与倾向于自我表现的传统文人画不同,如实反映沿途所见风景应是其主要功能。王世贞再次提到钱毂作画不能作五百里观的缺点,意味着他对于钱毂的作品并不感到完全满意,钱毂因视野所限无法在图画中完整地再现千变万化的自然。

实际上,在吴门画派中真正有丰富的接触自然的经验的画家并不多,这也导致他们对于江南以外的自然山水和与之相应的绘画风格有一定的隔阂。王世贞是明代文人中少数对王履的《华山图册》赞誉有加者,王履殁后其图一直藏在里人武氏家族处,王世贞从武氏处借来王履画册及诗记,并意欲延请文徵明门下的陆治为其临摹《华山图册》。王世贞在其画跋中叙述道:"余既为武侯跋王安道《华山图》,意欲乞钱叔宝手摹而未果。踰月,陆丈叔平来访,出图难其老,侍之至暮,口不忍言摹画事也。陆丈手其册不置,曰此老遂能接宋人,不作胜国弱腕,第少生耳。顾欣然谓余,为子留数日,存其大都,当更细究丹青理也。陆丈画品与安道同,故特相契合,画成当彼此以笔意甲乙耳,不必规矩骊黄之迹也。吾友人俞仲蔚、周公瑕、莫云卿辈特妙小楷。吾悉取安道叙记及古近体诗托仲蔚,唐人杂记并诗托云卿,李于鳞一记六诗、乔庄简一记一赋托公瑕,都少卿一记托程孟儒别书作一册。此册成,安道有灵,不免作卫夫人泣矣。"①王世贞意欲请钱毂为其手摹而未能如愿,后转而求助陆治,陆治欣然接受这个任务。除了延请陆治为其临摹《华山图册》,王世贞还请多位精于书法的友人为其抄录有关华山的诗文游记,并与图册装订成书。

王世贞意欲乞钱毂为其手摹《华山图册》而未果的原因已不得而知了,实际上从王世贞揶揄钱毂"不能作五百里观"来看,钱毂恐怕不是《华山图册》的最佳临摹者。陆治和钱毂虽同游文徵明门下,但陆治在受文徵明影响的同时也注重吸取宋画的优点,他晚年隐居支硎山后,更为重视通过师法造化来指导绘画。应该说,在吴门画派中,陆治是最适合临

---

① 〔明〕王世贞:《陆叔平临王安道华山图后》,见《弇州四部稿》卷一百三十八,四库全书本。

摹《华山图册》的人,所以王世贞说陆治画品与王履同,"故特相契合"。然而陆治并未见过华山,他只能根据华山的诗文和《华山图册》来进行临摹,这就产生了稍许有些怪异的结果:陆治的临摹没有实景的支持,他通过单纯图像的转摹为同样未到过华山的王世贞提供作品。我们说过,明代画家的师古和仿古并非亦步亦趋的复制,"仿"是建立在各种绘画要素的重组基础上的创新。陆治对《华山图册》的临摹同样如此,他挪用了王履作品的基本构图,却使用了具有他自己风格的笔法。如陆治临《华山图册》中的《上方峰》,可以看见在基本构图相同的情况下,王履对山石的处理较为圆润,而陆治笔下的山石则折线更多,尖角更为锐利,线条更为复杂繁密。其他细节如对树木的处理也有细微差别。如果参照陆治其他作品,则可发现这种细密锐利的笔法正是他标志性的特点。因此,两种《华山图册》的不同在于,王履的《华山图册》将个人风格消融于实景的写生中,而陆治的《华山图册》则正是他自身风格的强烈体现。在这种图像的转摹中,一种强烈的自我表现的需要代替了对真实自然的关注。或许我们不应对陆治苛求过多,在无法得见华山实景的情况下,他只能通过一种风格化的笔法来赋予其临摹之作以意义,而这恰好也是明代文人画延续不绝的传统。换言之,这种临摹之所以在文人间得到认同,并不在于图像和现实之间的关系,而在于其形式自身的重组和更新的功能。陆治通过文人画的笔法重新赋予了其临摹之作以意义,在此过程中唯一丧失的也只有"自然"了。

明代山水画的许多症结都可以在吴门画派中找到端倪,实景写生画在他们那里逐渐走向一种带有强烈功能性的产品,他们还发展了向宋元大师学习并临摹他们作品的风气,这都暗示了山水画在他们那里已逐渐远离真实的自然。这些症结在吴门画派那里可能还不严重,像沈周、文徵明、唐寅这样的绘画大师仍能以其天纵之资发展出创新的形式,但是在数十年、数百年后,当这些创新的形式失去活力并沦为程式化的作业,远离真实自然带来的弊端才开始显露出来。

图 7 - 7　《华山图册》之《上方峰》
（图片来源：明王履绘，上海博物馆藏）

图 7 - 8　《临华山图册》之《上方峰》
（图片来源：明陆治绘，上海博物馆藏）

第三节　董其昌山水画中的自然问题

作为晚明绘画的集大成者，董其昌所面临的困境要比吴门画派严峻得多，不仅"家数"和"写生"之间的矛盾持续发酵，而且还要面对吴门画派衰落后产生的各种问题。董其昌对此有清晰的认识，在一篇题跋中他指出："吴中自陆叔平后,画道衰落,亦为好事家多收赝本,谬种流传,妄谓自开堂户。不知赵文敏所云:时流易趣,古意难复,速朽之技,何足盘旋?"①吴门画派自陆治之后已难振颓势,早期大师们的创新形式在吴门后学中逐渐流为程式,而苏州地区浓厚的商业氛围也影响了绘画的收藏与交易,导致各种刻意模拟吴派大师的仿作和赝本流行,以至于董其昌感慨当时画坛已难复"古意"了。商业市场的行情非董其昌所能左右,他更关心的应该是绘画的程式化导致的创新不再的问题。像沈周、文徵明、唐寅那样的吴派大师早已在山水画中开创出新的格局并成为吴中画师们竞相模仿的典范,当这些典范在陈陈相因中成为新的程式,如何突破吴门画派藩篱的思考实际上关涉的是如何在画坛乃至画史中安身立命的根本性问题。袁宏道曾记述董其昌的一段话,可以看作他对这个问题的思考。袁宏道《叙竹林集》云:

> 往与伯修过董玄宰。伯修曰:"近代画苑诸名家,如文征仲、唐伯虎、沈石田辈,颇有古人笔意不?"玄宰曰:"近代高手,无一笔不肖古人者。夫无不肖,即无肖也,谓之无画可也。"余闻之悚然曰:"是见道语也。"故善画者,师物不师人;善学者,师心不师道;善为诗者,师森罗万像,不师先辈。②

针对吴派大师的师古仿古,董其昌指出他们"无一笔不肖古人""夫无不肖,即无肖也",意思是说他们的作品太过肖似古人,反而没有模仿到古人作品的真精神。袁宏道将董其昌这句话理解为作画要"师物不师人",也就是要以自然为师,反对模仿古人。但袁宏道对董其昌的理解可能是错误的,"师物不师人""师心不师道"等见解极为符合公安派性灵之说的主张。袁宏道此种独抒性灵的见解与董其昌的绘画理念有着鸿沟。董其昌绝对不会主张"师物

---

① 〔明〕董其昌:《跋唐宋元名画大观册》,见俞剑华编著《中国历代画论大观》第四编《明代画论》(一),南京:江苏凤凰美术出版社 2017 年版,第 160 页。

② 〔明〕袁宏道:《叙竹林集》,见〔明〕袁宏道著,钱伯城笺校《袁宏道集笺校》,上海:上海古籍出版社 1981 年版,第 700 页。

不师人",他不仅从未说过绘画不需仿照古人的话,而且他本身就是通过遍仿宋元大师而进入绘画堂奥的,因此他批评吴派大师的话只能理解为他认为吴派大师们仿古的方式是错误的。在他看来,仿古不仅是必要的,而且在吴门画派颓势不振的情况下,为正确的仿古方式正本清源的时候到了。

董其昌的真意是重申"仿"的重要性,并走出吴门画派仿古的旧模式。这无论是对他还是对晚明画坛而言,都是极为重要的、关键的一步。董其昌之所以能超越众多吴门后学,将晚明绘画重新带入生机勃发的境地,很重要的原因是他确立了新的仿古方式在绘画创作中的重要性。与董其昌同时的唐志契曾说:"苏州画论理,松江画论笔。理之所在,如高下大小,适宜向背,安放不失,此法家准绳也。笔之所在,如风神秀逸,韵致清婉,此士大夫气味也。"①吴门画派强调对画理的重视,即无论是仿古还是写生,其实都要尊重自然物理在绘画中的指导性作用,故而吴派画家特别关注作品的高下、大小、远近、向背等结构性因素,要求所表现事物的结构位置皆以不违背自然物理为务。以董其昌为代表的松江派则重"笔",即各种轻重不一、干湿有别的笔法,绘画对象需要通过笔墨表现出来,但笔墨具有相对独立的自身价值,和外在事物并不具有必然的联系,很多时候某种特定的笔法乃是心灵风景的呈现。唐志契的这段话可以和袁宏道所记述董其昌的话相互参照,吴门画派既然注重表现自然物理,其图像也就强调与所描绘对象的肖似关系,并不会有过分或刻意偏离自然物理的意图。而董其昌强调笔墨本身所蕴含的士大夫风格,他对于图像也就不那么强调此种肖似关系了,因此董其昌其实并不太重视模仿自然,也反对刻意模仿古人现成之作,他所强调的是笔法自身的创新和独立的价值以及透过笔法表现出来的独特的审美品位。

董其昌找到了一条走出吴门画派的途径,就是重视山水画的笔墨表现能力而非其再现功能,相应地也就切断了绘画与自然之间的联系。但是,

---

① 〔明〕唐志契:《绘事微言》,见俞剑华编著《中国历代画论大观》第四编《明代画论》(一),南京:江苏凤凰美术出版社 2017 年版,第 17 页。

如果我们阅读董其昌的画论而非他的绘画作品,我们会发现他似乎是一个自然的爱好者。他在一篇题跋中说:"画家以天地为师,其次山川为师,其次以古人为师,故有不读书万卷,不行千里路,不可为画之语。"①又说:"画家以古人为师,已自上乘。进此当以天地为师,每朝起,看云气变幻,绝近画中山。山行时见奇树,须四面取之。树有左看不入画,而右看入画者,前后亦尔。看得熟,自然传神。传神者必以形,形与心手相凑而相忘,神之所托也。树岂有不入画者? 特当收之生绡中,茂密而不繁,峭秀而不蹇,即是一家眷属耳。"②在绘画的师法对象中,董其昌把天地山川放在古人之上,这是很典型的自然主义的态度;在中国古代画论中随处可见类似的言论,董其昌的话也并没有什么独到之处,更像是对此类传统言论的不假思索的挪用。我们之前提过,尊崇自然在中国古代已然形成强大的传统,乃至几乎没有任何人会直接否定这个传统;即便是以一种非自然主义的方式进行创作,董其昌也不会贸然断定自然已不在他的绘画实践中发挥作用。实际上,师仿古人在董其昌那里的重要性是不言而喻的,他早年习画是从临摹古人的作品开始的,并且长期以来浸淫于古代书画名迹之中;他也创作了大量以"仿"为名的画作,几乎仿遍宋元诸家。可以说,是仿古而非写生,成为董其昌创作的主要手段。如果我们暂时离开董其昌的画论而观察他的画作,那么可以发现大量违背自然的极具风格和极不真实的扭曲形象。如董其昌 1612 年的立轴作品《山水》,处于中景的山体以一种令人不安的姿态向右偏倚,层叠的山脊向上延伸,和远景中的山体相当别扭地融为一体,中景山体左下方的溪流形成落差,但其实形成溪流的水体与右边的水体处于同一水平线,这样的落差是不可能在真实世界中形成的。如果董其昌把再现实景山水作为其绘画的目标,这种背离真实世界感知的作品就不大可能出现。

---

① 〔明〕董其昌:《舟次城陵矶画并题》,见俞剑华编著《中国历代画论大观》第四编《明代画论》
  (一),南京:江苏凤凰美术出版社 2017 年版,第 155 页。
② 〔明〕董其昌:《画禅室随笔》,上海:华东师范大学出版社 2012 年版,第 66 页。

图 7 - 9　《山水》
（图片来源：明董其昌绘，台北故宫博物院藏）

  董其昌对自然的感受也深受其记忆中的图像左右,导致其作品并非完全来自眼中所见之自然。董其昌曾说:"米元晖作《潇湘白云图》,自题云:夜雨初霁,晓云欲出,其状若此。此卷余从项晦伯购之,携以自随,至洞庭湖舟次,斜阳篷底,一望空阔,长天云物,怪怪奇奇,一幅米家墨戏也。"①又云:"画家初以古人为师,后以造物为师,吾见黄子久《天池图》皆赝品。昨年游吴中山,策筇石壁下,快心洞目,狂叫曰:黄石公。同游者不测,余曰:今日遇吾师耳。"②董其昌于洞庭真景中看到的是米家墨戏,于吴中实景看到的则是黄公望的作品;他明确表示他是先以古人为师的,而并非像王履那样将师法造化放在首位,这就导致他在观察自然之前脑中已经充满各种古人的图像,而对自然的观察对他来说也就成了印证这些图像的过程。高居翰说董其昌"对自然的感受深受他记忆中的绘画形象所左右,因而无法对眼前的自然山水作出直接而单纯的感官反应"③。相比于对真实自然的欣赏,董其昌其实更多的是沉浸在图像的世界中。他曾拜会邹平人张延登的花园并说:"余村居二纪,不能买山乞湖,幸有《草堂》《辋川》诸粉本,着置几案。日夕游于枕烟庭、涤烦矶、竹里馆、茱萸沜中,盖公之园可画,而余家之画可园。"④他说因无法买山造园,便日夕游于杜甫草堂和王维辋川园的画卷中,聊慰丘壑之思;而这种对"纸上园林"的欣赏,始终和真实的园林欣赏有一定的距离。

  董其昌无疑发现了笔墨自身独具的不受具象再现所束缚的性质,他比当时其他任何画家都要更关注笔墨结构所能开拓出来的那个幻象世界。他有句名言道:"以境之奇怪论,则画不如山水,以笔墨之精妙论,则

① 〔明〕董其昌:《画眼节录》,见俞剑华编著《中国历代画论大观》第四编《明代画论》(一),南京:江苏凤凰美术出版社2017年版,第146页。
② 〔明〕董其昌:《题〈天池石壁图〉》,见俞剑华编著《中国历代画论大观》第四编《明代画论》(一),南京:江苏凤凰美术出版社2017年版,第153页。
③ [美]高居翰:《气势撼人:十七世纪中国绘画中的自然与风格》,李佩桦等译,北京:生活·读书·新知三联书店2009年版,第60页。
④ 〔明〕陆云龙评选:《明人小品十六家》(下),杭州:浙江古籍出版社1996年版,第576页。

山水决不如画。"①董其昌承认自然山水在形态上要比绘画复杂得多,但他并未因此延伸出山水画对于自然的某种从属的性格,他将山水画的笔墨表现能力提高到了超越真实自然的程度,意思是说是山水画的本质恰恰是其笔墨表现语言而非其具象再现的能力。正如唐志契所说,"笔之所在"是风神秀逸、韵致清婉的士大夫气味,正是此种独立于自然之外的笔墨语言,将文人日所浸淫的人文价值体现得淋漓尽致。从这方面来看,董其昌对晚明山水画的变革是巨大的,他标榜山水画笔墨语言的独立价值,实际上极大地凸显了文人画所具有的人文性,并为晚明以后的山水画创作开辟了一片新的天地。自董其昌之后,山水画始可以从与自然的关系中解脱出来,完全依据文人持守不绝的人文传统和内心对品位韵致的追求而创作。董其昌令山水画的笔墨形式进一步纯粹化和独立化了,但他在为山水画开辟了一个空间的同时也将山水画局限在这个空间内了。对于山水画而言,这种切断画作与自然关系的创新,其价值究竟在哪里呢?

如果我们从晚明思想内倾化的背景来看,则董其昌对山水画所作的改变是可以理解的。董其昌本人对心学和禅学都深有研究。他与泰州学派关系密切,与李贽和公安派的袁氏兄弟皆为莫逆,思想上受这种心学激进派的影响是很自然的。晚明禅风兴盛,士大夫少有不谈禅的,董其昌也不例外,他很早就对禅学感兴趣,其师友中也不乏陆树声、陈继儒这样的居士和紫柏真可、憨山德清这样著名的高僧,他更强调"以禅入画",并借禅学提出著名的绘画"南北宗论"。晚明内倾化的思想文化强调将宇宙统一于人内在的直觉经验中,如果像阳明心学或者禅宗那样相信外在世界只有依据内心活动才能存在,那么董其昌创造的那些背离日常感知的扭曲形象便可以视作向更真实和更本源的内在自然的回归。董其昌那种反自然主义绘画的力量便扎根于晚明这种内倾化的思想中,

---

① 〔明〕董其昌:《画旨节录》,见俞剑华编著《中国历代画论大观》第四编《明代画论》(一),南京:江苏凤凰美术出版社 2017 年版,第 138 页。

此种观念能在尊崇自然的文化传统中获得认可,是因为内在自然被视为比外在自然更加真实。

对此种心灵自然的呈现,显然不能通过克肖古人来实现。董其昌曾说其"每观古画,便尔拈笔,兴之所至,无论肖似与否"①,正是此种似与不似的风格突破了此前吴门画派师古的弊病,开创了一种"仿"的新模式。虽然师古或仿古是快速进入绘画堂奥的门径,但无论师古或仿古都容易囿于师法对象的风格之中而无法实现真正的突破。董其昌批评吴门画派有"纤媚之陋",陷入"甜俗魔境",是因为认为吴门画派仿古"无一笔不肖古人",而他则一方面主张"岂有舍古法而独创者乎"②,一方面又说"学古人不能变,便是篱堵间物,去之转远,乃由绝似耳"③。就如他所说的"无论肖似与否"这样模棱两可的语意一样,董其昌在师法古人的态度上将看似矛盾的两方面因素结合起来,从而实现一种带有画家主体自我创新的"仿"的新模式。董其昌所要做的不仅仅是师古或仿古,而且还要将古人的绘画语言进行重新分解、组织和运用:

> 画平远师赵大年,重山叠嶂师江贯道,皴法用董源麻皮皴及《潇湘图》点子皴,树用北苑、子昂二家法,石法用大李将军《秋江待渡图》及郭忠恕雪景。李成画法,有小幅水墨,及着色青绿,俱宜宗之,集其大成,自出机轴。再四五年,文沈二君不能独步吾吴矣。④

"集其大成,自出机轴"是董其昌绘画创作的要旨,他不再像吴门画派那样亦步亦趋地模拟某个画师的风格,最重要的是他完全打破了同一幅画遵循某个画师风格的习惯,不同时代不同画师的皴法、结构、主题被他分解成较小的元素,然后在一种新的语境中被重新组织成新的绘画语言。董其昌的作品因此呈现出介于"似"与"不似"之间的奇特风格,说它

① 〔明〕董其昌:《大观录》,见俞剑华编著《中国历代画论大观》第四编《明代画论》(一),南京:江苏凤凰美术出版社 2017 年版,第 170 页。
② 〔明〕董其昌:《画禅室随笔》,上海:华东师范大学出版社 2012 年版,第 63 页。
③ 同上,第 90 页。
④ 同上,第 69 页。

"似"是因为它确实挪用了前代大师们的笔法技巧,说它"不似"又是因为他并非完全与他模仿的大师的风格完全一致。如董其昌有仿关全笔意一幅并题曰:"倪元镇有《狮子林图》,自言得荆关遗意,余故以关家笔,写元镇山,恨古人不见我耳。"①又董其昌有《仿倪瓒〈山阴丘壑图〉》并题曰:"倪元镇《山阴丘壑图》,京口陈氏所藏,余曾借观,未及摹成粉本,聊以巨然《关山雪霁图》拟为之。"②董其昌的仿作并非对原作亦步亦趋的摹拟,而是不同风格之间的挪移摹写,如用关全和巨然笔意改写倪瓒的作品,或者以倪瓒的画风嵌入仿关全和巨然之作。董其昌此种创新性的"仿"可用其论书法的一段话来概括,他说:

> 大慧禅师论参禅云:"譬如有人,具万万赀。吾皆籍没尽,更与索债。"此语殊类书家关捩子。米元章云:"如撑急水滩船,用尽气力,不离故处。"盖书家妙在能会,神在能离。所欲离者,非欧虞褚薛诸名家伎俩,直欲脱去右军老子习气,所以难耳。那叱析骨还父,析肉还母,若别无骨肉,说甚虚空粉碎,始露全身?③

对董其昌来说,学画与学书的关捩是一样的,必须如哪吒析骨还父、析肉还母那般经历一个脱胎换骨的过程,才能悟到其中的窍门;而其妙处就在于对传统书法和绘画不仅能够继承,而且还能摆脱它们的束缚形成新的风格。董其昌无疑开辟了一种别开生面的仿古模式,他确实已不必刻意强调山水画与自然之间的本末关系了,诸如山石、溪流、雪雾、烟岚、树木、山居等自然元素都可以在宋元大师的作品中找到,并通过笔法形式的分解和重组来获得。董其昌作品中每种元素都和传统维持着紧

---

① 〔明〕董其昌:《仿关全笔意并题》,见俞剑华编著《中国历代画论大观》第四编《明代画论》(一),南京:江苏凤凰美术出版社 2017 年版,第 156 页。
② 〔明〕董其昌:《仿倪瓒〈山阴丘壑图〉并题》,见《石渠宝笈》卷二十六,四库全书本。
③ 〔明〕董其昌:《画禅室随笔》,上海:华东师范大学出版社 2012 年版,第 14 页。董其昌还有段类似的话:"米元章书沉着痛快,直夺晋人之神。少壮未能立家,一一规模古帖,及钱穆父诃其刻画太甚,当以势为主,乃大悟。脱尽本家笔,自出机轴,如禅家悟后,拆肉还母,拆骨还父,呵佛骂祖,面目非故。虽苏、黄相见,不无气慑。晚年自言无一点右军俗气,良有以也。"见〔明〕董其昌:《容台集》卷四,台北:"中央图书馆"1968 年编印,第 1974 页。

密的联系,同时又呈现传统作品中前所未见的奇景。这与其说是对自然意象的描绘,还不如说是对绘画语言的持续不断的实验,是绘画形式自身的繁殖。

董其昌的山水画还有一个很显著的特点,即画中从无人物出现。高居翰说早期宋代山水画对大山、泉壑、林木以及环绕林木周遭的空间所做的仔细描绘,鼓舞了观画者神游画中山水的意趣;而董其昌的构图则恰如其反,他的画没有让人进入的空间和立足之地。[①]宋代山水画是中国绘画中客观再现实景自然的巅峰,对自然山水的亲近鼓舞了画中山水可游可居的观念,宋代大师们会在画面留下些许屋舍、桥梁和人物,点出观画者想象力进入的空间。元代山水画开辟了文人借助山水实现自我表现的途径,画家内心的情绪可以通过某种特定的景物来传达。例如倪瓒的山水画就几乎没有人物出现,通过刻意制造的这种距离感来传达内心的孤高萧瑟。董其昌极为赞赏倪瓒式的元代山水画,但他的山水画并无强烈情绪的表现,他的画作更倾向于绘画形式的自我增生的冒险而非画家内心情绪的自我外露。观画者被过于凸显自身的笔墨形式吸引,以致他们很难进入笔墨所描绘的对象世界;而那些与真实世界有别的扭曲形象、令人不安的紧张感与失序感也直接导致观画者无法融入其内。董其昌的山水画背离了我们对真实自然的感知,他画中的山水是不可游和不可居的。

在自然与古人之间,董其昌更重视后者。重视师法古人即重视绘画的师承关系,但董其昌绝非对于其师法对象毫无选择。在这方面他提出颇具争议的南北宗论,认为北宗为李思训父子着色山水,流传而为宋之赵干、赵伯驹、伯骕,以至马、夏辈,南宗则始自王维,其传为张璪、荆、关、郭忠恕、董、巨、米家父子,以至元四大家。董其昌有明显的崇南抑北的

[①] [美]高居翰:《气势撼人:十七世纪中国绘画中的自然与风格》,李佩桦等译,北京:生活·读书·新知三联书店 2009 年版,第 87 页。

倾向,认为李思训之北宗,若马、夏、李唐、刘松年辈,"非吾曹易学也"①。自然与古人是古代山水画两个最基本的来源,而在董其昌的画论中,既然山水画已经无须在与自然的关系中界定自身,那么在山水画史的脉络中画家与画家、作品与作品之间的关系将起到决定性的作用。董其昌对于其作品能否在画史中挣得位置有一种深深的忧虑感,也正因此,他对于自己作品的定位是相当清晰的。他建立南北宗论并表达强烈的崇南贬北的倾向,其目的正是通过树立正确的典范谱系而确立自己的位置。在这个具有强烈褒贬意味的典范谱系中,山水画与自然的关系已经变得次要,它的价值来自某种带有倾向性的趣味标准,那些被认为体现了这种标准的作品被视为具有画史脉络中的正当性。我们可以发现,董其昌的南北宗理论改变了山水画中自然的本源性作用,就像晚明愈演愈烈的党派之争那样,南北宗理论使山水画陷入宗派门户的无尽漩涡,其中一幅山水画的价值和正当性是由它在这个谱系所占的立场和位置来决定的。

当我们打量明代特别是晚明山水画时,一个根本性的问题时常会横亘在我们面前:真实自然究竟在山水画的创作和欣赏中发挥了什么样的作用? 我们通常想当然地将自然视为山水画创作和欣赏的本源性因素,因为它是山水画所描绘和再现的对象;通常我们又会根据这样想当然的观点将山水画家和观画者想象为自然的亲近者。对于我们这个有着极为强大的尊崇自然的传统的国家来说,做出这样的判断是很自然的。然而,董其昌的创作表明了山水画是可以离开真实自然的;依赖于对宋元大师的开创性的模仿,董其昌创造出和实景无关的笔墨再造的自然。我们无法因为主张亲近自然就轻易否定董其昌对晚明山水画做出的变革,真实自然、历史传统、前代大师和典范性的作品,是每个画家在创作时都会面临的诸多因素,对每种因素的不同程度的依赖都会影响画家的创作

---

① 〔明〕董其昌:《画禅室随笔》,上海:华东师范大学出版社2012年版,第76页。在董其昌《画旨》中,此句为"非吾曹当学也"。

观和创作实践。董其昌开创了一种仿古的新模式,这对已在吴门后学那里萎靡不振的山水画创作来说是个极大的刺激,这种新模式促进了晚明山水画新一轮的发展,并在清初四王那里形成一个新的高峰。清初四王延续了董其昌的仿古模式并刻意强调了这种模式在画史脉络中的正统地位。在他们那里,董其昌集大成式的笔墨风格,对古人的似与不似的摹拟与挪用,对笔墨表现能力的重视以及对心灵自然的呈现等,都发展至一个新的高度。

然而,当我们对整个明代山水画史的脉络作对比浏览之后,会发现明代山水画的发展具有某种"范式转换"的特点。沈周、文徵明等吴派大师开创了吴门画派写生与仿古的模式并惠及后人,但在画师们的竞相模仿下这种模式最终在陈陈相因中成为桎梏山水画发展的程式。董其昌的仿古新模式起于吴门衰敝之时,这种模式在晚明以至清初激发了山水画新风格的产生。但在清初四王那里,这种模式也已发展至巅峰并成为新的绘画程式。随着笔墨形式的日趋机械化以及对正统性的强调,这些程式显露出对其他风格和模式的排他性的影响,并最终抑制了山水画向其他方向的发展。就如吴门画派之后山水画的发展期待董其昌振衰起敝那样,清初四王以后的山水画也期待另一位"董其昌"的出现。实际上,在清初已有画家选择了和董其昌及其后学不一样的道路。如石涛主张抛弃古人成法,在与自然山水的交融互动中领悟"一画"之道,创作出超越历史传统的独特之作。石涛写道:"此予五十年前,未脱胎于山川也;亦非糟粕其山川而使山川自私也。山川使予代山川而言也,山川脱胎于予也,予脱胎于山川也。搜尽奇峰打草稿也。山川与予神遇而迹化也,所以终归之于大涤也。"[1]石涛抛弃了董其昌通过仿古来创新的模式,重新恢复了山水画家与真实自然之间的关系,这种关系既是对张璪和王履以来"师法造化"传统的回归,同时也通过对超越言语描述的"一画"之道的强调而极大地深化了这种传统。石涛用一种釜底抽薪式的方法从

---

[1] 〔清〕道济著,俞剑华标点注译:《石涛画语录》,北京:人民美术出版社1962年版,第8页。

中国古代文化的根源处矫正晚明以来山水画的积弊,只是他此种主张过于个人化并且过于艰难,以至于很难像师法古人那样方便成为众多画师的选择,也很难真正实现他所谓独树一格的"大涤"之画。

　　通过对吴门画派和董其昌山水画创作模式的描述,我们可以看到当一种模式经过陈陈相因而失去活力的时候,推动山水画向前发展的起弊之法就是打破这种已流于程式的模式的束缚,新的模式游荡于真实自然和历史传统之间,两者相互作用,制约着山水画的发展。在此,我们看到作为山水画本源要素之一的真实自然,本就是山水画发展所不可或缺的,就像一个画家很难完全抛开历史传统进行创作那样。历史传统为大多数画师进入这个领域提供了可资借鉴的资源,其本身的不断积累也就形成了不断延续的画史脉络;而在历史传统的尽处,则是最具活力的真实自然,真实自然是无定形的,是永不枯竭的变化,当历史传统已经不足以提供创作资源的时候,回到真实自然往往就是唯一的选择。当画家亲临真实自然的时候,他面对的不再是有限的历史资源,而是无限的变化和想象力的冒险,如果他能借此而领悟石涛所说的"一画"之道,那么实际上他就已掌握了中国山水画最深的奥秘。

第八章　明代科技典籍中的环境美学

　　明代是中国科技史上的重要朝代,出现了一批十分重要的科技典籍,如李时珍的《本草纲目》、徐光启的《农政全书》、宋应星的《天工开物》和徐霞客的游记。总的来看,明清之时的科技整体呈衰落的趋势,但明代的政治气候尚能允许科学思想和科学实践的继续发展,特别是在明代最后一个世纪,政治经济方面的变化、时代精神的转变、非正统思想的出现、中外交流的日趋深入,都促成了我国科技史上的一个高峰的出现。《剑桥中国明代史》说:"就科学思想而言,明代不如宋代(960—1279 年)那样有创造性,这可能是事实;但就将科学技术实际应用到日常生活而言,明代是一个重要的时代。"①明代科学思想的特色是注重科学技术的实际应用,这也意味着明代的科学家们特别重视与现实环境的实际接触,像上面列举的明代重要科技典籍,无一不是科学家深入自然或者社会环境获得的成果。在与现实环境的实际接触中,明代科学家培养了一种深厚的环境意识,其宗旨大略以尊重自然和顺应自然为皈依,以人与自然的和谐相处为最高的理想。这种环境意识蕴含着丰富的环境美学

---

① 〔英〕崔瑞德、〔美〕牟复礼编:《剑桥中国明代史(1368—1644)》(下卷),杨品泉等译,北京:中国社会科学出版社 2006 年版,第 4 页。

思想,值得深入挖掘和梳理。

第一节 《徐霞客游记》中的环境美学思想

徐弘祖,字振之,号霞客,江苏江阴人,生于万历十四年(1587),卒于崇祯十四年(1641),是我国明代著名的旅行家和地理学家。《徐霞客游记》是其详细记录旅行期间所见所得的日记,对我国许多地方的地理、水文、植被、气候等作了较全面的考察和记录,是我国地理学和文学上的鸿篇巨制。徐霞客年少时就好读奇书,特别是史籍、舆地志、山海图经之类。陈函辉《霞客徐先生墓志铭》说:"童时出就师塾,矢口即成诵,搦管即成章,而膝下孺幕依依,其天性也。又特好奇书,佹博览古今史籍及舆地志、山海图经以及一切冲举高蹈之迹,每私覆经书下潜玩,神栩栩动。特恐违两尊人意,俯就铅椠,应帖括藻芹之业,雅非其所好。"[①]在应试失败之后,徐霞客"欲问奇于名山大川"[②],在得到母亲的同意和赞许之后,徐霞客便开始了他一心向往的旅行考察生涯。他自 22 岁开始出游,直至 55 岁那年因重病被云南丽江太守派人送回家乡而止,历时 30 余年,足迹踏遍大江南北 14 个省,留下 60 余万字的辉煌巨著,详细记录了明代末期的各种地理环境和人文生态,极具科学价值和文学价值。

徐霞客博览古今史籍与舆地志、山海图经,却并不盲目相信史籍和舆地图经之说,"霞客尝谓山川面目,多为图经志籍所蒙,故穷九州内外,探奇测幽,至废寝食,穷下上,高而为鸟,险而为猿,下而为鱼,不惮以身命殉"[③]。徐霞客的旅行因此带有一种科学考察的意味。旅行至某地,他总是不厌其烦地详细记录下所见所闻,力求客观详实地描述亲眼所见、亲耳所听的自然和人文生态,因此他笔下的山川源流、地形地貌、气候变

---

① 〔明〕陈函辉:《霞客徐先生墓志铭》,见〔明〕徐弘祖著,褚绍唐、吴应寿整理《徐霞客游记》,上海:上海古籍出版社 2007 年版,第 1191 页。

② 同上。

③ 〔明〕吴国华:《徐霞客圹志铭》,见〔明〕徐弘祖著,褚绍唐、吴应寿整理《徐霞客游记》,上海:上海古籍出版社 2007 年版,第 1189 页。

化、动物和植物生态、矿产资源、民情风俗等都是了解明代后期历史地理状况的可贵资料。具体到旅行过程中见到的景观变化,徐霞客往往也用科学的观点进行解释。比如在《游天台山日记》中,他描述道:"复上至太白,循路登绝顶,荒草靡靡,山高风冽,草上结霜高寸许,而四山回映,琪花玉树,玲珑弥望。岭角山花盛开,顶上反不吐色,盖为高寒所勒耳。"①这里所描写的"岭角山花盛开,顶上反不吐色"的现象,徐霞客认为是海拔高度的不同而引起的气候变化所导致的。徐霞客还对因纬度的变化而导致的气候以及景观的差异有科学的理解,如《游太和山日记》说:"山谷川原,候同气异,余出嵩、少,始见麦畦青;至陕州,杏始花,柳色依依向人;入潼关,则驿路既平,垂杨夹道,梨李参差矣;及转入泓峪,而层冰积雪,犹满涧谷,真春风所不度也。"②纬度高低有别,气候便有差异,景观也自不同。徐霞客认为"山谷川原,候同气异",即相同气候之下的天气物象都会因地理条件的不同而产生变化,这也是十分符合科学原理的认识。

徐霞客带着科学考察的眼光去旅行,但自然美景对他来说并非完全隔离的对象,他追求的是科学和审美的结合,既格物而致知,又与山川河流相融相乐。徐霞客有种朴素的有机自然的观念,认为人和自然都是构成整个宇宙有机整体的一部分,因此人与自然能够休戚与共、相依互存。他视自然为友为朋,相亲相连。杨名时在《徐霞客游记序》中说:"大抵霞客之记,皆据景直书,不惮委悉烦密,非有意于描摹点缀,托兴抒怀,与古人游记争文章之工也。然其中所言名山巨浸弘博富丽者,皆高卑定位,动静变化之常;下至一涧一阿,禽鱼草木,亦贤人君子,偃仰栖迟,寤言写心之境;正昔人所云取之无禁,用之不竭者也。"③对于徐霞客而言,下至

---

① 〔明〕徐弘祖著,褚绍唐、吴应寿整理:《徐霞客游记》,上海:上海古籍出版社 2007 年版,第 2 页。

② 同上,第 55 页。

③ 〔清〕杨名时:《徐霞客游记序二》,见〔明〕徐弘祖著,褚绍唐、吴应寿整理《徐霞客游记》,上海: 上海古籍出版社 2007 年版,第 1273 页。

一涧一阿、禽鱼草木,都不是无生命之物,而是与观赏者地位相同的"贤人君子"。在《浙游日记》中,徐霞客说:"夕阳已坠,皓魄继辉,万籁尽收,一碧如洗,真是濯骨玉壶,觉我两人形影俱异,回念下界碌碌,谁复知此清光?即有登楼舒啸,酾酒临江,其视余辈独蹑万山之颠,径穷路绝,迥然尘界之表,不啻霄壤矣。虽山精怪兽群而狎我,亦不足为惧,而况寂然不动,与太虚同游也耶!"[1]登临万山之巅,视下界碌碌,徐霞客有超尘脱俗、与太虚同游的感觉;正是因为把自然视为友朋,他对于山精怪兽的狎戏并不以为意,因为此时人与自然已是一体,同为整个宇宙有生命的相互关联的共同体。这种与自然同体的欣赏,他也形容为以身许之山水:"霞客之言曰:'向之天游,此身乃山川之身也,可了藏舟委蜕之缘。'"[2]支撑徐霞客整个旅行实践和自然观的基础,就是这种人与自然相融而不可分的哲学,虽然他时时以科学考察的视角去穷尽自然之理,但在根本上又不是将自然视为可以分离的对象,而是在自然的美景中体会那种万物一体的境界。

徐霞客视自然为友朋和游侣,这种有机自然观使他对自然保持了一种莫名的敬畏。《滇游日记》记载了一件事,徐霞客游览至一处石泉之下,"余时右足为污泥所染,以足向舌下,就下坠水濯之。行未几,右足忽痛不止。余思其故而不得,曰:'此灵泉而以濯足,山灵罪我矣;请以佛氏忏法解之。如果神之所为,祈十步内痛止。'及十步而痛忽止。余行山中,不喜语怪。此事余所亲验而识之者,不敢自讳以没山灵也"[3]。旅游期间右足忽痛,徐霞客将之归因于以灵泉濯污足而导致山灵怪罪,并以佛教忏法解之。实际上徐霞客并非真正的佛教徒,虽然他和佛教徒交往甚密,对佛法也有相当的了解,但这里谈到的山灵怪罪之说更像是一种

① 〔明〕徐弘祖著,褚绍唐、吴应寿整理:《徐霞客游记》,上海:上海古籍出版社2007年版,第103—104页。
② 〔明〕吴国华:《徐霞客圹志铭》,见〔明〕徐弘祖著,褚绍唐、吴应寿整理《徐霞客游记》,上海:上海古籍出版社2007年版,第1188页。
③ 〔明〕徐弘祖著,褚绍唐、吴应寿整理:《徐霞客游记》,上海:上海古籍出版社2007年版,第696—697页。

自然崇拜。徐霞客将自然视为有生命有灵魂之物,它能为侣为朋,能够狎戏游者,自然也能以罪降人,以"佛氏忏法"解之只不过是暂时借用了宗教上的一种安慰。徐霞客也不太相信风水术数之说,陈函辉《霞客徐先生墓志铭》说"霞客不喜谶纬术数家言"①。徐霞客曾听说云南沐府移中和山铜殿之事,有人说"鸡山为丽府之脉,丽江公亦姓木,忌金克",他认为这种说法是荒谬的:"丽北鸡南,闻鸡之脉自丽来,不闻丽自鸡来;姓与地各不相涉,何克之有!"②徐霞客对于山川水流的理解,尽可能从科学的角度出发,因此不太相信这种风水相克之说。从中我们也可得知,徐霞客对于山灵怪罪的理解,出发点是一种比较朴素的自然有灵论,这是将整个大自然视为生命机体所得出的结论,其中蕴含着对自然生物的初民般的敬畏和赞赏。

因为对自然抱有这种敬畏之感,徐霞客提倡保护自然的本真,特别反对那些破坏自然的行为。比如在《滇游日记》中,他写道:"天台王十岳(士性)宪副诗偈镌壁间,而倪按院大书'石状奇绝'四字,横镌而朱丹之。其效颦耶?黥面耶?在束身书'石状大奇',在袈裟书'石状又奇',在兜率峡口书'石状始奇'。凡四处,各换一字。山灵何罪而受此耶?"③古人喜在壁上镌字,妥帖恰切、有隽永意味的题字确能增添自然风物的人文内涵,但是简单粗疏、毫无美感的题字则只会起到破坏自然美的负作用,徐霞客用"黥面"来比喻山灵所受的这种罪。在《江右游日记》中,徐霞客还记录了人类盲目的经济活动对自然环境造成的破坏。如"歪排以上多坠峡奔崖之流,但为居民造粗纸,濯水如滓,失飞练悬殊之胜"④,这是居民造纸而造成的水污染;又如"山麓有龙姓者居之。东向者三洞,北向者一洞,惟东北一角,山石完好,而东南洞尽处,与西北诸面,俱为烧灰者。

---

① 〔明〕陈函辉:《霞客徐先生墓志铭》,见〔明〕徐弘祖著,褚绍唐、吴应寿整理《徐霞客游记》,上海:上海古籍出版社 2007 年版,第 1194 页。
② 〔明〕徐弘祖著,褚绍唐、吴应寿整理:《徐霞客游记》,上海:上海古籍出版社 2007 年版,第 827 页。
③ 同上,第 829—830 页。
④ 同上,第 138 页。

铁削火淬,玲珑之质,十去其七矣"①,这是居民烧灰造成的环境污染;还有如"从此东折,渐昏黑,两旁壁亦渐狭,而其上甚高,亦以无火故,不能烛其上层,而下则狭者复渐低,不能容身而出。自是而南,凌空飞云之石,俱受大斧烈焰之剥肤矣"②,这同样是人类活动对自然环境的破坏。徐霞客还记录了某些习俗也有可能对自然环境造成破坏,比如《滇游日记》记载:"过土主庙,入其中,观菩提树。树在正殿陛庭间甬道之西,其大四五抱,干上耸而枝盘覆,叶长二三寸,似枇杷而光。土人言其花亦白而带淡黄色,瓣如莲,长亦二三寸,每朵十二瓣,遇闰岁则添一瓣。以一花之微,而按天行之数,不但泉之能应刻(州勾漏泉,刻百沸),而物之能测象如此,亦奇矣。土人每以社日群至树下,灼艾代灸,言灸树即同灸身,病应灸而解。此固诞妄,而树肤为之瘢厬无余焉。"③土人相信"灸树即同灸身,病应灸而解",徐霞客认为这是诞妄之举,在他心目中自然生命的健康完整要比这些乡俗重要得多。

而对于那些有利于维护自然生命的举措,徐霞客则是抱以赞赏的态度。比如《游太和山日记》中说:"华山四面皆石壁,故峰麓无乔枝异干;直至峰顶,则松柏多合三人围者;松悉五鬣,实大如莲,间有未堕者,采食之,鲜香殊绝。太和则四山环抱,百里内密树森罗、蔽日参天;至近山数十里内,则异杉老柏合三人抱者,连络山坞,盖国禁也。嵩、少之间,平麓上至绝顶,樵伐无遗,独三将军树巍然杰出耳。"④华山、太和山和嵩山少室山的植被情况各不相同。华山因自然条件所限,四面皆石壁而峰麓无乔木,但峰顶多松柏;太和山则植被繁密,密树森罗、蔽日参天,这是明朝在这里有禁令不许砍伐的缘故;而嵩、少之间则因为砍伐树木已所剩无几了。徐霞客这里特别将华山、太和山和嵩山以及少室山作比较,关注

① 〔明〕徐弘祖著,褚绍唐、吴应寿整理:《徐霞客游记》,上海:上海古籍出版社 2007 年版,第156 页。
② 同上,第 157 页。
③ 同上,第 788 页。
④ 同上,第 54—55 页。

它们因自然条件和人为因素而导致的植被差异,其中太和山因国禁而得以森林密布,嵩山少室山则因缺少这样的保护措施而樵伐无遗,一句"独三将军树巍然杰出耳"透露了徐霞客对此无奈而又可气的态度。

从以上材料可知,徐霞客的自然审美欣赏中带有比较明显的敬畏自然和维护自然的环境意识。在他看来,自然美应该是自然健康完整生命的体现,残缺病态的自然则相应是丑陋的。《游天台山日记》云:"闻堂左下有黄经洞,乃从小径,二里,俯见一突石,颇觉秀蔚。至则一发僧结庵于前,恐风自洞来,以石甃塞其门,大为叹惋。"①《粤西游日记》中也记载:

> 询"罗池所在?"曰:"从祠右大街北行,从委巷东入即是。然已在人家环堵中,未易觅也。"余从之。北向大街行半里,不得,东入巷再询之,土人初俱云不知。最后有悟者,曰:"岂谓'罗池夜月'耶?此景已久湮灭,不可见矣。"余问:"何故?"曰:"大江东南有灯台山,魄悬台上,而影浸池中,为此中绝景。土人苦官府游宴之烦,抛石聚垢,池为半塞,影遂不耀,觅之无可观也。"余求一见,其人引余穿屋角垣隙进一侧门,则有池一湾,水甚污浊,其南有废址两重,尚余峻垣半角,想即昔时亭馆所托也。②

人类的不当行为不仅对自然造成了破坏,而且大大降低了自然景观的欣赏质量。结庵发僧以石甃塞门,土人抛石聚垢,都是基于实用的考虑,但也在一定程度上破坏了自然环境,特别是土人抛石聚垢导致池水污浊。徐霞客虽是从游客的角度,为景观的衰败感到叹惋,但这种欣赏中也包含着一种维护生态的环境意识,因为景观质量的好坏是和自然生态状况的好坏息息相关的。

在自然审美欣赏中,自然与人工是一对永恒的矛盾。总的来说,徐霞客是比较倾向于维系自然原貌的,对于自然环境中的人工设计持有比

---

① 〔明〕徐弘祖著,褚绍唐、吴应寿整理:《徐霞客游记》,上海:上海古籍出版社 2007 年版,第 2 页。
② 同上,第 369 页。

较谨慎的态度,终归之要以适宜得体为基本的原则。

对于那些破坏环境又毫无美感的人工建筑,徐霞客始终抱以批评排斥的态度。比如《江右游日记》中记载:"马祖岩在左崖之半,〔即新岩背。〕其横裂一窍,亦大约如新岩,而僧分两房,其狗窦猪栏,牛宫马栈,填塞更满。余由峡底登岩南上,时雨未已,由岩下行,玉溜交舞于外,玉帘环映于前,仰视重岩叠窦之上,栏栅连空,以为妙极。及登之,则秽臭不可向迩,皆其畜豠之所,而容身之地,面墙环堵,黑暗如狱矣。"①《粤西游日记》也载:"出洞而东有庵两重,庵后又有洞甚爽,僧置牛栏猪苙于中,此中之点缀名胜者如此。"②在风景优美的人居之处豢养家畜要注意卫生,如果像上引材料那样置牛宫马栈、牛栏猪苙,则不仅于居民的健康有害,而且破坏了当地的环境,并造成景观质量的下降。

对于景观中那些必要的建筑物,徐霞客的观点是需要"点缀得宜",既不妨碍景观的欣赏,又能满足实用所需。如《滇游日记》记载一寺"其内为前楼,楼之前,有巨石峙于左,高丈五而大如之,上擎下削,构亭于上,蒋宾川题曰:'四壁无然'。其北面正可仰瞻华首,而独为楼脊所障,四壁之中,独翳此绝胜一面,不为无憾"③。这是个建筑设计不当的例子,没有考虑到建筑天际线和周围景观的关系,导致建筑物遮挡住了风景绝胜的一面。同样是寺庙建筑,《滇游日记》还记载了另外一个例子:"洞内架庐三层,皆五楹,额其上曰'云岩寺'。始从其下层折而北,升中层,折而南,升上层。其中神像杂出,然其前甚敞。石乳自洞檐下垂于外,长条短缕,缤纷飘扬,或中透而空明,或交垂而反卷,其状甚异。复极其北,顶更穿盘而起,乃因其势上架一台;而台之上,又有龛西进,复因其势,上架一阁。又从台北循崖置坡,盘空而升,洞顶氤氲之状,洞前飘洒之形,收览殆尽。台之北,复进一小龛南向,更因其势而架梯通之;前列一小坊,

---

① 〔明〕徐弘祖著,褚绍唐、吴应寿整理:《徐霞客游记》,上海:上海古籍出版社 2007 年版,第 125 页。
② 同上,第 320—321 页。
③ 同上,第 849 页。

题曰'水月',中供白衣大士。余从来嫌洞中置阁,每掩洞胜,惟此点缀得宜,不惟无碍,而更觉灵通,不意殊方反得此神构也。"①按照徐霞客的自然观,是尽量要依照自然原貌的,因此他对于洞中置阁从来嫌弃,但如果人工建筑能够和自然风景相得益彰,则不仅不会破坏自然景致,而且更添神韵。

徐霞客希望能在自然和人工之间维持一种适宜的尺度,使景观的功能性和审美性得到比较好的结合。在《游黄山日记后》中他说:"下至坑中,逾涧以上,共四里,登仙灯洞。洞南向,正对天都之阴。僧架阁连板于外,而内犹穹然,天趣未尽刊也。"②《滇游日记》记载游保山水帘洞:"有水散流于外,垂檐而下;自崖下望之,若溜之分悬;自洞中观之,若帘之外幕;水帘之名,最为宛肖。洞石皆棂柱绸缪,缨幡垂扬,虽浅而得玲珑之致,但旁无侧路可上,必由垂檐叠覆之级,冒溜冲波,以施攀跻,颇为不便。若从其侧架梯连栈,穿腋入洞,以睇帘之外垂,只中观其飞洒,而不外受其淋漓,胜更十倍也。"③险要之地的风景,要考虑游客观赏的便利性和自然天趣的结合,使两者相得益彰。从这来看,徐霞客虽然大体主张要尽量维持自然原貌,但是从自身欣赏者的角度出发,也强调了为了欣赏的便利而搭设必要的基础设施;即便如此,徐霞客也认为人工的设施应该尽量减少,以免遮掩甚至破坏自然本身的灵质。

作为中国最为著名的旅行家,徐霞客的环境美学思想是值得关注的。徐霞客的环境美学思想是求真、向善、尚美的有机结合。他的游记带有科学考察的性质,为我们记录了大量明代后期环境和生态方面的珍贵材料,他也用科学的观点来解释地质气候的变化,不盲信风水学说和其他迷信思想;他坚持把科学的考察和审美欣赏结合起来,把人和自然视为相互联系的有机整体,不仅把自然看作有机的生命整体,看作值得人类尊重的友朋

---

① 〔明〕徐弘祖著,褚绍唐、吴应寿整理:《徐霞客游记》,上海:上海古籍出版社 2007 年版,第992 页。
② 同上,第 32—33 页。
③ 同上,第 1045 页。

和伴侣,而且始终对自然保有一种朴素的敬畏之感;徐霞客的科学考察和审美欣赏又和人类向善的环境伦理相结合,他厌恶并批评那些为了人类实际利益的满足而破坏自然的行为,认为自然至美就在于其天性未遭人类活动的戕害,同时也提出要在人工与自然之间维持适宜得体的尺度,实现自然景观功能性和审美性的结合。总的来说,和那些常年囿于书斋、城市或者乡村的文人不同,徐霞客具有极为丰富的野外考察和自然审美经验,他的游记也近乎实录而较少哲理性的发挥,因此他的环境美学思想极具实践的价值和现实的意义,是留给后人的一份十分珍贵的文化遗产。

第二节　《本草纲目》中的环境美学思想

李时珍(1518—1593),字东璧,晚年号濒湖山人,明代蕲州(今湖北省蕲春县)人,是我国 16 世纪伟大的医药学家、植物学家和博物学家。李时珍一生著述颇丰,除代表作《本草纲目》之外,还有《濒湖脉学》《奇经八脉考》等有影响的著作传世。

李时珍的《本草纲目》为我国药物学的集大成之作,全书 16 部 52 卷,载药 1890 余种。书中每药均标注首载文献出处,下设释名、集解、辨题或正误、修治、气味、主治、发明、附方等栏目,对于药物之命名、产地、品种、形态、采收、炮制、性味、功效和所涉方剂等均有详细的说明。当时的文坛领袖王世贞读了《本草纲目》后对此书有极高的赞誉,他说:“予开卷细玩,每药标正名为纲,附释名为目,正始也。次以集解、辨疑、正误,详其土产形状也。次以气味、主治、附方,著其体用也。上自坟、典,下及传奇,凡有相关,靡不备采。如入金谷之园,种色夺目;如登龙君之宫,宝藏悉陈;如对冰壶玉鉴,毛发可指数也。博而不繁,详而有要,综核究竟,直窥渊海。兹岂禁以医书觏哉,实性理之精微,格物之通典,帝王之秘箓,臣民之重宝也。”[1]

---

[1] 〔明〕王世贞:《〈本草纲目〉序》,见〔明〕李时珍《本草纲目》(校点本),北京:人民卫生出版社 2015 年第 2 版,第 1 页。

《本草纲目》是一本医药学专著,但因为广泛涉及自然和社会各种有机物和无机物,所以对于环境的美丑亦间有涉猎。如关于植物形态,李时珍在"剪春罗"条云:"剪春罗二月生苗,高尺余。柔茎绿叶,叶对生,抱茎。入夏开花,深红色,花大如钱,凡六出,周回如剪成可爱。结实大如豆,内有细子。人家多种之为玩。又有剪红纱花,茎高三尺,叶旋覆。夏秋开花,状如石竹花而稍大,四围如剪,鲜红可爱。结穗亦如石竹,穗中有细子。方书不见用者。计其功,亦应利小便、主痈肿也。"①关于"莲",他说:"莲产于淤泥,而不为泥染;居于水中,而不为水没。根茎花实,凡品难同;清净济用,群美兼得……医家取为服食,百病可却。"②李时珍这里只是在阐述植物药用价值之余对其形态进行简要描述。在一些词条之下,他还注意到植物形态与环境和时节的关系,如"芜菁"条下他说:"蔓菁是芥属,根长而白,其味辛苦而短,茎粗叶大而厚阔;夏初起苔,开黄花,四出如芥,结角亦如芥;其子均圆,似芥子而紫赤色。……其蔓菁六月种者,根大而叶蠹;八月种者,叶美而根小;惟七月初种者,根叶俱良。"③这里李时珍注意到了植物形态和时节的关系,不同时节生长的植物,其形态表现亦不一样。又如"胡荽",他说胡荽"八月下种,晦日尤良。初生柔茎圆叶,叶有花歧,根软而白。冬春采之,香美可食,亦可作菹",又引《王祯农书》云胡荽"宜肥地种之"④。又关于"茶",李时珍说茶"畏水与日,最宜坡地荫处"⑤。以上两例都说明李时珍很重视植物的生长环境,植物长于合宜的环境则根深叶茂、形态美好。

当然,这些关于自然美丑的论述并非《本草纲目》的重点,《本草纲目》之于环境美学的重要意义也并非体现在这些零星言论上,而是体现在贯穿整部著作始终的关于天人关系的看法以及其所依据的气论哲学

---

① 〔明〕李时珍:《本草纲目》(校点本),北京:人民卫生出版社2015年第2版,第1064页。
② 同上,第1894页。
③ 同上,第1612页。
④ 同上,第1630页。
⑤ 同上,第1871页。

的主张上。

关于天人关系,李时珍在论述医药的"升降浮沉"时提出:"酸咸无升,甘辛无降,寒无浮,热无沉,其性然也。而升者引之以咸寒,则沉而直达下焦;沉者引之以酒,则浮而上至颠顶。此非窥天地之奥而达造化之权者,不能至此。一物之中,有根升梢降,生升熟降,是升降在物亦在人也。"①"窥天地之奥而达造化之权"包含两个方面的意思:一是认为天地之间存在某种客观的规律,这就是自然的物性,如酸咸无升、甘辛无降、寒无浮、热无沉等都是性之为然,是不以人的意志为转移的;二是人类可以认识自然的规律,充分发挥人的主观能动性,这也是他说的"升降在物亦在人"的意思,表明认识并遵循自然规律,就可以使自然为我所用。"窥天地之奥而达造化之权"可以说是中国古代医药学对于天人关系的基本看法。中国古代医药学把人和自然视为有机联系的整体,人的生理特点和治病用药都不仅仅是人自身的身体的问题,还和整个自然界有着千丝万缕的有机联系,因此治疗疾病就要考虑人与其环境的相互影响,还要充分考虑药物的地理、气候和季节等环境因素的作用。中国古代医药学的基本主张就是从人与自然的有机联系入手,对疾病的性状进行仔细观察并做出判断,疾病的发生主要是因为人体的自然气息的紊乱,而疾病的治疗也是通过用药而使之恢复平衡。《本草纲目》"窥天地之奥而达造化之权"的观点可以说集中体现了中国古代医药学的主旨,即人与自然的关系并非神秘而不可预测的,自然具有客观的物性,而通过认识并利用这种物性就能实现预防和治疗疾病的目的。

李时珍认为,人的气息与自然界有着密切的联系,在"窥天地之奥而达造化之权"的总原则上他提出顺天时以养和的用药原则。《本草纲目》"四时用药例"云:"经云:必先岁气,毋伐天和。又曰:升降浮沉则顺之,寒热温凉则逆之。故春月宜加辛温之药,薄荷、荆芥之类,以顺春升之气;夏月宜加辛热之药,香薷、生姜之类,以顺夏浮之气;长夏宜加甘苦辛

---

① 〔明〕李时珍:《本草纲目》(校点本),北京:人民卫生出版社2015年第2版,第73页。

温之药,人参、白术、苍术、黄檗之类,以顺化成之气;秋月宜加酸温之药,芍药、乌梅之类,以顺秋降之气;冬月宜加苦寒之药,黄芩、知母之类,以顺冬沉之气,所谓顺时气而养天和也。经又云:春省酸增甘以养脾气,夏省苦增辛以养肺气,长夏省甘增咸以养肾气,秋省辛增酸以养肝气,冬省咸增苦以养心气。此则既不伐天和而又防其太过,所以体天地之大德也。昧者舍本从标,春用辛凉以伐木,夏用咸寒以抑火,秋用苦温以泄金,冬用辛热以涸水,谓之时药。殊背素问逆顺之理,以夏月伏阴,冬月伏阳,推之可知矣。虽然月有四时,日有四时,或春得秋病,夏得冬病,神而明之,机而行之,变通权宜,又不可泥一也。"①用药的原则是顺应四时季节和升降浮沉的变化,实现机体内部的阴阳协调。

我们知道,顺天时以养和是中国古代处理人与自然关系的重要原则,不只出现在中国古代的医药学中,也处处体现在古代中国人的思想和生活中。顺时养和具有丰富的美学意味,集中体现为在生活实践中顺应自然四时而带来的和谐状态。"顺时"的观念可追溯至《周易》,《损》卦《象传》说"损益盈虚,与时偕行",也就是"顺时"的观念。在《易传》里面,"及时""随时""趣时""时行""时发""时用""与时偕行"等词语出现频率颇高,表明《周易》非常重视顺时而行。顺时的观念几乎扩展到古代中国人的一切领域,人的起居、饮食、穿着、祭祀、赏罚等都要按照一定的时间顺序,如果违时则会产生悖乱,这里面的秩序也包括人与自然之间的审美关系。如《春秋繁露·循天之道》云:"四时不同气,气各有所宜,宜之所在,其物代美。视代美而代养之,同时美者杂食之,是皆其所宜也。故荠以冬美,而荼以夏成,此可以见冬夏之所宜服矣。……春秋杂物其和,而冬夏代服其宜,则当得天地之美,四时和矣。"②董仲舒强调不同的季节会有不同的节气,而不同的节气各有其所宜,各有其所生长发育的事物,"荠以冬美,而荼以夏成",人按照这种自然时序来安排饮食,就能得其所

---

① 〔明〕李时珍:《本草纲目》(校点本),北京:人民卫生出版社2015年第2版,第73—74页。
② 〔清〕苏舆撰,钟哲点校:《春秋繁露义证》,北京:中华书局1992年版,第454—455页。

宜。只有符合整个时间节气的自然规律才能四时为和,最终才形成包括人在内的作为整体的"天地之美"。李时珍关于用药顺天时以养和的原则显然也是指向这种天地之美的境界的。

至于自然界的规律,李时珍主要依据的是传统的元气论和阴阳五行的学说。他认为整个自然界是依据气的原则生成变化的,包括人在内的所有自然事物都由气来构成并因此相互交通。比如他说:"石者,气之核,土之骨也。大则为岩岩,细则为砂尘。其精为金为玉,其毒为礜为砒。气之凝也,则结而为丹青;气之化也,则液而为矾汞。其变也:或自柔而刚,乳卤成石是也;或自动而静,草木成石是也;飞走含灵之为石,自有情而之无情也;雷震星陨之为石,自无形而成有形也。"①因为自然界所有事物均是气的不同形态,虽形态各不相同但其本质又都是气,所以万物之间能够相互交通。李时珍认为万物虽都由气构成,但是因地理和气候等条件的不同,不同自然物所秉受的气是不一样的,因此用药要特别注意风土习气的配合,按照预期目标而施药,实现气息的损益而达至平衡。比如他说:"五方之气,九州之产,百谷各异其性,岂可终日食之而不知其气味损益乎?"②人食百谷而有气味损益,不仅因为百谷各异其性,还因为人也分布在五方九州,气息各不相同,"人禀性于乾坤,而囿形于一气。横目二足,虽则皆同;而风土气习,自然不一。是故虱处头而黑,豕居辽而白。水食者腥,草食者膻。膏粱藜苋,肠胃天渊;菜褐罗纨,肌肤玉石。居养所移,其不能齐者,亦自然之势也。故五方九州,水土各异;其民生长,气息亦殊"③。故无论用药还是饮食,都要注意风土习气之间的相得益彰。

中国古代医药学最为注重植物药材的辨别和炮制,李时珍认为植物药材因其秉气的不同而产生不同的禀性。他说:"天造地化而草木生焉。刚交于柔而成根荄,柔交于刚而成枝干。叶萼属阳,华实属阴。由是草

---

① 〔明〕李时珍:《本草纲目》(校点本),北京:人民卫生出版社 2015 年第 2 版,第 455 页。

② 同上,第 1433 页。

③ 同上,第 2968 页。

中有木,木中有草。得气之粹者为良,得气之戾者为毒。故有五形焉,五气焉,五色焉,五味焉,五性焉,五用焉。"①草木的生长是因为阴阳刚柔之气的相靡相荡,因此草木自身也有阴阳刚柔之属;因地理和气候条件的异同,不同的草木得到的元气也自不同,得气之粹者为良,得气之戾者为毒,故作用于人体的效果也自相异。李时珍还认为草木有五形(金、木、水、火、土)、五气(香、臭、臊、腥、膻)、五色(青、赤、黄、白、黑)、五味(酸、苦、甘、辛、咸)、五性(寒、热、温、凉、平)、五用(升、降、浮、沉、中),这是用五行理论来解释草木的物性。李时珍对于传统的五行理论除继承之外也有发挥,主要是根据医药学的原理对五行做出新的解释。比如他将五行中的火分成阴火和阳火,"火者五行之一,有气而无质,造化两间,生杀万物,显仁藏用,神妙无穷,火之用其至矣哉。愚尝绎而思之,五行皆一,唯火有二。二者,阴火、阳火也。其纲凡三,其目凡十有二。所谓三者,天火也,地火也,人火也。所谓十有二者,天之火四,地之火五,人之火三也"②。万物俱有五行之性,因此用药也要注意五行间的对应。如《本草纲目》"土部"云:"土者五行之主,坤之体也。具五色而以黄为正色,具五味而以甘为正味。是以禹贡辨九州之土色,周官辨十有二壤之土性。盖其为德,至柔而刚,至静有常,兼五行生万物而不与其能,坤之德其至矣哉。在人则脾胃应之,故诸土入药,皆取其裨助戊己之功。"③五行之中土和人的脾胃对应,故以土入药皆有裨助脾胃的功效。

在中国古代,元气论和阴阳五行学说是解释整个宇宙的理论,这套理论最重要的特色就是以整体的和有机的视野去弥纶万事万物。李时珍的医药学建立在这套理论的基础上,既成为这套理论不可缺少的一部分,也与其他学说发生相辅相成的联系。正是在此意义上,我们说关于自然美丑的论述虽非《本草纲目》的重点,但因为《本草纲目》依据的是元气论和阴阳五行学说,故而也隐含着一种环境美学的维度。在《本草纲

---

① 〔明〕李时珍:《本草纲目》(校点本),北京:人民卫生出版社 2015 年第 2 版,第 687 页。
② 同上,第 415 页。
③ 同上,第 423 页。

目》描述的药物世界中,通过气和阴阳五行的作用,人的美恶与环境以有机的方式联系在一起,实际上整个宇宙的万事万物也是以同样的方式联系在一起。如《本草纲目》"水部"云:"水者,坎之象也。……其体纯阴,其用纯阳。上则为雨露霜雪,下则为海河泉井。流止寒温,气之所钟既异;甘淡咸苦,味之所入不同。是以昔人分别九州水土,以辨人之美恶寿夭。盖水为万化之源,土为万物之母。饮资于水,食资于土。饮食者,人之命脉也,而营卫赖之。故曰:水去则营竭,谷去则卫亡。然则水之性味,尤慎疾卫生者之所当潜心也。"①李时珍在五行中十分重视水和土,盖水为万化之源,土则为万物之母;水、土俱为气的不同形态,因气之所钟既异,也就表现为不同的形状,因此九州水土各为不同,人的美恶寿夭也表现各异。在"水部"李时珍又说:"井泉地脉也,人之经血象之,须取其土厚水深,源远而质洁者,食用可也。易曰:井泥不食,井洌寒泉食,是矣。人乃地产,资禀与山川之气相为流通,而美恶寿夭,亦相关涉。金石草木,尚随水土之性,而况万物之灵者乎。"②又引《淮南子》云:"土地各以类生人。是故山气多男,泽气多女,水气多瘖,风气多聋,林气多癃,木气多伛,岸下气多尰,石气多力,险阻气多瘿,暑气多夭,寒气多寿,谷气多痹,丘气多狂,广气多仁,陵气多贪。坚土人刚,弱土人脆,垆土人大,沙土人细,息土人美,耗土人丑,轻土多利,重土多迟。清水音小,浊水音大,湍水人轻,迟水人重。皆应其类也。"③李时珍这里用元气的聚散来解释万物的形成和交通,并以天人感应和五行分类的思想解释人与环境之间的对应关系。在他看来,人的资禀与环境息息相关,不同的环境造就了不同气质的人,因此人的美恶寿夭与环境有着紧密的联系。从中我们可以看到,在李时珍的医药学思想中,环境条件优异的场所,能够孕育出生理和心理状态俱佳的居民;而环境条件恶劣的场所,则会对居民的身心健康造成严重的影响。

---

① 〔明〕李时珍:《本草纲目》(校点本),北京:人民卫生出版社2015年第2版,第387页。
② 同上,第399页。
③ 同上。

李时珍的《本草纲目》主要以元气论和阴阳五行思想作为其哲学基础,他将包括人在内的所有事物都理解为元气的聚散消长而形成的不同形态,又通过阴阳五行的思想将万事万物划分为最为基本的几类,并以此对事物之间的关系做出推断和解释。李时珍继承了传统的元气论和阴阳五行思想,又在带有科学实践性质的基础上丰富和修正了这种思想,通过长期的临床应用和研究,他对药物性质的理解在很大程度上突破了元气论和阴阳五行思想中那些离奇怪诞的主张。《本草纲目》中的环境美学思想是作为李时珍整个元气论和阴阳五行体系中的一部分而存在的,后者弥纶万物、将整个宇宙组成有机体的主张决定了环境美学是其不无重要的一环,具体又表现在《本草纲目》从气的聚散流通来看人与自然之间的有机联系,从风土习性来看人的美恶寿夭,根据药物的性状来实现人的身体的阴阳协调,等等。

第三节　《天工开物》中的环境美学思想

宋应星(1587—约1666),字长庚,明代江西省南昌府奉新县北乡人。宋氏家族曾为奉新望族,但至宋应星一代已经没落。万历四十三年(1615)宋应星与兄应升同中举人,但之后二人入京5次参加会试均落第,遂绝科举之念,并将兴趣转到实学上来。崇祯七年(1634),宋应星出任本省袁州府分宜县教谕,先后在这里任职4年。《天工开物》便在此期间写成。除此之外,宋应星还在这4年内完成了《画音归正》《原耗》《野议》《思怜诗》等著作。《天工开物》分3卷18章,插图123幅,以《乃粒》为首篇,以《珠玉》为末,取"贵五谷而贱金玉"①之义。《天工开物》是一部伟大的科技典籍,收录了包括农业和手工业在内的30个生产部门的技术,对诸如水稻种植、养蚕、冶金、采煤、火药、制陶、采珠、纺织、贸易等等,均有翔实而科学的探讨。李约瑟把宋应星称为"中国的狄德罗",意谓宋氏

---

① 〔明〕宋应星著,潘吉星译注:《天工开物译注》,上海:上海古籍出版社1993年版,第228页。

为百科全书式的学者,这样的赞誉是不过分的。

《天工开物》这个书名来自《书经》中的"天工人其代之"和《易经》中的"开物成务"。对于宋应星将"天工"和"开物"合成书名的具体意义有过不少的争论,但大致的意思是得到公认的,即自然界有其不可违抗和逆转的力量与规律,但人能够充分发挥聪明才智,顺应自然和利用自然,使自然为人所用。《天工开物》整本著作都贯穿了这种人与自然相互依存、相互协调的思想。对于自然那种不为人类意志所转移的伟力,宋应星在《天工开物》的序中说:"天覆地载,物数号万,而事亦因之,曲成而不遗,岂人力也哉。事物而既万矣,必待口授目成而后识之,其与几何?万事万物之中,其无异生人与有益者,各载其半。世有聪明博物者,稠人推焉。乃枣梨之花未赏,而臆度'楚萍';釜鬵之范鲜经,而侈谈'莒鼎';画工好图鬼魅而恶犬马,即郑侨、晋华岂足为烈哉?"[1]宋应星认为天地之间物以万计,它们的变化消长不是人力所能完全掌握的;同时又认为万事万物之中对人有益和对人无益的各占一半,人类可以发挥自身的聪明才智掌握那些于人有益的,这也就足够了。宋应星强调人力能够认识自然、利用自然,但他认为这种认识和改造需要通过科学的观察和钻研,如果连枣、梨之花都分辨不清,连铸锅的模型都没有接触,却去奢谈"楚萍""莒鼎",是不值得效仿的。

这种人力与天工相结合的观点是《天工开物》一书的主调。《天工开物·乃粒》篇说:"生人不能久生,而五谷生之。五谷不能自生,而生人生之。"[2]这是说人无法靠自身生存,必须要依赖五谷才能活下去,而五谷不能自己生长,需要靠人去种植。《天工开物·膏液》篇说:"草木之实,其中蕴藏膏液,而不能自流。假媒水火,凭借木石,而后倾注而出焉。"[3]这是说草木的果实中蕴藏着油脂,但这些油脂不会自行流出,需要通过水火之力,借助木榨和石磨的作用而后才能倾注出油。宋应星既强调了人

---

① 〔明〕宋应星著,潘吉星译注:《天工开物译注》,上海:上海古籍出版社1993年版,第228页。
② 同上,第229页。
③ 同上,第248页。

与自然界之间的相互依存关系,又认为通过合理的、科学的观察和探究,人类能够利用自然和改造自然,并创造出更适合人类生存的世界。

这种认为人与自然之间相互依存的主张,在宋应星那里很自然地生成一种生态保护的观念。如中国古代朴素的生态保护观念那样,宋应星认为自然不是人能够完全掌控的,人能够认识自然、利用自然,而不应发展成一种认为能够征服自然的盲目自信,人类对自然的认识和利用要遵循自然本身的规律,而不应发展成对自然的过度开发。《天工开物·乃服》说:"飞禽之中有取鹰腹、雁胁毳毛,杀生盈万乃得一裘,名'天鹅绒'者,将焉用之?"①对于那种杀害千百飞禽而制成一件裘衣的做法,他是持反对意见的。《天工开物·珠玉》说:"凡珠止有此数,采取太频,则其生不继。经数十年不采,则蚌乃安其身,繁其子孙而广孕宝质。"②蚌珠的生产有其自然规律,如果开采过于频繁,则生产无法持续,在这里宋应星已经有了生态保护的观点。

和中国古代那种朴素的生态保护观念相比,宋应星的生态保护思想建立在更加科学的观察和推论上面。我们可以发现,宋应星的有机自然观竟然包含类似食物链的生态平衡的思想。比如其《论气·形气四》中说:"草木有灰也,人兽骨肉借草木而生,即虎狼生而不食草木者,所食禽兽又皆食草木而生长者,其精液相传,故骨肉与草木同其气类也。即水中鱼虾所食滓沫,究竟源流,亦草木所为也。"③这是说生态系统中,动植物之间通过精液相传而维持着生态平衡,食草动物通过草木而生存,而肉食动物所食动物也要通过食用草木而生存,这就构成了现代生态学所谓的食物链的关系。食物链中的任何一环如果出现了严重问题,将会导致整个生态系统失去平衡。宋应星认为人类不应过度捕猎和开采,是建立在这种生态系统的整体平衡的认识基础上的,超越了中国古代那种朴素的生态保护观念。

---

① 〔明〕宋应星著,潘吉星译注:《天工开物译注》,上海:上海古籍出版社1993年版,第260页。
② 同上,第312页。
③ 〔明〕宋应星:《野议·论气·谈天·思怜诗》,上海:上海人民出版社1976年版,第59页。

　　宋应星这种生态平衡观念建立在一种深刻的气论哲学基础上。宋应星认为整个宇宙的基质为气，气凝聚而化为形，万事万物非气即形。宋应星继承中国古代这种朴素的形气论，但也根据自己的观察和理解对这种形气论做出新的诠释。他在《论气·形气化》中说："天地间非形即气，非气即形，杂于形与气之间者，水火是也。"①他认为整个天地根据气—水火—形这样的模式演化而来，他在气和形之间插入了水和火这两个过渡元素，使中国古代的形气思想更加具体化了。宋应星对其形气论的阐述也带有科学观察的性质，比如关于"气"，他认为气并非虚空，气有如微尘，漫布在宇宙之中。《论气·水尘二》说："凡元气自有之尘，与吹扬灰尘之尘，本相悬异。自有之尘，把之无质，即之有象，遍满阎浮界中。第以日射明窗，而使人得一见之，此天机之所显示也。其为物也，虚空静息，凝然不动，遍体透明，映彻千里。风至扇动，或如流水之西东，播扬灰土而杂其中。始举目而不见丘山也，犹之山水静涵之候，其清可掬。洪流激湍，冲突污泥而混之，鱼虾对面亦无所见也。世人从明窗见尘，而误以为即灰土所为，日用而不知，岂惟此哉?"②气作为自有之尘，和吹物灰土之尘有异，但依然是遍布宇宙中的一种极细微的物质，当阳光透进明窗之时则可得见。宋应星这里通过类似科学观察的例子来说明气为细微的物质，是中国古代形气论思想的一个突破。

　　宋应星认为宇宙万物遵循由气化形而又由形返气的过程，《论气·形气化》说："由气而化形，形复返于气，百姓日习而不知也。气聚而不复化形者，日月是也。形成而不复化气者，土石是也。气从数万里而坠，经历埃壒奇候，融结而为形者，星陨为石是也。气从数百仞而坠，化为形而不能固者，雨雹是也。初由气化形人见之，卒由形化气人不见者，草木与生人、禽兽、虫鱼之类是也。"③他认为宇宙万物遵循物质循环的原理，气作为最基本的介质，使万物经历了由气到形而又由形返气的过程。如

---

① 〔明〕宋应星：《野议·论气·谈天·思怜诗》，上海：上海人民出版社 1976 年版，第 52 页。
② 同上，第 88 页。
③ 同上，第 52 页。

《论气·形气化》又说:"气从地下催腾一粒,种性小者为蓬,大者为蔽牛干霄之本,此一粒原本几何,其余则皆气所化也。当其蓊然于深山,蔚然于田野,人得而见之。即至斧斤伐之,制为宫室器用,与充饮食炊爨,人得而见之。及其得火而燃,积为灰烬,衡以向者之轻重,七十无一焉;量以多寡,五十无一焉。即枯枝、槁茎、落叶、凋芒殒坠渍腐而为涂泥者,失其生茂之形,不啻什之九,人犹见以为草木之形。至灰烬与涂泥而止矣,不复化矣。而不知灰烬枯败之归土与随流而入壑也,会母气于黄泉,朝元精于洄穴,经年之后,潜化为气,而未尝为土与泥,此人所不见也。若灰烬涂泥究竟积为土,生人岂复有卑处之域,沧海不尽为桑田乎?"①

宋应星这种以气为基础的物质循环论与现今科学中的能量守恒主张有相近之处,由气到形再由形到气,在这个过程中能量既没增加也没减少。《论气·形气五》云:"深山之中,无石而有石,小石而大石,土为母,石为子,子身分量由亏母而生。当其供人居室、城池、道路之用,石工斫削,万斛委余,尽弃于地,经百年而复返于土。故古今家国废基,掘井及泉,见土而已,不见石余也。其经火而裂爆者,化土又更速焉。若陶家合土以供日用,万室之国,日取万钧而埏埴之,积千年万年,而器未见盈,土未见歉者,其故胡不思也?盖陶器以水火调剂而成,以见火失水而败,败仍归土。人世祝融之为灾也,小者亳社,大者咸阳。经年陶穴所为,顷刻还其故质。即罂缶效煎煮之用,当其内者水枯,外者火盛,则此器去刚而还本色,机已动于介然之顷矣。是故由土而生者,化仍归土,以积推而得之也。"②宋应星以土石为例,石原本由土而来,土为母,石为子,石经过长期分化而又归于土,子的分量由亏母而生,所以无论土和石如何转化,总的质量是不变的。

宋应星关于自然的生态平衡和生态保护的思想源自这种以气为基础的宇宙论。宋应星认为自然界有自己的生物链,肉食动物捕食其他动

---

① 〔明〕宋应星:《野议·论气·谈天·思怜诗》,上海:上海人民出版社1976年版,第52—53页。
② 同上,第61—62页。

物,这些动物又通过食用草木而生存,这样的食物链其实建立在以气为基础的宇宙论上,所以他说人兽草木精液相传是"骨肉与草木同其气类也"。因整个宇宙的基质是气,由气化形而又由形返气,因此人兽草木只不过是由气到形的不同形态,它们之间能够"精液相传"也是因为都归属于气的不同形态,而它们之间能够维持生态平衡也是因为形气的转化具有能量守恒的特点。宋应星认为自然有其自身转化与守恒的规律,如果我们人为地打破这种规律,比如过度地开采和捕杀某种资源而打断了自然本身的生物链,那么整个生态系统就会面临失衡的危险。

宋应星强调"天工开物"的精髓是遵循自然的规律以创造更适合人类生存的环境,因此对于那种不重视自然本身的规律、造成自然生态系统失衡的行为是给予严厉批评的,而对那些根据自然规律而来的新技术和新发明则不遗余力地推广。比如在农学上他非常重视推广物质循环利用的生态农业,即利用人畜粪便或者废弃的农作物做肥料以提高农业产量。《天工开物·乃粒》说:"勤农粪田,多方以助之。人畜秽遗、榨油枯饼(枯者,以去膏而得名也。胡麻、莱菔子为上,芸苔次之,大眼桐又次之,樟、柏、棉花又次之),草皮、木叶以佐生机,普天之所同也。南方磨绿豆粉者,取溲浆灌田肥甚。豆贱之时,撒黄豆于田,一粒烂土方三寸,得谷之息倍焉。"[1]又说:"凡稻田刈获不再种者,土宜本秋耕垦,使宿稿化烂,敌粪力一倍。"[2]此外又有:"南方稻田有种肥田麦者,不冀麦实。当春小麦、大麦青青之时,耕杀田中蒸罨土性,秋收稻谷必加倍也。"[3]宋应星推广的这些肥田种稻的方法,都是利用了自然循环的规律,这些方法和技术是符合生态农业原理的。

宋应星关于自然美的看法也贯彻他的"天工开物"的原则,强调自然和人工的结合。《天工开物·甘嗜》说:"宋子曰,气至于芳,色至于艳,味至于甘,人之大欲存焉。芳而烈,艳而艳,甘而甜,则造物有尤异之思矣。

---

① 〔明〕宋应星著,潘吉星译注:《天工开物译注》,上海:上海古籍出版社1993年版,第230页。
② 同上,第231页。
③ 同上,第234页。

世间作甘之味,十八产于草木,而飞虫竭力争衡,采取百花酿成佳味,使草木无全功。孰主张是,而颐养遍于天下哉?"①宋应星认为芬芳的香气、鲜艳的颜色、甘美的滋味,这些都是人们所欲得的,而这些都是大自然特殊的安排;他认为世间之甘味,一方面来自草木,另一方面来自蜜蜂这样的飞虫的酿造,草木无法独占全功。宋应星这里虽没有提到人类的作用,但认为甘味的生产草木无法独占全功,这其实就意味着要获得甘甜的滋味,就需要自然和人工两方面的结合。《天工开物·粹精》说:"宋子曰,天生五谷以育民,美在其中,有'黄裳'之意焉。稻以糠为甲,麦以麸为衣。粟、粱、黍、稷毛羽隐焉。播精而择粹,其道宁终秘也。饮食而知味者,食不厌精。杵臼之利,万民以济,盖取诸'小过'。为此者,岂非人貌而天者哉?"②与上引段落的主张相同,宋应星认为美来自自然,自然界生长五谷以养育人,谷粒包藏在黄色的谷壳中,这是"美在其中",这是说自然界其实内蕴着美的。若要欣赏到这样的美,享受到这样的美,则需要人力的开发和采取,就像去掉粮食的外壳而得到精白的米、面那样,这说的也是自然和人工的结合。

中国古代思想中历来有认为社会制度和结构取法于自然的传统,如《易传》中称包牺氏"仰则观象于天,俯则观法于地",宋应星也有这样的看法。《天工开物·彰施》说:"宋子曰,霄汉之间云霞异色,阎浮之内花叶殊形。天垂象而圣人则之,以五彩彰施于五色。有虞氏岂无所用心哉?飞禽众而凤则丹,走兽盈而麟则碧。夫林林青衣望阙而拜黄朱也,其义亦犹是矣。君子曰,甘受和,白受采。世间丝、麻、裘、褐皆具素质,而使殊颜异色得以尚焉。谓造物而不劳心者,吾不信也。"③宋应星说:天上的云霞五颜六色,大地上的花叶千姿百态。大自然呈现出种种美丽的景象,古代的圣人则取法于自然,按照五彩的颜色将衣服染成青、黄、赤、白、黑五种颜色,难道虞舜当初没有这种用心吗?众多飞禽之中只有凤

---

① 〔明〕宋应星著,潘吉星译注:《天工开物译注》,上海:上海古籍出版社1993年版,第244页。
② 同上,第237页。
③ 同上,第261页。

凰的颜色呈现为丹红,成群走兽之中唯独麒麟才会呈现为青碧。那些身穿青衣的平民望着皇宫,向穿黄带朱的帝王遥拜,也是同样的道理。有君子说,甘甜可调和众味,白料能染成诸色。世间的丝、麻、皮、布都是素料,因而才能染上颜色而受到珍重。如果说造物不花费心思,我是不相信的。

宋应星认为圣人取法于自然,因此将社会现象的来源都归于自然。等级社会特有的尊卑贵贱,他也认为来自自然本身的等级秩序。如"飞禽众而凤则丹,走兽盈而麟则碧",这本是自然美的多样性和丰富性的体现,在他看来却是平民穿青衣而帝皇着朱黄的根源。在这里宋应星弄混了社会现象与自然现象之间的关系,将原本是社会制度中才存在的等级秩序投射到了自然身上,然后又通过将自然现象作为社会现象的根源而为社会等级关系寻找合法的依据。通过这样的转换,自然美的多样性和丰富性在宋应星那里便被转换成了自然的尊卑贵贱的等级秩序,这不能不说是宋应星思想中落后的一面。

这种带有尊卑贵贱的美学思想在《天工开物》中还有多处可见。如《天工开物·乃服》云:"宋子曰,人为万物之灵,五官百体,赅而存焉。贵者垂衣裳煌煌山龙,以治天下。贱者短褐、枲裳,冬以御寒,夏以蔽体,以自别于禽兽。是故其质则造物之所具也。属草木者为枲、麻、苘、葛,属禽兽与昆虫者为裘、褐、丝、绵。各载其半,而裳服充焉矣。"①帝皇穿着绣有山、龙图案的华服统治天下,而卑贱者则穿着粗麻布制成的衣服御寒蔽体,宋应星认为这些衣物的原料都是大自然提供的,而贵贱有等也是大自然的安排,"盖人物相丽,贵贱有章,天实为之矣"②。《天工开物·五金》说:"宋子曰,人有十等,自王、公至于舆、台,缺一焉而人纪不立矣。大地生五金以利天下与后世,其义亦犹是也。贵者千里一生,促亦五、六百里而生。贱者舟车稍艰之国,其土必广生焉。黄金美者,其值去黑铁

---

① 〔明〕宋应星著,潘吉星译注:《天工开物译注》,上海:上海古籍出版社1993年版,第251页。
② 同上。

一万六千倍,然使釜鬵、斤斧不呈效于日用之间,即得黄金,值高而无民耳。贸迁有无,货居《周官》泉府,万物司命系焉。其分别美恶而指点重轻,孰开其先,而使相须于不朽焉?"①《天工开物·珠玉》也说:"宋子曰,玉韫山辉,珠涵水媚,此理诚然乎哉? 抑意逆之说也? 大凡天地生物,光明者昏浊之反,滋润者枯涩之仇,贵在此则贱在彼矣。合浦、于阗行程相去二万里,珠雄于此,玉崎于彼,无胫而来,以宠爱人衷之中,而辉煌廊庙之上。"②在这里宋应星也表达了相同的主张,人伦之有十等犹五金之有贵贱,如宝藏之有等差,天地万物相生相反的特性被他转换成了贵贱等差的思想,并以此作为人伦社会的依据。

总而言之,宋应星的"天工开物"的思想主张在遵循自然规律的基础上将人力与天工结合起来,这对中国古代生态思想的发展起到了有益的促进作用。他强调人类应当用一种合理的方式尊重自然和认识自然,并在此前提下形成维护自然生态和环境保护的观念;他肯定人类有认识自然和改造自然的能力,主张用科学的方法来研究自然和发展技术,在此基础上他提出的气论哲学观包含了类似现代生态平衡观的思想,这种思想无论对中国古代的气论哲学还是朴素的生态保护观来说都是很重要的进步。宋应星"天工开物"的主导思想是天工与人力的结合,但在关于自然美的看法上他混淆了社会与自然之间的关系,导致将自然美的丰富性和多样性解释为尊卑贵贱的等级秩序,这种主张反而有失科学的理解。

第四节　明代实学与环境美学

明代中后期是我国科技史上的一个高峰,出现了李时珍、宋应星、徐光启、徐霞客等杰出的科学家。明代中后期这股科技思潮的出现和当时社会追求经世实学的吁求有关,正是这种实体达用之学促使一部分知识

---

① 〔明〕宋应星著,潘吉星译注:《天工开物译注》,上海:上海古籍出版社1993年版,第264页。
② 同上,第311页。

分子从僵化的科举中走出来,走进广阔的大自然和社会现实中,通过力行践履探索自然和社会的奥秘。明代中后期这股科技思潮的出现既是中国古典科学的延续,也和当时西方近代科学的输入有关,当然还涉及科学家的个人选择和兴趣,但最重要的还是当时的思想状况和社会现实的影响。

明代中后期思想界的现实是作为主流的宋明理学越来越僵化守旧,以程朱为代表的理学派和以陆王为代表的心学派虽然也包含格物游艺和经世致用的思想,但它们的治学宗旨主要是内省治心的心性涵养,这种倾向到了宋明理学末流那里就衍变成了一种无关现实的空虚之学,士大夫只知终日在心体性体上做修养功夫,却不知有田制、漕运、赋税、荒政、边防、吏制,不仅于世无补,而且还为明朝的覆灭埋下一大祸根。顾炎武曾将明朝的覆灭和魏晋空谈联系起来,他说:"五胡乱华,本于清谈之流祸,人人知之。孰知今日之清谈,有甚于前代者。昔之清谈谈老庄,今之清谈谈孔孟,未得其精而已遗其粗,未究其本而先辞其末。不习六艺之文,不考百王之典,不综当代之务,举夫子论学论政之大端一切不问,而曰'一贯',曰'无言'。以明心见性之空言,代修己治人之实学。股肱惰而万事荒,爪牙亡而四国乱,神州荡覆,宗社丘墟。"①明代中后期科技思潮的兴起正是对这种清谈之祸的一种反拨,试图以经世致用之学来拯救内忧外患的社会现实。

明初开国便以程朱理学作为统治思想,不仅以程朱理学作为科考的标准,更汇辑编撰《五经大全》《四书大全》《性理大全》,使之获得独尊的地位。程朱理学在天人关系上以治心为主,强调以心存理,达到与物同体。如程颢说:"学者须先识仁。仁者,浑然与物同体。义、礼、知、信皆仁也。识得此理,以诚敬存之而已,不须防检,不须穷索。若心懈则有防,心苟不懈,何防之有?理有未得,故须穷索。存久自明,安待穷索?

---

① 〔清〕顾炎武著,黄汝成集释,栾保群、吕宗力点校:《日知录集释点校本》,上海:上海古籍出版社 2006 年版,第 402 页。

此道与物无对,大不足以名之,天地之用皆我之用。"①程颢认为"仁者浑然与物同体","仁"即义、礼、知、信而言,不须刻意防检和求索,心存诚敬即可致仁,达到与物同体的境界。在这种境界中,天地自然是道德意味十分浓厚的有机整体,"天地安有内外? 言天地之外,便是不识天地也。人之在天地,如鱼在水,不知有水,直待出水,方知动不得"②。又说:"医书言手足痿痹为不仁,此言最善名状。仁者,以天地万物为一体,莫非己也。认得为己,何所不至? 若不有诸己,自不与己相干。如手足不仁,气己不贯,皆不属己。"③人处天地之间,与天地万物融为一体,但这是仁学意义上的天人一体,即万物被视为人的道德属性的扩展。

程颢以"诚"作为治心的首要,同时又通过引入《易传》"生生之谓易"以及"天地之大德曰生"来解释万物为何能与人具有共同的道德属性。他说:"'生生之谓易',是天之所以为道也。天只是以生为道,继此生理者,即是善也。善便有一个元底意思。'元者善之长',万物皆有春意,便是'继之者善也'。'成之者性也',成却待佗万物自成其性须得。"④又说:"'天地之大德曰生','天地氤氲,万物化醇','生之谓性',万物之生意最可观,此元者善之长也,斯所谓仁也。人与天地一物也,而人特自小之,何耶?"⑤天地之生物便是其仁德所在,生长养育万物即天地之大仁。借助"生生之谓易"以及"天地之大德曰生",本为无知无觉的自然万物在他这里便有了道德属性。

朱熹同样是通过以"仁"释"生"来将天和人联系在一起。他说:"盖天地之心,其德有四,曰元、亨、利、贞,而元无不统。其运行焉,则为春、夏、秋、冬之序,而春生之气,无所不通。故人之为心,其德亦有四,曰仁、义、礼、智,而仁无不包。其发用焉,则为爱恭宜别之情,而恻隐之心,无

---

① 〔宋〕程颢、程颐:《二程集》,北京:中华书局1981年版,第16—17页。
② 同上,第43页。
③ 同上,第15页。
④ 同上,第29页。
⑤ 同上,第120页。

所不贯。故论天地之心者，则曰乾元坤元，则四德之体用，不待悉数而足。论人心之妙者，则曰仁人心也，则四德之体用，亦不待遍举而赅。盖仁之为道，乃天地生物之心，即物而在。情之未发，而此体已具；情之既发，而其用不穷。诚能体而存之，则众善之源，百行之本，莫不在是。"①天地有春、夏、秋、冬之序，而春生之气无所不通，是以天地之德主生，而人伦之德有仁、义、礼、智，其中仁无所不包，是以人伦之德主仁。因此天地生物之心和仁人爱人之心实无二致，"此心何心也？在天地则块然生物之心，在人则温然爱人利物之心，包四德而贯四端者也"②。朱熹所强调的天人一体也是从儒家人伦道德出发的，是将人的道德属性扩展到天地万事万物，而不是从人与自然的物质共性去看待两者的统一。因此，在朱熹这里，虽强调天地之心和人心并无二致，但人心那种抽象的道德属性具有优先性。关于理与气孰先孰后之论，最能体现朱熹的这种思路。朱熹说："所谓理与气，此决是二物。但在物上看，则二物浑沦，不可分开各在一处，然不害二物之各为一物也；若在理上看，则虽未有物而已有物之理，然亦但有其理而已，未尝实有是物也。"③从物上看理与气浑不可分开，但朱熹毕竟又认为从理上看则未有物而已有物之理，这就把理放在了更优先的位置上。盖因朱熹所讲的心与物同、天人一理，是从仁人之心这点出发去推己及物，因此不能不把理放在第一位上。正如他说："盖须理明心正，则吾之所欲、所不欲，莫不皆得其正，然后推以及物，则其处物亦莫不皆得其正，而无物我之间。"④

宋儒仍想为人心寻找一种宇宙论的依据，以此来应对道家和佛家的思想，因此强调仁心源自某种抽象客观的理或者来自天地生物之心；但到了明代的心学则甚至连这样一种宇宙论的依据也抛弃了，因为人心已

---

① 〔宋〕朱熹：《朱子文集》卷十三，见王云五主编《丛书集成初编》，北京：商务印书馆 1936 年版，第 466 页。

② 同上，第 466—467 页。

③ 〔宋〕朱熹著，刘永翔、徐德明点校：《晦庵先生朱文公文集（三）》卷四十六，上海、合肥：上海古籍出版社、安徽教育出版社 2002 年版，第 2146 页。

④ 同上，第 2125 页。

成为自身以及万物的依据,在明代心学这里已是"心外无理""心外无物"了。如王阳明说:"人的良知,就是草木瓦石的良知。若草木瓦石无人的良知,不可以为草木瓦石矣。岂惟草木瓦石为然,天地无人的良知,亦不可为天地矣。盖天地万物与人原是一体,其发窍之最精处,是人心一点灵明。风、雨、露、雷、日、月、星、辰、禽、兽、草、木、山、川、土、石,与人原只一体。故五谷禽兽之类,皆可以养人;药石之类,皆可以疗疾:只为同此一气,故能相通耳。"①王阳明也谈宇宙万物共同作为气的存在,是以人与万物能够相互滋养,五谷禽兽可以养人,药石之类可以疗疾,万物作为气能够相通相感,因此人与天地鬼神皆为一体,"你只在感应之几上看,岂但禽兽草木,虽天地也与我同体的,鬼神也与我同体的"②。然而王阳明又说人的良知就是天地的良知,这是儒家伦理学的主体性最为强烈的表现。他以人的良知统摄天地万物,从逻辑上看已无须像宋儒那样为人心寻找宇宙论的依据,因为人心在王阳明这里已经扩展到宇宙的方方面面。王阳明说"只为同此一气,故能相通耳",仍在其思想中为宇宙的气化观留下了一点位置,但这样反而使儒家的伦理学和宇宙论之间的矛盾放大了。实际上,在王阳明这个无所不能无所不包的人心良知这里,"气"的概念已经可有可无了,因为"良知"的概念也具备这样的功能。

在周敦颐、二程、朱熹和王阳明等儒学大师那里,尽管天理和仁心已变得无比重要,但他们仍强调人与天地的统一、内省与践履的统一。因此他们并未完全沉浸在内心的省悟之中,而是多从自然万物上见出某种深刻的道德属性。如周敦颐平生雅好山水,"襟怀飘洒,雅有高趣。尤乐佳山水,遇适意处,或徜徉终日"③。程颢说:"昔受学于周茂叔,每令寻颜子、仲尼乐处,所乐何事。"④又说:"某自再见茂叔后,吟风弄月以归,有

---

① 〔明〕王守仁撰,吴光等编校:《王阳明全集》,上海:上海古籍出版社1992年版,第107页。
② 同上,第124页。
③ 〔宋〕朱熹:《周敦颐事状》,见〔宋〕周敦颐著,陈克明点校《周敦颐集》,北京:中华书局1990年版,第91页。
④ 〔宋〕程颢、程颐:《二程集》,北京:中华书局1981年版,第16页。

'吾与点也'之意。"①在吟风弄月中感悟开怀、动触天真，这种自然欣赏已不完全是兴趣所至，也是悟道的内在要求。是以宋儒论道德境界，喜欢和自然生意联系起来。如程颢说："'鸢飞戾天，鱼跃于渊，言其上下察也。'此一段子思吃紧为人处，与'必有事焉而勿正心'之意同，活泼泼地。会得时，活泼泼地；不会得时，只是弄精神。"②王阳明极为认同此种活泼泼的生意，"天地间活泼泼地，无非此理，便是吾良知的流行不息"③。能于自然的欣赏中领悟此种活泼泼的生意，便能获得极大的愉悦，"良知是造化的精灵。这些精灵，生天生地、成鬼成帝，皆从此出，真是与物无对。人若复得他完完全全，无少亏欠，自不觉手舞足蹈，不知天地间更有何乐可代"④。这种活泼泼的生意，这种手舞足蹈的快乐，既是道德的境界，也是真实的境界和自然美的境界。

　　然而到了宋明理学末流，这种人与天地、内省与践履的统一被淡忘了，治心被提升到了无以复加的高位，出现顾炎武所说"清谈孔孟""以明心见性之空言，代修己治人之实学"的倾向。明中叶兴起的实学思潮是作为这种清谈孔孟的宋明理学的反拨而出现的，在理论基础上实学家接受的主要是和程朱理学以及陆王心学不一样的元气实体论。明代实学家既反对程朱的理本体论，也不同意陆王的心本体论，他们更多的是继承了张载的气本体论，将宇宙万物的本质视为物质性的元气的运动过程。如明代元气论的集大成者王廷相所言："天内外皆气，地中亦气，物虚实皆气，通极上下造化之实体也。是故虚受乎气，非能生气也；理载于气，非能始气也。世儒谓'理能生气'，即老氏道生天地矣；谓理可离气而论，是形性不相待而立，即佛氏以山河大地为病，而别有所谓真性矣，可乎？不可乎？由是，'本然之性超乎形气之外'，'太极为理，而生动静阴

①〔宋〕程颢、程颐：《二程集》，北京：中华书局1981年版，第59页。
②同上。
③〔明〕王守仁撰，吴光等编校：《王阳明全集》，上海：上海古籍出版社1992年版，第123页。
④同上，第104页。

阳',谬幽诬怪之论作矣。"①王廷相把气看为物质性的实体,它取代了程朱的理和陆王的心,成为宇宙万物的根源和本质。因为抛弃了宋明理学中的内省修身的倾向,元气论的主张者大多批评理学末流的主静空悟之谈,强调亲身践履的实体达用之学。如王廷相说:"近世好高迂腐之儒,不知国家养贤育才,将以辅治,乃倡为讲求良知,体认天理之说,使后生小子澄心白坐,聚首虚谈,终岁嚣嚣于心性之玄幽,求之兴道致治之术,达权应变之机,则闇然而不知。"②宋明理学中唯理和唯心的倾向,在王廷相所批评的好高迂腐之儒中表现得特别明显,导致后生小子只是澄心白坐而不知兴道致治之术。由张载到王廷相的元气实体论无疑为明代实学的兴起做好了思想上的准备。

明中叶后科学思潮的兴起是明代实学的重要组成部分,在明代实学的广泛影响下,一些士人开始抛弃理学末流重内省而轻实践的倾向,把注意力更多地放在了对自然和社会奥秘的探索上,逐渐形成了重实测、重考证、重实效、重成果的科学风气,在地理、水利、农业、药物、数学等多个学科取得了瞩目的成就。明代实学关于宇宙本质以及人与自然关系的看法是明中叶后科学思潮兴起的思想基础。元气实体论是明代科学家对于宇宙本质的基本看法。比如李时珍认为自然万物是气的不同形态,虽形态各异而又能够相互交通,人与万物交通也是因为禀性皆气,因此无论用药还是饮食都要注意药物和人所禀之气的配合;宋应星有专著《论气》,他认为整个天地是根据气—水火—形的模式演化而来的,万物遵循由气而化形又由形而返气的基本过程。

明代科学家由元气实体论而形成了有机自然的思想,将包括人在内的万事万物视为互相依存的有机体。这种有机自然观把人和自然的整体的和谐发展视为首要的目标,不仅在生态保护方面具有重要的意义,

---

① 〔明〕王廷相著,王孝鱼点校:《王廷相集(三)》,北京:中华书局 2009 年版,第 753 页。
② 同上,第 873 页。

而且也带有浓厚的美学意味。程朱理学和陆王心学带有重内省的倾向，虽然程朱和陆王均把人与自然的统一视为他们学术的最终目的，但是在人与自然关系上对自然的关注终究还是要让位于心体的内悟。正是这一点细微的偏差导致理学末流空谈心性而未曾留意于外在的自然，对于心性的省悟而言自然的生境是不重要的，自然的生意也无从打动那些追求向内省悟的心灵。我们可以看到，在宋明理学以"仁"释"生"的学问中暗含着一种忽视和取消"生"的倾向。明代科学家对自然的关注，对自然生态问题的留意，以及对自然美的发现，恰恰蕴含在批判程朱理学和陆王心学的内省功夫中。正是由内省转向实践，让他们发现了身边的自然，发现了人和自然相互依存的关系，也发现了天地间气化流行的大美。

明代实学的兴起代表了明中叶以后人与自然关系的深刻变化，一种务实的、实践的、科学的眼光将对自然的关注放在了首位，并实现了以元气论为基础的有机自然观的广泛影响。徐霞客、李时珍、宋应星以及其他明代科学家的环境美学思想只有放在这个背景下才是可以理解的。也只有如此才可以解释为何他们关于自然生态和自然欣赏的看法带有如此多的共性。徐霞客将山精怪兽视为友朋，对自然保持一种虔诚的敬畏，在此基础上形成了与自然休戚与共的生态平衡的思想，并在"以身许之山水"的饱游饫看中实现了与物一体的境界；李时珍发现人的气息与自然界形成有机的联系，养生和治病须遵循顺天时以养和的原则，即通过顺应四时季节和升降浮沉的变化来实现机体内部的阴阳协调，在此基础上他将人的美恶寿夭和四方水土以及山川之气等环境状况联系起来，身体健康、气质优美的人总是和优异的居住环境分不开的；宋应星则认为应该将尊重自然和利用自然结合起来，在遵循自然规律的基础上利用自然，他反对对自然的过度开发，因为自然物之间存在类似食物链的生态平衡关系，过度的捕猎和开采必将导致整个生态系统的失衡，他关于自然美的看法也贯彻了"天工开物"原则，即自然和人工的结合，自然美的资质需要人的欣赏才成其为美。在他们的思想中，我们看到自然生态成为真正的关注点,不是因为自然作为人类道德的象征,而是因为自然和人类有着相互依存的有机联系;我们也看到了他们对自然欣赏的真正投入,不是为了实现个人内心的证悟,而是为了追求将小我投身于天地无穷运化的更加宏伟的境界。

第九章　明代陵寝建筑中的风水美学

　　风水学是中国古代关于环境的选择、设计和营造的一种学说,其渊源可以追溯至遥远的上古之际,而在明清时期臻于成熟。在明清时期,上至帝王的宫殿、陵寝,下至一般百姓的家居和安葬,都受风水学说的影响。风水学说的一个主要原则是通过选择合适的环境安置阳宅或者阴宅,从而实现趋吉避凶、以荫子孙的目的。对于那些希望永久延续家族统治的帝皇而言,风水的这个原则无疑是最具吸引力的。因此历代帝皇都极为重视在宫殿和陵寝的营建中遵循风水的原则,中国历代皇家建筑可以说是古代风水学最为集中的体现。特别是帝皇的陵寝建筑,更是强调风水原则,因为阴宅的营建无须考虑活者的起居活动等现实因素,所以更容易在风水学的指导下进行选址和营建。"溥天之下,莫非王土",帝皇陵寝的营建有着广阔的选择域,历代帝皇皆相信,陵寝要占据山川形胜之地,刻意追求完美的风水条件和环境质量,使陵寝建筑呈现为自然美和人文美的有机结合。

第一节　风水流派与明代陵寝建筑

　　风水这个概念一般认为出自晋人郭璞的《葬经》,其说:"气乘风则散,界水则止,古人聚之使不散,行之使有止,故谓之风水。"①明代徐善继、徐善述在《地理人子须知》中说:"地理家以风水二字喝其名者,即郭氏所谓'葬者乘生气也'。而生气何以察之? 曰:气之来,有水以导之;气之止,有水以界之;气之聚,无风以散之。故曰要得水,要藏风。又曰:气乃水之母,有气斯有水;又曰:噫气惟能散生气;又曰:外气横形,内气止生;又曰:得水为上,藏风次之;皆言风与水,所以察生气之来与止聚云尔。总而言之,无风则气聚,得水则气融,此所以有风水之名。"②由上可知,作为一种环境选择的学问,风水的总原则是以聚气为主,阴宅之法则是把先人遗骸葬在藏风聚气之所,气可以通过先人骸骨而流传至子孙身上,从而达到趋吉避凶的目的。而聚气最主要的方式,便是通过山川形势的选择,使气凝聚在某个场所而不外泄,这样的场所既可以是自然形成的,也可以是人工建造的景观。"风"和"水"无疑是这种环境选择中最重要的两个要素,气承地脉而来,遇风则散,界水则止,因此无论是阴宅还是阳宅,都要选择有山有水、气行而止的场所。

风水学在长期的发展中形成了不同的流派,主要分成形势派和理气派这两个派别,前者根据山形山势等地理条件做出选址规划,而后者则根据阴阳五行相生相克的原理来判断方位吉凶和营造的时辰。至少在汉唐之际,风水学中重形法和重理法的区别就已经形成了。《汉书·艺文志》中提到《宫宅地形》和《堪舆金匮》这两部早期的风水著作,前者注重形势相胜之法,而后者则以阴阳五行原理占宅,已经体现出形法和理法分野的趋势。唐宋以后,形势派和理气派之间的分野已经相当明显,并且出现了不同流派的传承谱系。明初王祎对此有简明的介绍:"后世之为其术者分为二宗。一曰宗庙之法,始于闽中,其源甚远,及宋王伋乃大行。其为说,主于星卦,阳山阳向,阴山阴向,不相乖错,纯取五星八卦,以定生克之理。其学浙间传之,而今用之者甚鲜。一曰江西之法,肇

---

① 〔晋〕郭璞著,〔清〕吴元音注:《葬经笺注》,上海陈氏藏版泽古斋重钞本,第 2 页。
② 〔明〕徐善继、徐善述:《重刊人子须知资孝地理心学统宗·附杂说二疑·论风水名义》,明万历刻本。

于赣人杨筠松、曾文遄,及赖大有、谢世南辈,尤精其学。其为说,主于形势,原其所起,即其所止,以定位向,专指龙、穴、砂、水之相配,而他拘忌,在所不论。其学盛行于今,大江以南,无不遵之。"①

如王祎所说,理气派传自宋代堪舆家王伋,其说主于星卦、以定生克之理,其学盛行于浙间;而形势派则源自赣人杨筠松,以形势定位向。理气派通过引入阴阳、五行、八卦、天干、地支、姓氏、生肖等一系列复杂的分析,通过不同方位之间的生克变化来推断得失吉凶,导致推法繁奥、诸多拘忌;而形势派专注所谓龙、穴、砂、水、向的"地理五诀",而其他拘忌在所不论,因此较为简明便利。风水学虽分成理气和形势二派,但从历史上的情况来看,无疑是形势派占据主流的位置。从王祎的描述来看,元明之际理气派已"用之者甚鲜",而形势派"盛行于今,大江以南,无不遵之"。

明代皇陵的选址和营造也体现了对形势派风水观念的选择。明代开国统治者在考虑建造陵寝的时候,因元朝采用的是蒙古的丧葬习俗,故其最直接面对的便是唐宋时期的陵寝制度。宋代帝陵在中国陵寝营造史上是比较独特的存在,因为其采用的是堪舆术中的五音姓利说。堪舆术中的五音姓利说归属理气派,即将墓主的姓氏纳入阴阳五行体系中,用以决定陵墓的方位和走向。五音姓利说在汉唐之际就已流行,但此法繁复拘忌而多招批判。如东汉王充《论衡·诘术篇》说"图宅术曰:宅有八术,以六甲之名,数而第之,第定名立,宫商殊别。宅有五音,姓有五声。宅不宜其姓,姓与宅相贼,则疾病死亡,犯罪遇祸"②,并对此提出质疑:"其立姓则以本所生,置名则以信、义、像、假、类,字则展名取同义,不用口张歙、声外内。调宫商之义为五音术,何据见而用?"③《旧唐书·吕才传》载,唐太宗以阴阳书渐致讹伪,命吕才等人加以刊正,才多以典故质正其理,颇合经义,如其叙《宅经》云:"至于近代师巫,更加五姓之

---

① 〔明〕王祎:《王忠文集》卷二十,四库全书本。
② 黄晖:《论衡校释》,北京:中华书局 1990 年版,第 1027—1028 页。
③ 同上,第 1035 页。

说。言五姓者,谓宫、商、角、徵、羽等,天下万物,悉配属之,行事吉凶,依此为法。至如张、王等为商,武、庾等为羽,欲似同韵相求;及其以柳姓为宫,以赵姓为角,又非四声相管。其间亦有同是一姓,分属宫商,后有复姓数字,徵羽不别。验于经典,本无斯说,诸阴阳书,亦无此语,直是野俗口传,竟无所出之处。"①

尽管五音姓利说多招致批判,但笃信这套学说的人依然不少。宋代统治者便采用五音姓利说营建陵寝。按照这套学说,赵姓为角音,必须"东南地穹,西北地垂",也就是陵墓须东南地高而西北地低。故而宋帝陵一反历代皇陵坐北朝南、靠山面水的格局,面嵩山而背洛水,诸帝陵的中轴线皆北向而偏西,正面朝向嵩山少室主峰;宋帝陵地面皆东南高而西北低,从入口到陵台地势逐渐下降,陵台位于全陵的最低处。宋帝陵的选址和营建虽然符合五音姓利说,但实际上并不适合我国的环境条件。我国是北半球季风性气候国家,冬天有来自北方的寒流南下侵袭,夏天则有太平洋的凉风渐进,我国古代很早就知道坐北朝南、靠山面水不仅能防止寒流入侵,而且利于采光、吸收暖风。宋帝陵面山而背水,和古代早已认可的环境观并不相符。同时,宋帝陵陵台位于全陵最低洼处,也有雨水倒灌之弊,不利于陵墓的保存和修葺。

如王祎所说,元明之际形势派风水学说已大行于世,明帝陵的选址和营建基本上都是以形势派理念为指导原则的。王朝统治者莫不希望寻得风水绝佳的万年吉壤,因此对于陵寝营建之事极为重视,不仅有十分严密的运作程序,而且会选派通晓堪舆的朝廷重臣主导其事,同时也会从民间聘请风水术士参与其间。陵址卜选一般由卜选官和堪舆术士实地勘察,选出一处或几处风水宝地,然后奏请皇帝定夺,有时皇帝还会亲赴选地审视,最后才确定最终的陵址。明代帝陵一共坐落在四个地方,分别是安徽滁州凤阳、南京、北京和湖北钟祥。其中安徽滁州是朱元璋登基后为其父母兄嫂营建的,湖北钟祥则是明世宗嘉靖皇帝为其父亲

———
① 〔后晋〕刘昫等:《旧唐书》,北京:中华书局1975年版,第2720—2721页。

恭睿献皇帝和母亲慈孝献皇后所修建。明代帝陵最重要的当属朱元璋在南京的孝陵和明成祖朱棣之后明朝历代皇帝的埋葬地北京十三陵。

关于孝陵的选址，张岱《陶庵梦忆》记载了一个故事："钟山上有云气，浮浮冉冉，红紫间之，人言王气，龙蜕藏焉。高皇帝与刘诚意、徐中山、汤东瓯定寝穴，各志其处，藏袖中。三人合，穴遂定。门左有孙权墓，请徙。太祖曰：'孙权亦是好汉子，留他守门。'及开藏，下为梁志公和尚塔，真身不坏，指爪绕身数匝。军士辇之不起。太祖亲礼之，许以金棺银椁，庄田三百六十奉香火，舁灵谷寺塔之。今寺僧数千人，日食一庄田焉。陵寝定，闭外羡，人不及知。所见者门三、飨殿一、寝殿一，后山苍莽而已。"①张岱的故事掺杂了传奇色彩，然而朱元璋和刘基、徐达、汤和等开国功臣共同选定南京钟山为陵址则应当是符合史实的。这里特别值得注意的是刘基。刘基（1311—1375），字伯温，青田（今温州文成县）人，明初赫赫有名的开国功臣，洪武三年（1370）封诚意伯，故又称刘诚意。《明史》本传称其"博通经史，于书无不窥，尤精象纬之学"②，至今民间仍流传甚多关于他的神奇故事。《明史·艺文志》堪舆类著作提到刘基有《金弹子》三卷、《披肝露胆》一卷、《一粒粟》一卷、《地理漫兴》三卷。其中《地理漫兴》又名《堪舆漫兴》，收录于《古今图书集成》。从这本《地理漫兴》来看，刘基在里面谈寻龙，谈祖山、少祖山、父母山，谈案山、朝山，谈下关砂、水口砂，谈明堂，等等，基本是形法而无卦理，因此刘基的堪舆术应属于形势派。从孝陵所选的钟山独龙阜来看，也完全符合风水形势派的要求，此处自古便是有名的龙蟠虎踞之地。

明十三陵的营建也以形势派为主要的指导原则，在明十三陵陵址的卜选中多有主形势的江西术士参与其间。《明太宗实录》卷九十二记载：永乐七年（1409）五月"己卯，营山陵于昌平县，时仁孝皇后未葬，上命礼部尚书赵羾以明地理者廖均卿等择地，得吉于昌平县东黄土山，车驾临

① 〔明〕张岱撰，马兴荣点校：《陶庵梦忆·西湖梦寻》，北京：中华书局 2007 年版，第 11 页。
② 〔清〕张廷玉等：《明史》卷一百二十八，北京：中华书局 1974 年版，第 3777 页。

视,遂封其山为天寿山。"①协助赵羾选址的风水术士廖均卿来历不凡,他是江西兴国县人,其先祖廖三传是唐代著名风水大家杨筠松的弟子,是形势派风水的正宗传人。廖均卿察遍北京地理之后,认为昌平黄土山风水绝妙,明成祖随后与相关大臣和风水师亲临昌平,命廖均卿点穴,并下令将黄土山改为天寿山。此后,天寿山成为明代皇家陵园,在这里先后共修建了 13 座帝陵、7 座妃子墓、1 座太监墓,共埋葬了 13 位皇帝、23 位皇后、2 位太子、30 余名嫔妃、1 名太监。

明成祖长陵之后其他诸帝陵的选址和营建也多有风水术士的参与。如《明武宗实录》卷一载,礼部左侍郎李杰、钦天监监副倪谦同司礼监太监戴义奏曰:"于茂陵西施家台得吉地,堪以奉安大行皇帝陵寝。然山陵事重,乞别命官覆视。而工科右给事中许天锡亦言,宜于廷臣中推取谙晓地理者按视前地,如有疑,亟移文江西等处,广求术士,博访名山。务得主势之强,风气之聚,水土之深,穴法之正,力量之全,如宋儒朱熹所云者,庶可安奉神灵,为国家祈天永命之助。礼部议从其言。上是之,命访求精通地理人员。"②又《明世宗实录》卷一八五云:"山陵重事,必须精择,请先命文武大臣带领钦天监官及深晓地理风水之人,外观山形,内察地脉,务求吉兆,以为万万世之寿藏。"③又云:"上密谕大学士张孚敬,令致仕官骆用卿择地于十八道岭及据子岭,两具图说以进。至是亲阅,明日复阅橡子岭,命钦天监官及从臣审视,皆以十八道岭地为胜。"④又《明世宗实录》卷一八六载:"行取江西曾、杨、廖氏子孙精通地理者,卜山陵吉地。"⑤从以上记载可知,明代帝陵的选址和营建主要采用的是形势派风水学说,参与帝陵选址和营建的也多是江西术士,而直承形势派始祖杨筠松的正宗后学又特别受到青睐。

① 黄彰健校勘:《明太宗实录》,台北:"中央研究院"历史语言研究所 1962 年版,第 1202 页。
② 同上,第 27—28 页。
③ 同上,第 3915—3916 页。
④ 同上,第 3924 页。
⑤ 同上,第 3929 页。

　　形势派风水最主要的原则是观察山水的形势和地脉的走向,从而判断最佳的穴位用以安置阴宅或者阳宅。在风水学中,对山水形势的观察至少在汉代就已形成了,据班固《汉书·艺文志》的记载,汉时已有"形法家",其学为"大举九州之势以立城郭室舍形"[1],即观察山川之形态与走势。在风水要籍中有"远为势,近为形""势可远观,形须近察""千尺为势,百尺为形"等说法,要之"势"指的是风水勘察中总体性的、宏观的、体量巨大的空间构型及其视觉感受,而"形"则指风水勘察中局部性的、微观的、体量稍小的空间构型及其视觉感受。也就是说,在形势派风水学说中,一处适合安置阴宅或阳宅的环境是需要在远与近、宏观与微观、大与小、总体与局部等的仔细比较中推断出来的。

　　形势派的风水原则可以集中概括为所谓的"地理五诀",即龙、穴、砂、水、向,也就是通过龙、穴、砂、水、向五个要素来勘察山水形势和地脉走向。在形势派风水家看来,一处绝佳的风水宝地,应该是这五个要素的完美结合,即龙真、穴的、砂环、水抱、向吉,将阴宅建于这样的风水宝地就能生气聚集而不散,荫庇后人而福祉无穷。

　　风水学中的"龙"指的是山脉,寻龙即探寻山脉的走向和形态变化。气承土而行,因此龙脉也是气脉,找到了龙脉也就找到了生气流动的走向。对于帝陵的选址和营建来说,寻龙也就是首要的原则,天子的陵寝能否建在龙脉之上是至关重要的。按照古代风水学的说法,昆仑山是龙脉之源,龙脉由昆仑山发出,向东南延伸出数条支脉,陵址便要选择在这数条支脉的生气聚集之地。因此,对于陵址的选择来说,能否和作为龙脉之源的昆仑山连上关系,是判断该陵址是否坐落在龙脉上的依据。风水学上习惯用家族亲属的关系来为龙脉的不同地段命名,根据穴位附近山脉和昆仑山的远近分别有父母山、少祖山、太祖山等称呼。穴位所背靠的山称为父母山,穴位于父母山下,犹如禀受父母之血脉而怀胎;少祖山是父母山后较高的山,父母山和少祖山之间或有其他较小的山峰,但

---

① 〔汉〕班固撰,〔唐〕颜师古注:《汉书》,北京:中华书局 1962 年版,第 1775 页。

必须要有明显耸起的高山,而且少祖山要高于父母山,这样生气才会节节相传,反之则会受阻;少祖山之后更高的山则是太祖山,天下龙脉的太祖山是昆仑山,由昆仑山发出的异常高大巍峨的山也可称作太祖山,太祖山必须要比少祖山更加高大壮丽,且直承昆仑山而来,才叫作真正的千里来龙。无论是太祖山,还是少祖山和父母山,都要端正挺拔、山体丰润、草木繁盛才有生气,切忌欹斜不正、山体嶙峋、童山秃岭。

风水学中的"穴"是指死者的葬地或生者的住地。在风水学中,点穴至为重要,也最为困难,有"三年求地,十年定穴"的说法。点穴至难,《地理人子须知》说:"子朱子《山陵议状》所谓'定穴之法,譬如针灸,自有一定之穴,而不可有毫厘之差',诚确论也。……何也? 良由一穴之间,数尺之内,真气融聚,不可过高,不可过低,不可偏左,不可偏右,不可太深,不可太浅。如方诸取水,阳燧取火,不爽毫发,始得无中生有之妙。"①龙脉有时绵延数百里甚至数千里,要在其中找到一个生气聚集的穴位,而且位置在数尺之内,不可有高低左右深浅的偏差,可见点穴难度之大。根据形势派的地理五诀,穴位应该在龙、穴、砂、水的围合型环抱中,背山面水、负阴抱阳,前后左右有山脉拱卫,靠山由北向南依次低垂,穴前近山如几案、远山如朝揖,左右有山,穴前有水。从环境选择的角度来看,这种围合型的环抱容易形成封闭性的稳定环境,无论是阴宅还是阳宅都能保证该围合内的生者或死者的安宁,阴阳和合、山水相接、各种要素多样统一的格局不仅易于形成良好的生境,也构成了丰富而有序的优美景观。

风水学中的"砂"指的是穴前后左右的山。在风水学中,穴不仅要坐落在龙脉的生气聚集之地,前后左右还要有山峦层层叠叠加以拱卫屏护。穴前后左右的"砂"涉及所谓的"四神"概念,即前朱雀、后玄武、左青龙、右白虎。关于"四神",东晋郭璞《葬经》有经典的界定:"夫葬以左为青龙,右为白虎,前为朱雀,后为元武。元武垂头,朱雀翔舞,青龙蜿蜒,

---

① 〔明〕徐善继、徐善述:《重刊人子须知资孝地理心学统宗》卷三上,明万历刻本。

白虎驯俯。形势反此,法当破死。故虎蹲谓之衔尸,龙踞谓之嫉主,元武不垂头者拒尸,朱雀不翔舞者腾去。"[1]玄(元)武垂头,即穴后之山脉呈降势依次低垂;朱雀翔舞,言穴前之山两翼拱向而如衣服上所绣之团鹤,山须有情来向、端整秀丽;青龙蜿蜒,指穴左侧之山要盘旋回环,拥护整个明堂;白虎驯俯,言穴右侧之山要比左侧之山更有低头驯服之象。如果山形山势与上述相反则为大凶之地,如青龙白虎踞蹲而昂头、玄武昂首而不垂俯、朱雀不朝揖而翔舞,都是不祥的表现。

地理五诀中的"水"是一个特别重要的因素,素有"风水之法,得水为上"的说法。原因在于气界水则止,无水之地往往难以凝聚生气,也就无法达到风水学说的藏风聚气的根本目的。观水之法也以是否能聚气为主,穴前的流水只有蜿蜒曲折、盘桓有情,才可将穴围住而不使地气有所发泄,如果水流一往直前而无回头环绕之象,则生气无所界止而一泻千里。除了要蜿蜒盘桓,风水学还对水有各种要求。比如水源要深厚悠长,水质要清洁甘甜,水色要清澈明净,等等。这些方面的要求大多符合人类生存的环境需要,已经遭到污染的水流附近被认为是不适合用来安置穴位的。

地理五诀中的"向"也是风水堪舆中非常重要的一环。清代赵玉材的《地理五诀》说:"向如何可为把握? 以其以龙、穴、砂、水之大都会也。何以为龙、穴、砂、水之大都会? 以龙本一也,而向能使其生、旺、死、绝。穴本一也,而向能使其有气、无气。砂本一也,而向能使得位不得位。水本一也,而向能使杀人救贫。是四者有形而无名,必向定而后有名,四者顽钝而无用,必向定而后有用。故曰:向者,龙、穴、砂、水之大都会也。"[2]"向"也就是立向,即确定穴位的方向。在风水学中,阴宅或者阳宅的坐向和方位被视为和人的吉凶休咎息息相关。在古代堪舆学中,坐向和方位往往和五行、八卦以及天干地支等结合起来,越到后世其研究则越是

① 〔晋〕郭璞著,〔清〕吴元音注:《葬经笺注》,上海陈氏藏版泽古斋重钞本,第6—7页。
② 〔清〕赵玉材著,陈明、李非注译:《绘图地理五诀》,北京:华龄出版社2006年版,第173页。

烦琐玄奥,已不是一般人能够窥其堂奥的了。但是就大体而言,穴位的坐向和方位总归不违背背山面水、负阴抱阳的原则,在此大原则下根据具体的风水形势而加以灵活运用。

形势派风水学的主旨就是通过寻龙、察砂、观水、立向、点穴等的功夫确立最佳的风水穴位。对于通过这套法则确立的风水穴位,古代人赋予其至善至美的环境性格,不仅能够藏风聚气、福荫后人,而且往往占据山川形胜,具有卓异的审美素质,同时在气候、土壤、水文、植被、地质等方面也有着优良的品质。至于皇帝的陵寝,其陵园风水之佳、规模之宏大、设计规格之高、景观条件之优渥、环境之优美,自是一般的风水穴位所不能比拟的。在明人看来,明代陵寝的位置正处在几条龙脉的结穴之处。明末重臣蒋德璟《察勘皇陵纪》说:"中国有三大干龙,中干旺气在中都,结为凤、泗祖陵;南干旺气在南京,结为钟山孝陵;北干旺气在北京,结为天寿山诸陵。这三大干本朝独会其全。真是帝王万世灵长之福。"①中都、南京和北京是明代定陵之处,明人认为明祖陵、钟山孝陵和万寿山诸陵都处于中国三大龙脉生气最旺之处。可以说,这三处陵址集中体现了明代人关于理想环境的想象,通过分析这几处帝陵的风水格局,能够了解明代人关于环境的一整套想法。下面我们以钟山孝陵和天寿山诸陵为例试分析之。

第二节　明孝陵和十三陵的规划理念与形制布局

明孝陵是明太祖朱元璋及马皇后的陵寝,位于今南京市钟山之阳玩珠峰独龙阜下。明洪武二年(1369),朱元璋携刘基等人巡幸钟山,将独龙阜定为陵址;洪武九年(1376)为在独龙阜建陵寝,将该址的蒋山寺迁走;洪武十四年(1381),命中军都督府金事李新负责孝陵全部工程;洪武十五年(1382)马皇后薨,葬入孝陵;洪武十六年(1383),孝陵主体建筑孝

---

① 〔明〕蒋德璟:《察勘皇陵纪》,见中山陵园管理局、南京孝陵博物馆编《明孝陵志新编》,哈尔滨:黑龙江人民出版社2002年版,第78页。

陵殿建成；洪武三十一年(1398)，朱元璋驾崩，死后第七天葬入孝陵；永乐十一年(1413)，明成祖朱棣为其父立"大明孝陵神功圣德碑"，至此孝陵工程竣工。

孝陵坐落的钟山一带风水极佳，三国名相诸葛亮曾称之为龙蟠虎踞的帝王之宅。《康熙江宁府志》对钟山一带的地理形势有过描述："由钟山而左，则有摄山、临沂、雉亭、衡阳诸山，以达于东。又东为白山、大城、云穴、武冈诸山，以达于东南。又南为土山、张山、青龙、石硊、天印、彭城、雁门、竹堂诸山，以达于南。又南为聚宝山、戚家山、梓桐山、紫阳、夏侯、天阙诸山，以达于西南。又西南，绵亘至三山而止于大江。此诸葛亮所谓龙蟠之势也。由钟山而右，近之为覆舟山，为鸡笼山，皆在六朝宫城之后。又北为直渎山、大壮观山、四望山，以达于西北。又西北为幕府、卢龙、马鞍诸山，以达于西，是为石头城，亦止于江。此亮所谓虎踞之形也。其左、右群山，若散而实聚，若断而实续，世传秦所凿断之处，虽山形不联，而骨脉伏地，隐然相属，犹可见也。"[①]

从孝陵所处的环境和地理条件来看，也完全符合形势派风水的要求。形势派风水要求帝陵建在龙脉之上，明代人认为龙脉中三大干龙里的南龙"旺气在南京，结为钟山孝陵"[②]，使孝陵背靠干龙这一屏障，远通天下之祖山昆仑。孝陵坐落在钟山玩珠峰下独龙阜，玩珠峰在钟山主峰之下，为玄武象，形成钟山主峰—玩珠峰—独龙阜依次下降的地势，符合形势派风水中所说的"玄武垂头"之貌。孝陵东边的山为龙山，西边的山为虎山，形成青龙、白虎二砂，且龙山略高于虎山，符合形势派风水要求穴右侧之山要比左侧之山更有驯服之象的观点。孝陵陵穴正前方为梅花山，为帝陵的案山，梅花山低于龙砂和虎砂，有朝揖参拜之象；而梅花山以南江宁县内的天印山，是孝陵的朝山。近案远朝也符合形势派风水

---

① 中山陵园管理局、南京孝陵博物馆编：《明孝陵志新编》，哈尔滨：黑龙江人民出版社2002年版，第4—5页。

② 〔明〕蒋德璟：《察勘皇陵纪》，见中山陵园管理局，南京孝陵博物馆编《明孝陵志新编》，哈尔滨：黑龙江人民出版社2002年版，第78页。

的要求。穴前偏西有前湖,为朱雀象,符合"朱雀翔舞"的要求。除此之外,穴前明堂处三道御河由东北流向西南,形成环绕有情之势,能将龙脉的生气锁住。从环境和地理条件来看,孝陵完美符合形势派风水的要求,从这也可看出孝陵是以形势派风水作为其规划理念的。独龙阜这种得天独厚的风水宝地也吸引不少寺观和墓葬选址于此,如东吴孙权葬于独龙阜前的梅花山,梁代名僧宝志禅师亦葬于此,梁武帝为之建开善精舍(即蒋山寺)和志公塔。朱元璋为独占这片风水宝地,先后将塔与寺迁至现灵谷寺所在地。孙权墓因在作为案山的梅花山而得以幸免。

孝陵的形制布局也体现了风水的要求。我国风水学是建立在传统的天人感应、阴阳、五行、八卦等学说基础上的,在孝陵的形制布局上我们也能看到很浓厚的讲究天人合一的意味。孝陵采用坐北朝南、依山建陵的古制,但在一些具体的形制上颇多创新,其形制为后来的明清陵寝奠定了基础。孝陵最有特色的是其神道,从下马坊到棂星门,随地形曲折,呈之字形,和传统陵寝那种贯通南北的直线型神道完全不同。孝陵神道依地势和山形设置了数个转折点:从下马坊向西再折北是陵园外郭城正门大金门和朱棣亲撰的"大明孝陵神功圣德碑";从神功圣德碑再折向西北则是神道两侧即石像生,在石像生尽处即石望柱处神道开始绕梅花山而向正北延续至棂星门,在此神道两侧设石人四对,从棂星门后神道随山势向东北至内御河桥而结束。从空中俯瞰孝陵,可以发现孝陵神道和其陵宫呈现出北斗七星的形状,预示着天人之间的某种联系,"其与北斗七星的对应关系是明孝陵的大金门(碑亭后立,不计)约位于天枢,望柱约位于天璇,棂星门约在天玑,金水桥约在天权,陵宫门约在玉衡,孝陵殿约在开阳,方城明楼约在摇光。方城明楼之后是圆形的宝城宝顶,为朱元璋灵魂升天之处,圆形象征天,北斗与'天'相连,以喻天体"①。可见,孝陵独特的形制布局,蕴含着取法于天、天人合一的思想,象征着皇帝受命于天的无上权威。

---

① 孟凡人:《明代宫廷建筑史》,北京:紫禁城出版社 2010 年版,第 466 页。

明永乐七年(1409),明成祖朱棣命礼部尚书赵羾以及风水术士廖均卿等择地,选中昌平县黄土山为陵址,并封其山为天寿山,此后昌平一带就成为明代皇陵的所在,共修建了13座帝陵。根据形势派风水原则,天寿山一带风水绝佳。明十三陵坐落在天寿山南麓,东、西、北三面环山,中部为平原,山中有多条水流迤逦而下,形成向南开口的藏风聚气的吉壤;天寿山为燕山余脉军都山的分支,属昆仑山系,来源浑厚,是北干龙的结穴之处。清初梁份在其《帝陵图说》中说:"(天寿山)山崇高正大,雄伟宽弘,主势强,力量全,风气聚,穴道正,水土深厚,昆仑以来之北干,王气所聚矣。内则蟒山盘其左,虎峪踞其右,凤凰翥其南,黄花城、四海冶拥其后。外西有西山,东有马兰峪,群峰罗列,如几如屏,如拱如抱,如万骑簇拥,如千官侍从。其东、西山口,一水流伏,如带在腰,近若沙河、白水,远若卫漳、河江,若大若小,莫不朝宗。"①从形势派风水来看,无论是龙、穴、砂、水、向各项要求,天寿山都属于风水极佳的"万年寿城",非常适合作为帝陵的陵址。

明十三陵中最先营建的是成祖朱棣的长陵,长陵的营建奠定了其后诸陵的陵址和格局,其地位可以说是至关重要的。我们就以长陵为例,简要分析一下长陵的风水形势。梁份《帝陵图说》云:"长陵在黄土山,一名康家庄楼子营,大明成祖文皇帝陵也。地脉接居庸而拔起,三峰中峰正干,蜿蜒奇秀而广厚尊严。土山带石,入脉之势,如骏马驰阪,如游龙翔空,方东倏西,矫腾中下,而趋入于寿宫。其正大端庄,居然垂裳,以临万国。北之主山,环列为障,如御屏,如玉宸,左右翼之。龙砂重叠,盘绕回抱。内明堂之广大,案之玉几,水之朝宗,无一非献灵效顺,无一非三百年之发祥流庆也。"②梁份从龙、穴、砂、水等方面,简单描述了长陵优异的风水资源。长陵的陵址经过廖均卿等风水术士的精心选择,其周围环境可以说是形势派风水观最集中的体现。梁份说长陵"地脉接居庸而拔

---

① 〔清〕梁份:《帝陵图说》卷二,见《帝陵图说》四卷抄本,汪鱼亭藏书。
② 同上。

起",居庸关属燕山山脉,长陵所靠天寿山为燕山余脉,远通太行山脉和昆仑山,地脉纯正深厚。长陵背靠天寿山主峰和东西二峰,三峰"蜿蜒奇秀而广厚尊严",符合帝陵所需的风水形势;且中锋最高,与北辰星相应,符合紫微垣星局的格局,其尊贵只有帝王才能享用。天寿山不仅符合帝陵的要求,且巍峨端庄、厚重周正,如高大的御屏、玉宸耸立于陵后,具有俯览群山、君临天下的宏伟气势。从天寿山主峰到穴位地势依次下降,符合"玄武垂头"的格局,而且其落脉之势如骏马游龙、方东候西,气象万千、迤逦而下,直至寿宫,犹如一条形态万千的长龙,具有无比尊贵之象。长陵左右之砂有重叠回环之妙,左则有蟒山盘绕,右则有虎峪伏踞,蟒山之外又有马兰峪,虎峪之外则有西山,群峰罗列,重重拱卫。长陵的水也很有特点,献度沟流水与老君堂流水构成了长陵的龙虎交合水,在陵前形成弯曲回环的态势,最后汇合其他几条支流,沿着蟒山往陵区东南方向流出,符合风水学中水须自然曲折以聚气的要求。

在形制布局方面,长陵大多依照孝陵惯例,但也有一些地方与孝陵不同。最明显的不同是在神道上,孝陵神道呈北斗七星状,这是孝陵的特色;而长陵的神道则依地形而略有弯曲,不似孝陵那般呈现明显的北斗状。在其他形制方面,因地理条件的不同,两者也有一些差异,如"长陵陵宫入口将孝陵文武方门改称陵门,将孝陵陵宫第一进院内所置具服殿、宰牲亭等移于陵门外之左右,院内增设龙趺无字碑和碑亭(恢复明皇陵无字碑制)",又"长陵陵宫第二进院落与孝陵配置相同,但将第二进院落后孝陵长凸字形过渡空间加宽与前两院相同,取消孝陵与方城连接的八字墙而与宝城直接相连,形成真正第三进院落。院内取消孝陵方城前的御桥,增置二柱牌楼门和石五供"①等等。

总的说来,明孝陵和十三陵的规划和形制布局,无不体现了风水学说方方面面的影响,特别是形势派的风水学,可以说是明代帝陵营建的指导原则。与理气派注重五行相生相克和方位、时辰的吉凶变化不同,

---

① 孟凡人:《明代宫廷建筑史》,北京:紫禁城出版社 2010 年版,第 510 页。

形势派主要根据对山川形势的判断来选择陵址和做出设计规划,因此更加注重人工建筑和自然环境之间的相互影响和相互契合。帝陵的选址和营建,采用的都是皇家最高标准,因此往往在山川形胜之地建陵,刻意追求最完美的风水条件和环境质量,使帝陵成为人工建筑和自然景观的最佳结合。可以说,帝陵是带有理想性的景观,它是特定的环境意识的集中体现,是根据某种环境观而发现以及创造出来的典型的景观形态。它不仅集各种优异的环境条件于一身,也体现了某种超出现实环境的想象性的内容,集中体现了中国古代人对于人与环境关系的独特理解。

第三节　明代陵寝建筑中的环境意识与风水美学

中国古代的陵寝建筑是"天人合一"这一哲学观念的产物,特别对于贵为天子的帝皇来说,其陵寝的选址和营造更要凸显天、地、人的合一,因此取法天地便成为历代帝陵的重要指导原则。明代帝陵也不例外,无论是选址还是建筑的形制布局,都有浓厚的象天法地的意味。

明孝陵的象天法地的意味是最为显著的。从空中可以明显看到孝陵陵宫和神道呈现北斗七星的形状,这种设计不仅有顺应地形地势方面的考虑,也是为了和天上的星体相配,使整个帝陵"体象乎天",在凸显墓主人贵为天子的同时,也能更好地使天人之间相互贯通,使生气在天人之间保持流动和平衡。明孝陵的宝顶为圆形土丘,也有取象于天的意味,与中国传统的天圆地方观念相合。明长陵背靠天寿山主峰和东西二峰,中峰最高,象征北辰星的位置,符合紫微垣星局,也是帝王才能享用的风水格局。

在帝陵的选址和建造中,效法于地可能更加重要。明代帝陵是以形势派风水学说作为指导原则的。形势派风水学注重观察天下山川河流的走势,在山脉最适宜藏风聚气的结点定穴。这种学说本身就是以效法于地作为根本原则,它将天下视为犹如人身一样的活的有机体,只有在大地血脉流通之处才有旺盛的生气,而只有生气旺盛才能利于下葬并荫庇后人。这里隐含着两种重要的对天人关系的理解：一是并非所有的地点都适宜下葬，只有那些生气氤氲并且能够聚集的地点才适合作为穴位，而不适宜作为穴位的往往是生气流动而无法界止之处，这些地方的生气无所驻留，自然也就无法凝聚到墓穴的主人身上，最终也无法经由墓主而流传到他的后代身上，我们可以注意到的是，陵寝选址的首要原则是选择藏风纳气的地点，而这个原则是建立在天、地、人三者能够交通感应的观念上的；二是山川河流的走势并不由人的意志来安排，因此对于陵寝的选址一般而言经过了"寻"龙、"点"穴、"察"砂等操作，人在其中发挥的往往是发现和因循自然的作用，虽然在一定程度上能够通过布置人造的风水林、风水塔、风水道等来改变某个环境的风水形势，但基本的风水形势是很难改变的，特别对于帝陵的选址而言，其规模和标准都决定了不可能大范围地对帝陵周围的环境进行改造，帝陵的选址和营造因此凸显为一种环境选择而非环境改造的艺术。

明白以上两点很重要，作为一种环境选择的艺术，帝陵在其选址和营建过程中充分体现出了对生态和环境的尊重，不是通过大规模的自然环境的改造来为陵园腾出空间，也不是通过大量人工设置的景观来配合陵寝建筑的规划，而是在自然环境中发现并选取最适合的场所来安置人工建筑。中国古代帝陵有"因山为陵"的传统，陵寝依山而建，与自然环境融为一体。"因"不仅是以山为背靠、为依托，也是遵循山脉的形态与走势，使人工建筑成为自然景观的延续，使两者之间发生血脉流通的有机联系。从风水学的观点来看，中国古代帝陵的选址也强调帝陵要隐于山水之间，以四神砂为主要的屏蔽将穴位层层拱卫于中心，形成一种围合型的半封闭的场所。我们看到，在这样的风水格局中，理想的人工建筑形态是要消泯于自然山水的重重围护之中的，隐藏于山水之间无论对于帝陵的安全还是对自然环境的保护都有重要的意义。于是我们可以看到，不管是有意还是无意，"隐"的观念培育了"因山为陵"的传统，使环境选择的意识深入帝陵的选址和营建中，从而也避免了大规模人工开发对周围环境的破坏。虽然历代帝陵的营建莫不伴随着大量人力物力的损耗,但这些损耗主要在于人工建筑的建造,而对周围环境并未造成根本性的影响,其根源也就在于这种以发现、因循、尊重自然环境为主导原则的营造观念。明孝陵和十三陵都有这种隐于山水间的布局特点。孝陵背靠钟山,前有梅花山为案,左右有龙虎二山辅弼;神道充分利用梅花山的特点布置出曲折的北斗七星状,使陵宫隐于梅花山之后。十三陵所在天寿山地区更加开阔,但其基本的地形也是东、西、北三面环山,形成南面开口的半包围围合,十三陵则隐藏于围合之中。

如上所述,在明孝陵和十三陵的选址与营建中,我们能发现一种效法、因循和尊重自然的原则,这种原则从客观上起了维护和改善帝陵周围生态环境的作用。除了强调与周围环境融为一体,强调发现适宜的陵址而非对环境进行大规模的改造,明代帝陵在营建过程中还注重维持和保护陵园内外动植物的生存。明帝陵建成后一般都广植山林并设专人巡护,禁人采樵、烧山、取石、盗杀园内动物等。在维护帝陵周围环境方面,明代有非常严厉的法规,《明会典·刑律条》云:"凡凤阳皇陵,泗州祖陵,南京孝陵,天寿山列圣陵寝,承天府显陵,山前、山后各有禁限。若有盗砍树株者,验实真正桩楂,比照盗大祀神御物斩罪奏请定夺。为从者,发边卫充军。取土、取石、开窑烧造、放火烧山者,俱照前拟断。其孝陵神烈山铺舍以外、去墙二十里,敢有开山取石、安插坟墓、筑凿池台者,枷号一个月,发边卫充军。……天寿山仍照旧例,锦衣卫轮差的当官校,往来巡视。若差去官校卖放作弊,及托此妄拿平人骗害者,一体治罪。"[1]明代定下严刑峻法,对破坏陵园周围环境的行为施以重罪,虽然这主要是出于维护帝陵的风水和安全的考虑,但在客观上也保护了帝陵周围的生态环境不遭破坏。明清易代之际,对帝陵的巡护松懈,随之而来的是周围环境遭到破坏。清初屈大均《孝陵恭谒记》说:"旧有松树数十万株,苍翠荫森,与岩石、云林相蔽亏,皆六朝古物。今弥望无一存矣。"同时期的魏世傚也说:"环陵而望,山高阔而无树。二游人云:'昔者山多紫气,佳

---

[1] 参见王焕镳:《明孝陵志》,南京:南京出版社 2006 年版,第 80 页。

木数百万,天晴明时,日光照耀如金色,故呼为紫金山。今树之为金陵人薪者有年矣。'"①

明代帝陵的选址和营造强调天、地、人之间的交通感应,根据这种原则营建的帝陵景观具有一种整体性。《明孝陵志·形胜》云:"孝陵周围四十五里。凡山川城郭,宫殿刹宇,诙诡之观,名胜之迹,列峙而交映者,一若为陵之有。虽存毁近远不一,而涉其地者,知其有是,亦可发思古之幽情焉。"②孝陵周围45里的山川城郭、宫殿刹宇等不同要素相互列峙而交映,共同围绕孝陵而成为一个有机的整体,使孝陵在保持不同要素独特性的同时又内外结合而成统一的景观空间;在这个景观空间内,帝陵因遵循依山建陵的原则,本身并没有成为压倒周围环境的主导要素,而是和其他景观要素相互配合而形成一个整体;但是这个空间又不是没有中心的,各种景观要素层层拱卫,将帝王的寝穴围绕在中心,又突出了帝王作为天子的无上权威,满足了陵寝作为礼制建筑的基本要求。天寿山诸陵也有这样的景观特色,天寿山整体规模宏大,风水吉地非常多,从微观层面上看每个帝陵都按照寻龙点穴的要求进行选址和营建,而从宏观层面上看所有帝陵又都以北面的天寿山以及左右虎山和蟒山为屏障,形成各具特色而又相互结合的一个整体。明十三陵同样一体于天寿山的整体景观中,在天寿山的围合中形成诸多小的中心,形成多中心向四周辐射的秩序,达到自然景观和礼制建筑的完美融合。

我们可以看到,明代帝陵的营建和维护过程中有种尊重和保护生态环境的意识存在,这种意识同样和作为建陵指导原则的风水学说有很大的关系。特别是形势派的风水观念,因其十分注重观察自然形貌和因循自然法则,而在生态方面有着相当重要的影响。有学者认为,形势派风水和理气派风水对于生态的意义是不同的:"当形式派(the Form School,即形势派——引者注)在所选地形中寻找龙脉时,理气派(the

---

① 参见王焕镳:《明孝陵志》,南京:南京出版社2006年版,第89—90页。
② 同上,第1页。

Compass School)则根据五行相生相克的原理分析气流运行时的影响力。五行与《易经》中的八卦有密切关系,人的出生年月对应于某一卦。把某个人出生的卦相、五行与方位的卦相、五行联系起来,就能决定哪个方向对这个人有利,哪个方向有害,也就能将房屋或房间确定在有利的方向,以避免有害气场的影响。从理论上讲,这种形式的看地无须考虑周围的地形。因此,很明显理气派对生态的讨论难以提供帮助。从生态的观点出发,正是形式派为这个长期具有生命力的传统提供了最深刻的洞见。"①相较于注重五行配对的理气派,形势派更加注重考察特定环境中的地形、地貌以及不同景观要素之间的配合,因此培育出了一种非常重视自然形貌的生态意识。

明代帝陵的选址、布局形制和生态意识已适足于形成一种独特的风水美学,这种风水美学将气、阴阳、四灵、五行、八卦等传统观念投射到自然形貌和人工建筑相结合的形式特征中,创造出具有丰富的美学成分和深刻的环境意识的宏伟景观。李约瑟曾说:"在许多方面,风水对中国人民是有益的,如它提出植树木和竹林以防风,强调流水近于房屋的价值。虽在其它方面十分迷信,但它总是包含着一种美学成分,遍中国农田、居室、乡村之美,不可胜收,都可藉此得以说明。"②中国古代对于整个宇宙持一种有机联系的观念,认为宇宙间万事万物都是存在联系的。所以,帝陵的营建虽然出于慎终追远、养生送死的实用观念和树立皇家权威、延续天子命脉的实际目的,但是追求一种优美的、和谐的自然景观和人造环境的思想也始终包含在这种目的中。

风水是一种极为强调生气流动的学说,风水的主要目的就在于了解生气流动的规律,并且在适当的地点或者时机将这些生气聚集起来。风水美学因此可以视为一种"生"的美学,讲求的是生命的美、生气的美、生机的美和生动的美。这种"生"的美学在明代帝陵的选址和营建中表现

---

① 〔美〕斯蒂芬·L. 菲尔德:《找寻龙脉:风水与民间生态》,见〔美〕安乐哲等主编《道教与生态——宇宙景观的内在之道》,南京:江苏教育出版社 2008 年版,第 158 页。
② 见王其亨主编:《风水理论研究》,天津:天津大学出版社 1992 年版,第 273 页。

得特别明显。明代帝陵在选址上要选取位于龙脉、生气最为旺盛磅礴之地,穴位周围的特殊地形能够"藏风纳气",也就是能够使生气根据地形而流动并聚集在穴位附近。具有旺盛的生气也是帝陵选址的重要标准,比如能够作为帝陵"四灵"的山峦往往都是体态丰匀、林木郁葱的土山,而那些峻峭嶙峋的童山秃岭是不能作为帝陵的靠山或者护山的。帝陵虽然是埋葬皇帝的地方,但是在周围景观的处理上则要突出"生"的作用。比如帝陵营建往往要广植树木并大范围蓄养梅花鹿、鹤、龟等山野动物,以增加这个地区的生机和生气;同时颁布严格的禁令,防止帝陵周围的环境和动植物遭到破坏。

气是需要流动才具有生命力的。"藏风聚气"的要求是气不能被风吹散,但毫无流动的气也就变成了死气,因此气必须是能够流动而又界止的,即生气顺着龙脉而行,在穴场这里因特殊的地形而聚集,这是"藏风聚气"的基本原则。气的流动在于交感,有阴阳二气的交感才会引起生气的流动。因此,阴阳相济、动静结合是风水美学的基本的动力学原理。明帝陵一般都是落在背山面水之处,这样就能够形成负阴抱阳的格局,形成阴阳相交、生气氤氲的效应。明代双湖居士谢廷柱《堪舆管见·论水补》云:"山与水是大配合。水为阳,山为阴。山得水,水得山,是夫妻配合;水逆山,山逆水,是夫妻交感。若山水俱顺,则虽有配合,而无交感,非成龙之地矣!"[①]谢廷柱在这里相当形象地说明了阴阳交感在风水学中的重要性。风水中所谓吉地强调山和水的配合,水一般发源于山脉之间,从溪谷蜿蜒而下,在流经穴位附近的时候如果势头直下,没有在穴前形成横贯或者斜倚的姿态,则被视为和山没有交感,没有交感则生气无法聚集,不是理想的穴位。

风水学强调整个穴场内各种要素之间的交感相济,有利于形成多样化和多层次相互结合的景观效果。从穴位所背靠山脉来说,主山、父母山、少祖山、太祖山依次垂头,形成山外有山、重峦叠嶂的立体空间,增加

---

① 〔明〕谢廷柱:《堪舆管见》,金陵甘福德基校订版。

了整个景观的视觉深度和纵深感；穴位前面是明堂，明堂一般要求视野开阔平整，与四周围合的山脉相得益彰，在维系整个陵寝安全的同时又能获得视觉上的开阔性，凸显天子陵墓的恢宏气势；两边的龙山和虎山要求姿态丰润蜿蜒，虎山要比龙山低伏一些，形成保护穴位的左右护翼，和前后山脉一起配合，增加了景观的空间层次感和多样性；案山和朝山在穴前形成屏障，使视线有所隔绝，其作用类似于中国古代建筑中的照壁，避免视野上的一览无遗，也有阻挡生气流逸的功能，而从景观的欣赏角度来看，则又与中国古代园林建筑中的借景手法相似，能够通过借入远处的山峦增加景观效果；从整个空间的主体结构来看，陵寝建筑遵循南北左右对称的格局，从北向南靠山、穴位、案山和朝山形成纵轴线，从左到右则形成龙山、穴位和虎山的横轴线，这种对称的格局非常符合帝陵这种礼制建筑的要求，有利于形成谨严有度的规整空间，塑造出严肃而恢宏的视觉效果；陵寝内的流水则是最富动态和韵律的景观要素，风水学对水的要求就是屈曲有情、流畅有致，空间内的一条或几条流水的蜿蜒动态，有利于打破对称格局的过度规整，为整个景观增添灵动和柔媚的效果。

我们可以看到，明代帝陵的美学特征几乎都是通过对自然环境的选择而实现的，主要是自然景观之间的相互配合和阴阳交济形成了明代帝陵那种谨严有度而又灵动活泼的整体气势和韵律。明代帝陵那些精美的建筑、石雕、碑刻等被融入了这种整体性的美学氛围中。这种特点符合明代帝陵"因山为陵"、隐于自然风景中的要求。因此我们可以说，明代帝陵的选址和营建基本上遵循的是尊重自然形貌、根据自然地形进行施工和改造的原则。陵址的选择要以自然景观而非人工景观作为基本，帝陵的营建则不对自然形貌做大规模的改造，诸如山脉的形态、河流的方向、植被的原貌等等，尽量不会做出很大的改动。这样一种尊重环境的意识无疑和帝陵营建所遵循的风水美学有密切关系，正是风水美学中的气、阴阳、四灵、五行、八卦等观念塑造了明代帝陵的基本形貌，且培育了明代人通过寻龙点穴这样的环境选择而非环境改造的行为来修建陵墓的基本观念。

清道光二年(1822)秋七月丙戌,清宣宗下谕:"国家定制,登极后选建万年吉地,总以地臻全美为重,不在宫殿壮丽以侈观瞻。"[1]清代帝陵从选址到规划建制均仿照明朝,因此清宣宗这里所说的帝陵营建"总以地臻全美为重,不在宫殿壮丽以侈观瞻"也可以看成对明代帝陵营建的风水美学的恰当概括。山川形势务求完美,而人工建筑则不求壮丽,只需遵照国家典制。从这种帝陵风水美学中我们能够发现一种尊重自然环境的意识,一种强调将人工建筑融入自然景观中的观念,正是这种意识和观念持续性地发挥着维护帝陵生态环境的作用,并继而作为自然与人工完美结合的一个典范而不断培育着中国人心中理想的生态和环境意识。

---

① 《清宣宗成皇帝实录》卷三十八,见《清实录》第三十三册《宣宗实录(一)》,北京:中华书局 1986 年影印版,第 680 页。

主要参考文献

一、史料

（一）地方志

〔明〕陈善等修：《万历杭州府志》，据明万历七年刊本影印，台北：成文出版有限公司 1983 年版。

〔明〕顾清等修纂：《正德松江府志》，据明正德七年刊本影印，台北：成文出版有限公司 1983 年版。

〔明〕皇甫汸等编：《万历长洲县志》，见刘兆祐主编"中国史学丛书三编"第四辑，台北：台湾学生书局 1987 年影印版。

〔明〕聂心汤、虞淳熙纂修：《钱塘县志》，据明万历二十七年修、清光绪十九年刊本影印，台北：成文出版有限公司 1975 年版。

〔明〕释大壑：《南屏净慈寺志》，杭州：杭州出版社 2006 年版。

〔明〕王鏊：《姑苏志》，见吴相湘主编"中国史学丛书"，台北：台湾学生书局 1965 年版。

〔明〕徐献忠：《吴兴掌故集》，明嘉靖三十九年刊本，见《中国方志丛书·华中地方》第四八四号，台北：成文出版社有限公司 1983 年版。

〔明〕杨洵修，陆君弼等纂：《万历扬州府志》，见《北京图书馆古籍珍本丛刊 25 史部·地理类》，北京：书目文献出版社 1988 年版。

〔明〕杨循吉：《吴邑志》，天一阁藏明代方志选刊续编影印明嘉靖刻本。

〔明〕杨循吉等著，陈其弟点校：《吴中小志丛刊》，扬州：广陵书社 2004 年版。

〔清〕阿克当阿、姚文田、江藩等纂修：《嘉庆重修扬州府志》，见《中国地方志集成·江苏府县志辑 41》，南京：江苏古籍出版社 1991 年版。

〔清〕陈和志修，倪师孟等纂：《震泽县志》，见《中国地方志集成·江苏府县志辑

23》，南京：江苏古籍出版社 1991 年版。

〔清〕顾湄：《虎丘山志》，见《故宫珍本丛刊》，海南出版社 2001 年版。

〔清〕李铭皖等纂修：《同治苏州府志》，见《中国地方志集成·江苏府县志辑》，南京：江苏古籍出版社 1991 年版。

〔清〕汪篍辑：《丛睦汪氏遗书》，清光绪十二年钱唐汪氏长沙刻本。

〔清〕汪应庚：《平山揽胜志》，见"扬州地方文献丛刊"，扬州：广陵书社 2004 年版。

陆璘卿：《虎丘山小志》，见沈云龙主编《中国名山胜迹志丛刊》，文海出版社有限公司 1971 年版。

王国平主编：《明代史志西湖文献专辑》，见"西湖文献集成"第三册，杭州：杭州出版社 2004 年版。

王国平主编：《清代史志西湖文献专辑》，见"西湖文献集成"第七册，杭州：杭州出版社 2004 年版。

王焕镳：《明孝陵志》，南京：南京出版社 2006 年版。

王祖畲等纂：《太仓州志》，据 1919 年刊本影印，台北：成文出版有限公司 1975 年版。

中山陵园管理局、南京孝陵博物馆编：《明孝陵志新编》，哈尔滨：黑龙江人民出版社 2002 年版。

（二）古代典籍

〔明〕贝琼：《清江文集》，四库全书本。

〔明〕陈献章著，孙通海点校：《陈献章集》，北京：中华书局 1987 年版。

〔明〕程敏政：《篁墩文集》，四库全书本。

〔明〕董其昌：《画禅室随笔》，上海：华东师范大学出版社 2012 年版。

〔明〕冯梦龙编：《醒世恒言》，见《古本小说集成》第四辑，上海：上海古籍出版社 1994 年版。

〔明〕冯梦祯：《快雪堂集》，见四库全书存目丛书编纂委员会《四库全书存目丛书·集部一六四》，济南：齐鲁书社 1997 年版。

〔明〕高濂著，赵立勋等校注：《遵生八笺校注》，北京：人民卫生出版社 1994 年版。

〔明〕高启著，〔清〕金檀辑注，徐澄宇、沈北宗校点：《高青丘集》，上海：上海古籍出版社 1985 年版。

〔清〕高士奇：《金鳌退食笔记》，北京：北京古籍出版社 1982 年版。

〔明〕顾应祥：《东林山新建眺远亭记》，见〔明〕董斯张辑《吴兴艺文补》卷三十二，《续修四库全书》集部第 1679 册，上海：上海古籍出版社 2002 年版。

〔明〕归有光：《三吴水利录》，四库全书本。

〔明〕归有光著，周本淳点校：《震川先生集》，上海：上海古籍出版社 1981 年版。

〔明〕归庄：《归庄集》，北京：中华书局 1962 年版。

〔明〕何乔新：《椒邱文集》，四库全书本。

〔明〕计成著,陈植注释:《园冶注释》,北京:中国建筑工业出版社1988年第2版。

〔明〕姜绍书:《无声诗史》,见于安澜编《画史丛书》(第三册),上海:上海人民美术出版社1963年版。

〔明〕金幼孜:《金文靖集》,四库全书本。

〔明〕郎瑛:《七修类稿》,见王国平主编"西湖文献集成"第十三册《历代西湖文选专辑》,杭州:杭州出版社2004年版。

〔明〕李流芳:《檀园集》,四库全书本。

〔明〕李日华:《六研斋笔记》,四库全书本。

〔明〕李时珍:《本草纲目》(校点本),北京:人民卫生出版社2015年第2版。

〔明〕李贽著,张建业主编:《李贽全集注》,北京:社会科学文献出版社2010年版。

〔明〕刘基:《诚意伯文集》,四库全书本。

〔明〕刘基:《刘基散文选集》,天津:百花文艺出版社2009年版。

〔明〕刘侗、于奕正著,孙小力校注:《帝京景物略》,上海:上海古籍出版社2001年版。

〔明〕陆粲、顾起元撰,谭棣华、陈稼禾点校:《庚己编·客座赘语》,北京:中华书局1987年版。

〔明〕陆楫:《蒹葭堂杂著摘抄》,见王云五主编《丛书集成初编》,北京:商务印书馆1936年版。

〔明〕陆深:《俨山集》,四库全书本。

〔明〕陆云龙评选:《明人小品十六家》,杭州:浙江古籍出版社1996年版。

〔明〕罗伦:《一峰文集》,四库全书本。

〔明〕祁彪佳著,张天杰点校:《祁彪佳日记》,杭州:浙江古籍出版社2016年版。

〔明〕邱濬:《重编琼台稿》,四库全书本。

〔明〕沈德符:《万历野获编》,北京:中华书局1959年版。

〔明〕沈周著,张修龄、韩星婴点校:《沈周集》,上海:上海古籍出版社2013年版。

〔明〕史鉴:《西村十记》,见〔清〕丁丙编"武林掌故丛编"第六集,清光绪八年钱唐丁氏刻本。

〔明〕宋濂:《宋学士文集》,四部丛刊景明正德本。

〔明〕宋濂:《文宪集》,四库全书本。

〔明〕宋濂著,罗月霞主编:《宋濂全集》,杭州:浙江古籍出版社1999年版。

〔明〕宋应星:《野议·论气·谈天·思怜诗》,上海:上海人民出版社1976年版。

〔明〕宋应星著,潘吉星译注:《天工开物译注》,上海:上海古籍出版社1993年版。

〔明〕苏伯衡:《苏平仲文集》,四库全书本。

〔明〕唐顺之著,马美信、黄毅点校:《唐顺之集》,杭州:浙江古籍出版社2014年版。

〔明〕汪珂玉:《珊瑚网》,见卢辅圣主编《中国书画全书》第五册,上海:上海书画出版社 1992 年版。

〔明〕王鏊:《震泽集》,四库全书本。

〔明〕王艮著,陈祝生等校点:《王心斋全集》,南京:江苏教育出版社 2001 年版。

〔明〕王履:《王履〈华山图〉画集》,天津:天津人民美术出版社 2000 年版。

〔明〕王锜撰,张德信点校:《寓圃杂记》,见"元明史料笔记丛刊",北京:中华书局 1984 年版。

〔明〕王慎中:《遵岩集》,四库全书本。

〔明〕王世贞:《弇州四部稿》,四库全书本。

〔明〕王世贞:《弇州四部稿续稿》,四库全书本。

〔明〕王守仁撰,吴光等编校:《王阳明全集》,上海:上海古籍出版社 1992 年版。

〔明〕王思任著,任远点校:《王季重集》,杭州:浙江古籍出版社 2012 年版。

〔明〕王士性著,周振鹤编校:《王士性地理书三种》,上海:上海古籍出版社 1993 年版。

〔明〕王廷相著,王孝鱼点校:《王廷相集》,北京:中华书局 2009 年版。

〔明〕王祎:《王忠文集》,四库全书本。

〔明〕王祎:《青岩丛录》,同治退补斋本。

〔明〕王直:《抑庵文集》,四库全书本。

〔明〕文震亨著,陈植校注:《长物志校注》,南京:江苏科学技术出版社 1984 年版。

〔明〕文徵明著,周道振辑校:《文徵明集》,上海:上海古籍出版社 1987 年版。

〔明〕吴伟业著、李学颖集评标校:《吴梅村全集》,上海:上海古籍出版社 1990 年版。

〔明〕解缙:《文毅集》,四库全书本。

〔明〕谢廷柱:《堪舆管见》,金陵甘福德基校订版。

〔明〕徐弘祖著,褚绍唐、吴应寿整理:《徐霞客游记》,上海:上海古籍出版社 2007 年版。

〔明〕徐善继、徐善述:《重刊人子须知资孝地理心学统宗》,明万历刻本。

〔明〕徐显卿:《与林侍御论水利第二书》,见〔明〕陈子龙等选编《皇明经世文编》卷三百九十六。

〔明〕薛瑄著,孙玄常等点校:《薛瑄全集》,太原:山西人民出版社 1990 年版。

〔明〕杨士奇著,刘伯涵、朱海点校:《东里文集》,北京:中华书局 1998 年版。

〔明〕杨循吉:《松筹堂集》,清金氏文瑞楼抄本。

〔明〕姚文灏:《浙西水利书》,四库全书本。

〔明〕袁宏道著,钱伯城笺校:《袁宏道集笺校》,上海:上海古籍出版社 1981 年版。

〔明〕袁中道著,钱伯城点校:《珂雪斋集》,上海:上海古籍出版社 1989 年版。

〔明〕袁宗道著,钱伯城标点:《白苏斋类集》,上海:上海古籍出版社 1989 年版。

〔明〕张大复:《梅花草堂集》,见《笔记小说大观》第三十二册,扬州:江苏广陵古籍刻印社 1983 年版。

〔明〕张岱撰，马兴荣点校：《陶庵梦忆·西湖梦寻》，北京：中华书局 2007 年版。

〔明〕张国维：《吴中水利全书》，四库全书本。

〔明〕张瀚：《松窗梦语》，见王国平主编"西湖文献集成"第十三册《历代西湖文选专辑》，杭州：杭州出版社 2004 年版。

〔明〕张宁：《方洲集》，四库全书本。

〔明〕赵㧑谦：《赵考古文集》，四库全书本。

〔明〕周楫：《西湖二集》，见王国平主编"西湖文献集成"第二十八册《西湖小说专辑》，杭州：杭州出版社 2004 年版。

〔明〕朱存理：《铁网珊瑚》，见卢辅圣主编《中国书画全书》第三册，上海：上海书画出版社 1992 年版。

〔明〕朱国祯：《涌幢小品》，见《明代笔记小说大观》，上海：上海古籍出版社 2005 年版。

〔清〕艾衲居士编著：《豆棚闲话》，北京：人民文学出版社 1984 年版。

〔清〕道济著，俞剑华标点注译：《石涛画语录》，北京：人民美术出版社 1962 年版。

〔清〕古吴墨浪子搜辑：《西湖佳话》，见《古本小说集成》编委会编《西湖佳话》，据康熙金陵王衙本影印，上海：上海古籍出版社 1994 年版。

〔清〕顾炎武：《天下郡国利病书》，四部丛刊三编影印本。

〔清〕顾炎武撰，谭其骧等点校：《肇域志》，上海：上海古籍出版社 2004 年版。

〔清〕顾炎武著，黄汝成集释，栾保群、吕宗力点校：《日知录集释点校本》，上海：上海古籍出版社 2006 年版。

〔清〕顾祖禹撰，贺次君、施和金点校：《读史方舆纪要》，北京：中华书局 2005 年版。

〔清〕黄宗羲编：《明文海》，北京：中华书局 1987 年版。

〔清〕黄宗羲著，沈芝盈点校：《明儒学案》，北京：中华书局 1985 年版。

〔清〕李斗撰，汪北平、涂雨公点校：《扬州画舫录》，见"清代史料笔记丛刊"，北京：中华书局 1960 年版。

〔清〕梁份：《帝陵图说》四卷抄本，汪鱼亭藏书。

〔清〕钱谦益：《列朝诗集小传》，上海：古典文学出版社 1957 年版。

〔清〕檀萃：《楚庭稗珠录》，广州：广东人民出版社 1982 年版。

〔清〕万斛泉编：《杨园先生全集》，同治十年江苏书局本。

〔清〕吴农祥：《西湖水利考》，见〔清〕丁丙编"武林掌故丛编"第二十三集，清光绪二十四年钱塘丁氏嘉惠堂刊本。

〔清〕吴农祥：《西湖水利续考》，见〔清〕丁丙编"武林掌故丛编"第二十三集，清光绪二十四年钱塘丁氏嘉惠堂刊本。

〔清〕吴秋士选编：《天下名山游记·浙江》，上海：中央书店总店 1936 年版。

〔清〕于敏中等编纂：《日下旧闻考》，北京：北京古籍出版社 1983 年版。

〔清〕张履祥著,陈恒力校释,王达参校、增订:《补农书校释》(增订本),北京:农业出版社 1983 年版。

〔清〕张廷玉等:《明史》,北京:中华书局 1974 年版。

〔清〕赵玉材著,陈明、李非注译:《绘图地理五诀》,北京:华龄出版社 2006 年版。

〔清〕朱彝尊:《明诗综》,四库全书本。

李学勤主编:《十三经注疏》,北京:北京大学出版社 1999 年版。

"中央研究院"历史语言研究所校勘:《明实录》,台北:"中央研究院"历史语言研究所 1962 年版。

二、著作

曹文趣等选注:《西湖游记选》,杭州:浙江人民出版社 1982 年版。

陈从周:《梓室余墨》,北京:生活·读书·新知三联书店 1999 年版。

陈从周、蒋启霆选编,赵厚均注释:《园综》,上海:同济大学出版社 2004 年版。

陈植、张公弛选注,陈从周校阅:《中国历代名园记选注》,合肥:安徽科学技术出版社 1983 年版。

邓云特:《中国救荒史》,上海:上海书店 1984 年版。

樊树志:《江南市镇:传统的变革》,上海:复旦大学出版社 2005 年版。

樊树志:《晚明大变局》,北京:中华书局 2015 年版。

傅崇兰:《中国运河城市发展史》,成都:四川人民出版社 1985 年版。

葛荣晋主编:《中国实学思想史》,北京:首都师范大学出版社 1994 年版。

顾凯:《明代江南园林研究》,南京:东南大学出版社 2010 年版。

韩大成:《明代城市研究》,北京:中国人民大学出版社 1991 年版。

亢亮、亢羽编著:《风水与城市》,天津:百花文艺出版社 1999 年版。

李孝悌:《恋恋红尘:中国的城市、欲望和生活》,上海:上海人民出版社 2007 年版。

李孝悌编:《中国的城市生活》,北京:新星出版社 2006 年版。

刘敦桢:《苏州古典园林》,北京:中国建筑工业出版社 1979 年版。

孟凡人:《明代宫廷建筑史》,北京:紫禁城出版社 2010 年版。

平龙根主编:《名人佳作与金阊》,苏州:古吴轩出版社 2011 年版。

石守谦:《风格与世变:中国绘画十论》,北京:北京大学出版社 2008 年版。

童寯:《江南园林志》,北京:中国工业出版社 1963 年版。

童书业:《中国手工业商业发展史》(校订本),北京:中华书局 2005 年版。

王汎森:《晚明清初思想十论》,上海:复旦大学出版社 2004 年版。

王建革:《江南环境史研究》,北京:科学出版社 2016 年版。

王其亨主编:《风水理论研究》,天津:天津大学出版社 1992 年版。

王毅:《园林与中国文化》,上海:上海人民出版社 1990 年版。

魏嘉瓒:《苏州古典园林史》,上海:上海三联书店 2005 年版。

巫仁恕:《品味奢华——晚明的消费社会与士大夫》,北京:中华书局 2008 年版。

巫仁恕：《悠游坊厢：明清江南城市的休闲消费与空间变迁》，北京：中华书局2017年版。

吴欣主编：《山水之境：中国文化中的风景园林》，北京：生活·读书·新知三联书店2015年版。

杨光辉编注：《中国历代园林图文精选》第四辑，上海：同济大学出版社2005年版。

俞孔坚：《理想景观探源——风水的文化意义》，北京：商务印书馆1998年版。

俞剑华：《中国绘画史》，上海：上海书店1984年版。

俞剑华编著：《中国历代画论大观》第四编《明代画论》，南京：江苏凤凰美术出版社2017年版。

于倬云主编：《紫禁城宫殿》，北京：生活·读书·新知三联书店2006年版。

赵厚均、杨鉴生编注：《中国历代园林图文精选》第三辑，上海：同济大学出版社2005年版。

周维权：《中国古典园林史》，北京：清华大学出版社1990年版。

[澳大利亚]安东篱：《说扬州：1550—1850年的一座中国城市》，李霞译，北京：中华书局2007年版。

[美]安乐哲等主编：《道教与生态——宇宙景观的内在之道》，南京：江苏教育出版社2008年版。

[美]方闻：《心印》，李维琨译，上海：上海书画出版社1993年版。

[美]高居翰：《隔江山色：元代绘画（1279—1368）》，宋伟航等译，北京：生活·读书·新知三联书店2009年版。

[美]高居翰：《江岸送别：明代初期与中期绘画（1368—1580）》，夏春梅等译，北京：生活·读书·新知三联书店2009年版。

[美]高居翰：《气势撼人：十七世纪中国绘画中的自然与风格》，李佩桦等译，北京：生活·读书·新知三联书店2009年版。

[美]高居翰：《山外山：晚明绘画（1570—1644）》，王嘉骥译，北京：生活·读书·新知三联书店2009年版。

[美]科大卫：《明清社会和礼仪》，曾宪冠译，北京：北京师范大学出版社2016年版。

[美]梅尔清：《清初扬州文化》，朱修春译，上海：复旦大学出版社2004年版。

[美]牟复礼、[英]崔瑞德编：《剑桥中国明代史（1368—1644）》（上卷），张书生等译，北京：中国社会科学出版社1992年版。

[美]施坚雅主编：《中华帝国晚期的城市》，叶光庭等译，北京：中华书局2000年版。

[美]史景迁：《前朝梦忆：张岱的浮华与苍凉》，温洽溢译，桂林：广西师范大学出版社2010年版。

[美]孙康宜、宇文所安主编：《剑桥中国文学史》，刘倩等译，北京：生活·读书·新知三联书店2013年版。

［美］萧邦奇:《九个世纪的悲歌:湘湖地区社会变迁研究》,姜良芹译,北京:社会科学文献出版社 2008 年版。

［英］崔瑞德、［美］牟复礼编:《剑桥中国明代史(1368—1644)》(下卷),杨品泉等译,北京:中国社会科学出版社 2006 年版。

［英］柯律格:《长物:早期现代中国的物质文化与社会状况》,高昕丹、陈恒译,北京:生活·读书·新知三联书店 2015 年版。

［英］柯律格:《明代的图像与视觉性》,黄晓娟译,北京:北京大学出版社 2011 年版。

［英］李约瑟:《中国古代科学思想史》,陈立夫等译,南昌:江西人民出版社 1999 年版。

［英］伊懋可:《大象的退却:一部中国环境史》,梅雪芹等译,南京:江苏人民出版社 2014 年版。